공간정보학

Spatial information science

이진녕 저

도서출판
구미서관

측량학은 지구 및 우주상에 존재하는 모든 대상물(지표면, 지하, 해양, 공간)의 기하학적 위치(거리, 방향, 높이, 시간)를 관측하여 지도 제작 및 모든 구조물의 위치를 정량화시키며, 환경 및 자원에 관한 정보를 수집하여 이를 정성적으로 해석하는 제반 방법을 다루는 학문이다. 건설분야의 여러 과목 중에서 측량학은 가장 기초적인 학문이며 날로 고도화되는 전반적인 건설기술에 의해 광범위하게 급변하는 실정이다. 과거의 측량은 줄자나 레벨, 트랜싯 등의 장비를 이용하여 1차원적인 거리, 높이, 각을 관측한 결과를 바탕으로 2, 3차원의 위치를 결정하는 방식으로 진행되었지만 최근에는 측량기술의 발전으로 GNSS나 항공사진측량, Total Station 등의 장비를 이용하여 한번의 관측으로 3차원 위치를 결정하는 방법적인 변화가 진행되고 있어 본서에서는 전통적인 측량과 현대의 측량 모두에 대한 사항을 모두 다루도록 노력하였다.

국내외 측량과 지형공간정보에 관한 제반 서적을 참고하여 본서를 집필하되 필자가 1996년부터 대학에서 강의하며 정리했던 측량학의 내용과 교안을 강의용으로 사용하기 편리하게 편집하였다. 단원별 연습문제는 국가자격시험과 공무원 시험의 출제기준을 바탕으로 한 기출문제를 수록하고 이를 학습하기 편리하도록 자세한 해설을 첨부하였다. 측량학과 관련한 학습은 이론적인 배경과 원리를 알아내는 작업도 중요하지만 이를 기반으로 다양한 문제를 어떻게 쉽고 빠르고 정확하게 해결하느냐 하는 방법론도 무척 중요하기에 다양한 문제와 이에 대한 풀이과정을 동시에 학습하는 것은 큰 의미가 있을 것이다.

토목과 건설분야의 전공자와 실무자들은 학습과정과 업무의 현장에서 정확한 지형공간자료의 중요성을 인식하고 있을 것이다. 양질의 결과를 얻기 위해 그 과정 뿐 아니라 기초작업이 중요하듯이 측량학은 건설분야에서 그러한 역할을 담당하는 학문이며 이러한 중요성을 알기에 측량엔지니어라면 반드시 숙지해야할 지식과 내용을 중심으로 본서를 구성하였고, 측량에 관심이 있는 모든 이에게 약간의 도움이라도 제공하고자하는 것이 작은 바람이다.

어려운 출판여건 속에서도 책의 출간을 제안하고 편집에 애써주신 구미서관 임직원 및 편집부 관계자 여러분께 진심으로 감사의 말씀을 전한다.

목 차 Contents

chapter 01 총 론

chapter 02 오차론

chapter 03 거리측량

chapter 04 각측량

chapter 05 수준측량

chapter 06 트래버스측량

chapter 07 삼각측량

chapter 08 지형측량

chapter

09 면적 및 체적의 측정

chapter

10 GNSS측량

chapter

11 노선측량

chapter

12 하천측량

chapter
13 사진측량

chapter
14 GSIS(지형공간정보체계)

CHAPTER 01

총론

CHAPTER 01

총 론

1 개요

측량이란 지구 및 우주공간에 존재하는 모든 대상물의 기하학적 위치(거리, 방향, 높이, 시)를 관측하여 지도(map)제작 및 모든 구조물의 위치를 정량화 시키며, 환경 및 자원에 관한 정보를 수집하여 이를 정성적으로 해석하는 제반 방법을 다루는 학문이다.

예전에는 각과 거리를 측정하여 점의 위치를 결정하는 측량과 지도제작 등을 주로 다루어왔지만 그동안 많은 과학기술의 발전으로 항공사진측량, 원격탐측(RS), 관성측량, 지형정보체계(GIS)와 같은 새로운 측량 기법의 개발과 함께 여러 분야에 활용할 수 있는 기술로 발전하였다.

2 측량의 역사

1. 측량의 시초

측량의 시초를 정확히 아는 것은 불가능한 일이다. 그러나 인류 문명의 발달과 더불어 측량의 역사도 시작되었다는 것은 사실이다. 구약성경에 나오는 개인재산의 소유권과 경계, 그리고 지계석에 관한 내용은 경계말뚝을 의미하며 측량의 존재를 의미한다. 또한 고고학자들에 의해 발견된 BC 2500년경의 점토판 위에 그려진 바빌로니아 지방의 지도가 현존하는 가장 오래된 지도로 추측되고 있으며, 그리스의 역사학자 Herodotus에 의하면 BC 1400년경 세금징수를 목적으로 토지를 분할한 것이 측량의 시초였다고 한다. 문헌에 따라 여러 가지 주장이 있으나 보편적으로 BC 3000년경 이집트에서 매년 나일강 하류의 홍수로 유실된 농경지를 정리하기 위해 시작한 것으로 알려져 있다.

2. 세계의 측량역사

1) 1590년경 : John Praetorius의 평판 발명.
2) 15세기 : 컴퍼스 발명 (아라비아인)
3) 1617년 : Snellius(1570~1626) 삼각측량 방법 발견.
4) 1631년 : 프랑스인 Pierre Vernier에 의한 아들자의 발명.
5) 1669년 : 프랑스인 Picard에 의하여 망원경 부측각기계 발명.
6) 1640년 : 영국 과학자 Gas Coigine(1620~1644)의 Stadia법 발명.
7) 1670년 : John Ogilive에 의해 Traverse측량 방법의 시작.
8) 1670년 : Thevenot에 의한 level에 장치한 기포관(air-level) 발명.
9) 1740년 : Sisson의 Y-level 발명.
10) 1848년 : Gravatt의 dumpy level 발명.
11) 18세기 : 각 측량기인 트랜싯 고안, 가우스에 의해 최소제곱법 연구.
12) 19세기 : 프랑스인 로세다에 의해 사진측량 시작.
13) 20세기 : 독일인 플프리히에 의해 입체 도화기개발, 사진측량의 기초.
14) 1970년대 이후 : NASA를 중심으로 원격 탐측.

3. 우리나라의 역사

1) 문헌에 의한 측량역사

6-7세기경 삼국사기, 삼국유사, 중국문헌 그리고 일본의 역사를 기록한 일본서기에 삼국시대의 측량기술이 일본에 유입된 간접적 기록이 있음.

2) 실측에 의한 지도 작성

1834년에 작성한 청구도, 1861년 김정호가 약 27년간을 걸쳐 8도를 답사하여 만든 대동여지도가 대표적인 지형도로서 근세에 보기 드문 훌륭한 지도로 평가되고 있으며 그 뒤에 만들어진 지도가 동아여지도 등이다.

3) 삼각측량에 착수

1909년 서울, 경기, 대구 부근에 구소삼각점을 설치하였으며 1918년에 기선, 삼각, 수준, 세부의 모든 측량 기준점과 측량조직을 완성 하였다.
(지형도 1:50,000, 지적도 1:50,000, 1:25,000, 1:10,000).

4) 기준점복구와 보충에 착수

1945년 정치적 혼란으로 기준점관리가 불충분하여 파손되었고, 1950년 한국전쟁으로 기준점이 많이 파손되었는데 그 뒤 복구에 착수하였다.

5) 측량법 제정

1961년 측량법 제정 및 국립건설연구소를 설치하면서 측량사 자격강화를 하였고 1974년 국립지리원으로 독립하였다.

6) 항공사진측량

1966년 네덜란드 정부의 협력으로 1:25,000 지형도를 제작하여 대·중·소축척의 지형도를 제작하였다.

7) 1975년 이후

국립지리원(현 국토지리정보원)에서는 1974년부터 1:5,000 대축척 지도제작에 착수하였으며 각종 삼각점 및 수준점의 복구 및 재설작업도 꾸준히 계속하고 있을 뿐만 아니라 국토지리정보원에 측지원점을 설치하고 원방위각을 설정하였다. 현재는 측량의 기준에 관계되는 지구 형상의 결정, 중력측량, 천문측량, 위성측량을 수행하고 있으며 기본삼각점의 투영법과 좌표계를 변환 사용하고 있으며 변환에 따른 문제점 연구도 이루어지고 있다.

3 측량의 분류

1. 측량의 크기(측량할 지역의 넓이)에 의한 분류

1) 대지측량 (측지측량)

지구의 곡률을 고려하여 실행하는 측량으로 약 1/1,000,000 정밀도의 관측에서 거리 약 22km 이상, 면적으로는 약 380km^2 이상의 측량을 말하며 측지측량이라고 한다.

2) 소지측량 (평면측량)

지구의 곡률을 고려하지 않고 평지로 가정하여 실시하는 측량으로 평면측량이라 한다. 약 1/1,000,000 정밀도의 관측에서 거리 약 22km 이하, 면적으로는 약 380km^2 미만인 지역을 평지로 간주하는 측량을 말한다.

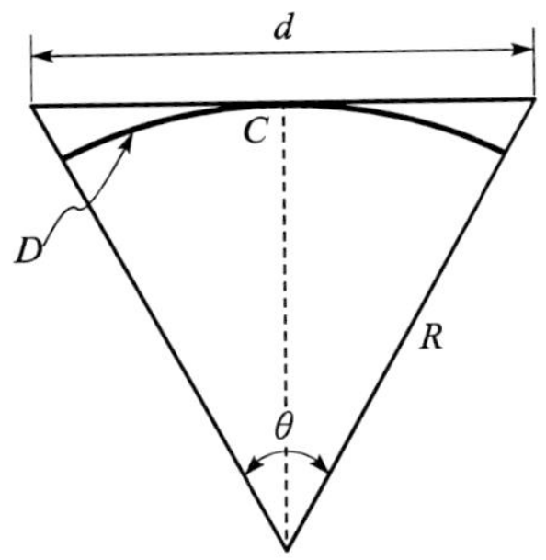

그림 1.1 관측거리와 정밀도와의 관계

$d = 2R \times \tan\frac{\theta}{2}$ 에서 $\tan\frac{\theta}{2}$ 를 맥로리안 급수로 전개하면

$$\tan\frac{\theta}{2} = \frac{\theta}{2} + \frac{1}{3}\left(\frac{\theta}{2}\right)^3 + \frac{2}{15}\left(\frac{\theta}{2}\right)^5 + \frac{17}{315}\left(\frac{\theta}{2}\right)^7 \cdots$$

윗 식에서 3항 이하는 미소하므로 생략하고 정리하면

$$d = 2R \times \tan\frac{\theta}{2} = 2R \times \left\{\frac{\theta}{2} + \frac{1}{3}\left(\frac{\theta}{2}\right)^3\right\} = D + \frac{1}{12} \times \left(\frac{D}{R}\right)^2$$

정밀도 $\frac{d-D}{D} = \frac{1}{12} \times \left(\frac{D}{R}\right)^2$ 이고 거리오차 $d-D = \frac{1}{12} \times \frac{D^3}{R^2}$

여기서 d : 평면으로 관측한 거리

D : 곡면상 거리(지구표면을 따라 관측한 거리)

R : 지구의 반지름(6370km)

예제 1

지구반지름이 6370km 이고 거리의 허용오차가 $1/10^5$이면 평면측량으로 볼 수 있는 범위의 지름을 구하시오.

풀이 거리의 허용정밀도는 $\frac{d-D}{D} = \frac{1}{10^5}$ 이므로

$$\frac{d-D}{D} = \frac{1}{12}\left(\frac{D}{R}\right)^2 = \frac{1}{10^5}$$

$$D = \sqrt{\frac{12 \times R^2}{10^5}} = \sqrt{\frac{12 \times 6{,}370^2}{10^5}} \fallingdotseq 69\,km$$

2. 측량법에 따른 분류 (공간정보의 구축 및 관리 등에 관한 법률)

1) 기본측량

모든 측량에 기초가 되는 측량으로써 국토교통부장관의 명을 받아 국토지리정보원장이 실시하는 측량을 말한다.

2) 공공측량

국가, 지방자치단체, 그 밖에 대통령령으로 정하는 기관이 관계법령에 따른 사업 등을 시행하기 위하여 기본측량을 기초로 실시하는 측량을 말한다.

3) 지적측량

토지를 지적공부에 등록하거나 지적공부에 등록된 경계점을 지상에 복원하기 위하여 필지의 경계 또는 좌표와 면적을 정하는 측량을 말한다.

4) 일반측량

기본측량, 공공측량, 지적측량 외의 측량을 말한다.

3. 측량 목적에 의한 분류

1) 지형측량

토지 및 육지(토지의 기복형태)측량으로 평면적인 모양과 입체적인 모양을 동시에 측정하여 지형도를 만드는 측량을 말한다.

2) 노선측량

도로, 철도, 수로 등의 노선의 축조(築造) 또는 개수(改修)에 필요한 측량을 말한다.

3) 하천측량

수로측량이라고도 하며 하천, 항만 등의 개수공사를 실시하여 계획을 수립하기 위한 측량을 말한다.

4) 지적측량

토지를 지적공부에 등록하거나 지적공부에 등록된 경계점을 지상에 복원하기 위하여 필지의 경계 또는 좌표와 면적을 정하는 측량으로 토지의 위치, 경계, 면적 종류 등을 알기 위한 측량을 말한다.

5) 천문측량

지구의 점의 위치(경도, 위도)와 진북방향을 측정하고, 또한 천체간의 상호위치 관계를 측정하는 측량을 말한다.

6) 고저측량

토지의 높고 낮은 차를 구하는 측량을 말한다.

7) 공사측량

건설공사를 하기 위하여 필요로 하는 측량을 말한다.

8) 항만측량

방파제, 준설 및 항만시설물의 위치 등을 필요로 하는 측량을 말한다.

9) 터널측량

노선측량의 일부로서 터널의 계획 및 굴착 등에 필요한 측량을 말한다.

4. 측량 순서에 의한 분류

1) 골조측량 (기준점측량)

측량구역 전체에 조건이 만족되게 골조를 만든다.

2) 세부측량

골조가 된 각점을 정확하게 측정하고 그 점을 기준으로 하여 세부의 측량을 하게 된다.

4 측지학

1. 정의

지구내부의 특성, 지구의 형상 및 운동을 결정하는 측량과 지구표면 및 우주공간상에 있는 모든 점들 간의 상호위치관계를 산정하는 측량의 가장 기본적인 학문이다.

2 . 지구의 형상

지구의 형은 크게 물리적 표면, 지오이드(geoid), 타원체로 구분할 수 있다.

1) 물리적 표면

실제 측량이 실시되는 곳으로 너무 불규칙하고 복잡하기 때문에 측량이나 지도제작 등을 위한 기준면으로 사용할 수 없다.

2) 타원체

① 장반경과 단반경의 크기가 결정되면 그 형상과 크기가 결정 된다. 타원체의 종류는 회전타원체, 지구타원체, 준거타원체, 국제타원체로 구분한다.

- 편평률 = $\frac{a-b}{a}$

  (편평률이 작아지는 것은 지구의 적도반경이 감소하고 극반경이 증가한 경우)

- 편심률(이심률) = $\sqrt{\frac{a^2-b^2}{a^2}}$

- 자오선 곡률반경 $M = \frac{a(1-e^2)}{W^3}$

  $W = \sqrt{(1-e^2\sin^2\phi)}$

- 횡곡률반경 $N = \frac{a}{W} = \frac{a}{\sqrt{(1-e^2\sin^2\phi)}}$

- 평균곡률반경 $R = \sqrt{MN}$

  (M : 자오선 곡률반경, N : 횡곡률반경)

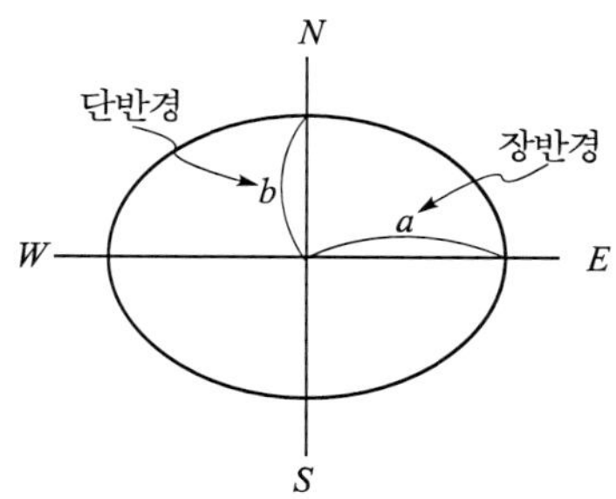

그림 1.2 타원체

② 회전타원체의 특징

- 남북이 동서보다 약간 편평한 회전타원체이다.
- 지구의 회전축과 지표면의 교점을 북극, 남극이라 한다.
- 남북의 중심인 지구 중심을 지심이라 한다.
- 지심을 지나 지축과 직교하는 면을 적도면이라 한다.
- 지구표면과 교선이 적도선이 된다.
- 적도면에 나란한 평면과 지표면과의 교선이 평행권이다.
- 그리고 적도 및 평행권은 원이다.
- 지축을 포함한 평면과 지표면과의 교선이 자오선이며 자오선은 횡축이다.
- 위치를 표시하는 좌표계는 구면좌표계와 평면좌표계를 사용한다.
- 평면좌표는 직각좌표와 극좌표가 있다.

예제 2

관측한 타원체의 장반경(a)이 6400km, 단반경(b)이 6300km라면 타원체의 편평률을 구하시오.

풀이 편평률 $(f)=\frac{a-b}{a}$에 대입하면

$$f=\frac{6400-6300}{6400}=\frac{100}{6400}=\frac{1}{64}$$

표 1.1 지구타원체의 측정값

측정자	사용국가	측정년도	장경(a) km	단경(b) km	편평율$\left(\frac{a-b}{a}\right)$
Bessel	한국(2002년 이전), 독일, 일본, 프랑스	1841	6,377.397	6,356.079	1:299.2
Clarke	영국, 미국	1880	6,378.206	6,356.515	1:294.05
Hayford	신흥국, 아프리카 등	1909	6,378.388	6,356.908	1:297
GRS80	IUGG국제타원체 한국(2002년 이후)	1980	6,378.137	6,356.752314140	1:298.2572221
WGS84	GPS 위성측량	1984	6,378.137	6,356.752314245	1:298.2572235

* GRS80 : Geodetic Reference System(1980측지기준좌표계)
* WGS84 : World Geodetic Reference System of 1984

※ 항해측량 및 지구물리학에서는 지구(평균반경)를 구로 간주 하는데 이때 반경은 장반경, 단반경을 산술평균하여 $R=\dfrac{2a+b}{3}$ ≒6,371km로 사용한다. 또한 지구타원체를 Bessel로 간주할 경우에 장반경=6,377,397km, 단반경=6,356.079km를 사용하므로 편평률은 1/299.15이다.

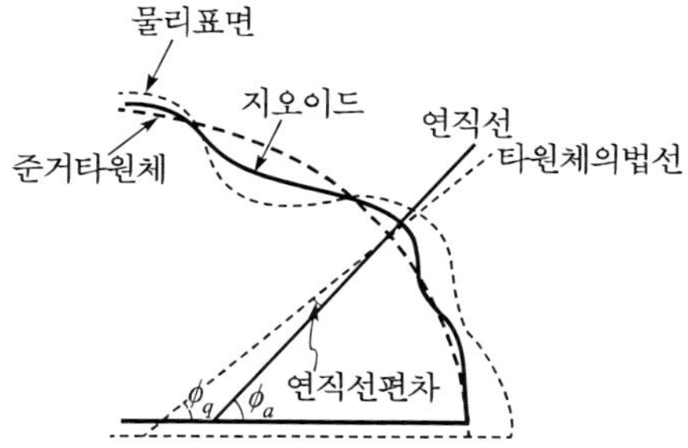

그림 1.3 타원체와 지오이드의 관계

3) 지오이드 (Geoid)

① 평균해수면을 육지로 연장시켜 지구물체를 둘러싸고 있다고 가정한 선을 지오이드라 한다.

② 지오이드의 특징

- 지오이드는 등포텐셜면이다.
- 지오이드는 연직선 중력방향에 직교한다.
- 지오이드는 불규칙한 지형이다.
- 지오이드는 위치에너지(E=mgh)가 0이다.
- 지오이드는 육지에서는 회전타원체 위에 존재하고, 바다에서는 회전타원체면 아래에 존재한다.

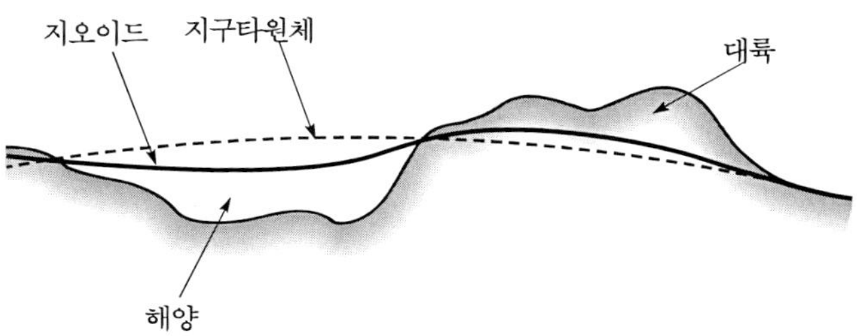

그림 1.4 지표면과 지오이드와 타원체와의 관계

3. 구면삼각형, 구과량

① 구면 삼각형

구의 중심을 지나는 평면과 구면과의 교선을 대원이라 하고 세변이 대원의 호로 된 삼각형을 구면삼각형이라 한다.

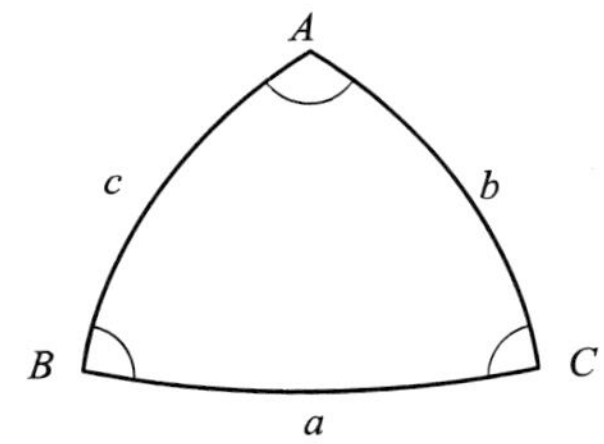

그림 1.5 구면삼각형

② 구과량

구면삼각형의 ABC 의 3각을 A, B, C라 하면 이 삼각형 내각의 합은 180°가 넘으며 이 차이를 구과량이라고 한다.

즉, ε = (A + B + C) − 180°

$$\varepsilon'' = \frac{A}{R^2}\rho''$$

ε : 구과량, A : 삼각형의 면적, R : 지구반경

예제 3

지구상의 △ABC를 측정한 결과, 두 변의 거리가 a=30km, b=20km이었고, 그 사이각이 80°이었다면 이때 발생하는 구과량을 구하시오. (단, 지구의 곡선반지름은 6,400km로 가정한다.)

풀이 구과량은 구면삼각형의 면적과 비례하고 지구반지름의 제곱에 반비례한다.

$$\varepsilon = \frac{A}{R^2} \times \frac{180^\circ}{\pi} = \frac{\frac{1}{2}\times 30 \times 20 \times \sin 80^\circ}{6{,}400^2} \times \frac{180^\circ}{\pi} = 0°0'1.49''$$

4. 경도와 위도

1) 경도 (Longitude)

경도는 본초자오선과 적도의 교점을 원점(0, 0)으로 한다. 경도는 본초자오선으로 부터 적도를 따라 그 지점의 자오선까지 잰 최소각거리로 동서쪽으로 0°~180°까지 나타내며, 측지경도와 천문경도로 구분한다.

① 측지경도

본초자오면과 지표상 한점 A를 지나는 자오면을 만드는 적도면상의 각 거리를 말한다.

② 측지위도

그림 1.6과 같이 지표면상에 세운 법선이 적도면과 이루는 각을 말하며 적도를 0°, 남·북 각각 90°씩 나누어져 있다.

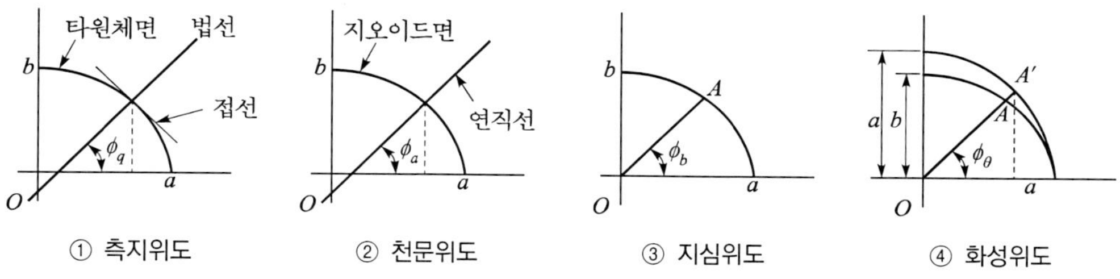

그림 1.6 위도의 종류

2) 위도 (Latitude)

위도(φ)란 지표면상의 한 점에서 세운 법선이 적도면을 0°로 하여 이루는 각으로서 남북위 0°~90°로 표시한다. 위도는 자오선을 따라 적도에서 어느 지점까지 관측한 최소 각거리이다.

① 측지위도 : 지구상의 한 점에서 회전타원체의 법선이 적도면과 이루는 각을 말한다.
② 천문위도 : 지구상의 한 점에서 연직선이 적도면과 이루는 각을 말한다.
③ 지심위도 : 지구상의 한 점과 지구중심을 맺는 직선이 적도면과 이루는 각을 말한다.
④ 화성위도 : 지구중심으로부터 장반경을 반경으로 하는 원과 지구상의 한점을 지나는 종선의 연장선과 지구중심을 연결한 직선이 이루는 각을 말한다.

5. 세계시 (U.T)

표준시의 세계적인 기준시간대는 경도 0°인 영국의 Greenwich를 중심으로 하며, Greenwich 자오선에 대한 평균태양시를 세계시라 한다. 지구의 자전운동은 극운동과 계절변화의 영향으로 균일한 것은 아니다.

① UT_0 : 극운동, 계절변화의 영향을 고려하지 않는 세계시(전세계 동일시간)
② UT_1 : 극운동 고려한 세계시, 전세계가 다른 시간이다.
③ UT_2 : UT1에 계절변화를 고려한 것으로 다른 시각이다.

5 지구 좌표계

1. 경위도 좌표계

지구상 절대적 위치를 표시하는 데 가장 널리 쓰인다. 경도(λ)와 위도(Φ)에 의한 좌표(λ, Φ)로 수평위치를 나타낸다.

① 3차원 위치표시를 위해서는 타원체면으로부터의 높이, 즉 표고를 이용한다.
② 본초자오선과 적도의 교점을 원점(0, 0)으로 한다.
③ 경도는 본초자오선으로부터 적도를 따라 그 지점의 자오선까지 잰 각거리로 동서쪽으로 0°~180°까지 재며, 천문경도와 측지경도로 구분한다.
④ 위도는 자오선을 따라 적도에서 어느 지점까지 관측한 최소각거리로서 "어느 지점의 연직선이 적도면과 이루는 각"으로 정의되고, 0~90°까지 관측하며, 천문위도, 측지위도, 지심위도, 화성위도로 구분된다.
⑤ 경도 1°에 대한 적도상 거리는 약 111km, 1′는 1.85km, 1″는 30.88m가 된다.

2. 평면직교 좌표

비교적 소규모측량에서 널리 이용된다. 측량지역의 1점을 택하여 좌표원점을 정하고 그 평면상에서 원점을 지나는 자오선을 X축, 동서방향을 Y축으로 한다.

① 각 지점의 위치는 직각좌표값(x, y)으로 표시되며 경거, 위거라 한다.
② 원점에서 동서로 멀어질수록 자오선과 원점을 지나는 진북과 평행한 도북이 서로 일치하지 않아 자오선수차가 발생한다.

3. UTM좌표

UTM 좌표는 국제횡메르카토르 투영법에 의하여 표현되는 좌표계이다. 적도를 횡축, 자오선을 종축으로 한다. 투영방식, 좌표변환식은 TM과 동일하나 원점에서 축척계수를 0.9996으로 하여 적용범위를 넓혔다.

① 지구 전체를 경도 6°씩 60개 구역으로 나누고, 각 종대의 중앙자오선과 적도의 교점을 원점으로 하여 원통도법인 횡메르카토르 투영법으로 등각투영한다.
② 각 종대는 180°W 자오선에서 동쪽으로 6° 간격으로 1~60까지 번호를 붙인다.

③ 중앙자오선에서의 축척계수는 0.9996이다
④ 종대에서 위도는 남북 80°까지만 포함시킨다.
⑤ 횡대는 8°씩 20개 구역으로 나누어 C(80°S~72°S)~X(72°N~80°N)까지(단, I, O는 제외) 20개의 알파벳 문자로 표현한다.
⑥ 결국 종대 및 횡대는 경도 6° × 위도 8°의 사각형구역으로 구분된다.
⑦ 우리나라는 51~52종대와 S~T횡대에 속한다.

4. UPS좌표

위도 80° 이상의 양극지역 좌표를 표시하는 데 이용한다. UPS 좌표는 국제극심입체투영법에 의한 것이며 UTM 좌표의 상사투영법과 같은 특성을 지닌다.

① 양극을 원점으로 평면직각좌표계를 사용하며 거리좌표는 m로 표시한다.
② 종축은 경도 0° 및 180°인 자오선, 횡축은 90°E인 자오선이다.
③ 원점의 좌표값은 (횡좌표 2,000,000mN, 종좌표 2,000,000mN)이다.
④ 도북은 북극을 지나는 180° 자오선(남극에서는 0° 자오선)과 일치한다.

5. WGS좌표 (World Geodetic System)

WGS84는 지구의 질량중심에 위치한 좌표원점과 X, Y, Z축으로 정의되는 좌표계이며, 주로 위성측량(GPS, SPOT)에서 사용된다.

① 원점은 해양 및 대기를 포함한 지구의 전 질량의 중심
② Z축은 지구자전축과 평행을 이룬다.
③ X축은 본초자오선과 평행한 평면이 지구적도면과 교차하는 선이다.
④ Y축은 X축과 Z축이 이루는 평면에 동쪽으로 수직인 방향으로 정의된다.

6 우리나라 측량원점

정밀 천문측량을 통하여 국가의 경위도 원점과 방위각을 결정하고 조석측량을 통하여 높이의 기준인 수준 및 고저량 기준 원점을 결정한다. 위치결정은 평면 및 곡면, 공간을 고려한 길이와 각의 조합해석으로 이루어지며, 위치를 시간이나 도형과의 조합해석으로 지표면뿐만 아니라 지하, 해양, 우주공간시설물 등에 관한 개발과 유지관리에 측량이 활용되고 있다. 2차원 위치결정방법으로 기선을 관측한 다음 각 만을 관측하는 삼각측량, 변만을 관측하는 삼변측량, 각과 변을 관측하는 다각측량 등이 있으며 3차원 위치결정방법으로는 사진측량방법, 관성계에 의한 관성측량방법, 고도 약 20,000km 상공에 6개의 궤도에서 WGS84를 이용한 GPS방법, SPOT의 HRV센서를 이용하는 방법 등이 있다. 현재 우리나라에서는 세계측지계인 GRS80 타원체를 사용하고 있다.

1. 경위도 원점

① 1981년 8월~1985년 10월까지 정밀천문측량을 실시하여 완료

② 경기도 수원시 영통구 월드컵로 92(원천동) 국토지리정보원 내에 설치

③ 최근에 설치된 경위도 원점은 2002년 1월 1일 관측하여 2003년 1월 1일 고시

④ 원 방위각은 원점으로부터 진북을 기준으로 오른쪽 방향으로 측정한 우주측지관측센터에 있는 위성기준점 안테나 참조점 중앙에 이르는 방위각이다.

표 1.2 경위도 원점

구분	동경	북위	원방위각	원방위각 위치
변경전	127°03′05.1453″	37°16′31.9031″	170°58′18.190″	동학산 2등 삼각점
현재	127°03′14.8913″	37°16′33.3659″	165°03′44.538″	우주측지관측센터 위성기준점
원점 소재지	국토지리정보원 구내(경기도 수원시 영통구 월드컵로 92)			

2. 평면 직각좌표 원점

지도상의 제점간의 위치 관계를 용이하게 결정하도록 가정한 기준점으로 모든 삼각점의 XY좌표의 기준이 된다. 우리나라 평면직교직각좌표 원점의 위치는 다음과 같다.

표 1.3 평면직교좌표 원점

명칭	경도	위도	투영원점의 가상수치	원점의 축척계수
서부원점	동경 125°	북위 38°	X : 600,000m Y : 200,000m	1.0000
중부원점	동경 127°			
동부원점	동경 129°			
동해원점	동경 131°			

각 좌표에서의 직각좌표는 다음 조건에 따라 T.M(Transverse Mercator)방법으로 표시한다.

① X축은 좌표계원점의 자오선에 일치하여야 하고 진북방향을 정(+)으로 표시하고 Y축은 X축에 직교하는 축으로서 진동방향을 정(+)으로 표시한다.

② 세계측지계에 따르지 아니하는 지적측량의 경우에는 가우스 상사 이중투영법으로 표시 하되 직각좌표계 투영원점의 가산수치를 각각 종축좌표 X값을 38°N 이하에서도 음(−)의 값이 되지 않도록 하기 위해서 600,000m 횡축좌표 Y값에 는 200,000m로 하여 사용할 수 있다.

3. 수준원점

1963년 인천시 남구 용현동 253번지(인하공업전문대학 교정)에 설치한 새로운 수준원점에 인천만의 평균해수면을 연결하여 그 표고를 26.6871m로 확정하였고, 전국에 일등 수준점의 신설을 확대시키고 있다.

표 1.4 수준원점

험조장	청진, 원산, 목포, 진남포, 인천(1910년대 5개 험조점)
위치	인천광역시 남구 인하로 100 (인하공업전문대학에 있는 원점표석 수정판의 영눈금선 중앙점)
표고	인천만 평균해수면 상의 높이로부터 26.6871m이다.

7 국제 단위계 (SI 단위계)

1. 기본단위 및 보조단위

길이(m), 질량(kg), 시간(원자시, SEC), 전류(암페어A), 온도(캘빈K), 물량(mol), 광도(candela)

표 1.5 SI 기본단위

양	정의 및 내용	명칭	기호
길이	진공에서 빛이 1/299,792,458초 동안 진행한 경로의 길이이다.	미터	m
질량	국제 킬로그램 원기의 질량과 동일하다.	킬로그램	kg
시간	초는 세슘 133원자(133Cs)의 바닥상태에 있는 두 초미세준위간의 전이에 대응하는 복사선의 9,192,631,770 주기의 지속시간이다.	초	s
전류	무시할 정도로 작은 단면적과 무한대의 길이를 가진 두 개의 서로 평행한 직선 도체가 진동중에서 1미터 떨어져 있고, 여기에 일정한 전류가 흐를 때 상호작용하는 힘이 1미터마다 2×10^{-7}뉴튼이 될 때의 전류가 1암페어이다.	암페어	A
열역학적온도	열역학적 온도의 단위는 물의 삼중점에서 열역학적 온도의 1/273.16을 1캘빈으로 함	켈빈	K
물질량	C12 의 0.012킬로그램에 포함되어 있는 원자수만큼 많은 기본구성체를 포함하는 어떤 체계의 물량을 1몰이라 함	몰	mol
광도	주파수 540×1012헤르쯔의 단색광을 방출하는 광원의 복사체가 매 스테라디안 당 1/683와트일 때의 광도가 1칸델라이다.	칸델라	cd

표 1.6 SI 보조단위

양	정의 및 내용	명칭	기호
평면각	라디안은 한원의 원둘레에서 그 원의 반지름과 같은 길이의 호를 자르는 두 반지름 사이의 평면각	라디안	rad
입체각	스테라디안은 한 공의 표면에서 그 공의 반지름의 제곱과 같은 넓이의 표면을 자르고 그 꼭지점이 공의 중심에 있는 입체각	스테 라디안	sr

2. 유도단위

면적(제곱미터 : m^2), 부피(세제곱미터 : m^3), 속도, 속력(초당 미터 : m/s), 가속도(제곱초당 미터 : m/s^2), 밀도(세제곱 미터당 킬로그램 : kg/m^3)

예제 및 풀이

1. 측량에서 일적으로 지구의 곡률을 고려하지 않아도 되는 최대 범위를 구하시오.(단. 거리의 정밀도는 10^{-6}까지 허용하며 지구 반지름은 6370km 이다.)

해설 **면적에 따른 측량의 분류**

거리의 허용오차를 $1/10^6$이라 할 경우 평면측량의 최대허용범위는 대상지역을 원으로 가정할 때 반지름 약 11km 이하가 된다.

거리의 허용정밀도는 $\frac{d-D}{D} \leq \frac{1}{10^6}$이므로

$$\frac{d-D}{D} = \frac{1}{12}\left(\frac{D}{R}\right)^2 = \frac{1}{10^6}$$

$$D = \sqrt{\frac{12 \times R^2}{10^6}} = \sqrt{\frac{12 \times 6{,}370^2}{10^6}} \fallingdotseq 22\,km$$

$$\therefore A = \pi r^2 = \frac{\pi D^2}{4} = \frac{\pi \times 22^2}{4} \fallingdotseq 380\,km^2$$

2. 지구 표면의 거리 35km 까지를 평면으로 간주했다면 허용정밀도는 약 얼마인가? (단, 지구의 반지름은 6, 370km 이다.)

해설 **평면측량의 허용정밀도**

거리관측의 정밀도 $\frac{d-D}{D} = \frac{1}{12}\left(\frac{D}{R}\right)^2$ 에서

$$\frac{d-D}{D} = \frac{1}{12}\left(\frac{35km}{6{,}370\,km}\right)^2 \fallingdotseq \frac{1}{400{,}000}$$

3. 평면측량에서 거리의 허용 오차를 1/500000까지 허용 한다면 지구를 평면으로 볼 수 있는 한계는 몇 km 인가? (단, 지구의 곡률반지름은 6370km이다.)

해설 **평면측량의 한계**

거리의 허용정밀도는 $\frac{d-D}{D} \le \frac{1}{500,000}$ 이므로

$$\frac{d-D}{D} = \frac{1}{12}\left(\frac{D}{R}\right)^2 = \frac{1}{500,000}$$

$$D = \sqrt{\frac{12 \times R^2}{500,000}} = \sqrt{\frac{12 \times 6,370^2}{500,000}} = 31.2\,km$$

지구의 반지름(R)을 6,370km로 대입하면 $D=$ 약 $31.2km$ 이하임을 알 수 있다.

4. 지구상에서 50km 떨어진 두 점의 거리를 지구곡률을 고려하지 않은 평면측량으로 수행한 경우의 거리 오차를 구하시오. (단, 지구의 반지름은 6370km이다.)

해설 **평면측량의 거리오차**

거리의 허용정밀도 $\frac{d-D}{D} = \frac{1}{12}\left(\frac{D}{R}\right)^2 = \frac{1}{12}\left(\frac{50}{6370}\right)^2 = \frac{1}{194,769.12}$

거리오차 $d-D = \frac{d-D}{D} \times D = \frac{1}{194,769.12} \times 50km = 0.000257km = 0.257m$

5. 지구타원체의 편평률이 $\frac{1}{300}$ 이면 이심률(타원율)을 구하시오.

해설 편평률 $f = \frac{a-b}{b}$, 이심률 $e = \sqrt{\frac{a^2-b^2}{a^2}}$ 에서

① $f = \frac{a-b}{a} = \frac{1}{300}$ 이므로 $300(a-b) = a$

$299a = 300b$ 이고, $b = \frac{299}{300}a$

② $e = \sqrt{\frac{a^2-b^2}{a^2}} = \sqrt{\frac{a^2-\left(\frac{299}{300}a\right)^2}{a^2}}$, 분자, 분모의 a^2 을 소거하여 정리하면

$$= \sqrt{1-\left(\frac{299}{300}\right)^2} = \sqrt{\frac{300^2-299^2}{300^2}} = \frac{\sqrt{599}}{300}$$

6. 어느 구면 삼각형에서 구과량이 20″가 되었다. 이 구면 삼각형의 면적이 $0.349m^2$일 때, 구의 반지름을 구하시오.

해설 구과량 $\varepsilon = \frac{A}{R^2} \times \frac{180°}{\pi}$에서 A : 면적, R : 구의 반지름

$$20'' = \frac{0.349m^2}{R^2} \times \frac{180°}{\pi} \times \frac{60'}{1°} \times \frac{60''}{1'}$$ 이므로

$$R = \sqrt{\frac{0.349m^2}{20''} \times \frac{180°}{\pi} \times \frac{60'}{1°} \times \frac{60''}{1'}} = 60m$$

7. 지구의 단면도를 그릴 때, 적도 반지름을 200cm로 그린다면 극 반지름을 구하시오. (단, 지구의 편평율은 1/299로 한다.)

해설 적도반지름은 장반경이므로 편평률 $(f) = \frac{a-b}{a}$에 대입하면

$f = \frac{a-b}{200} = \frac{1}{299}$ 이므로 $a-b = \frac{200}{299} = 0.67cm$

극반지름 $b = 200 - 0.67 = 199.33cm$

8. 구면삼각형 ABC의 세 내각이 ∠A=50°20′, ∠B=66°55′, ∠C=64°25′일 때 구면삼각형의 면적을 구하시오. (단, 지구반지름은 6,370km이다.)

해설 구과량은 구면삼각형의 면적과 비례하고 지구반지름의 제곱에 반비례한다.
측각오차가 없으므로 A, B, C 내각의 합이 180°를 초과하는 각은 구과량으로 간주한다.
$\angle A + B + C = 181°40'$, 구과량은 $1°40'$

$$\varepsilon = \frac{A}{R^2} \times \frac{180°}{\pi} = \frac{A}{6{,}370^2} \times \frac{180°}{\pi} = 1°40'$$

$$A = \frac{\pi \times 6{,}370^2}{180°} \times 1°40' = 1{,}180{,}333\,km^2$$

9. 특정 지점의 지오이드고가 −20m이고 타원체고가 20m일 때 정표고를 구하시오. (단, 연직선 편차는 0으로 가정한다.)

해설 정표고는 타원체고에서 지오이드고를 뺀 값으로 GPS측량에 의하여 타원체고를 얻게 되면 해당지역의 지오이드고를 고려하여 정표고를 얻는다.

정표고 = 타원체고 − 지오이드고 = 20 − (−20) = 40 m

10. 적도 반경이 1m인 지구의 단면도를 그린다면 극 반경은 몇 cm 짧게 그리면 되는가? (단, 지구의 편평율은 1/299로 한다.)

해설 편평률 $(f) = \frac{a-b}{a}$ 에 대입하면

$f = \frac{1-b}{1} = \frac{1}{299}$ 에서 $b = 1 - \frac{1}{299} = 0.9966555\,m$

$a - b = 1 - 0.9966555 = 0.0033445\,m = 0.33445\,cm$

11. 동일 자오선 상에 있는 A점과 B점에서 천의 북극의 고도가 각각 $\alpha = 30°$, $\beta = 27°$로 측정되었을 때 AB간의 거리가 333km라 하면 지구 반지름을 구하시오.

해설 A, B점의 고도의 차이는 $30° - 27° = 3°$인 것은 두 점간의 내각을 의미하고, 두 점간의 거리는 333km임을 알기 때문에 전체원의 내각과의 원의 둘레와의 비례식에 의해 반지름을 구할 수 있다.

$360° : 2\pi R = 3° : 333$, 내항의 곱과 외항의 곱이 같으므로

$$R = \frac{360° \times 333}{3° \times 2\pi} = 6{,}359.83\,km$$

12. 위도 60°상에서 경도의 차가 1″인 경우에 위도 평행권의 호의 길이를 구하시오. (단, 지구의 반지름은 6,370km라고 가정한다.)

해설 ① 위도 60°인 평행권의 반지름 (r)

$$r = R \times \sin\frac{위도}{2} = 6{,}370km \times \sin\frac{60°}{2} = 3{,}185km$$

② 평행권의 경도 1″ 에 대한 호장 (l)

$$l = 2\pi r \times \frac{1''}{360 \times 3600''}$$ (평행권인 원에 대한 경도 1″에 해당하는 부채꼴이므로)

$$= 2\pi \times 3{,}185{,}000m \times \frac{1''}{360 \times 3600''} = 15.44m$$

CHAPTER 02

오차론

CHAPTER 02

오차론

1 오차의 개요

어떤 양을 관측할 때 아무리 주의하여도 정확성에는 한계가 있으므로 참값을 얻을 수 없으므로 관측값과 참값의 차를 오차라 한다. 측량에서는 요구하는 정확도를 미리 정하고 관측값의 오차가 허용오차 범위 내에 있는지를 확인하는 것이 매우 중요한 일이다. 이러한 오차는 일반적으로 성질에 의한 오차, 수치 해석상의 오차, 원인에 의한 오차로 분류하며 오차는 기계의 결함과 관측자의 습관과 부주의에 의해 일어나며 자연현상 및 주의환경에 따른 오차도 무시할 수 없다.

1. 성질에 의한 오차

1) 착오 (mistake)

관측자 기술의 미숙, 심리상태의 혼란, 부주의, 착각에 의한 눈금 오독, 기장오기 등으로 일어나는 오차로 보다 세심한 주의를 기울이거나 재측량하여 그 원인을 찾아낼 수 있다. 일반적으로 기대값 이상으로 큰 오차가 발생하면 착오가 있음을 알 수 있으며 이는 오차론에서 오차로 취급하지 않는다.

2) 정오차 (systematic error)

오차가 일어나는 원인이 명백하고, 일정한 조건 밑에서는 일정한 크기와 방향으로 발생하는 오차이며 누적오차 또는 누차라고도 한다. 따라서 그 원인을 알아내면 측량 후의 수학적 계산에 의해 오차량을 계산하여 보정 또는 오차를 제거할 수 있다. 정오차의 원인으로는 다음과 같다.

① **기계적 오차** : 사용하는 측량기계 기구에 의한 오차

② **개인적 오차** : 측량관측자의 습관에 의한 오차로 관측자나 관측방법을 바꿈으로서 보

정이 가능

③ **자연적 오차** : 자연 환경에 따른 오차(온도, 바람, 중력, 측정 장애오차)

3) 부정오차 (random error, 우연오차)

일어나는 원인이 불분명하거나 원인을 안다 하여도 직접 처리하는 방법이 불확실하고 예견할 수 없으며 관측값에 어느 정도의 영향을 주고 있는지를 알 수 없는 성질의 불규칙한 오차로서 관측 중에 우연히 생긴 조건의 변화에 의한 것으로 부정오차, 우차, 상차라고도 말하며, 주의와 숙련으로 그 크기를 감소시키도록 주의하여야 하며 통계학(최소제곱법)적으로 소거하는 방법을 사용한다.

2. 수치해석상의 오차

1) 절대오차

수치처리과정에서 무한급수를 유한급수로 처리할 때 발생하는 오차를 말한다.

2) 입력오차

computer에 무한 수를 유한 수로 입력시킬 때 발생하는 오차를 말한다.

3) 변환오차

computer의 기억장치에서 진법환산을 할 때 발생하는 오차를 말한다.

4) 마무리오차

computer의 유한 기억자리 수를 표현할 때 발생하는 오차를 말한다.

3. 오차와 관련된 용어

1) **참오차**(ε) : 관측값과 참값의 차이로 정의하며 참값을 정확하게 알 수 없으므로 측량에서는 참오차 대신 잔차를 관측값 조정에 사용한다.

참오차 = 관측값 − 참값

2) **잔차**(ν) : 관측값과 최확값의 차이로 정의하며 관측값을 조정할 때 잔차를 이용한다.

잔차 = 관측값 − 평균값

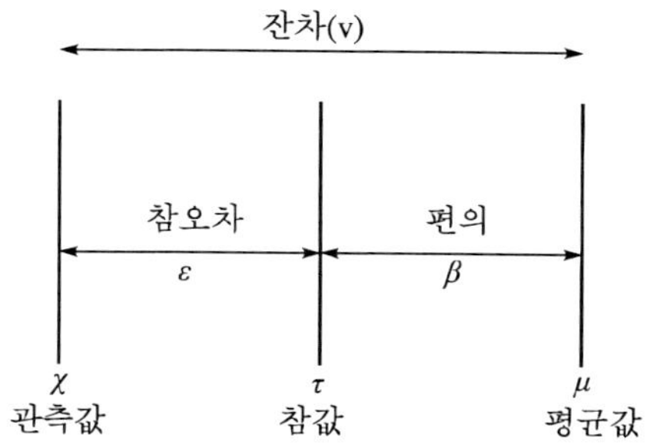

그림 2.1 오차의 관계

3) **평균** : 자료 전체의 특징을 하나의 수로 나타낸 대푯값중의 하나로 관측값의 합을 횟수로 나누어서 구한다.

$$\text{평균} = \frac{\text{측정값의 총합}}{\text{측정횟수}}$$

4) **최확값**(μ) : 참값을 알 수 없으므로 참값을 대신한 대푯값이며, 반복 관측한 관측값들을 수학적 처리과정을 통해 얻어지는 참값에 가장 가까울 확률이 큰 값으로 평균이나 조건부 관측을 만족하여 구한다.

5) **경중률**(P) : 어떤 관측값이 이와 관련된 다른 관측값에 대해 상대적으로 어느 정도의 신뢰성을 갖는가를 표현하는 척도로 일반적으로 관측횟수가 많을수록 높은 경중률을 보인다.

6) **분산**(σ^2) : 주어진 관측값들이 평균값 주위에 얼마나 퍼져있는가를 나타내는 척도이며 잔차의 합이 0이 되는 것을 방지하기 위해 잔차의 제곱의 합에 대한 평균을 분산으로 정의한다.

$$\sigma^2 = \frac{[\nu^2]}{n-1}$$

7) **표준편차**(σ) : 관측단위를 맞추기 위해 분산에 제곱근($\sqrt{\ }$)을 취한 것으로 개별관측(1회관측, 독립관측)에 대한 평균제곱근오차라고도 한다.

① 동일 경중률인 경우는

$$\sigma = \pm\sqrt{\frac{[\nu^2]}{n-1}}$$

② 경중률(P)이 다른 경우에는

$$\sigma = \pm\sqrt{\frac{[P\times\nu^2]}{n-1}}$$

8) **표준오차(σ_m)** : 표준편차를 관측횟수의 제곱근($\sqrt{n}$)으로 나눈 값으로 최확값(평균)에 대한 평균제곱근오차라고도 한다.

① 동일 경중률인 경우는

$$\sigma_m = \pm\frac{\sigma}{\sqrt{n}} = \pm\sqrt{\frac{[\nu^2]}{n(n-1)}}$$

② 경중률이 다른 경우에는

$$\sigma_m = \pm\frac{\sigma}{[P]} = \pm\sqrt{\frac{[P\times\nu^2]}{[P]\times(n-1)}}$$

9) **확률오차(γ)** : 어느 오차보다 절대값이 큰 오차가 발생할 확률과 작은 오차가 발생할 확률이 같은 오차를 확률오차라 하며, 정밀도의 척도로 사용된다. 관측값이 전체관측값의 50%에 있을 확률을 나타내며, 50% 불확실성이라고도 한다. 확률오차는 표준편차에 0.6745배한 것이다.

$\gamma = \pm 0.6745\times\sigma$ 이고 $\gamma_m = \pm 0.6745\times\sigma_m$

2 오차의 확률곡선과 정규분포

관측값으로부터 최확값을 도출하는 과정에서 관측값과 최확값의 차이인 잔차를 특성값으로 하여 분포를 표현하면 곡선을 구성하면 확률곡선을 그리게 된다. 확률이란 측량 성과에 우연오차가 발생할 가능성의 정도를 나타내는 것이다. 측량에 있어서 미지량을 관측할 경우 부정오차가 일어날지 또는 일어나지 않을지가 확실하지 않은 경우 이 오차가 일어날 가능성의 정도를 말한다.

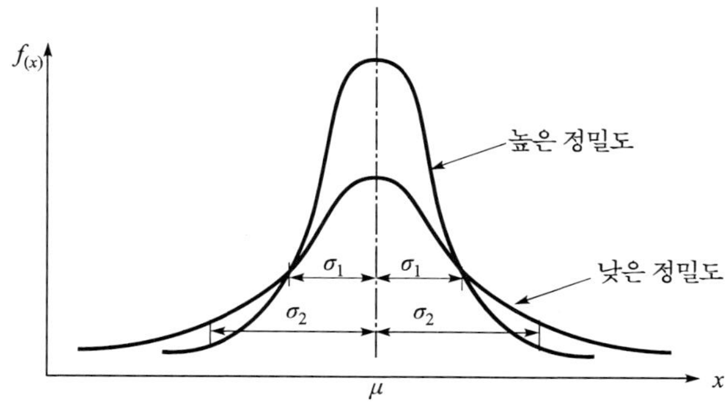

그림 2.2 확률곡선과 정밀도

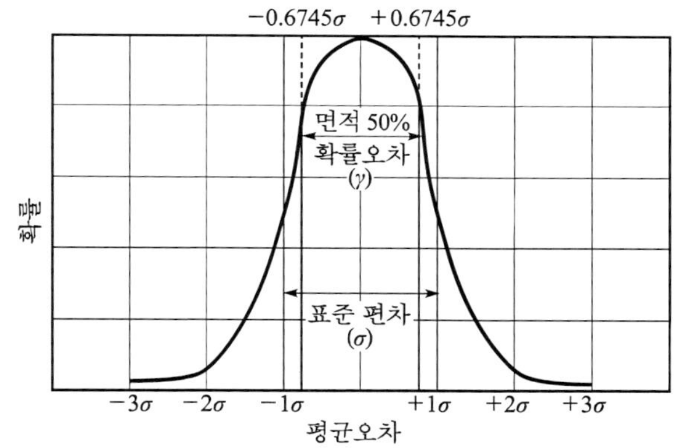

그림 2.3 표준편차와 확률오차

1. 오차의 확률곡선

연속적인 확률변수 X가 분포할 때 평균 μ와 분산 σ^2을 갖는 정규분포라 하며 이 분포곡선이 확률곡선이다.

$$f(x) = \frac{1}{\sqrt{2\pi\sigma}} e^{-\frac{1}{2}\left(\frac{x-\mu}{\sigma}\right)^2} \Rightarrow f(x) = \frac{h}{\sqrt{\pi}} e^{-h^2\epsilon^2}$$

이 정규 분포곡선은 종의 모양이며 평균 π에 대해 대칭이다. 다음은 정규분포 $N(\mu, \sigma^2)$에서 σ의 상수 배인 영역의 확률들이다.

$$P\left[\mu - \sigma_x \le x \le \mu + \sigma_x\right] = 0.6827$$

$$P\left[\mu - 2\sigma_x \le x \le \mu + 2\sigma_x\right] = 0.9545$$

$$P\left[\mu-3\sigma_x \le x \le \mu+3\sigma_x\right]=0.9973$$
$$P\left[\mu-4\sigma_x \le x \le \mu+4\sigma_x\right]=1.0000$$

윗 식은 측정값 x가 평균에서 3σ 또는 4σ의 범위에 존재할 확률이 각각 99.73%와 100% 임을 보여 주고 있으며 보통 이 범위를 우연오차의 허용한계로 보기도 한다. 따라서 이 한계보다 큰 오차는 과대오차로 보아도 무방하다.

어느 특정한 경우의 확률은 다음과 같다.

$$P\left[\mu-0.6745\,\sigma_x \le x \le \mu+0.6745\,\sigma_x\right]=0.50$$
$$P\left[\mu-1.960\ \ \sigma_x \le x \le \mu+1.960\ \ \sigma_x\right]=0.95$$
$$P\left[\mu-2.576\ \ \sigma_x \le x \le \mu+2.576\ \ \sigma_x\right]=0.99$$
$$P\left[\mu-3.29\ \ \ \sigma_x \le x \le \mu+3.29\ \ \ \sigma_x\right]=0.999$$

2. 오차의 법칙

측량에 있어서 미지량을 관측할 경우 부정오차가 일어날지 또는 일어나지 않을지가 확실하지 않을 경우, 이 오차가 일어날 가능성의 정도를 확률이라 하며 이런 오차는 어떤 법칙을 갖고 분포하게 되며 분포특성을 다음과 같이 정의할 수 있다.

① 큰 오차가 생길 확률은 작은 오차가 생길 확률보다 매우 작다.
② 같은 크기의 정(+)오차와 부(−)오차가 생길 확률은 같다.
③ 매우 큰 오차는 거의 생기지 않는다.

3 정밀도와 정확도

1. 정밀도 (precision)

어느 관측값에 대한 정교성과 균질성을 표시하며 우연오차와 매우 밀접한 관계를 갖는데 반복 관측일 경우는 각 관측값의 편차로 하고 정밀도의 해석은 Gauss의 오차론으로부터 얻어진다.

2. 정확도 (accuracy)

참값과 관측값의 편차를 나타내는 것으로 우연오차 뿐만 아니라 보정되지 않는 정오차 또는 과실에 의한 일어난 편의(bias)에 영향을 받는다.

3. 정밀도와 정확도의 특성

1) 정밀도 (precision)

① 관측값의 편차가 크면 정밀하지 않고 편차가 작으면 정밀하다.

② 관측의 균질성을 표시하는 척도이다.

③ 측정 장비와 측정방법에 크게 영향을 받는다.

④ 관측과정과 밀접한 관계가 있다.

⑤ 우연오차와도 밀접한 관계가 있다.

※ 관측값의 분포정도가 척도이다.

2) 정확도 (accuracy)

① 정오차와 착오가 얼마나 제거되었는가에 관계가 있다.

② 관측값과 얼마나 일치되는지를 표시하는 척도이다.

③ 관측의 균일성이나 정교성과는 무관하다.

④ 매우 큰 오차는 거의 발생하지 않는다.

⑤ 오차들은 확률법칙을 따른다.

※ 참값에 가까운 정도가 척도이다.

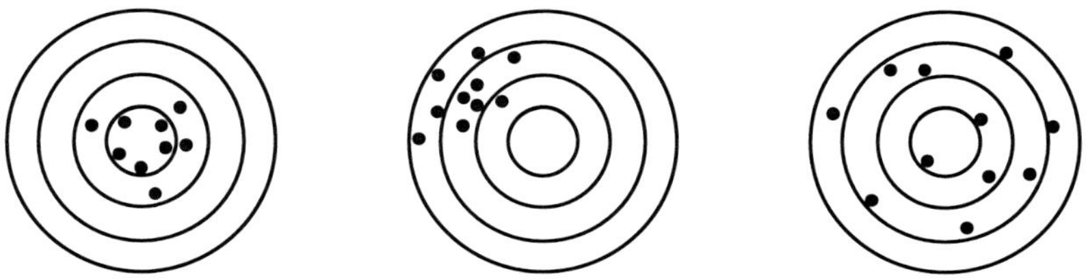

(a) 정밀, 정확하다　(b) 정밀하나 정확하지 않다　(c) 정확하나 정밀하지 못하다

그림 2.4 정밀도와 정확도의 비교

4 우연오차의 계산

1. 최확값 (MPV)

다른 어떤 값보다 참값에 가까운 확률이 가장 큰 값을 말하며, 일반적으로 관측값의 산술평균에 의해서 구하거나 조건부 관측일 때 조건식을 만족하게 되면 최확값을 구할 수 있다. 관측의 경중률이 다른 관측일 때는 경중률을 고려하여 최확값을 구하게 된다.

1) 동일 경중률의 산술평균에 의한 최확값

관측값의 합을 관측횟수로 나누어 산술평균한 값이 최확값이다.

$$\therefore MPV = \frac{l_1 + l_2 \cdots\cdots + l_n}{n} = \frac{[l]}{n}$$

여기서, $l_1, l_2, l_3 \cdots\cdots l_n$: 관측값

n : 관측횟수

2) 다른 경중률의 산술평균에 의한 최확값

경중률이 다른 관측값으로부터 최확값을 구하려면 각 관측값에 경중률을 곱하여 합산하고 이를 경중률의 합으로 나눠서 최확값을 구한다.

$$\therefore M = \frac{P_1 l_1 + P_2 l_2 \cdots\cdots P_n l_n}{P_1 + P_2 + P_3 + \cdots\cdots P_n} = \frac{[P \times l]}{[P]}$$

여기서, $l_1, l_2, l_3 \cdots\cdots l_n$: 관측값

$P_1, P_2, P_3 \cdots\cdots P_n$: 각 관측값의 경중률

예제 1

어느 각을 10번 관측하여 52°12′을 2번, 52°13′을 4번, 52°14′을 4번 얻었다면 관측한 각의 최확값을 구하시오.

풀이 경중률은 관측횟수에 비례하므로

$$\text{최확값}(\theta) = \frac{[P \times \theta]}{[P]} = \frac{2 \times 52°12' + 4 \times 52°13' + 4 \times 52°14'}{2+4+4} = 52°13'12''$$

예제 2

그림과 같이 한 점 O에서 A, B, C방향의 각관측을 실시한 결과가 다음과 같을 때 ∠BOC의 최확값을 구하시오.

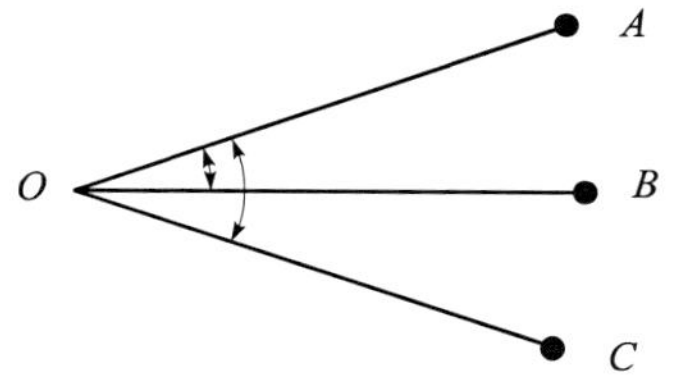

∠AOB	2회	관측 결과	40°30′25″
	3회	관측 결과	40°30′20″
∠AOC	6회	관측 결과	85°30′20″
	4회	관측 결과	85°30′25″

풀이 경중률은 횟수에 비례하므로 최확값$(\theta)=\dfrac{[P\times\theta]}{[P]}$을 적용한다.

① ∠AOB의 최확값 $=40°30' + \dfrac{2\times 25'' + 3\times 20''}{2+3} = 40°30'22''$

② ∠AOC의 최확값 $=85°30' + \dfrac{6\times 20'' + 4\times 25''}{6+4} = 85°30'22''$

③ ∠BOC의 최확값 = ∠AOC − ∠AOB = 45°00′00″

3) 동일한 경중률인 조건부 관측의 최확값

동일한 경중률인 조건부 관측값은 그 조건의 수치와 관측값의 합계의 차이로 오차를 구하고 오차를 등배분하여 조정한다. 예를 들어 그림과 같은 조건을 만족하는 최확값을 구하는 순서는 다음과 같다.

① 조건= $a+b=c$

② 오차= $(a+b)-c$

③ 조정량 = $-\dfrac{\text{오차}}{\text{각의 수}}$

④ 적용 = 큰 각은 빼주고, 작은 각은 더한다.

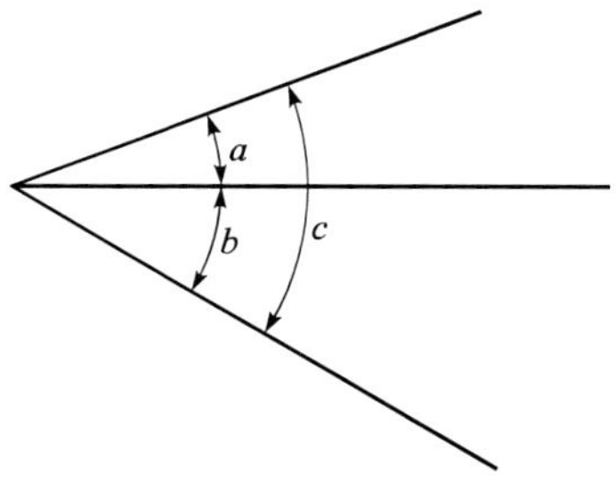

예제 3

삼각측량에서 한 삼각망의 내각을 측정하니 ∠A = 32°12′20″, ∠B = 58°23′40″, ∠C = 89°24′36″일 때 최확값을 구하라.

풀이

$\angle A+\angle B+\angle C=180°00'36''$ 오차가 $-36''$ 이므로 $\frac{-36''}{3}=-12''$ 이고 관측값의 합이 180°보다 크므로 각각 -12″를 조정하여 최확값을 구한다.
각각의 최확값은 $\angle A=32°12'08''$, $\angle B=58°23'28''$, $\angle C=89°24'24''$ 으로
$\angle A+\angle B+\angle C=180°00'00''$ 이다.

4) 경중률이 다른 조건부 관측의 최확값

경중률이 다른 조건부 관측값은 그 조건의 수치와 관측값의 합계의 차이로 오차를 구하고 각 관측값의 경중률에 반비례되도록 나누어서 조정한다. 이는 경중률과 오차가 반비례 관계이므로 오차의 배분은 횟수에 반비례하여 조정하게 된다.

$$C_1 : C_2 : C_3 = \frac{1}{P_1} : \frac{1}{P_2} : \frac{1}{P_3}$$

$$\text{조정량}=\text{오차}\times\frac{\text{조정할 각의 조정비율}}{\text{조정비율의 합}}$$

여기서, P : 측정횟수, C : 조정비율

예제 4

그림과 같이 2회 관측한 ∠AOB의 크기는 21°36′28″, 3회 관측한 ∠BOC는 63°18′45″, 6회 관측한 ∠AOC는 84°54′37″일 때 ∠AOC의 최확값을 구하시오.

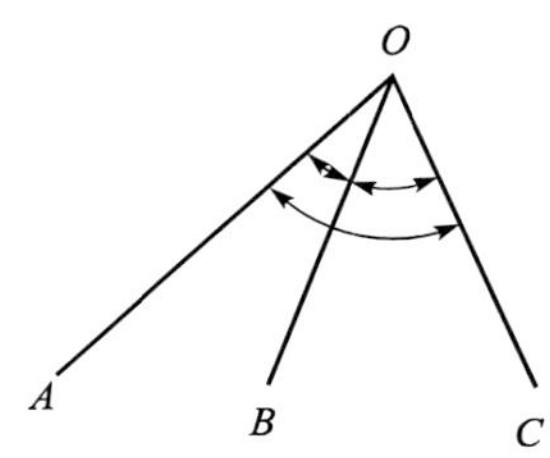

풀이

측각오차는 ∠AOC−(∠AOB+∠BOC)로 구하고 -36″이며, ∠AOC는 (−)오차이다.
오차는 경중률에 반비례하므로 측각오차의 조정은 관측횟수에 반비례하여

$$P_{\angle AOB} : P_{\angle BOC} : P_{\angle AOC} = \frac{1}{2} : \frac{1}{3} : \frac{1}{6} = 3:2:1$$

$$\angle \mathrm{AOC} = 84°54'37'' + \frac{1}{3+2+1}\times 36'' = 84°54'43''$$

2. 경중률 (weight)

경중률이란 일반적으로 측정할 경우 동일한 정밀도로 측정하는 경우와 서로 상이한 정밀도로 측정하는 경우가 있다. 정밀도를 서로 상이하게 측정하는 경우에 최확값을 구할 때 정밀도를 고려하는 적용계수를 경중률(Weight)이라고 하는데, 관측값의 신뢰도를 나타내는 척도이며 다음과 같은 성질을 가진다. 경중률에 의해서 최확값을 구하는 이유는 우연오차 처리시 잔차가 최소가 되는 값을 구하기 위함이다.

① 경중률은 관측횟수(N)에 비례한다.

$$P_1 : P_2 : P_3 = N_1 : N_2 : N_3$$

② 경중률은 노선거리(S)에 반비례한다.

$$P_1 : P_2 : P_3 = \frac{1}{S_1} : \frac{1}{S_2} : \frac{1}{S_3}$$

③ 경중률은 평균제곱근오차(σ)의 제곱에 반비례한다.

$$P_1 : P_2 : P_3 = \frac{1}{\sigma_1^2} : \frac{1}{\sigma_2^2} : \frac{1}{\sigma_3^2}$$

④ 경중률은 정밀도의 제곱에 비례한다.

$$P_1 : P_2 : P_3 = R_1^2 : R_2^2 : R_3^2$$

⑤ 직접 수준측량에서 경중률은 노선거리(L)에 반비례한다.

$$P_1 : P_2 : P_3 = \frac{1}{L_1} : \frac{1}{L_2} : \frac{1}{L_3}$$

예제 5

어느 각을 관측한 결과가 다음과 같을 때, 최확값을 구하시오. (단, 괄호 안의 숫자는 경중률)

73°40′12″(2),	73°40′10″(1)
73°40′15″(2),	73°40′18″(1)
73°40′09″(2),	73°40′16″(2)
73°40′14″(2),	73°40′13″(3)

풀이

$$\text{최확값}(\theta) = \frac{[P\times\theta]}{[P]}$$

$$= 73°40' + \frac{12\times2+15\times2+09\times2+14\times2+10\times1+18\times1+16\times2+13\times3}{2+2+2+2+1+1+2+2+3}('')$$

$$= 73°40'13.7''$$

예제 6

측량결과가 표와 같을 때 P점의 표고를 구하시오.

측점	측점의 표고	측량방향	고저차	거리
A	20.14m	A→P	+1.53m	2.5km
B	24.03m	B→P	−2.33m	4.0km
C	19.89m	C→P	1.94m	2.0km

풀이

① P점의 표고

$A \Rightarrow P$점의 표고 $= 20.14 + 1.53 = 21.67m$

$B \Rightarrow P$점의 표고 $= 24.03 - 2.33 = 21.70m$

$C \Rightarrow P$점의 표고 $= 19.89 + 1.94 = 21.83m$

② 경중률은 노선의 거리에 반비례한다.

$$P_A : P_B : P_C = \frac{1}{2.5} : \frac{1}{4} : \frac{1}{2} = 8 : 5 : 10$$

③ 최확값은 경중률을 고려하여 계산한다.

$$\text{최확값}(h) = \frac{P_A \times h_A + P_B \times h_B + P_C \times h_C}{P_A + P_B + P_C}$$

$$= 21 + \frac{8 \times 0.67 + 5 \times 0.70 + 10 \times 0.83}{8 + 5 + 10}$$

$$= 21.746m$$

예제 7

동일 구간에 대해 3개의 관측군으로 나누어 거리 관측을 실시한 결과가 표와 같을 때, 이 구간의 최확값은?

관측군	관측값(m)	관측횟수
1	50.362	5
2	50.348	2
3	50.359	3

풀이

경중률은 관측횟수에 비례하므로 최확값$= \dfrac{[P \times l]}{[P]}$ 에서

$$\text{최확값} = 50.350m + \frac{5 \times 12 + 2 \times (-2) + 3 \times 9}{5 + 2 + 3} mm$$

$$= 50.358m$$

표 2.1 최확값, 평균제곱근오차, 확률오차, 정밀도의 산정

	경중률(P)이 일정한 경우 (경중률을 고려하지 않은 경우)	경중률(P)이 다른 경우 (경중률을 고려한 경우)
최확값(L_0)	$L_0 = \frac{l_1 + l_2 + \cdots + l_n}{n} = \frac{[l]}{n}$	$L_0 = \frac{P_1 l_1 + P_2 l_2 + \cdots + P_n L_n}{P_1 + P_2 + \cdots P_n} = \frac{[Pl]}{[P]}$
잔차(v)	잔차= 최확치−관측치 $v = L_0 - l$	잔차= 최확치−관측치 $v = L_0 - l$
표준편차(σ) 및 표준오차(σ_s)	① 1회 관측(개개의 관측값)에 대한 표준편차(독립관측) $\sigma = \pm\sqrt{\frac{[v^2]}{n-1}}$ ② n회 관측값(최확값)에 대한 표준오차 $\sigma_m = \pm\sqrt{\frac{[\nu^2]}{n(n-1)}}$	① 1회 관측(개별 관측값)에 대한 표준편차(독립관측) $\sigma = \pm\sqrt{\frac{[P \times v^2]}{n-1}}$ ② n회 관측값(최확값)에 대한 표준오차 $\sigma_m = \pm\sqrt{\frac{[P \times \nu^2]}{[P](n-1)}}$
확률오차(γ)	① 1회 관측(개개의 관측값) $\gamma = \pm 0.6745 \times \sigma$ ② n회 관측값(최확값) $\gamma_m = \pm 0.6745 \times \sigma_m$	① 1회 관측(개개의 관측값) $\gamma = \pm 0.6745 \times \sigma$ ② n회 관측값(최확값) $\gamma_m = \pm 0.6745 \times \sigma_m$
정밀도 ($R = \frac{1}{m}$)	① 1회 관측(개개의 관측값) $R = \frac{\sigma}{l}$ or $\frac{\gamma}{l}$ ② n회 관측값(최확값) $R = \frac{\sigma_m}{L_0}$ or $\frac{\gamma_m}{L_0}$	① 1회 관측(개개의 관측값) $R = \frac{\sigma}{l}$ or $\frac{\gamma}{l}$ ② n회 관측값(최확값) $R = \frac{\sigma_m}{L_0}$ or $\frac{\gamma_m}{L_0}$

예제 8

한 개의 각을 10회 측정하여 표와 같이 오차가 발생하였다. 개별관측에 대한 평균제곱근오차(표준편차)를 구하시오.

번호	1	2	3	4	5	6	7	8	9	10
오차	3.8″	1.5″	−2.0″	0.0″	4.3″	−1.8″	−2.2″	0.7″	−3.9″	2.3″

풀이

$\sigma = \pm\sqrt{\dfrac{[v^2]}{(n-1)}}$ 에서

$[v^2] = (3.8'')^2 + (1.5'')^2 + (-2.0'')^2 + (0.0'')^2 + (4.3'')^2$
$+ (-1.8'')^2 + (-2.2'')^2 + (0.7'')^2 + (-3.9'')^2 + (2.3'')^2 = 68.25$이므로

$\sigma = \pm\sqrt{\dfrac{68.25}{10-1}} = \pm 2.75''$

예제 9

동일한 조건하에서 수평각을 5회 관측하여 아래와 같은 결과를 얻었다. 개별관측에 대한 평균제곱근오차(표준 편차)를 구하시오.

1회 35°26′17″ 2회 35°26′20″ 3회 35°26′18″ 4회 35°26′25″ 5회 35°26′15″

풀이

① 최확값 (MPV)

$MPV = 35°26' + \dfrac{17'' + 20'' + 18'' + 25'' + 15''}{5} = 35°26'19''$

② 개별관측의 평균제곱근 오차 (σ)

관측값	최확값	잔차(v)	잔차^2(v^2)
17″	19″	−2	4
20″	19″	1	1
18″	19″	−1	1
25″	19″	6	36
15″	19″	−4	16
계			$58 = [v^2]$

$\sigma = \pm\sqrt{\dfrac{[v^2]}{n-1}} = \pm\sqrt{\dfrac{58}{5-1}} = \pm 3.808'' \fallingdotseq 4''$

5 오차의 전파

관측시 아무리 주의해도 정확성에는 한계가 있으므로 참값을 얻을 수 없다. 오차란 참값과 관측값의 차를 말하며 그 오차는 여러 구간 및 각으로 전파되므로 각각의 오차에 대한 전파값을 계산하고 관측오차가 허용오차 범위 내에 있음을 확인해야 한다.

1. 정오차의 전파

정오차의 전파는 오차의 부호와 크기를 알 때 각각의 변수는 정오차를 가지고 해석하는 함수식이며, 이는 편미분방정식으로 표시하고 오차율을 나타낸다.

오차의 부호와 크기를 알 때 이들 오차의 함수는 $y=f(x_1,\ x_2,\ \cdots,\ x_n)$이며 각각의 변수가 정오차 $\Delta x_1,\ \Delta x_2,\ \cdots,\ \Delta x_n$ 를 가지고 있는 경우의 함수식은

$$\Delta y = \frac{\partial y}{\partial x_1}\Delta x_1 + \frac{\partial y}{\partial x_2}\Delta x_2 + \cdots + \frac{\partial y}{\partial x_n}\Delta x_n$$

그림에서 $L = d\cos\theta$ 이고 d와 θ에 대한 정오차는 Δd와 $\Delta\theta$ 라면

$$\begin{aligned}\Delta L &= (\cos\theta)\Delta d + (-d\sin\theta)\Delta\theta \\ &= L(\frac{\Delta d}{d}) + L(-\tan\theta)\Delta\theta \\ &= L[(\frac{\Delta d}{d}) - \tan\theta\Delta\theta]\end{aligned}$$

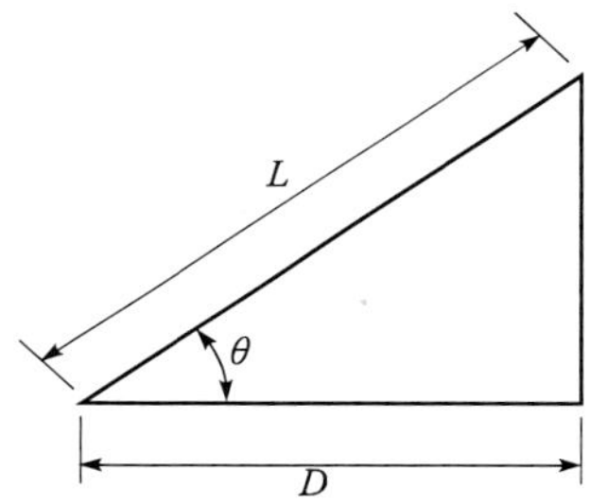

그림 2.5 정오차의 전파

2. 오차 전파의 법칙

어떤 양 X가 $x_1,\ x_2,\ \cdots,\ x_n$ 의 함수로 표시되고 관측된 평균제곱근 오차를 $m_1,\ m_2,\ \cdots,\ m_n$이라면 $X=f(x_1,\ x_2,\ \cdots,\ x_n)$ 에서 부정오차의 총합의 일반식은

$$\sigma_X = \pm\sqrt{\left(\frac{\partial X}{\partial x_1}\right)^2\sigma_{x_1}^2 + \left(\frac{\partial X}{\partial x_2}\right)^2\sigma_{x_2}^2 + \cdots + \left(\frac{\partial X}{\partial x_n}\right)^2\sigma_{x_n}^2}$$

① $Y = aX$

$$\sigma_y = \pm\sqrt{(\frac{\partial Y}{\partial X})^2} = \pm a\sigma_x$$

② $Y = X_1 + X_2 + \ldots\ldots + X_n$

$$\sigma_y = \pm\sqrt{{\sigma_{x_1}}^2 + {\sigma_{x_2}}^2 + \cdots + {\sigma_{x_n}}^2}$$

③ $Y = X_1 \cdot X_2$

$$\sigma_Y = \pm\sqrt{X_2^2{\sigma_{x_1}}^2 + X_1^2{\sigma_{x_2}}^2}$$

④ $Y = X_1/X_2 = X_1 \cdot X_2^{-1}$

$$\sigma_Y = \pm\frac{X_1}{X_2}\sqrt{\left(\frac{\sigma_{x_1}}{X_1}\right)^2 + \left(\frac{\sigma_{x_2}}{X_2}\right)^2}$$

예제 10

어떤 기선을 4구간으로 나누어 측량한 결과가 다음과 같을 때 전체 거리에 대한 확률오차를 구하시오.

$L_1 = 29.5512 \pm 0.0014m$, $L_2 = 29.8837 \pm 0.0012m$

$L_3 = 29.3363 \pm 0.0015m$, $L_4 = 29.4488 \pm 0.0015m$

풀이

① 부정오차의 일반식

$Y = f(x_1, x_2, x_3 \ldots\ldots x_n)$

$$\sigma_Y = \pm\sqrt{(\frac{\partial Y}{\partial x_1})^2\sigma_{x1}^2 + (\frac{\partial Y}{\partial x_2})^2\sigma_{x2}^2 + \cdots + (\frac{\partial Y}{\partial x_n})^2\sigma_{xn}^2}$$

② 4구간으로 나누어 측량한 전체거리의 부정오차 전파

$Y = L_1 + L_2 + L_3 + L_4$

$$\sigma_Y = \pm\sqrt{(\frac{\partial Y}{\partial L_1})^2\sigma_{L1}^2 + (\frac{\partial Y}{\partial L_2})^2\sigma_{L2}^2 + (\frac{\partial Y}{\partial L_3})^2\sigma_{L3}^2 + (\frac{\partial Y}{\partial L_4})^2\sigma_{L4}^2}$$

$$= \pm\sqrt{(1)^2\sigma_{L1}^2 + (1)^2\sigma_{L2}^2 + (1)^2\sigma_{L3}^2 + (1)^2\sigma_{L4}^2}$$

$$= \pm\sqrt{(1.4mm)^2 + (1.2mm)^2 + (1.5mm)^2 + (1.5mm)^2}$$

$$= \pm 2.8107mm \fallingdotseq \pm 0.0028m$$

예제 11

직사각형인 지역의 각 변을 측량하여 a=17.43±0.01m, b=10.72±0.05m의 값을 얻었다. 면적 오차는 얼마인가?

풀이

① 부정오차의 일반식

$$Y=f(x_1, x_2, x_3 \ldots\ldots x_n)$$

$$\sigma_Y = \pm\sqrt{(\frac{\partial Y}{\partial x_1})^2\sigma_{x1}^2 + (\frac{\partial Y}{\partial x_2})^2\sigma_{x2}^2 + \cdots + (\frac{\partial Y}{\partial x_n})^2\sigma_{xn}^2}$$

② 직사각형 지역의 부정오차 전파

$$Y = a \times b$$

$$\sigma_Y = \pm\sqrt{(\frac{\partial Y}{\partial a})^2\sigma_a^2 + (\frac{\partial Y}{\partial b})^2\sigma_b^2}$$

$$= \pm\sqrt{(b)^2\sigma_a^2 + (a)^2\sigma_b^2}$$

$$= \pm\sqrt{(10.72 \times 0.01)^2 + (17.43 \times 0.05)^2}$$

$$= \pm 0.878m^2$$

예제 및 풀이

1. 직육면체인 저수탱크의 용적을 구하고자 한다. 일변 a, b와 높이 h에 대한 측정결과가 다음과 같을 때 부피오차를 구하시오.

a=40.00±0.05m, b=10.00±0.03m, h=20.00±0.02m

해설 **부정오차의 전파**

① 부정오차의 일반식

$$Y=f(x_1, x_2, x_3 \cdots\cdots x_n)$$

$$\sigma_Y = \pm \sqrt{(\frac{\partial Y}{\partial x_1})^2 \sigma_{x1}^2 + (\frac{\partial Y}{\partial x_2})^2 \sigma_{x2}^2 + \cdots + (\frac{\partial Y}{\partial x_n})^2 \sigma_{xn}^2}$$

② 직육면체인 저수탱크의 부정오차

$$Y = a \times b \times h$$

$$\sigma_Y = \pm \sqrt{(\frac{\partial Y}{\partial a})^2 \sigma_a^2 + (\frac{\partial Y}{\partial b})^2 \sigma_b^2 + (\frac{\partial Y}{\partial h})^2 \sigma_h^2}$$

$$= \pm \sqrt{(b \times h)^2 \sigma_a^2 + (a \times h)^2 \sigma_b^2 + (a \times b)^2 \sigma_h^2}$$

$$= \pm \sqrt{(10 \times 20)^2 0.05^2 + (40 \times 20)^2 0.03^2 + (40 \times 10)^2 0.02^2}$$

$$= \pm 27.203 m^3$$

2. 동일 조건으로 기선측량을 하여 다음과 같은 결과를 얻었을 때 최확값을 구하시오.

A = 98.475 ± 0.030m, B = 98.464 ± 0.015m, C = 98.484 ± 0.045m

해설 경중률 $\propto \frac{1}{(\text{평균제곱오차, 표준편차})^2}$ 이므로

$$P_A : P_B : P_C = \frac{1}{0.030^2} : \frac{1}{0.015^2} : \frac{1}{0.045^2}$$

$$= \frac{1}{2^2} : \frac{1}{1^2} : \frac{1}{3^2} = \frac{1}{4} : \frac{1}{1} : \frac{1}{9} = 9 : 36 : 4$$

$$\text{최확값} = \frac{[P \times l]}{[P]}$$

$$= 9.84 + \frac{9 \times 75 + 36 \times 64 + 4 \times 84}{9 + 36 + 4} \times 10^{-3}$$

$$= 98.468 m$$

3. 3인(A, B, C)이 각을 관측한 결과가 아래와 같을 때 최확값을 구하시오.

A : 66° 36′ 32″ ± 3.2″
B : 66° 36′ 27″ ± 2.9″
C : 66° 36′ 25″ ± 3.6″

해설 경중률은 평균제곱근오차의 제곱에 반비례한다.

$$P_A : P_B : P_C = \frac{1}{3.2^2} : \frac{1}{2.9^2} : \frac{1}{3.6^2} = 1 : 1.2 : 0.8$$

$$\text{최확값} = \frac{P_A l_A + P_B l_B + P_C l_C}{P_A + P_B + P_C} =$$

$$= 66°36' + \frac{1 \times 32'' + 1.2 \times 27'' + 0.8 \times 25''}{1 + 1.2 + 0.8}$$

$$= 66°36'28''$$

4. 2점간의 거리를 측정한 결과가 다음과 같을 때 최확값에 대한 평균제곱근오차(표준오차)를 구하시오.

A:156.48m(4회), B:156.30m(5회), C:156.35m(3회), D:156.40m(5회)

해설 경중률은 관측횟수에 비례하므로 최확값을 구하면

$A : B : C : D = 4 : 5 : 3 : 5$

$$MPV = 156.3m + \frac{4 \times 18 + 5 \times 0 + 3 \times 5 + 5 \times 10}{4 + 5 + 3 + 5} cm$$

$$= 156.38m$$

관측값	관측값	$\nu(cm)$	$\nu^2(cm^2)$	P	$P\nu^2$
A	156.48	10	100	4	400
B	156.30	−8	64	5	320
C	156.35	−3	9	3	27
D	156.40	2	4	5	20
계				17	767

$$\sigma = \pm\sqrt{\frac{[P\nu^2]}{[P](n-1)}}$$

$$= \pm\sqrt{\frac{767}{17 \times (4-1)}} = \pm 3.88cm$$

5. 토털스테이션으로 각을 측정할 때 기계의 중심과 측점이 일치하지 않아 0.5mm의 오차가 발생하였다면 각 관측 오차를 2″이하로 하기 위한 변의 최소 길이를 구하시오.

해설 **거리측량과 각측량의 정확도**

거리측량의 정확도와 각측량의 정확도가 동일하다면 $\frac{dl}{l} = \frac{d\alpha}{\rho}$ 에서

$$l = \frac{dl}{d\alpha} \times \rho = \frac{0.5mm}{2''} \times 206{,}265'' = 51{,}566.25mm \fallingdotseq 51.566m$$

6. 그림에서 두 각이 ∠AOB=15°32′18.9″±5″, ∠BOC=67°17′45″±15″로 표시될 때 두 각의 합 ∠AOC를 구하시오.

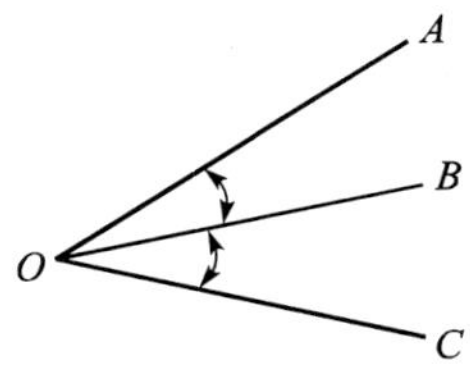

해설 **각관측의 우연오차의 전파**

∠AOC=∠AOB+∠BOC=82°50′ 3.9″

우연오차는 오차의 전파에 의해

$$\sigma_{\angle AOC} = \pm \sqrt{\sigma^2_{\angle AOB} + \sigma^2_{\angle BOC}} = \pm \sqrt{(5'')^2 + (15'')^2} = \pm 15.8''$$

7. 삼각형 A, B, C의 내각을 측정하여 다음과 같은 결과를 얻었다. 오차를 보정한 각 B의 최확값을 구하시오.

∠A = 59°59′27″(1회 관측), ∠B = 60°00′11″(2회 관측), ∠C = 59°59′49″(3회 관측)

해설 **경중률이 다른 각관측의 최확값**

① 삼각형 내각의 합 = 179°59′27″이므로 각관측오차 = −33″

② 오차의 분배 비율은 관측횟수에 반비례하므로 $A:B:C = \frac{1}{1}:\frac{1}{2}:\frac{1}{3} = 6:3:2$

③ B의 최확값$= 60°00'11'' + \frac{3}{6+3+2} \times 33'' = 60°00'20''$

8. A, B 두 점간의 거리를 관측하기 위하여 그림과 같이 세 구간으로 나누어 측량하였다. 측선 $\overline{AB}$의 거리를 구하시오. (단, Ⅰ:10m±0.01m, Ⅱ : 20m±0.03m, Ⅲ : 30m±0.05m이다.)

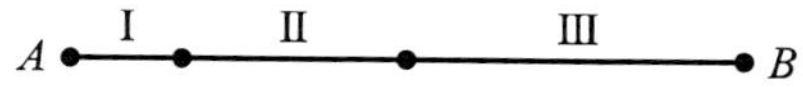

해설 **거리측량에 대한 부정오차의 전파**

$\overline{AB}=\text{Ⅰ}+\text{Ⅱ}+\text{Ⅲ}=10+20+30=60m$

$$\sigma_{AB}=\pm\sqrt{(\frac{\partial AB}{\partial \text{Ⅰ}})^2\sigma_{\text{Ⅰ}}^2+(\frac{\partial AB}{\partial \text{Ⅱ}})^2\sigma_{\text{Ⅱ}}^2+(\frac{\partial AB}{\partial \text{Ⅲ}})^2\sigma_{\text{Ⅲ}}^2}$$

$$=\pm\sqrt{\sigma_{\text{Ⅰ}}^2+\sigma_{\text{Ⅱ}}^2+\sigma_{\text{Ⅲ}}^2}=\pm\sqrt{0.01^2+0.03^2+0.05^2}=\pm 0.06m$$

9. 어떤 거리를 10회 관측하여 평균 2,403.557m의 값을 얻고 잔차의 제곱의 합 8,208mm^{2}를 얻었다면 1회 관측의 평균 제곱근 오차를 구하시오.

해설 **1회 관측의 평균제곱근오차 (σ)**

$$\sigma=\pm\sqrt{\frac{[v^2]}{n-1}}=\pm\sqrt{\frac{8,208}{10-1}}=\pm 30.2mm$$

10. 줄자로 거리를 관측할 때 한 구간 20m의 거리에 비례하는 정오차가 +2mm라면 전 구간 200m를 관측하였을 때 정오차를 구하시오.

해설 **거리측량의 정오차의 전파**

정오차는 관측횟수에 비례하고, 우연오차(부정오차)는 관측횟수의 제곱근에 비례한다.

정오차 $E=+2mm\times\frac{200m}{20m}=+20mm$

11. 120m의 측선을 30m 줄자로 관측하였다. 1회 관측에 따른 우연오차가 ±3 mm 이었다면, 전체 거리에 대한 오차를 구하시오.

해설 **거리측량의 오차의 전파**

정오차는 관측횟수에 비례하고, 우연오차(부정오차)는 관측횟수의 제곱근에 비례한다.

① 관측횟수$=\frac{120m}{30m}=4$(회)

② 전체거리의 우연오차$=\pm 3mm\sqrt{4}=\pm 6mm$

12. 100m의 측선을 20m 줄자로 관측하였다. 1회의 관측에 +4mm의 정오차와 ±3mm의 부정오차가 있었다면 측선의 거리를 구하시오.

해설 **거리측량의 오차의 전파**

정오차는 관측횟수에 비례하고, 우연오차(부정오차)는 관측횟수의 제곱근에 비례한다.

① 관측횟수$=\dfrac{100m}{20m}=5$(회)

② 정오차$=+4mm\times 5$회 $=+20mm=+0.020m$

③ 우연오차$=\pm 3mm\times\sqrt{5}\fallingdotseq\pm 7mm=\pm 0.007m$

13. 동일 구간에 대해 3개의 관측군으로 나누어 거리관측을 실시한 결과가 표와 같을 때, 이 구간의 최확값은?

관측군	관측값(m)	관측횟수
1	50.362	5
2	50.348	2
3	50.359	3

해설 **경중률이 다른 거리관측의 최확값**

경중률은 관측횟수에 비례하므로 최확값$=\dfrac{[P\times\theta]}{[P]}$에서

최확값$=50.350m+\dfrac{5\times 12+2\times(-2)+3\times 9}{5+2+3}mm$

$=50.358m$

CHAPTER

03 거리측량

CHAPTER 03

거리측량

1 거리측량의 개요

1. 측량에서 말하는 거리

측량에서 말하는 거리는 수평거리이며, 경우에 따라 경사거리를 측정하여 사용할 수 있지만 지도를 그리거나 면적을 계산할 때는 수평거리로 사용해야 한다. 연직거리(수직거리)의 측정은 고저차를 구할 때 사용한다. 일반적으로 관측한 거리는 경사거리이므로 기준면에 대한 수평거리로 환산하여 사용한다.

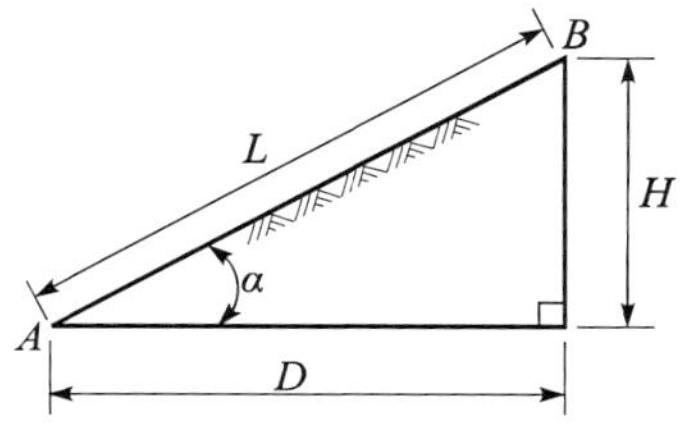

여기서, D : 수평거리
L : 경사거리
H : 수직거리
α : 경사각

그림 3.1 거리측량

※ 경사거리를 수직거리로 환산하는 방법

① L과 H를 관측한 경우 : $D=\sqrt{L^2-H^2}$

② L과 α를 관측한 경우 : $D=L\times\cos\alpha$

2. 거리의 종류

① 평면거리 : 측량에서 사용하는 거리

② 곡면거리 : 구 또는 타원체의 거리. 대원, 자오선, 측지선, 항정선 등

③ 공간거리 : 공간상의 두 점을 잇는 선형을 경로로 측량한 거리. 위성측량, 공간삼각측량에서 사용

3. 거리측정 방법

1) 직접거리측량

직접 거리측량방법은 보통 현장측량에서와 같이 큰 정밀도를 요하지 않는 일반적인 거리측량으로 줄자 등을 주로 사용하여 거리를 측정하는 방법이다.

2) 간접거리측량

간접 거리측량방법은 구하려고 하는 거리를 직접적으로 측정하는 것이 아니고 거리와 각을 측정하여 기하학적인 관계로부터 소요되는 거리를 산출하는 방법이다.

2 거리측량에 사용되는 장비

1. 측쇄 (Chain)

1) Egypt시대부터 발달하여 Nile강변 토지경계용으로 사용하기 시작했다.
2) 지름 3mm의 강철제 철사로 만들어졌으며 양 끝에 Handle이 있고 철사 1개의 길이 1 link (20cm)로 되었다.
3) 1 chain = 100 link
4) 1 mile = 80 chain = 5280 ft
5) 측량침(Pin) 10개
6) 무겁고 현재는 사용 않는다.

2. 쇠줄자 (steel tape)

1) 폭이 12mm 정도의 얇은 강철에 mm 단위로 잣눈을 한 줄자로 길이는 10~50m짜리가 흔하나 때로는 100m, 200m, 300m짜리도 있다.
2) 삼각측량의 기선측정과 같은 중요한 측량에 사용된다.

3) 습도에 의한 길이의 신축이 거의 없으나 녹이 슬기 쉽고, 무게가 무겁고, 쉽게 꺾어져 부러지기 쉬우며, 취급할 때 손을 다치기 쉬운 결점 등이 있다.
4) 근래에는 12~18크롬강으로 만든 스텐레스강철 줄자와 같은 녹이 나지 않는 것도 있다.
5) 쇠줄자는 사용 후 불순물을 닦아내고 글리세린과 같은 기름을 칠하여 두면 좋다.

그림 3.2 쇠줄자

3. 인바줄자

1) nickel(약36%), 강철(63.6%), 탄소(0.4%)를 혼합한 합금으로 불변강철이다.
2) 온도에 대한 신축은 쇠줄자의 약 1/10 정도이다.
3) 삼각측량에서 기선(base line)측정에 사용한다.
4) 선 팽창계수는 1°C에 대하여 0.0000009이다.
5) 형태는 Tape형, Wire형이 있다.

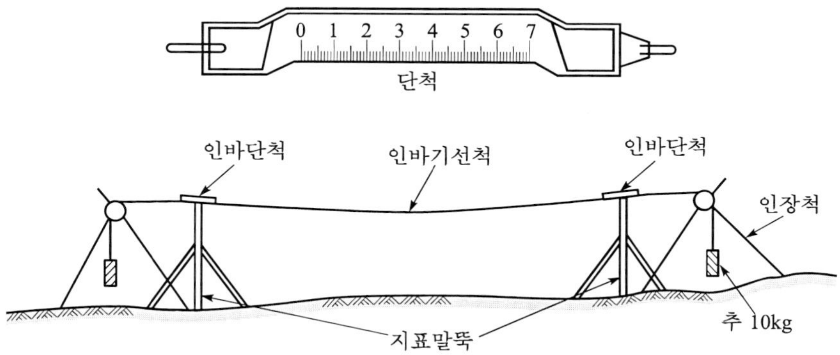

그림 3.3 인바 줄자

4. 전자파 거리측량기

전자파 측거의로 측정하고자 하는 2점간에 전자파를 왕복시키면 반사하여 되돌아오는 전자파의 위상(位相)은 거리에 상응하여 현장에서 거리측량을 실시하는 것으로 지형에 좌우되는 일이 없이 거리가 측정되는 이점이 있다.

1) EDM측정기의 분류

① 전자파기기

㉮ 보통 파장이 0.9m 정도인 적외선 광산을 변조하여 반송파로서 이용한다.

㉯ 광원은 보통 GaAs 또는 진공관을 사용한다.

㉰ 적용범위는 2~3km로 제한되어 있다.

㉱ 일반적으로 측량에서 많이 사용된다.

② 극초단파 측정기기

㉮ 주파수가 3~35GHz인 극초단파를 사용한다.

㉯ 작업범위는 상당히 길고, 일기가 흐리거나, 안개 또는 약간의 비 속에서도 작동할 수 있다.

㉰ 측정에 편리하게 발진장치, 수신장치, 안테나, 작동회로망 그리고 내장되어 있는 통신장치를 포함한다.

㉱ 측정범위는 약 50km 정도이다.

③ 장거리 라디오파 측정기

㉮ 보통 1km 이상의 매우긴 파를 가진 에너지를 사용하는 기기이다.

㉯ 측정범위는 거의 100~800m 정도의 거리를 측정할 수가 있다.

㉰ 항해, 항공사진 측량에서의 위치조정, 자기계측정, 해양이나 수로측정,항구준설과 같은 특수 측량에 사용된다.

④ 전자파 측거기와 그 원리

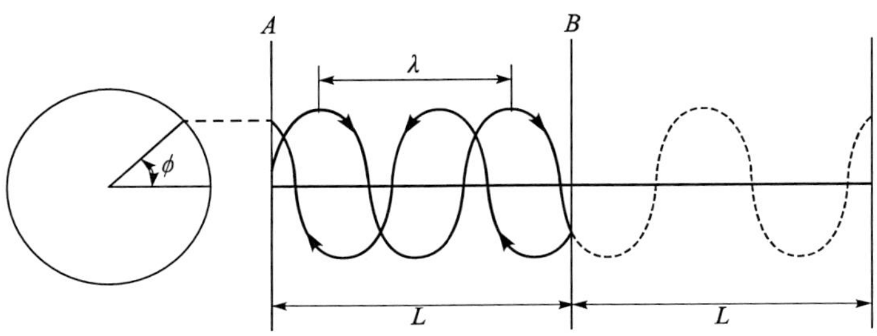

그림 3.4 2점간의 전자파의 왕복

$c = f \cdot \lambda$에서

$$\lambda = \frac{c}{f_A - f_B} = \frac{1}{\frac{1}{\lambda_A} - \frac{1}{\lambda_B}}$$ 가 된다.

전파측거기는 전파(Micro wave)를 이용하는 경우 원거리측정용이며 광파측거기는 광파(Optical Wave)를 이용하는 경우 중·근거리 측정용이다.

표 3.1 광파측정기와 전파측지기의 비교

<table>
<tr><th>항목(기계명)</th><th colspan="2">광파측정기(Geodimeter)</th><th>전파측정기(Tellurometer)</th></tr>
<tr><td>정도</td><td colspan="2">$(1 \sim 2) \pm 2 \times 10^{-6} D(\mathrm{cm})$
D : 관측거리</td><td>$(3 \sim 5) \pm 4 \times 10^{-6} D(\mathrm{cm})$</td></tr>
<tr><td>기후 영향</td><td colspan="2">안개, 비, 눈 등 기후의 영향을 많이 받는다</td><td>일기의 영향을 받지 않는다.</td></tr>
<tr><td>방해물</td><td colspan="2">두점간의 시준만 되면 가능하다.</td><td>장애물(송전선, 자동차, 고압선 부근은 관측불능)영향을 받는다.</td></tr>
<tr><td rowspan="2">관측가능거리</td><td rowspan="2">짧다.
(1m ~ 60km)</td><td>원거리용
(10m ~ 60km)</td><td rowspan="2">길다.
100m ~ 150km</td></tr>
<tr><td>근거리용
(1m ~ 1km)</td></tr>
<tr><td>한번조작시간</td><td colspan="2">10 ~ 20분</td><td>20 ~ 30분</td></tr>
</table>

2) 광파측거기에 의한 거리측량

1점으로부터 강도변조를 한 광선을 송출하여 발사광과 다른 점에서 반사 되어 되돌아오는 반사광과의 위상차를 측정하여 거리를 측정할 수 있다.

3) 오차의 발생

① EDM측정기 오차

㉮ 개인오차 : 오독, 구심의 부정확, 기상요인, 기계고 부정확 측정

㉯ EDM측정기의 기계오차 : 부정한 기계 오차

㉰ 자연오차 : 대기온도, 대기압력, 습기에 의한 오차

② 거리에 따른 EDM측정기의 오차

㉮ 거리에 비례하는 오차

㉠ 광속도 오차 : 매우 미소하므로 무시한다.

㉡ 광변조 주파수의 오차 : 거리에 커다란 영향을 준다.

$$\left(D\text{는} -\left(\frac{\Delta f}{f}\right)\cdot D\text{만큼 영향을 준다.}\right)$$

여기서, f : 주파수, Δf : 주파수의 오차, D : 거리

㉢ 굴절률의 오차

거리오차 $\therefore \triangle D = -\left(\frac{\triangle n}{n}\right) \cdot D$

여기서, $\triangle n$: 전자파에너지의 굴착에 의한 오차

㉯ 거리에 비례하지 않는 오차

㉠ 측정기의 정수, 반사경 정수의 오차 : 측정기기에 따른 오차로 보통 2~3mm 정도이다.

㉡ 위상차(位相差)측정오차 : 개인오차를 보통거리에 대하여 1~2cm 정도이다.

㉢ 측정기와 반사경의 구심오차 : 1~2mm 정도 오차가 발생하며 단거리 측정시 주의한다.

5. VLBI (Very Long Base Interferometer : 초장기선간섭계)

지구상에서 1,000~10,000km 정도 떨어진 1조의 전파간섭계를 설치하여 전파원으로부터 나온 전파를 수신하여 2개의 간섭계에 도달한 전파의 시간차를 관측하여 거리를 측정한다. 시간차로 인한 오차는 30cm 이하이고 10,000km의 기선의 경우 관측소의 위치로 인한 오차 15cm 이내가 가능하다.

6. NNSS, GPS

1) NNSS (Navy Navigation Satellite System) 체계

① 1959년 TRANSIT계획으로 시작-1964년 실용화

② 도플러 효과에 의한 전파 관측법 이용

③ 지구자전속도 변동조사 및 범 세계적 위치결합에 이용

④ 이용 좌표계는 WGS-72

2) GPS (Global Positioning System) 체계

① NNSS를 보완한 인공위성을 이용한 새로운 항행체계

② NNSS발전형(관측 소요시간, 정확도)

③ 위성 24개(예비6)

④ 이용좌표계 WGS-84

⑤ 정확한 위치를 알고 있는 위성에서 발사된 전파를 수신하여 관측점까지의소요시간을 관측함으로써 고속물체의 위치관측과 속도관측에 유효

3 경사지의 거리측정

1. 계단식 방법

산지나 농지의 측량일 때에는 경사가 5°이내이면 경사거리를 수평거리로 사용해도 별지장 없다.

① 강측법 : 수평거리를 단계적으로 높은 지점에서 낮은 지점으로 향하여 측정하는 방법을 강측법이라 한다.

② 등측법 : 강측법과 반대로 수평거리를 단계적으로 낮은 지점에서 높은 지점으로 향하여 측정하는 방법을 등측법이라 한다.

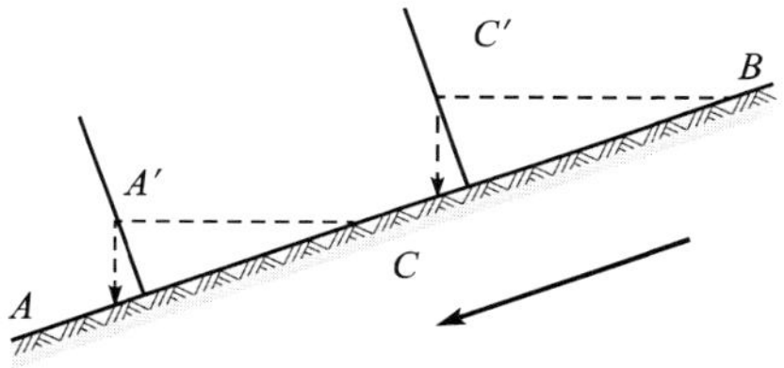

그림 3.5 강측법

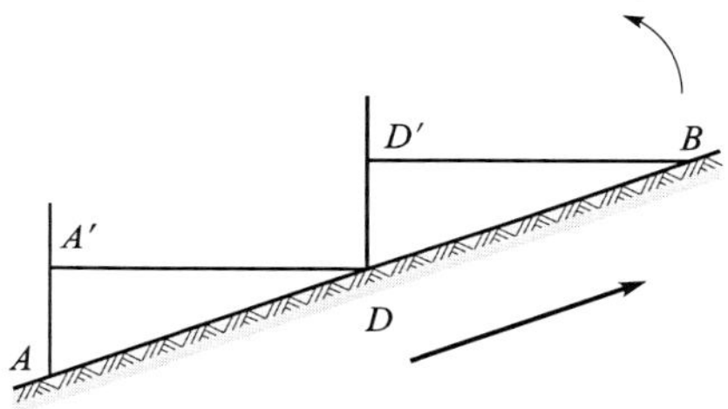

그림 3.6 등측법

2. 비탈거리를 측정하여 수평거리로 환산하는 방법

경사면이 일정할 때 경사거리를 측정하여 이를 환산하면 수평거리를 얻을 수 있다. 이때 각은 경사측정기로 H를 측정할 때는 Hand Level등을 사용하면 된다.

$$\therefore D = L\cos\theta = L\sqrt{1-\left(\frac{H}{L}\right)^2} = L\left\{1-\frac{1}{2}\left(\frac{H}{L}\right)^2-\frac{1}{2\cdot 4}\left(\frac{H}{L}\right)^4\cdots\cdots\right\}$$

$$\fallingdotseq L-\frac{H^2}{2L}$$

여기서, D : 수평거리

L : 경사거리

θ : 경사각

H : 고저차

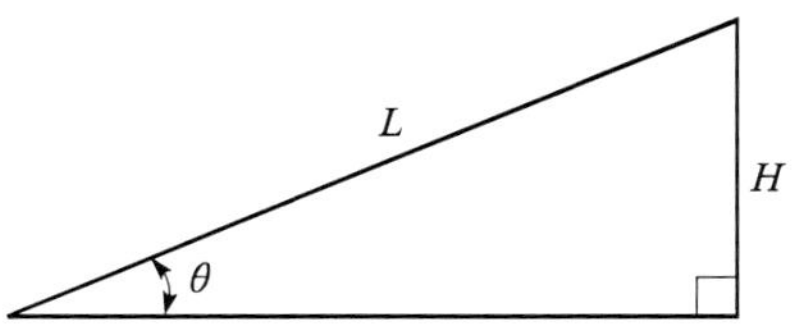

그림 3.7 경사거리와 수평거리

예제 1

두 지점의 경사거리 100m에 대한 경사 보정이 1cm일 경우 두 지점 간의 높이차를 구하시오.

풀이 **경사거리에 관한 보정**

C_i(경사보정량)$=-\dfrac{h^2}{2L}$에서

$h=\sqrt{2C_iL}=\sqrt{2\times0.01\times100}=1.414m$

예제 2

25% 경사의 도로면상에서의 경사거리가 20m일 때 수평거리를 구하시오.

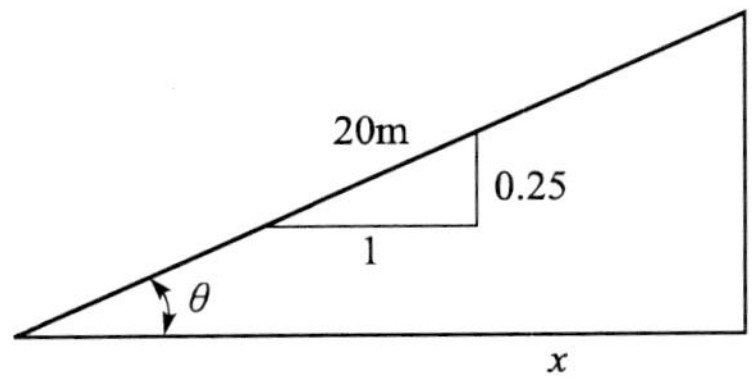

풀이 $\tan\theta=0.25$ 에서 $\theta=\tan^{-1}(0.25)=14°02'10.48''$

$\therefore$수평거리$=20\times\cos\theta=19.40(m)$

4 거리측량의 오차

1. 정오차의 원인

1) 줄자의 길이가 표준길이 보다 짧거나 길 때(표준척보정)
2) 측정을 정확한 일직선상에서 하지 않을 때(경사보정)
3) 줄자가 바람 혹은 초목에 걸쳐서 직선이 안 되었을 때(경사보정)
4) 경사지 측정에 줄자가 정확하게 수평으로 안 되었을 때(경사보정)
5) 줄자가 쳐져서 생긴 오차(처짐보정)
6) 줄자에 가하는 힘이 검정시의 장력보다 항상 크거나 적을 때(장력보정)
7) 측정시 온도와 검정시 온도가 동일하지 않을 때(온도보정)

2. 우연오차의 원인

1) 정확한 잣눈을 읽지 못하거나 위치를 정확하게 표시하지 못했을 때
2) 온도나 습도가 측정 중에 때때로 변했을 때
3) 측정 중 일정한 장력을 확보하기 곤란하기 때문에
4) 한 잣눈의 끝수를 정확하게 읽기 곤란하기 때문에

5 직접 거리측량의 정오차 보정

1. 줄자의 길이가 정확하지 않을 경우 보정

줄자의 길이가 표준길이보다 짧은 경우와 긴 경우에 정확한 거리를 구하기 위하여 다음 식을 적용한다. 단, 줄자의 길이가 표준길이보다 짧은 것으로 측정시는 −하고 긴 것으로 측정시는 +한다.

$$\therefore L_0 = L\left(1 \pm \frac{\Delta l}{l}\right)$$

$$\therefore A_0 = A\left(1 \pm \frac{\Delta l}{l}\right)^2$$

여기서, L_0 : 정확한 거리, L : 측정거리총합 l: 줄자길이
A_0 : 정확한 면적, L : 측정면적총합, Δl : 줄자오차

예제 3

50m에 대하여 11cm 늘어난 줄자로 두 점간의 거리를 관측하여 42.48m의 관측값을 얻었다면 실제 거리를 구하시오.

풀이 늘어나 있는 줄자로 관측한 값의 실제값은 +로, 수축된 줄자는 반대로 −로 적용한다.

$L_0 = L \pm C_0 \quad \because C_0 = \pm \frac{\Delta l}{l} L$

$C_0 = \frac{0.11}{50} \times 42.48m = 0.093m$

$L_0 = 42.48 + 0.093 = 42.573m$

예제 4

길이 1,800m를 50m 줄자로 관측할 때 줄자에 의한 오차를 50m에 대하여 +6mm라 할 때 전체 길이 관측에 생기는 오차를 구하시오.

풀이 표준척에 비하여 오차가 있는 줄자로 관측한 값의 오차는 다음 식으로 구한다.

$$C_0 = \pm \frac{\triangle l}{l} L$$

$$C_0 = \frac{\pm 6mm}{50m} \times 1{,}800m = 0.105m$$

$$L_0 = 175 + 0.105 = 175.105m$$

예제 5

30m에 대하여 6mm 늘어나 있는 줄자로 정사각형의 지역을 측량한 결과 면적이 62,500m²이었다. 실제면적을 구하시오.

풀이 늘어나 있는 줄자로 관측한 값의 실제값은 +로, 수축된 줄자는 반대로 −로 적용한다.

$$A_0 = A \pm C_0 \quad \because C_0 = \pm 2 \times \frac{\triangle l}{l} \times A$$

$$C_0 = 2 \times \frac{0.006}{30} \times 62{,}500m^2 = 25m^2$$

$$A_0 = 62{,}500 + 25 = 62{,}525m^2$$

2. 줄자가 수평이 아닐 때 (경사보정)

- 고저차를 잰 경우

$$Ci = -\frac{h^2}{2L}$$

$$L_0 = L - \frac{h^2}{2L}$$

여기서, Ci : 경사 보정량, L_0 : 수평거리
h : 고저차, L : 경사거리

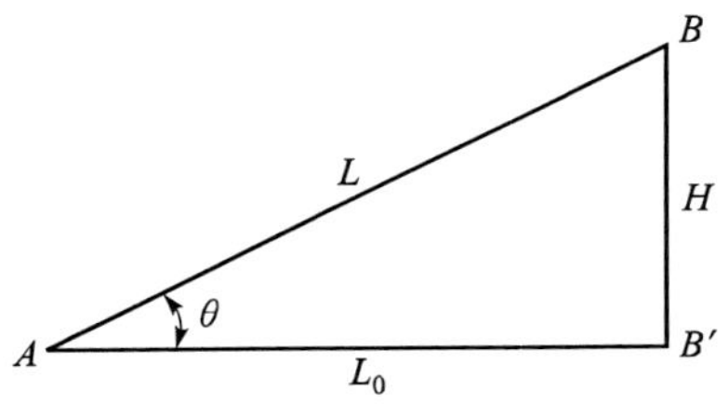

그림 3.8 경사보정

- 경사각을 관측한 경우

$$L_0 = L\cos\theta$$

예제 6

표준줄자와 비교하여 7.5mm가 긴 30m 줄자로 경사면을 관측한 결과 150m 이었다. 두 점간의 실제 거리에 대한 경사보정량이 1cm라면 고저차를 구하시오.

풀이 관측횟수 $= \frac{150m}{30m} = 5$회

늘어난 줄자에 의한 누적오차$= 5 \times 7.5mm = 37.5mm$

경사에 의한 오차$C_i = -\frac{h^2}{2L}$에서

$h = \sqrt{2C_iL} = \sqrt{2 \times 0.01 \times 150.0375} = 1.73m$

3. 표고 보정 (기준면상의 보정)

높이 보정 또는 투영보정이라 말하며, 평균표고 H의 곳에 관한 수평거리 L을 기준면 상의 길이 L_0로 보정한다.

$$C_h = -\frac{LH}{R}$$

$$L_0 = L - \frac{LH}{R}$$

여기서, R : 지구반경, H : 높이, L_0 : 기준면상의 거리

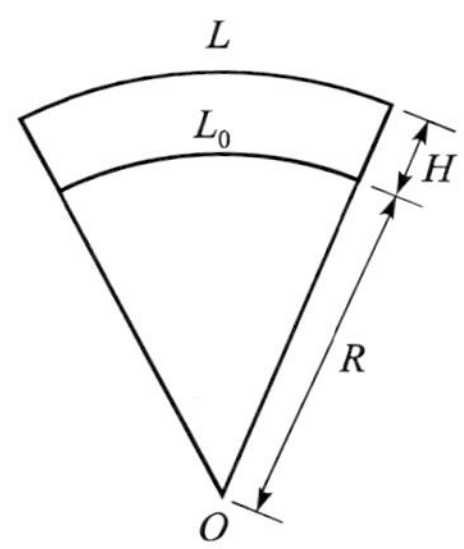

그림 3.9 표고보정

예제 7

평균고도 300m의 두 지점 A, B간의 기선의 길이를 관측하였더니 수평거리가 400.423m 이었다면 평균해수면상에 투영한 $\overline{AB}$의 거리를 구하시오. (단, 지구의 반경은 6400km로 가정한다)

풀이 평균해수면 보정값을 구하는 문제는 부호에 유의하여야 하는데 표고 300m에서 관측한 값을 평균해수면상으로 보정하므로 부호는 음수이어야 한다. 지구를 구로 생각할 때 반지름이 큰 상태의 표면과 작은 상태의 표면 거리를 생각해보면 알 수 있다.

① 평균해수면 보정량

$$C_h = -\frac{H}{R}L = -\frac{300m}{6,400,000m} \times 400.423m = -0.019m$$

② 보정후의 $\overline{AB}$ 거리

$$L_0 = L - \frac{H}{R}L = 400.423 - 0.019 = 400.404m$$

4. 관측시 온도가 표준온도(15℃)와 다를 때 (온도보정)

$$C_t = \pm \alpha \cdot L(t - t_0)$$

$$L_0 = L \pm \alpha \cdot L(t - t_0)$$

여기서, C_t : 온도 보정량, t : 당시의 온도, L : 관측길이
t_0 : 표준온도(15℃), α : 선팽창계수

예제 8

강철줄자로 실측한 길이가 246.241m이었다. 이때 온도가 24℃라면 온도에 의한 보정량을 구하시오. (단, 강철줄자의 온도 15℃를 기준으로 한 팽창계수는 0.0000117/℃이다.)

풀이

온도에 의한 보정

$C_t = \alpha \times L \times (t - t_0)$ 여기서, α : 팽창계수, t_0 : $15°C$

$= 0.0000117 \times 246.241m \times (24°C - 15°C) = 0.0259m = 25.9mm$

5. 줄자가 처질 때 (처짐보정)

$$C_s = -\frac{L}{24} \cdot \frac{W^2 l^2}{P^2}$$

$$L_0 = L - \frac{L}{24} \cdot \frac{W^2 l^2}{P^2}$$

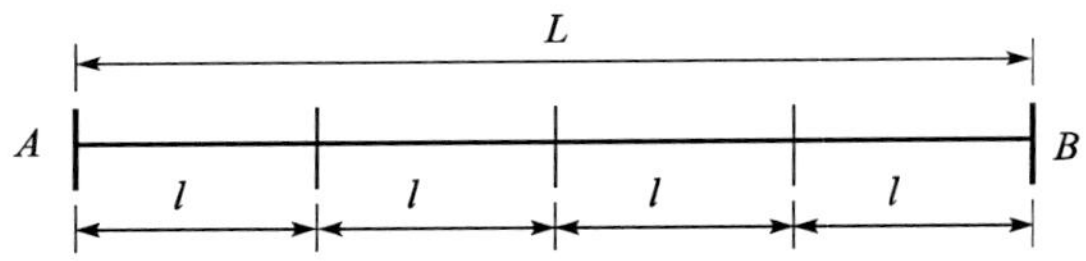

그림 3.10 처짐보정

여기서, P : 장력(kg), W : 쇠줄자의 자중(g/m)
L : AB의 길이(m), l : 등간격의 길이(m)

예제 9

$l = 5m$ 간격으로 지지 말뚝을 세우고 50m의 강철 줄자를 사용하여 장력 15kg으로 기선 180m를 측정하였다. 강철 줄자의 단위중량 $w = 0.00101\,kg/cm$ 이라고 하면 기선 전체의 길이에 대한 처짐에 대한 보정량은 얼마인가?

풀이

$l = 500cm$, $L = 18000cm$, $P = 15kg$, $w = 0.00101\,kg/cm$

$$\therefore C_s = -\frac{L}{24}\left(\frac{wl}{P}\right)^2 = -\frac{18000}{24}\left(\frac{0.00101 \times 500}{15}\right)^2 = -0.85cm$$

6. 관측시 장력이 표준장력과 다를 때 (장력보정)

$$C_p = \frac{L}{AE}(P - P_0)$$

$$L_0 = L \pm \frac{L}{AE}(P - P_0)$$

여기서, C_p : 장력 보정량, P_0 : 표준장력(kg), P : 관측시 장력(kg)
A : 줄자의 단면적(cm^2), E : 탄성계수(kg/cm^2)

예제 10

길이 48m의 기선을 장력 15kg으로 관측하였다. 관측한 쇠줄자의 단면적 A는 $0.129cm^2$이고, 탄성계수 E=$2.1\times10^6 kg/cm^2$, 표준장력은 10kg이다. 장력에 대한 보정량을 구하시오.

풀이 $P_0 = 10kg$, $P = 15kg$ 이므로

$$C_p = \frac{L}{AE}(P - P_0) = \frac{4{,}800cm}{0.129cm^2 \times 2.1 \times 10^6 kg/cm^2}(15kg - 10kg) = 0.089cm$$

6 전 길이에 대한 오차

전 길이의 정오차와 부정오차의 합을 전 길이에 대한 오차라 한다. 정오차는 횟수에 비례하고, 부정오차는 횟수의 제곱근에 비례한다.

1. 전 길이의 정오차

$$\therefore e_1 = \frac{L}{l}\delta_1$$

2. 전길이의 부정오차

$$\therefore e_2 = \delta_2\sqrt{\frac{L}{l}}$$

여기서, e_1 : 전 길이의 정오차, e_2 : 전 길이의 부정오차

L : 측정 전 길이, l : 줄자의 길이

δ_1 : 정오차(누적오차), δ_2 : 부정오차(우연오차)

예제 11

80m의 측선을 20m 줄자로 관측하였다. 1회 관측에 +5mm의 누적오차와 ±5mm의 우연오차가 발생하였다고 하면 정확한 거리를 구하시오.

풀이

전길이에 대한 오차 + 정오차 ± 우연오차

정오차 $e_1 = \frac{L}{l}\ \delta_1 = \frac{2{,}000}{50} \times (+2.5) = 100(mm)$

부정오차 $e_1 = \delta_2 \sqrt{\frac{L}{l}} = (\pm 2.5) \times \sqrt{\frac{2{,}000}{50}} = \pm 15.8(mm)$

전길이에 대한 오차 = 100(mm) ± 15.8(mm)

예제 12

길이 50m인 줄자를 사용하여 1,250m를 관측할 경우 50m에 대한 관측오차가 ±5mm라면 전체 거리에서 발생하는 오차를 구하시오.

풀이

정오차는 횟수에 비례하고, 우연오차는 횟수의 제곱근에 비례한다.

① 관측횟수 $(n) = \frac{80m}{20m} = 4$(회)

② 우연오차 (부정오차) $= \pm 5mm \times \sqrt{4(\text{회})} = \pm 10mm = \pm 0.01m$

예제 및 풀이

1. 실제 두 점 사이의 거리 40m가 도상에서 2mm로서 표시될 때 축척을 구하시오.

해설 $M=\dfrac{1}{m}=\dfrac{\text{도상거리}}{\text{실제거리}}=\dfrac{0.002m}{40m}=\dfrac{1}{20,000}$

2. 등고선 간격이 2m인 지형도에서 94m 등고선상의 A점과 128m 등고선상의 B점을 연결하여 기울기 $\dfrac{8}{100}$의 도로를 개설하였다면 AB간 도로의 실제길이를 구하시오.

해설 ① A, B 두 점간의 높이차 = 128 - 94 = 34m

② A, B 두 점을 연결한 도로의 기울기

$$\text{기울기}=\frac{\text{높이차}}{\text{수평거리}}=\frac{8}{100}=\frac{34m}{\text{수평거리}}$$

$$\text{수평거리}=\frac{100\times 34m}{8}=425m$$

③ A, B간 도로의 실제길이 = 경사거리

$$\text{경사거리}=\sqrt{\text{수평거리}^2+\text{높이차}^2}$$

$$=\sqrt{425^2+34^2}=426.358m$$

3. 축척 1:25,000인 지형도에서 제한 기울기를 4%로 할 때 등고선 주곡선 간의 수평거리를 구하시오.

해설 축척 1:25,000의 지형도에서 주곡선의 간격은 10m이다.

$$\text{경사도}(\%)=\frac{\text{높이차}}{\text{수평거리}}\times 100(\%)\ \Leftrightarrow\ i=\frac{h}{D}\times 100(\%)\text{에서}$$

$$D=\frac{100}{i}h=\frac{100}{4}\times 10=250m$$

$$\therefore \text{도상거리}=\frac{250}{25,000}=0.01m=10mm$$

4. 토털스테이션(T3)을 이용하여 100m에 위치한 측점을 각관측 하였을 때 5″의 관측오차에 발생할 수 있는 측점위치오차를 구하시오.

해설 거리오차와 측각오차의 정밀도는 다음 식으로 정리된다.

$$\frac{\Delta h}{D}=\frac{\theta}{\rho(1\text{라디안})}$$

$$\frac{\Delta h}{100m}=\frac{8''}{\frac{180^\circ}{\pi}\times 60'\times 60''}$$ 에서

$$\Delta h=\frac{5''\times 100m}{\frac{180^\circ}{\pi}\times 60'\times 60''}=0.00242m\fallingdotseq 2.4mm$$

5. 30m 줄자로 어떤 거리를 관측하였더니 300m 이었다. 이때 줄자가 표준길이보다 1.5cm가 짧은 것이었다면 관측거리의 정확한 값을 구하시오.

해설 표준줄자보다 짧은 줄자로 관측한 값의 실제값은 −로, 늘어난 줄자는 반대로 +로 적용한다.

$$L_0=L\pm C_0 \quad \because C_C=\pm\frac{\Delta l}{l}L$$

$$C_0=\frac{-0.015}{30}\times 300m=-0.15m$$

$$L_0=300-0.15=299.85m$$

6. 측점 A에 토털스테이션을 세우고 250m 되는 거리에 있는 B점에 세운 프리즘을 시준하였다. 이때 프리즘이 말뚝 중심에서 좌로 1.5cm가 떨어져 있었다면 이로 인한 각도의 오차를 구하시오.

해설 거리오차와 측각오차의 정밀도는 다음 식으로 정리된다.

$$\frac{\Delta h}{D}=\frac{\theta}{\rho(1\text{라디안})}$$

$$\frac{0.015m}{250m}=\frac{\theta''}{\frac{180^\circ}{\pi}\times 60'\times 60''}$$ 에서

$$\theta''=\frac{0.015m}{250m}\times\frac{180^\circ}{\pi}\times 60'\times 60''=12.38''$$

7. A점에서 B점까지 일정한 경사의 도로상에서 50m의 줄자를 이용하여 거리측량을 하였다. 관측값은 398.855m이고, 관측 중의 온도는 26℃, AB간의 고저차가 11.02m일 때, AB간의 수평거리를 구하시오.(단, 줄자의 표준온도는 15℃, 줄자는 표준줄자(50m)보다 6.5mm짧고, 줄자의 팽창계수는 +0.000012/℃ 이다.)

해설 ① 온도보정 $C_t = \alpha L(t-t_0) = 0.000012 \times 398.855(26-15) = 0.053m$

② 특성치보정 $C_c = \dfrac{dl}{l}L = \dfrac{-0.0065m}{50m} \times 398.855m = -0.052m$

③ 경사보정 $C_i = -\dfrac{h^2}{2L} = -\dfrac{11.02^2}{2 \times 398.855} = -0.152m$

④ 보정후 거리 $398.855 + 0.053 - 0.052 - 0.152 = 398.704m$

8. 토털스테이션(T.S)을 사용하여 길이 6,500m인 측선을 관측할 때 거리에는 오차가 없고 방향에 5″의 오차가 발생하였다면 이로 인한 위치 오차를 구하시오.

해설 토털스테이션은 거리관측과 각관측의 정밀도가 같으므로 $\dfrac{dl}{L} = \dfrac{\theta}{\rho}$

$$dl = \frac{\theta}{\rho} \times L = \frac{5'' \times 6{,}500m}{206{,}265''} = 0.1576m = 15.76cm$$

9. 표고 112.24m 지점에서 관측한 기선장이 3321.25m 이면 평균해수면상의 거리로 보정된 기선장을 구하시오. (단, 지구는 곡선반지름이 6370km인 구로 가정한다.)

해설 평균해수면 보정값을 구하는 문제는 부호에 유의하여야 하는데 표고 112.24m에서 관측한 값을 평균해수면상으로 보정하므로 부호는 음수이어야 한다. 지구를 구로 생각할 때 반지름이 큰 상태의 표면과 작은 상태의 표면 거리를 생각해보면 알 수 있다.

① 평균해수면 보정량

$$C_h = -\frac{H}{R}L = -\frac{112.24m}{6{,}370{,}000m} \times 3{,}321.25m = -0.0585m$$

② 보정후의 $\overline{AB}$ 거리

$$L_0 = L - \frac{H}{R}L = 3{,}321.25 - 0.0585 = 3{,}321.1915m$$

10. 등고선 간격이 10m일 때 경사제한을 최대 5%까지의 지형으로 개발한다면, 각 등고선간의 최소 수평거리를 구하시오.

해설 경사도 $(i)=\frac{\text{높이차}}{\text{수평거리}}\times 100$ 이므로 $5\%=\frac{10m}{\text{수평거리}}\times 100\%$

$\therefore \text{수평거리}=\frac{10m}{5\%}\times 100\%=200m$

11. 표고 h=326.42m인 지역에 설치한 기선의 길이가 500m일 때 평균 해면상의 길이로 보정한 값을 구하시오. (단, 지구반지름 R=6,367km로 가정)

해설 표고 326.42m인 두 점의 거리를 평균해수면으로 보정하여야 하므로

평균해수면에 대한 오차 $C_h=-\frac{H}{R}L$

오차를 보정한 후의 수평거리는 $L_0=L-\frac{H}{R}L$

여기서, R : 지구반경, H : 높이, L_0 : 평균해수면상의 거리

$\text{두점간거리}=500m-\frac{326.42m}{6{,}367{,}000m}\times 500=499.974m$

12. 100m²인 정사각형의 토지를 0.1m²까지 정확히 구하기 위하여 요구되는 1변의 길이는 어느 정도까지 정확하게 관측하여야 하는가?

해설 ① 면적이 $100m^2$인 정사각형의 토지의 한 변의 길이$(L^2=A)$

$L=\sqrt{100m^2}=10m$

② $0.1m^2$ 정확도 일 때의 변길이의 정확도 (dl)

$\frac{dA}{A}=2\times\frac{dl}{l}$ 에서 $\frac{0.1m^2}{100m^2}=2\times\frac{dl}{10m}$

$dl=\frac{0.1m^2}{100m^2}\times\frac{10m}{2}=0.005m=5mm$

13. 어떤 기선을 관측하여 표와 같은 결과를 얻었다면 최확값을 구하시오.

관측자	관측값(m)	관측횟수
Ⅰ	180.186	4
Ⅱ	180.250	3
Ⅲ	180.224	5

해설 ① 경중률 : 관측횟수에 비례하므로

$P_{\text{I}} : P_{\text{II}} : P_{\text{III}} = 4:3:5$

② 최확값 : 경중률을 포함한 산술평균

$$L = \frac{P_{\text{I}} \times l_{\text{I}} + P_{\text{II}} \times l_{\text{II}} + P_{\text{III}} \times l_{\text{III}}}{P_{\text{I}} + P_{\text{II}} + P_{\text{III}}}$$

$$= 180.200 + \frac{4 \times (-14) + 3 \times 50 + 5 \times 24}{4+3+5} \times 10^{-3} = 180.218m$$

14. 표준길이 30m에 대하여 6mm 늘어난 줄자로 정사각형의 지역을 관측한 결과 62,500m^{2}를 얻었다면 실제 면적을 구하시오.

해설 늘어나 있는 줄자로 관측한 값의 실제값은 +로, 수축된 줄자는 반대로 −로 적용한다.

$$A_0 = A \pm C_0 \quad \because C_0 = \pm 2 \times \frac{\triangle l}{l} \times A$$

$$C_0 = 2 \times \frac{0.006}{30} \times 62{,}500m^2 = 25m^2$$

$$A_0 = 62{,}500 + 25 = 62{,}525m^2$$

15. 50m의 줄자로 거리를 측정할 때 ±2mm의 부정 오차가 생긴다면 이 줄자로 100m를 관측할 때 생기는 부정 오차를 구하시오.

해설 ① 관측횟수 (n)

$$n = \frac{\text{관측길이}}{\text{줄자의 길이}} = \frac{100m}{50m} = 2\text{회}$$

② 오차의 전파의 일반식

$$Y = f(x_1, x_2, x_3 \cdots\cdots x_n)$$

$$\sigma_Y = \pm \sqrt{(\frac{\partial Y}{\partial x_1})^2 \sigma_{x1}^2 + (\frac{\partial Y}{\partial x_2})^2 \sigma_{x2}^2 + \cdots + (\frac{\partial Y}{\partial x_n})^2 \sigma_{xn}^2}$$

③ 2회 관측에서 발생하는 오차의 전파

$Y = x_1 + x_2$

$\sigma_Y = \pm\sqrt{(1)^2\sigma_{x1}^2 + (1)^2\sigma_{x2}^2}$

$= \pm 2mm\sqrt{2} = \pm 2.828mm$

16. 직선 AB를 2개 구간(d1, d2)으로 나누어 거리를 측정한 결과가 d1=50.12m±0.05m, d2=45.67m±0.04m 이었다면 직선 AB간의 거리를 구하시오.

해설 AB의 거리 = 50.12+45.67=95.79m

거리오차의 계산

2구간으로 나누어 측량한 전체거리의 부정오차 전파

$Y = L_1 + L_2$

$\sigma_Y = \pm\sqrt{(\frac{\partial Y}{\partial L_1})^2\sigma_{L1}^2 + (\frac{\partial Y}{\partial L_2})^2\sigma_{L2}^2}$

$= \pm\sqrt{(1)^2\sigma_{L1}^2 + (1)^2\sigma_{L2}^2}$

$= \pm\sqrt{(0.05m)^2 + (0.04m)^2} = \pm 0.06m$

17. 평탄한 땅을 30m의 줄자로 관측한 결과 71.55m 이었다. 관측에 사용된 줄자가 30m에 대해 0.05m 늘어나 있었다면 실제의 거리를 구하시오.

해설 늘어나 있는 줄자로 관측한 값의 실제값은 +로, 수축된 줄자는 반대로 −로 적용한다.

$L_0 = L \pm C_0 \quad \because C_0 = \pm\frac{\triangle l}{l}L$

$C_0 = \frac{0.05}{30} \times 71.55m = 0.12m$

$L_0 = 71.55 + 0.12 = 71.67m$

CHAPTER

04 각측량

CHAPTER 04

각측량

1 각측량의 개요

각측량이라 함은 어떤 점에서 본(시준) 2점 사이에 낀 각을 구하는 것을 말한다. 공간상 1점의 위치는 원점, 기준점, 기준선으로부터 방향과 거리로 결정한다. 각 측량은 트랜싯, 데오돌라이트, 토털스테이션 등을 이용하여 수평각과 연직각을 측정하게 되는데 최근에는 주로 데오돌라이트나 토털스테이션을 이용하여 정밀측량이 이루어지고 있다.

1. 각의 정의

1) 수평각

공간상 점들간의 기하학적 위치를 결정하기 위해서는 각과 거리가 필요하게 된다. 평면삼각법을 기초로 하여 넓지 않은 지역의 상대적 위치 결정에 이용한다. 수평각과 수직각으로 나뉜다. 수평각은 두 측점 사이의 시준선을 수평면에 투영시켰을 때 그 두 선 사이에 끼인 각(α)를 말한다. 수평각은 기준선의 설정과 측정방법에 따라 교각, 편각, 방향각, 방위각으로 분류할 수 있다.

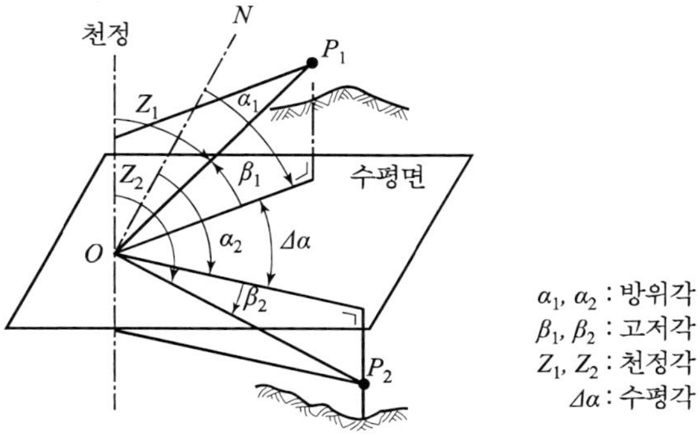

그림 4.1 수평각과 수직각

2) 수직각

수직각은 기준이 어디냐에 따라 분류된다. 그 기준이 수평이 될 수도 있고 천정이 될 수도 있다. 수평면을 기준으로 상향각과 하향각으로, 연직선의 방향을 기준으로 천정각과 천저각으로 분류할 수 있다.

2. 각의 단위

1) 도 (degree)

원둘레를 360눈금으로 등분할 때 눈금 하나가 만드는 중심각을 1도(1°)라 하며, 1°=60′(분), 1′=60″(초)로 표시하는 60진법에 의해 각을 표시하며 대부분의 측량 현장에서 사용한다.

2) 그레이드 (grade)

원둘레를 400눈금으로 등분할 때 눈금 하나가 만드는 중심각을 1그레이드(1^g)라 하며, $1^g=100^c$, $100^c=100^{cc}$로 표시하는 100진법에 의해 각을 표시하며 항공기의 각도표시와 사진측량에서 사용한다.

3) 라디안 (radian)

원의 반지름과 같은 길이의 원호가 만드는 원의 중심각을 1 라디안(radian)이라 한다. 원의 둘레는 $2\pi r$이므로 원 전체의 각은 360°에서 반지름의 길이와 호의 길이가 r인 부채꼴에서 원과 부채꼴의 각과 길이를 비교하면 다음과 같다.

$$2\pi r : r = 360° : \rho \text{에서 } \rho = \frac{180°}{\pi} = 206265''$$

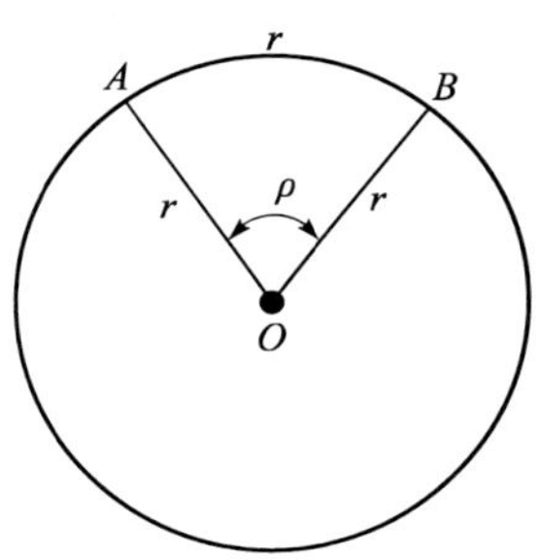

그림 4.2 라디안

2 각관측기계의 사용

1. 디지털 측정기 조작방법

측량 및 지형공간 정보기사, 산업기사에서 TOPCON과 SOKKIA 측정기계를 사용하고 있으므로 제작사에 따라 차이가 있지만, 각을 측정하기 위해서는 기계에 충분히 익숙해야 하며 정확하게 기계를 세워야 한다.

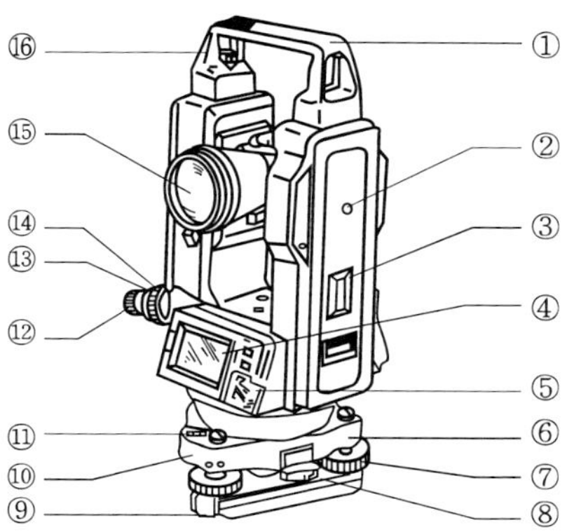

① 핸들
② 기계고 마크
③ 내부스위치 카바
④ 표시기
⑤ 키보드
⑥ 정준대
⑦ 정준나사
⑧ 탈착레바
⑨ 밑판
⑩ 원형기포관 조정나사
⑪ 원형기포관
⑫ 광학 구심 접안나사
⑬ 광학 구심 초점판 조정나사카바
⑭ 광학 구심 초점 손잡이
⑮ 대물렌즈
⑯ 핸들부착나사

그림 4.3 디지털 측정기 구조

2. 기계를 세우는데 유의사항

1) 삼각 하나를 고정시키고 다른 2개 삼각으로 위치를 이동시켜 추와 측점을 일치시키며, 삼각의 상면이 수평이 되도록 한다.
2) 경사지에는 두 개의 각은 측점보다 얕고 같은 높이로 세우고 다른 한 개는 경사가 높은 곳에 세운다.
3) 이심장치(2cm 정도)에 의해 정확히 일치하도록 한다(이심장치로 움직일 때는 정준나사를 전부 풀어야 한다).
4) 연직축은 정확하게 한다.
5) 삼각은 지중에 튼튼하게 박고 삼각고정나사를 반드시 잠궈야 한다.
6) 기계의 높이는 눈보다 약간 낮은 것이 좋다(너무 높거나 낮으면 관측 중 피로해서 오차가 생기기 쉽다).
7) 광학 구심장치를 사용할 경우는 정준을 우선하여 구심하여야 하며, 상 · 하 2개의 이심장

치로 본체를 가볍게 이동시켜 측점에 일치시킨다.

8) 기술정도에 따라 정확성과 신속성은 좌우된다.

3. 기계를 다루는데 주의사항

1) 기계운반시는 수직으로 한다.
2) 기계운반시 고정나사는 충격에 대비하여 가볍게 열어둔다.
3) 측량 도중 고정나사는 너무 강하게 잠그지 말아야 한다.
4) 접안렌즈에 십자선이 명확하게 보이게 한 다음 대물렌즈로 상을 조정한다.
5) 망원경 통 밖에서 대략 목표의 왼쪽을 시준하고 다음에 경통 안에서 미동나사를 사용하여 시준한다.
6) Pole(측점)의 아래를 반드시 시준한다.
7) 기계를 세운 다음 삼각에 닿지 않게 한다.
8) 기계는 일광을 오래 쬐지 않게 한다.
9) 자침을 사용하지 않을 때에는 반드시 잠근다.
10) 기계를 돌릴 때에는 두 손으로 상반의 끝 또는 지주의 아래의 끝을 가볍게 누르면서 하되 망원경에는 손을 대고 돌리지 말아야 한다.
11) 기계는 사용 후에 먼지를 기름 걸레로 닦고 렌즈는 부드러운 붓이나 렌즈용 헝겊으로 손질한다.

4. 완전한 조정 조건

1) 기포관축과 연직축은 직교해야 한다.(L ⊥ V)
2) 시준선과 수평축은 직교해야 한다.(S ⊥ H)
3) 수평축과 연직축은 직교해야 한다.(H ⊥ V)

여기서, L : 기포관축, V : 연직축,
S : 시준선, H : 수평축

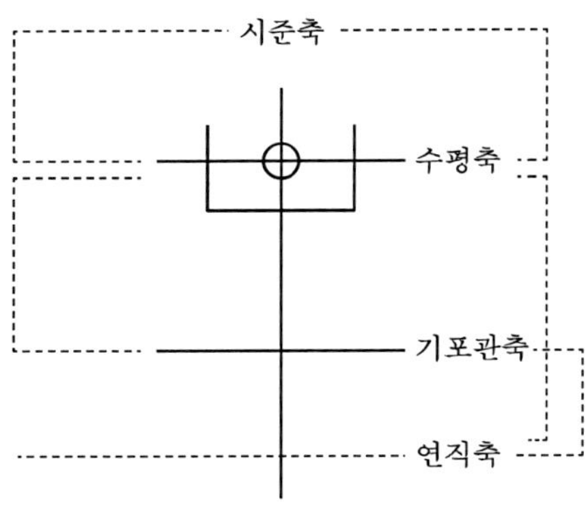

그림 4.4 트랜싯의 3축

3 수평각의 측정법

1. 단측법 (단각법)

점 0에 기계를 세우고 측점 A와 B사이에 끼인 각을 1회 관측하여 구하는 방법으로 종독(나중)의 읽음값에서 초독(처음)의 읽음값을 빼서 각을 구한다.

2. 배각법 (반복법)

점 0에 기계를 세우고 초측점 A와 B사이에 끼인 각을 2회 이상 누적 관측하여 구한 각을 관측횟수로 나누어 평균값을 구하는 방법으로 다음과 같은 특징이 있다.

$$\therefore \angle AOB = d = \frac{\alpha_n - \alpha_0}{n}$$

① 배각법은 방향수가 적은 경우에는 편리하나 삼각측량과 같이 많은 방향이 있는 경우는 적합하지 않다.
② 눈금의 부정에 의한 오차를 최소로 하기 위하여 n회의 반복결과가 360°에 가깝게 해야 한다.
③ 직접 독취하기 어려운 각 측량 성과의 미소값을 누적 관측하여 반복횟수로 나누어 도출해 낼 수 있다.
④ 배각법은 방향각법과 비교하여 읽기오차의 영향을 작게 받는다.

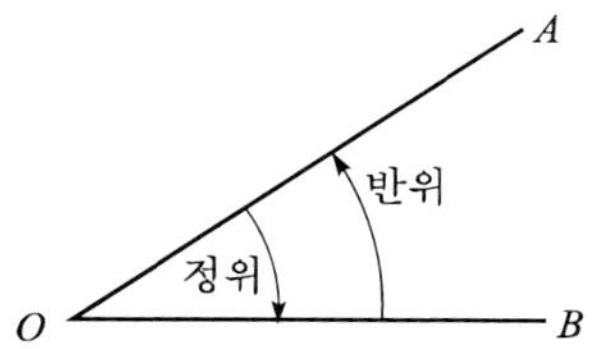

그림 4.5 단측법

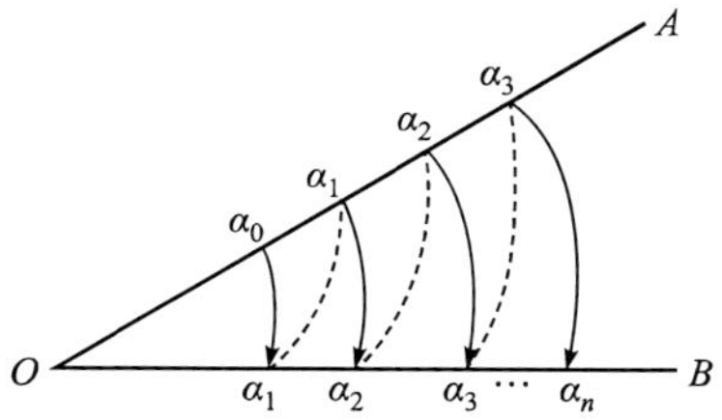

그림 4.6 배각법

3. 방향관측법

어떤 시준방향을 기준으로 한 측점 주위에 여러 개의 각이 있을 때 임의의 시준방향을 기준선으로 정하여 각 시준방향의 사이각을 관측하여 기준 방향선에 결합한 경우 최초의 관측각과 일치하도록 한다. 그리고 발생한 오차가 허용범위 내에 있을 경우에는 각각의 각에 평균 분배하는 방법이다. 방향관측법은 3등 이하의 삼각측량이나 천문측량을 위한 정밀측량에 이용하며, 측각의 정확도가 균일하여 삼각점과 같이 한 측점에서 여러 각을 관측할 때 편리하다.

4. 각관측법 (조합각관측법)

관측할 여러 개의 방향선 사이의 각을 차례로 방향각법으로 관측하여 최소제곱법에 의하여 각각의 최확값을 구한다. 수평각관측방법 중 가장 정확한 값을 얻을 수 있으며, 1등 삼각측량에 이용된다.

$$\text{각의 총수} = \frac{1}{2}n(n-1)$$

$$\text{조건식의 수} = \frac{1}{2}(n-1)(n-2)$$

여기서, n : 한 점에서 관측해야 할 방향수

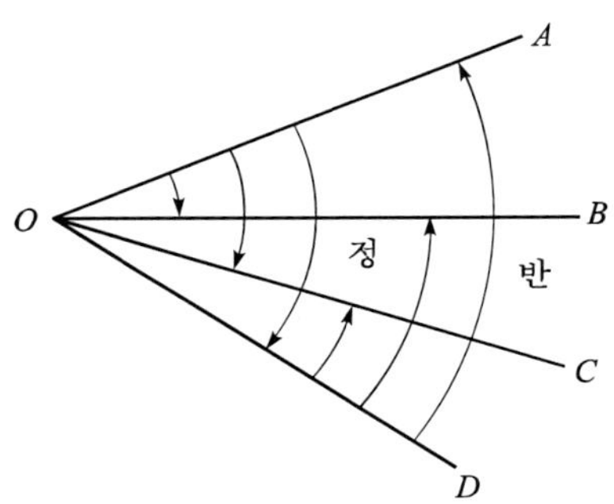

그림 4.7 방향관측법

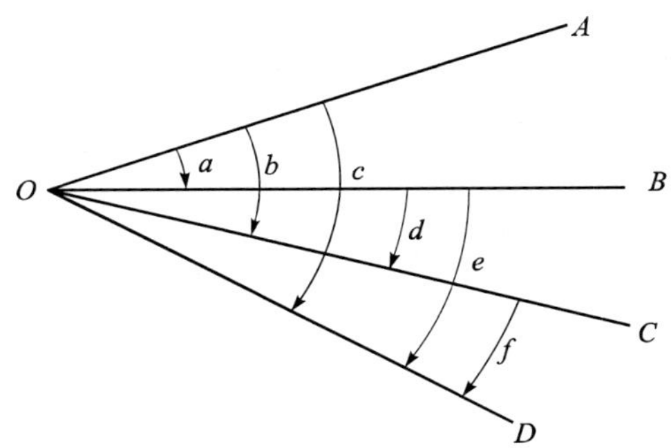

그림 4.8 각관측법

예제 1

그림에서 a_1, a_2, a_3를 같은 경중률로 관측한 결과가 $a_1 - a_2 - a_3 = 24''$ 일 때 조정량으로 옳은 것은?

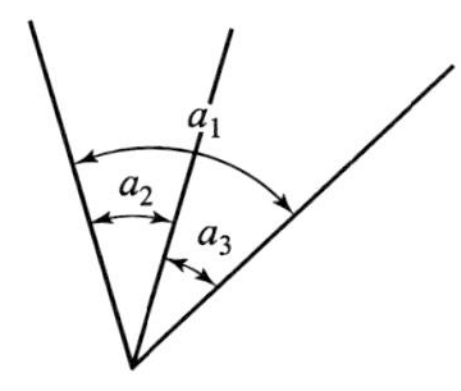

풀이

$$조정량=\frac{오차}{관측각수}=\frac{24''}{3}=8''$$

관측각이 a_1, a_2, a_3 3개 임에 유의하며, a_1은 커서 a_2, a_3는 작아서 발생한 오차이므로 a_1은 (-)로 a_2, a_3는 (+)로 조정한다.

$a_1=-8'', a_2=+8'', a_3=+8''$

예제 2

한 측점에서 6개의 방향선 사이의 각을 각관측법(조합각관측법)으로 관측하였다. 이 때 총각관측수와 조건식수를 구하시오.

풀이

조합각관측법

① 조건식수$=\frac{1}{2}(n-1)(n-2)$, n : 방향선의 수

② 각관측수$=\frac{1}{2}n(n-1)=\frac{1}{2}\times 6\times(6-1)=15$

예제 3

동일한 정밀도로 각을 관측하여 $\alpha=39°19'40''$, $\beta=52°25'29''$, $\gamma=91°45'00''$ 를 얻었다면 γ의 최확값은?

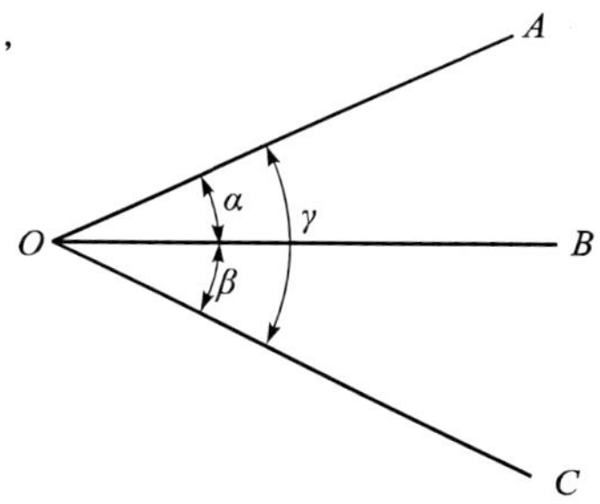

풀이

조건식 $\alpha+\beta-\gamma=0$ 이어야 하며

$39°19'40''+52°25'29''-91°45'00''=9''$

오차가 9"이므로 조정각은

$9''\div 3=3''$

오차원인으로 α,β는 조건식이 +값이 되도록 작용하므로 −3″씩을 조정하고 γ는 그 반대이므로 +3″를 조정한다.

$\gamma=91°45'00''+3''=91°45'03''$

4 수평각 관측에 관한 오차

1. 단각법에 의한 각 관측오차

$$\therefore m = \pm \sqrt{2(\alpha^2 + \beta^2)}$$

여기서, α:시준오차, β: 읽기오차

2. 배각법에 의한 각 관측오차

① 배각 관측시 1각에 포함되는 시준오차 $m_1 = \pm \sqrt{\frac{2\alpha^2}{n}}$

② 배각 관측시 1각에 포함되는 읽기오차 $m_2 = \pm \sqrt{\frac{2\beta^2}{n^2}}$

③ 1각에 생기는 배각관측 오차 $m = \pm \sqrt{\frac{2}{n}\left(a^2 + \frac{\beta^2}{n}\right)}$

여기서, α:시준오차, β: 읽기오차, n:관측횟수(배각수)

3. 방향관측법의 오차

① 1방향에 생기는 오차 $m_1 = \pm \sqrt{\alpha^2 + \beta^2}$

② 각 관측(2방향의 차)의 오차 $m_2 = \pm \sqrt{2(\alpha^2 + \beta^2)}$

③ n회 관측한 평균값에 있어서의 오차 $m = \pm \sqrt{\frac{2}{n}(a^2 + \beta^2)}$

여기서, α:시준오차, β: 읽기오차, n:관측횟수

예제 4

배각 관측법에서 1각에 생기는 시준오차 ±5″, 읽기오차 ±8″로 4회(4배각) 관측한 각의 오차는?

풀이 배각관측법에 의한 오차

$$M = \pm \sqrt{\frac{2}{n}\left(\alpha^2 + \frac{\beta^2}{n}\right)} = \pm \sqrt{\frac{2}{4}\left((5'')^2 + \frac{(8'')^2}{4}\right)} = 4.528''$$

여기서, n : 배각, α : 읽음오차, β : 시준오차

5 각 관측 오차

1. 기계오차

1) 기계구조상의 오차 (조정불가능)

눈금반의 편심오차, 시준축오차, 수직축오차, 수평축오차, 삼축오차, 눈금오차, 시준축의 편심오차(외심오차)

2) 조정이 불안전해서 생기는 오차

2. 조작 부주의로 일어나는 오차

1) 기계를 세울 때 편심으로 의한 것
2) 평반이 정확하게 수평이 아니므로 인한 것
3) 삼각의 불안전과 삼각 고정나사가 풀어져서 생기는 것
4) 고정오차, 판독오차, 시준오차

3. 시준오차

1) 십자선의 중심이 시준표와 불일치하여 생기는 것
2) 시준표나 Pole이 측점의 연직선상에 없기 때문에 생기는 것

4. 자연현상에 의한 오차

바람, 일사, 온도변화, 일광의 굴절에 의한 오차

5. 착오

측각 중 나사취급 착오, 오독, 오기

6 기계적 오차의 제거법

1. 조정이 완전하지 않기 때문에 생긴 오차

1) 연직축 오차

연직축이 연직하지 않기 때문에 생기는 오차는 소거 불가능. 그러나 시준할 두점의 고저차가 연직각으로 5°이하일 때에는 큰 오차가 생기지 않는다.

2) 시준축 오차

시준선이 수평축과 직각이 아니기 때문에 생기는 오차로, 이것은 망원경을 정, 반위로 관측한 값의 평균을 구하면 소거 가능

3) 수평축 오차

수평축이 수평이 아니기 때문에 생기는 오차로, 망원경을 정위와 반위로 관측한 평균값을 사용하면 소거 가능

2. 기계의 구조상의 결점에 따른 오차

1) 분도원의 눈금 오차

눈금의 간격이 균일하지 않기 때문에 생기는 오차이며, 이것을 없애려면 버어니어의 0의 위치를 $\frac{180^\circ}{n}$씩 옮겨 가면서 대회관측을 하여 분도원 전체를 이용하도록 한다.

2) 회전축의 편심 오차 (내심 오차)

분도원의 중심 및 내외축이 일치하지 않기 때문에 생기는 오차로, A, B 두버어니어의 평균값을 취하면 소거 가능.

3) 시준선의 편심 오차 (외심 오차)

시준선이 기계의 중심을 통과하지 않기 때문에 생기는 오차로, 망원경을 정, 반위로 관측한 다음 평균값을 취하면 소거 가능.

7 기포관의 감도 및 기타 오차

기포가 1눈금 움직일 때 수준기축이 경사되는 각도를 감도라 한다. 즉, 기포관의 1눈금이 곡률중심에 끼는 각도를 말하며 곡률반경으로 표시하기도 한다.

$$\therefore \theta'' = 206265'' \frac{l}{nD}$$

여기서, D : 수준거리, l : 고저차, n : 눈금수

$$1\ Rad = \frac{180}{\pi} = 57°17'45'' = 206265''$$

1. 기포관이 갖추어야 할 조건

1) 같은 경사에 대하여 기포관의 움직임은 같은 것(곡률반경이 균일할 것)
2) 유리관은 오래도록 변질하지 않을 것
3) 기포의 움직임이 민감할 것(곡률반경 크기, 관내의 마찰, 액체의 점성)

예제 5

기포관의 감도가 30″ 인 레벨로 거리가 100m 떨어진 표척을 관측할 때 기포관의 눈금 1/2에 의한 수준오차를 구하시오.

풀이 기포관의 감도에 관한 식은 그림으로부터 다음과 같이 구할 수 있다.

$L = Dn\theta''$, $180° = \pi\, Rad$, $\theta'' = \dfrac{L}{nD}$

$L = 100m \times 30'' \times \dfrac{1/2}{206{,}265''} = 0.0073m$

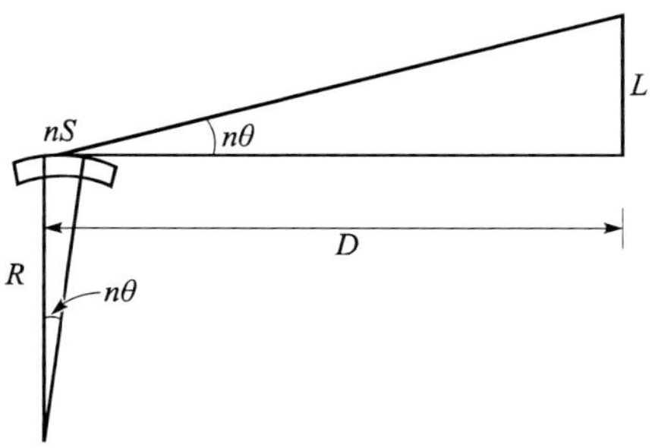

예제 6

길이 40m에 대해서 표척 눈금 읽기차가 2cm, 기포의 이동거리 잣눈금이 2mm일 때 기포관의 곡률반경을 구하시오.

풀이

그림에서 $\frac{m}{R} = \frac{h}{D}$ 에서

곡률반경$(R) = \frac{mD}{h} = \frac{0.2cm \times 40m}{2cm}$

$= 4m$

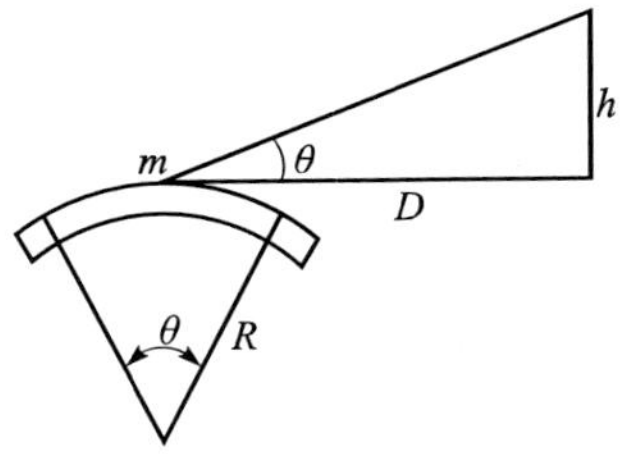

2. 구차와 기차

1) 구차

지구의 곡률에 의한 정오차로써 시준거리가 클 때 삼각수준 측량에서 생기는 오차를 말한다.

$$\therefore \Delta H = +\frac{L^2}{2R}$$

여기서, ΔH : 구차의 조정량

R : 지구의 곡률반경(6370km)

L : 시준거리

2) 기차

대기층의 밀도(기압의 차)에 의한 정오차로써 시준거리가 클 때 굴절로 일어나며 삼각수준측량에서 고려하는 오차를 말한다. 기차의 영향이 가장 적은 시간은 낮 10시부터 15시 사이가 되므로 측정은 이 시간을 활용하고 다음 식에 의해 조정한다.

$$\therefore \Delta H = -\frac{KL^2}{2R} \quad (6.14)$$

여기서, ΔH : 기차의 조정량

R : 지구의 곡률반경(6370km)

L : 시준거리

k : 기차의 조정계수(굴절계수) [k = 0.12 ~ 0.14]

3) 양차

구차와 기차의 합을 말한다.

$$\therefore \text{양차(L)} = \frac{L^2}{2R}(1-k) \ (\text{양차} = \text{구차} + \text{기차})$$

예제 7

키가 1.7m인 사람이 표고 600m 산 위에서 볼수 있는 최대 수평거리는? (단, 지구의 곡류 반지름은 6370km이고, 대기굴절에 의한 영향은 무시한다.)

풀이 대기굴절에 의한 영향은 무시하므로 구차를 구하면

$$h = \frac{S^2}{2R} \text{에서 } S = \sqrt{2hR} = \sqrt{2 \times 0.6017km \times 6{,}370km} = 87.553km$$

예제 8

수평거리 18km에 대한 굴절에 의한 오차는? (단, 굴절계수는 0.14, 지구의 곡률반경은 6,370km)

풀이 굴절오차(기차 $h = -\frac{kS^2}{2R}$) 에서

k : 굴절계수, R : 지구의 반지름, S : 수평선까지의 거리

$$h = -\frac{kS^2}{2R} = -\frac{0.14 \times (18{,}000m)^2}{2 \times 6{,}370{,}000m} = -3.560m$$

예제 9

해면 위에서 2대의 배가 서로 반대방향으로 항해 했을 때 서로 보이는 상호 간의 한계 수평거리는? (단, 속도는 같고 장해물이 없으며 배의 높이는 각각 2m 이고 관측자의 눈높이는 배의 높이와 같고, 지구곡률 반지름은 6370km 빛의 굴절계수는 0.14 이다.)

풀이 지구의 곡률과 대기굴절을 모두 고려하려면 양차를 적용하여 계산한다.

$$h = \frac{(1-k)}{2R}S^2 \text{에서 } S = \sqrt{\frac{2hR}{1-k}} = \sqrt{\frac{2 \times 2m \times 6{,}370{,}000m}{1-0.14}} = 5{,}443m$$

이는 한쪽 방향에서의 거리이고 서로 반대방향으로 항해했을 때를 고려하면 5,443m의 2배가 되므로 약 11km가 된다.

3. 각관측과 거리관측의 정밀도

각관측과 거리관측의 정밀도는 균형을 이루어야 하는데 한쪽이 정도가 높게 되면 얕은 쪽의 정도에 불과할 뿐이며 계산상 착오까지 일어난다. 가장 이상적인 조건은 측정거리오차가 생길 때 위치오차를 같게 하는 것이다.

1) 측각오차 $e = l \cdot \Delta\alpha \cdot \dfrac{1}{\rho}$

2) 각도의 정도 $\left(\dfrac{e}{l} = \dfrac{l \cdot \Delta\alpha}{l \cdot \rho} = \dfrac{\Delta\alpha}{\rho} = \dfrac{\Delta\alpha}{206265''}\right)$

여기서, e : 위치오차

$\Delta\alpha$: 각측정오차

ρ : $1\,Rad = \dfrac{180°}{\pi} = 57°17'45'' = 206265''$

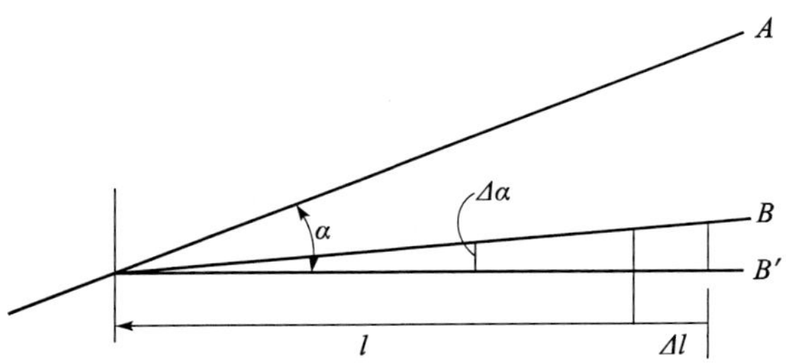

그림 4.9 각관측과 거리관측의 정밀도

예제 10

각과 거리를 측정하여 그 점의 위치를 결정하는 경우 거리측량의 정밀도를 1:10,000이라고 하면 각의 허용오차는 약 얼마인가?

풀이 거리측량의 정밀도와 각측량의 정밀도가 같다면

$\dfrac{e}{l} = \dfrac{\Delta\alpha}{\rho}$ 에서 $\dfrac{1}{10{,}000} = \dfrac{\Delta\alpha}{\dfrac{180°}{\pi}}$ 이므로

$\therefore \Delta\alpha = 0°0'20.6''$

예제 11

사면에서 거리측량을 할 때 경사에 의한 오차를 1/5000까지 허용한다면 고려하여야 할 최대각도는?

풀이 $\therefore \Delta\alpha = \rho'' \cdot \frac{e}{l} = 206265'' \times \frac{1}{5000} = 41.25''$

예제 12

트래버스 측량에서 거리측량과 각 측량의 정밀도는 균형이 잡히지 않으면 안된다. 지금 각도 측정에 30″의 오차가 생겼다면 거리측정에는 어느 정도의 정밀도로 측정해야 하는가?

풀이 거리측정 정도와 각 측정 정도를 같게 하려면

$\frac{e}{l} = \frac{\Delta\alpha''}{\rho''}$ 에서 $\frac{e}{l} = \frac{30''}{206265''}$

$\therefore \frac{1}{6,876}$

예제 13

70°의 경사를 이루고 있는 30m의 사갱에 있어서 수평각을 측정하였더니 시선에 직각으로 3mm의 시준오차가 생겼다. 이때 수평각의 오차는?

풀이 $\therefore \Delta\alpha = \rho'' \cdot \frac{e}{l} = 206265'' \times \frac{0.003}{30} = 20.6''$

예제 14

거리와 방향을 관측하여 평면 위치를 결정하였다. 이때 방향에 20″의 오차가 있었다면 거리 10km상에 있는 평면 위치에 생기는 오차는?

풀이 $\therefore e = l \cdot d\alpha'' \cdot \frac{1}{\rho''} = 10{,}000 \times 20'' \times \frac{1}{206265''}$

$= 0.97(m) = 97(cm)$

예제 및 풀이

1. 배각 관측법에서 1각에 생기는 시준오차 ±3″, 읽기오차 ±3″로 3회(3배각) 관측한 각의 오차는?

해설 **배각관측법에 의한 오차**

$$M = \pm\sqrt{\frac{2}{n}\left(\alpha^2 + \frac{\beta^2}{n}\right)} = \pm\sqrt{\frac{2}{3}\left((3'')^2 + \frac{(3'')^2}{3}\right)} = \pm\sqrt{8}''$$

여기서, n : 배각, α : 읽음오차, β : 시준오차

2. 그림과 같은 ABC에서 AB측선의 방위각이 25°21′42″ 일 때 CA측선의 방위각은? (단, ∠A=70°12′25″, ∠B=67°37′20″, ∠C=42°10′15″)

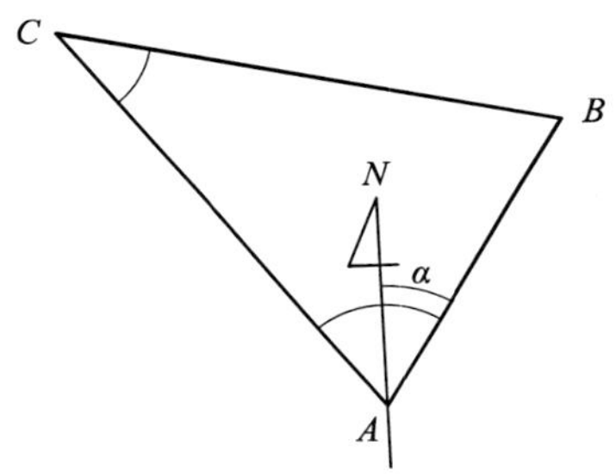

해설 CA측선의 방위각은 AC측선의 역방위각이므로 AC측선의 방위각을 구한 다음 180°를 더하거나 빼주어 구한다 .

① $\overline{AC}$ 방위각 $= \overline{BA}$ 방위각 $+ 180° - \angle A$

$= (25°21'42'' + 180°) + 180° - 70°12'25'' = 315°09'17''$

② $\overline{CA}$ 방위각 $= \overline{AC}$ 방위각 $\pm 180°$

$= 315°09'17'' - 180° = 135°09'17''$

3. 빗변에서 거리를 관측할 때 경사에 의한 오차를 1:1,000까지 허용한다면, 경사각(α)은 몇도까지 허용되는가? (단, $\frac{BB'}{AB}=\frac{1}{1{,}000}$)

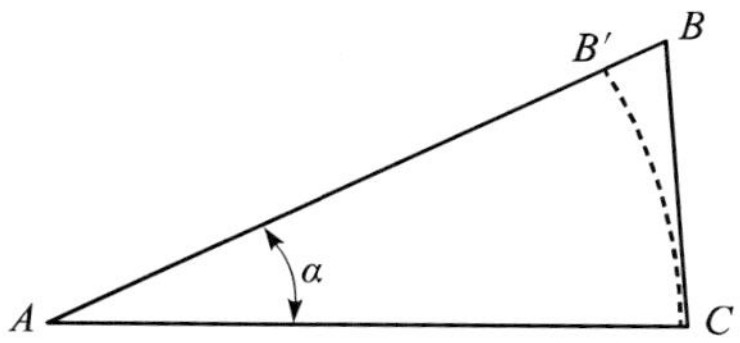

해설 $\frac{BB'}{AB}=\frac{1}{1{,}000}$에서 $\overline{BB'}=\frac{1}{1{,}000}\overline{AB}$, $\overline{AC}=\overline{AB'}$ 이므로

$\overline{AC}=1{,}000$이라면 $\overline{AB}=1{,}000+1=1{,}001$

$\overline{AC}=\overline{AB}\times\cos\alpha$에서

$\cos\alpha=\frac{1{,}000}{1{,}001}$이므로

$\alpha=\cos^{-1}\left(\frac{1{,}000}{1{,}001}\right)=2°33'40.6''$

4. 한 측점에서 6개의 방향선 사이의 각을 각관측법(조합각관측법)으로 관측하였다. 이 때 총각관측수와 조건식수를 구하시오.

해설 **조합각관측법**

① 조건식수$=\frac{1}{2}(n-1)(n-2)$, n : 방향선의 수

② 각관측수$=\frac{1}{2}n(n-1)=\frac{1}{2}\times 6\times(6-1)=15$

5. $\overline{AB}$측선의 방위각이 193°30′15″일 때 $\overline{AB}$측선의 역방위각은?

해설 어느 측선의 역방위각 계산은 방위각에 180°를 더해주면 되는데, 방위각(θ)의 범위는 $0° \le \theta \le 360°$이므로 계산결과가 360°를 초과하게 되면 360°를 빼주면 된다.

$\overline{AB}$의 역방위각 $=\overline{BA}$의 방위각

$=193°30'15''+180°-360°=13°30'15''$

6. 수평각 관측법 중, 가장 정확한 조합각관측법으로 측량하려고 한다. 한 점에서 관측할 방향의 수가 5라면 총 관측각 수와 조건식 수를 구하시오.

해설 **조합각관측법**

① 조건식수$=\frac{1}{2}(n-1)(n-2)=\frac{1}{2}\times 4\times 3=6$, n : 방향선의 수

② 총 각관측수$=\frac{1}{2}n(n-1)=\frac{1}{2}\times 5\times 4=10$

7. 어느 지점의 각을 8회 관측하여 평균제곱근오차 ±0.7″를 얻었다. 같은 조건으로 관측하여 ±0.3″의 평균제곱근오차를 얻기 위해서는 몇 회 측정하여야 하는가?

해설 부정오차는 횟수의 제곱근에 비례하므로

$M = \pm\sigma\sqrt{n} = \pm 0.7''\sqrt{8} = \pm 0.3''\sqrt{n}$ 에서

$$n = \left(\frac{0.7}{0.3}\sqrt{8}\right)^2 = 43.6''$$

8. 3인(A, B, C)이 각을 관측한 결과가 다음과 같을 때 최확값은?

A : 66° 36′ 32″ ± 3.2″
B : 66° 36′ 27″ ± 2.9″
C : 66° 36′ 25″ ± 3.6″

해설 경중률은 평균제곱근오차의 제곱에 반비례한다. 비율계산이므로 0.008 : 0.004 = 2 : 1 로 계산해도 상관없다.

$$P_A : P_B : P_C = \frac{1}{3.2^2} : \frac{1}{2.9^2} : \frac{1}{3.6^2} = 1 : 1.2 : 0.8$$

$$\text{최확값} = \frac{P_A l_A + P_B l_B + P_C l_C}{P_A + P_B + P_C}$$

$$= 66°36' + \frac{1 \times 32'' + 1.2 \times 27'' + 0.8 \times 25''}{1 + 1.2 + 0.8}$$

$$= 66°36'28''$$

9. 트래버스측량에서 거리와 각 관측의 정밀도가 균형을 이룰 때 거리관측의 허용오차를 1/5,000로 한다면 각 관측에 허용되는 오차는?

해설 거리와 각 관측의 정밀도가 균형을 이루고 있으므로

$\frac{h}{d} = \frac{\theta}{\rho}$ 이므로 $\theta = \frac{h}{d} \times \rho = \frac{1}{5{,}000} \times \frac{180°}{\pi} = 0°0'41''$

10. 그림과 같이 2회 관측한 ∠AOB의 크기는 21°36′28″, 3회 관측한 ∠BOC는 63°18′45″, 6회 관측한 ∠AOC는 84°54′37″일 때 ∠AOC의 최확값은?

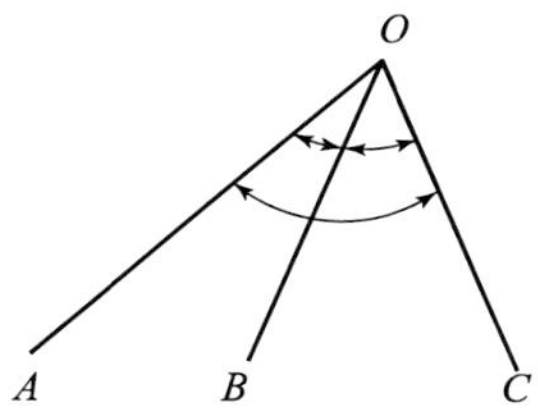

해설 측각오차는 ∠AOC−(∠AOB+∠BOC)로 구하고 −36″이며, ∠AOC는 (−)오차이다.
오차는 경중률에 반비례하므로 측각오차의 조정은 관측횟수에 반비례하여

$$P_{\angle AOB} : P_{\angle BOC} : P_{\angle AOC} = \frac{1}{2} : \frac{1}{3} : \frac{1}{6} = 3:2:1$$

$$\angle \mathrm{AOC} = 84°54'37'' + \frac{1}{3+2+1} \times 36'' = 84°54'43''$$

11. 1km 앞에 있는 폭 5cm인 물체의 사이에 낀 각도는 얼마인가?

해설 **거리오차와 측각오차의 정밀도**

$$\frac{\Delta h}{D} = \frac{\theta}{\rho(1\text{라디안})} \text{에서 } \frac{0.05m}{1{,}000m} = \frac{\theta''}{\frac{180°}{\pi} \times 60' \times 60''}$$

$$\theta'' = \frac{0.05m}{1{,}000m} \times \frac{180°}{\pi} \times 60' \times 60'' = 10.313''$$

12. 그림에서 a_1, a_2, a_3를 같은 경중률로 관측한 결과가 $a_1 - a_2 - a_3 = -12''$ 일 때 조정량으로 옳은 것은?

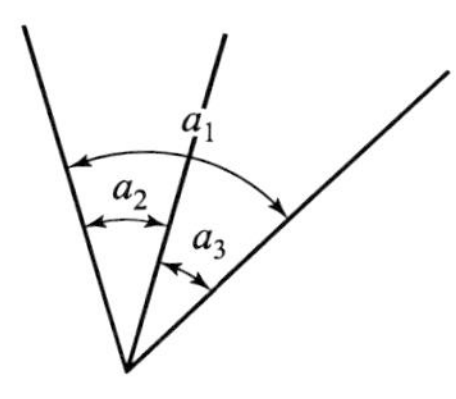

해설 $\text{조정량} = \frac{\text{오차}}{\text{관측각수}} = \frac{12''}{3} = 4''$

관측각이 a_1, a_2, a_3 3개 임에 유의하며, a_1은 커서 a_2, a_3는 작아서 발생한 오차이므로 a_1은 (−)로 a_2, a_3는 (+)로 조정한다.

$a_1 = +4''$, $a_2 = -4''$, $a_3 = -4''$

13. 각 관측에서 시준오차가 ±5″ 이고 눈금의 읽기오차는 없는 경우 4배각법으로 관측할 때 관측오차는?

해설 $E=\pm\sqrt{\frac{2}{n}(\alpha^2+\frac{\beta^2}{n})}=\pm\sqrt{\frac{2}{4}(5^2+\frac{0^2}{4})}=\pm3.536'' ≒ 3.5''$

n : 배각수, α : 시준오차, β : 읽기오차

14. 어떤 한 각을 관측하여 32°30′20″, 32°30′15″, 32°30′17″, 32°30′18″, 32°30′20″의 결과를 얻었다. 이 각관측의 평균제곱근오차는?

해설 ① 최확값 (MPV) : 산술평균

$$MPV=32°30'+\frac{20''+15''+17''+18''+20''}{5}=32°30'18''$$

② 각 관측의 평균제곱근오차 (σ)

관측값	최확값	잔차(v)	잔차^2(v^2)
32°30′20″	32°30′18″	2″	4
32°30′15″	32°30′18″	−3″	9
32°30′17″	32°30′18″	−1″	1
32°30′18″	32°30′18″	0	0
32°30′20″	32°30′18″	2″	4
계			$18=[v^2]$

$$\sigma=\pm\sqrt{\frac{[v^2]}{(n-1)}}=\pm\sqrt{\frac{18}{5-1}}=\pm2.121'' ≒ \pm2.1''$$

※ 각관측의 평균제곱근 오차 $\left(\sigma=\pm\sqrt{\frac{[v^2]}{(n-1)}}\right)$와 최확값의 평균제곱근 오차 $\left(\sigma=\pm\sqrt{\frac{[v^2]}{n\times(n-1)}}\right)$를 비교

15. 기포 한 눈금의 길이가 2mm, 감도가 20″일 때 곡률반지름은 얼마인가?

해설 기포관의 감도에 관한 식은 그림에서 $m = R \times \theta$에서

곡률반경(R) $= = \dfrac{m}{\theta} \times \rho = \dfrac{2mm}{20''} \times 206{,}265''$

$= 20{,}626.5mm \fallingdotseq 20.63m$

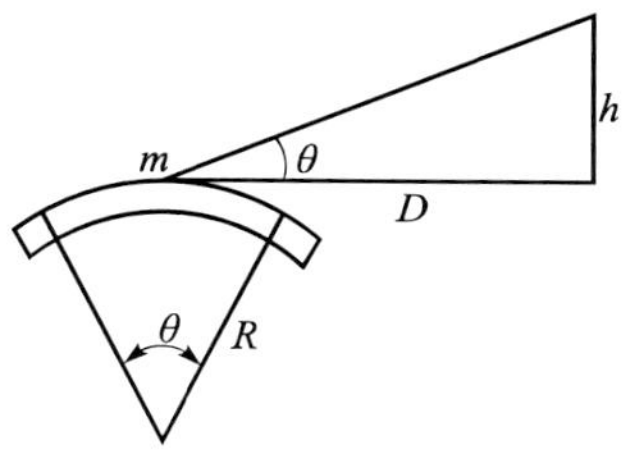

16. 어떤 각을 4명이 관측하여 다음과 같은 결과를 얻었다면 최확값은?

관측자	관측각	관측횟수
A	42°28′47″	3
B	42°28′42″	2
C	42°28′36″	4
D	42°28′55″	6

해설 ① 경중률 : 관측횟수에 비례한다.

$P_A : P_B : P_C : P_D = 3 : 2 : 4 : 6$

② 최확값 : 경중률을 고려한 산술평균

$$MPV = \frac{P_A \times A + P_B \times B + P_C \times C + P_D \times D}{P_A + P_B + P_C + P_D}$$

$$= 42°28'40'' + \frac{3 \times 7'' + 2 \times 2'' + 4 \times (-4'') + 6 \times 15''}{3+2+4+6}$$

$$= 42°28'46.6''$$

17. 삼각형의 내각 관측결과 ∠A=55°12′20″, ∠B=35°23′40″, ∠C=89°24′30″ 이었다면 각 각의 최확값으로 옳은 것은?

해설 삼각형의 내각의 합=180°00′30″이므로 오차는 +30″이고 $\dfrac{30''}{3} = 10''$ 씩을 각각의 각에 빼주어 조건식을 완성하면 최확값이 구해진다.

∠A=55°12′20″−10″=55°12′10″

∠B=35°23′40″−10″=35°23′30″

∠C=89°24′30″−10″=89°24′20″

CHAPTER 05 수준측량

CHAPTER 05

수준측량

수준측량이라 함은 지구상 여러 점들의 고저차를 관측하여 표고를 결정하는 측량을 말하며 고저측량이라고도 하는데 표고는 등포텐셜면을 기준으로 하고 있으며 지형도에서의 등고선 작성과 더불어 각종 토목공사에 높이값을 결정하는데 이용이 되며 장거리 수준측량에는 중력, 지구곡률, 대기굴절 등을 보정하여 사용한다.

1 수준측량의 용어

1. 수평면과 수준선

어떠한 면 위에 어느 점들이 중력방향에 직각으로 이루어진 곡면, 즉 지오이드면이나 정지된 해수면과 같은 것이다. 일반적으로 구면 또는 회전타원체면이라 가정하지만 좁은 범위(정밀도 10^{-6}에서 반경 11km 이내 지역)에서는 평면으로 가정한다. 수준선은 수평면 상의 선을 말하며 곡선이다.

2. 지평면과 지평선

어느 한 점에서 수평면에 접하는 평면을 지평면이라 하고 접점 A에서 지평면과 연직방향은 직교한다. 지평선은 지평면상의 선으로 수준측량 시 레벨의 시준선과 같은 의미이다.

3. 기준면

표고의 기준이 되는 수평면을 기준면이라 한다. 보통 수년 동안 관측한 평균해수면과 일치하는 등포텐셜면인 지오이드와 같은 개념이며 우리나라에서는 인천의 평균해수면을 기준면으로 사용한다.

4. 수준점

기준면으로부터 정확하게 높이를 측정해서 표시해둔 점으로 수준기점 중에서 기준이 되는 인하공업전문대학 내 수준원점으로부터 어느 지역에 일정한 간격으로 표고를 측정해서 수준점을 설치하고 다음 필요한 때는 측량지역에서 가장 가까운 수준점에서부터 표고를 측정할 수 있도록 한 점이 수준점이다.

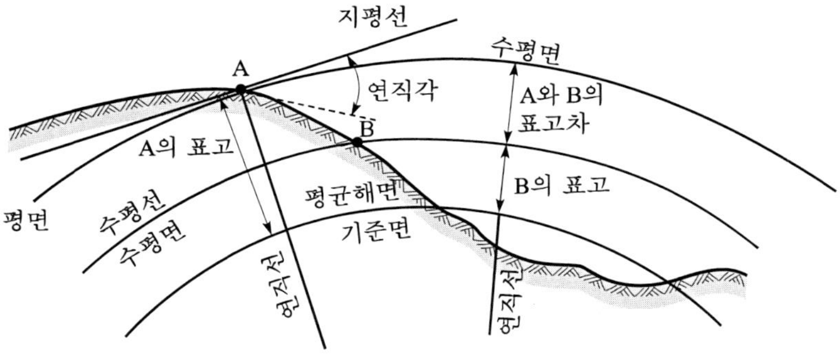

그림 5.1 수준측량 기준

5. 수준망 (수준환)

수준망은 수준점을 연결하는 선으로 망상의 구조를 형성한 것을 말한다. 수준측량의 정확도를 점검하고 보다 정확한 표고를 결정하기 위해 수준점간을 연결하여 측량하는데 이 연결된 모양이 망모양(network)과 같다 하여 수준망이라 한다. 최소제곱법으로 최확값을 구할 수 있다.

6. 표고

높이의 기준이 되는 기준면에서부터 어떤 점까지 연직거리를 말한다. 육지표면의 절대적인 높이를 나타내는데 쓰이며 높이의 기준은 인천의 평균해수면을 기준으로 사용한다.

2 수준측량의 분류

1. 방법에 의한 분류

1) 직접 수준측량

Level과 Staff에 의하여 직접 고저차를 측정하는 방법을 말한다.

2) 간접 수준측량

Level 이외의 기기를 사용하여 고저차를 구하는 방법으로 과거에는 기압, 중력, 온도, 평판의 앨리데이드에 의한 방법이 이용되었고, 최근에는 항공사진측량, GPS 측량, 간접삼각측량 등의 방법이 이용되고 있다.

3) 교호 수준측량

하천, 호수 등을 인해 level를 측점 중앙에 세울 수 없을 때 하천의 양쪽에서 측정하여 평균값을 직접 구하는 방법으로 직접수준측량이다.

4) 근사 수준측량

핸드레벨과 같은 약식 레벨을 이용하여 정밀을 요하지 않는 점간의 고저차를 구하는 방법으로 약 수준측량 이라고도 한다.

2. 목적에 의한 분류

1) 고저 수준측량

두 점간의 높이의 차를 결정하는 측량을 말한다.

2) 단면 수준측량

① 종단 수준측량 : 노선의 종단면측량

② 횡단 수준측량 : 노선의 횡단면측량

3. 측량의 정확도에 따른 분류

1) 1등 수준측량

수준원점에서 약 4km마다 1등 수준점을 마련하여 그 점의 표고를 측정하는 것으로 가장 정도가 높다.

2) 2등 수준측량

1등 수준점에서 약 2km마다 2등 수준점을 마련하여 그 점의 표고를 측정하는 것으로 삼각점의 표고를 측정하는 경우에도 사용한다.

3) 공공측량용 수준측량

각종 공사에 필요한 측량의 기준이 되는 측량이다. 정확도에 따라 1, 2, 3, 4등 수준측량과 간이수준측량으로 나뉜다.

3 수준측량의 장비

1. 자동 level (Auto level)

망원경 속에 장치된 프리즘이 자동적으로 시준선을 수평으로 되게 만들어진 것으로 능률도 좋고, 전반에 걸쳐서 좋은 정밀도를 얻는다. 단, 현장에서 조정하기 곤란하다. 망원경 속에 4개의 실로 프리즘을 매달아 외부의 상은 대물렌즈를 통하여 Compensator를 경유해서 접안경에 비치도록 되어 있다. 따라서 프리즘은 원형기포관의 기포를 중앙에 있게 하면 1/2초 정도의 단시간에 자동적으로 자연히 정지하고 수평한 시준선을 얻게 한다.

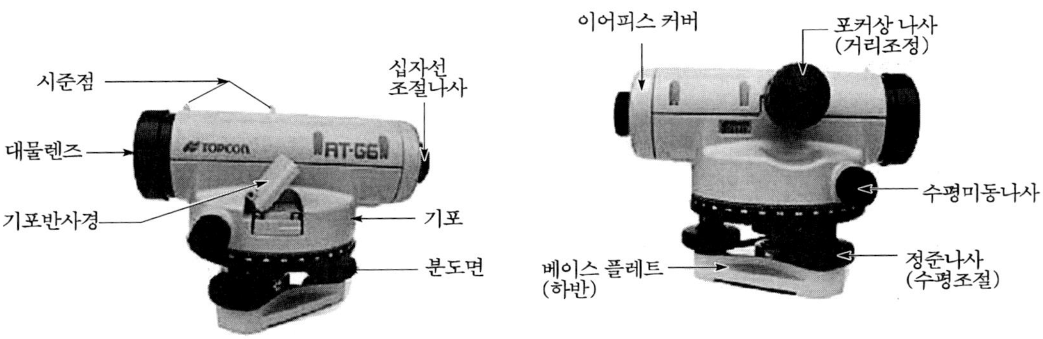

그림 5.2 자동 level

2. 표척 (Staff)

Level측량측량을 할 때 망원경의 시준선 높이를 읽을 때 사용되는 기구로 길이가 2~5m 이며 잣눈은 5mm 및 10mm가 있는 일반적인 표척이다.

그림 5.3 표척(Staff)

3. 표척 사용시 주의할 점

1) 수직으로 세운다.
2) 앞뒤에 조용히 움직여서 제일 작은 값을 읽는다.
3) 밑바닥에 흙이 묻지 않게 한다.
4) 이음매에 주의한다.
5) 연약지반에서는 침하에 주의한다.

4. Level의 조정조건

1) 기포관축을 시준선에 평행하게 할 것. (L // C)
2) 기포관축을 연직축에 수직하게 할 것. (L ⊥ V)

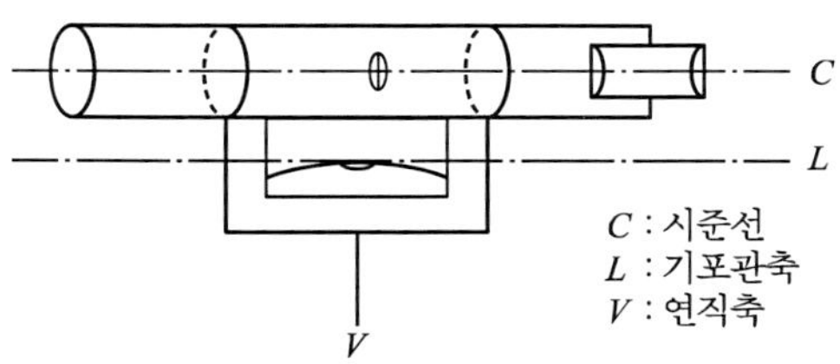

그림 5.4 레벨의 기본 구조

5. 기포관

1) 기포관의 구조

알코올, 에테르 등 점성이 적은 액체를 넣어 기포를 남기고 양단을 밀폐한 것

2) 완전한 기포관이 구비해야 할 조건

① 유리관의 질은 다년 경과해도 내부 액체에 의하여 변치 않을 것
② 동일한 경사에 대해서는 기포의 이동이 동일할 것(곡률반경의 균일)
③ 기포의 이동이 민감할 것(곡률반경의 크기와 관내의 마찰 및 액체의 점성)

3) 기포관의 감도에 제일 큰 영향을 주는 것 : 곡률

4) 감도(θ)의 계산

거리 D에 있는 표척의 눈금을 읽어 그 차를 구하였을 때 한 눈금에 대한 중심각(θ)을 감도라 한다.

$$L = Dn\theta'' Rad,\ 180° = \pi Rad$$

$$\theta'' = \frac{L}{nD} Rad$$

$$1Rad = \frac{180}{\pi} = 57°17'45'' = 206,265''$$

$$1'' = \frac{1}{206,265''} Rad,\ \frac{\theta'' \times 1}{206,265''} = \frac{L}{nD}$$

$$\therefore\ \theta'' = 206,265'' \frac{L}{nD}$$

여기서, R : 기포관의 곡률반경,
n : 기포가 움직인 눈금개수
θ'' : 1눈금에 낀 중심각(감도),
S : 기포관 1눈금의 간격
D : 기계에서 표척까지 거리,
L : 표척의 눈금차

$$R : nS = D : L \qquad \therefore R = \frac{nSD}{L}$$

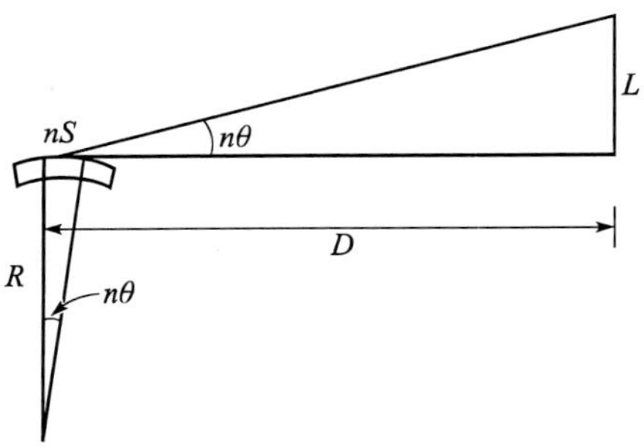

그림 5.5 감도측정

예제 1

기포관의 감도가 30″ 인 레벨로 거리가 100m 떨어진 표척을 관측할 때 기포관의 눈금 1/2에 의한 수준오차를 구하시오.

풀이 기포관의 감도에 관한 식은 그림으로부터 다음과 같이 구할 수 있다.

$$L = Dn\theta'',\ 180° = \pi Rad,\ \theta'' = \frac{L}{nD}$$

$$L = 100m \times 30'' \times \frac{1/2}{206,265''} = 0.0073m = 7.3mm$$

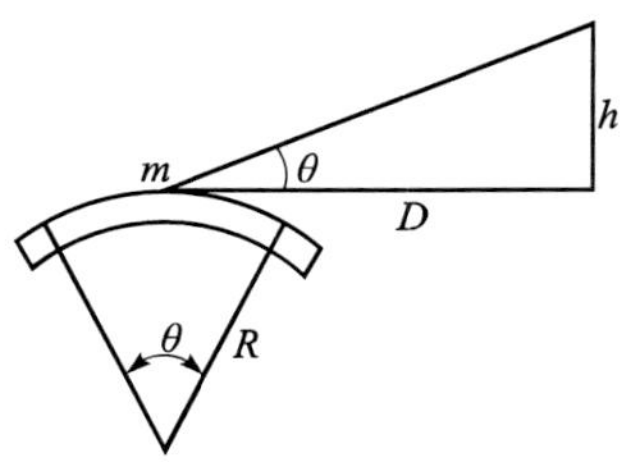

예제 2

기포 한 눈금의 길이가 2mm, 감도가 20″일 때 곡률반지름은 얼마인가?

풀이 기포관의 감도에 관한 식은 위 예제의 그림에서 $m = R \times \theta$ 에서

곡률반경$(R\ ) = \dfrac{m}{\theta} \times \rho = \dfrac{2mm}{20''} \times 206{,}265''$

$= 20{,}626.5mm \fallingdotseq 20.63m$

예제 3

어떤 측량장비의 망원경에 부착된 수준기기포관의 감도를 결정하기 위해서 D=50m 떨어진 곳에 표척을 수직으로 세우고 수준기의 기포를 중앙에 맞춘 후 읽은 표척 눈금값이 1.00m이고, 망원경을 약간 기울여 기포관상의 눈금 n=5개 이동된 상태에서 측정한 표척의 눈금이 1.03m 이었다면 이 기포관의 감도는?

풀이 기포관의 감도는 다음과 같이 구할 수 있다.

$L = Dn\theta''\ ,\ 180° = \pi\, Rad,\ \theta'' = \dfrac{L}{nD} \times \rho''$

$\theta'' = \dfrac{(1.03m - 1.00m)}{5 \times 50m} \times \dfrac{180°}{\pi} \times \dfrac{3{,}600''}{1°}$

$= 24.7''$

4 Level 측량방법

1. 직접측량

Level과 표척(staff)을 사용하여 직접 고저차를 측정하는 것을 말한다.

$$h = a - b$$

$$H_B = H_A + a - b$$

여기서 a는 후시(BS), b는 전시(FS)를 의미한다.

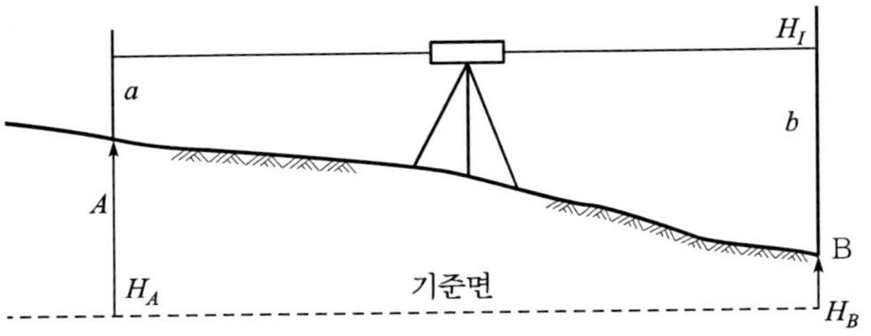

그림 5.6 직접수준측량의 원리

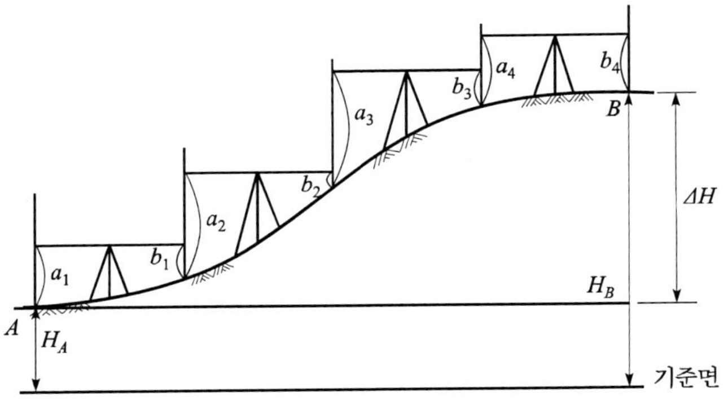

그림 5.7 직접수준측량

2. 수준측량의 원리

1) 후시(B.S) : 표고를 이미 알고 있는 지점에 세운 표척의 읽음값

2) 전시(F.S) : 표고를 구하려고 하는 지점에 세운 표척의 읽음값

3) 기계고(I.H) : 어떠한 지반에 기계를 세운 표척에 수평시준선과 접하는 높이

기계고 = 표고 + 후시

4) 이기점(T.P) : 전시와 후시를 같이 취하는 점을 말한다.(후시도)

5) 중간점(I.P) : 어떠한 지반에 표고만을 알기 위해 표척을 세운 점(전시만)

6) 지반고(G.H) : 어떠한 지반에 평균해수면에서부터 높이(기준면으로부터 높이)

∴ 지반고(GH) = 기계고(IH) − 전시(FS)

7) 지반고의 관측

① 기계고 = 기지점지반고(G. H) + 후시(B. S)

② 미지점 지반고 = 기계고(I. H) − 전시(F. S)

③ 고저차 = 후시(a) − 전시(b)

$\triangle H = (a1 - b1) + (a2 - b2) + (a3 - b3) + (a4 - b4)$

$= (a1 + a2 + a3 + a4) - (b1 + b2 + b3 + b4)$

∴ 고저차 = Σ B. S − Σ F. S

즉, 고저차가 ⊕이면 전시 방향이 높다는 의미, ⊖이면 반대를 의미한다.

$\therefore H_B = H_A + \sum BS - \sum FS$

3. 시준거리

시준거리는 레벨에서 표척까지의 거리를 의미하며 일반적으로 50~60m를 취한다. 전·후시에 등시준거리를 취하면 다음과 같은 오차소거의 효과가 있다.

① **시준축 오차** : 레벨의 조정이 불완전하여 시준선이 기포관축과 평행하지 않을 때 표척의 눈금값에 생기는 오차를 소거할 수 있다.
② **구차와 기차** : 미소하지만 지구의 곡률오차 및 빛의 굴절오차를 소거할 수 있다.
③ 대상물을 명확히 인식하기 위한 초점나사의 움직임이 불필요하므로 그로 인해 발생할 수 있는 오차를 소거할 수 있다.

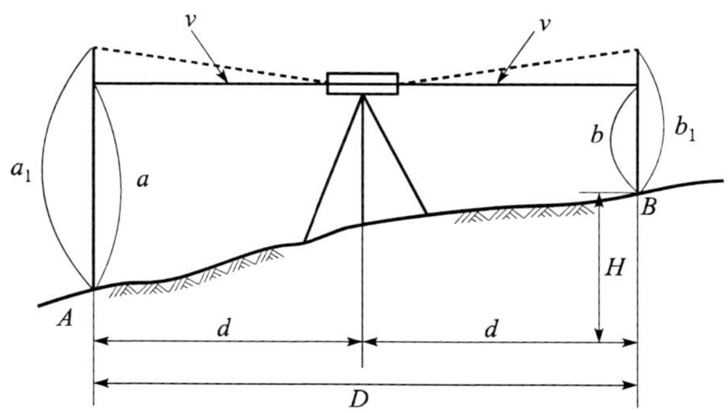

그림 5.8 등시준거리로 관측하는 이유

4. 수준측량시 주의사항

1) 표척은 1~2개를 사용하고 출발점에 세운 표척은 도착점에서도 동일한 표척을 세운다.
2) 기계의 정치 횟수는 짝수회로 한다.
3) 시준거리(전후시 거리)는 가능한 등거리로 한다.

4) 표척은 수직으로 세워야 하며 이음매의 눈금은 잘 연결되도록 한다.

5) 전시와 후시의 거리는 되도록 같게 하며 기계축은 대개 연직으로 운반한다.

6) 야장기입에 있어서는 착오를 일으키지 않도록 주의한다.

7) 땅은 견고하고 일광이 직접 쬐지 않는 곳이 좋다.

예제 4

수준측량에서 담장 PQ가 있어, P점에서 표척을 QP방향으로 거꾸로 세워 아래 그림과 같은 결과를 얻었다. A점의 표고 H_A =51.25m일 때 B점의 표고를 구하시오.

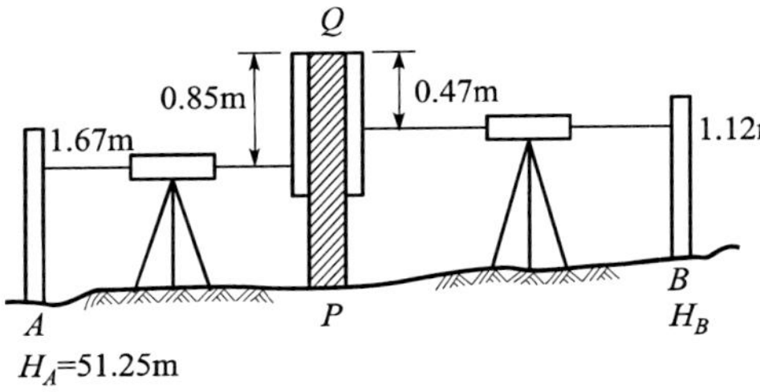

풀이 표척이 거꾸로 세워져 있다면 관측값은 (−)로 적용

$H_B = H_A + \sum B.S - \sum F.S$

$= 51.25 + (1.67 + (-0.47)) - ((-0.85) + 1.12)$

$= 52.18m$

예제 5

직접고저측량을 실시한 결과가 그림과 같을 때, A 점의 표고가 10m라면 C 점의 표고는? (단, 그림은 개략도로 실제 치수와 다를 수 있음) [단위 : m]

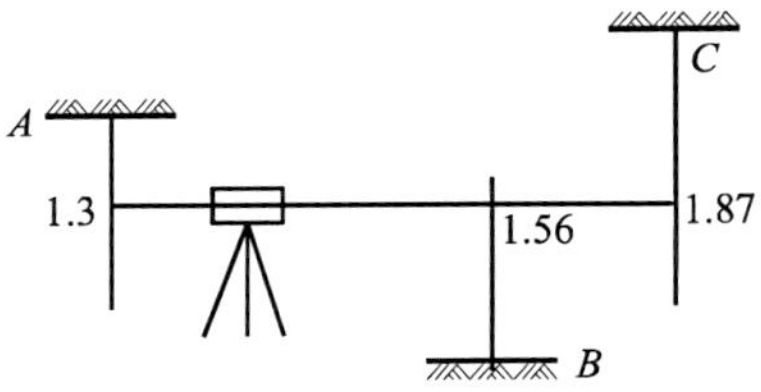

풀이 표척이 거꾸로 설치되어 있으면 관측값은 (−)로 계산

$H_C = H_A + B.S - F.S$

$= 10 + (-1.3) - (-1.87)$

$= 10.57m$

5 야장기입법

1. 고차식

2점의 높이를 구하는 것이 목적으로 도중에 있는 측점의 지반고를 구할 필요가 없을 때 사용하며 측량성과의 점검이 용이하지 않으며 중간점이 없을 때 사용하거나 중간점의 읽음값을 무시하고 계산한다.

측점	후시	전시	지반고	비고

$\therefore$ 고저차$= \sum BS - \sum FS$

2. 기고식 (기계고식)

3환식 기입법의 하나로서 고차식보다 정연하고, 또 승강식보다 기입사항이 적으며 따라서 속도가 빠르고 중간점이 많은 level 측량에 적당하다. 현재 가장 많이 사용하는 방법으로서 종, 횡단측량에 편리하게 이용되지만 중간시에 대한 완전검산이 어렵다.

측점	거리	후시	전시		기계고	지반고	비고
			이기점	중간점			

3. 승강식

계산란에 있어서 승 및 강의 두 난을 만들어 후시에서 전시를 뺀 값이 +이면 승란에 −이면 강란에 기입한다.(승+ : 후시 > 전시, 강− : 후시 < 전시)

완전검산은 가능하지만 계산이 복잡하고 중간시가 많을 때는 불편하고 시간 및 비용이 많이 소요되는 단점이 있다.

측점	거리	후시	점시		(+)승	(−)강	지반고	비고
			이기점	중간점				

예제 6

다음 수준측량에서 AB간의 고저차를 구하시오.

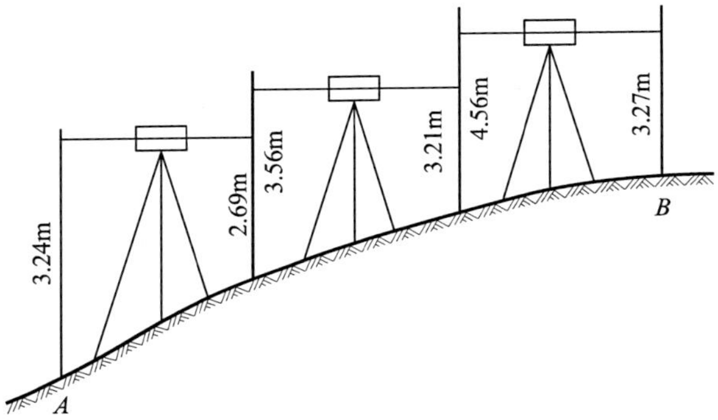

풀이

$(B.S) - (F.S) = 11.36 - 9.17 = 2.19$(m)

B점이 A점보다 2.19(m) 높다.

$\therefore\ G.H = 2.19$(m)

측점	$B.S$	$F.S$
A	3.24	
1	3.56	2.69
2	4.56	3.21
B		3.27

예제 7

어느 지역의 종단측량을 한 결과 약도와 같은 실측값을 얻었을 때 기고식야장법으로 작성하라.

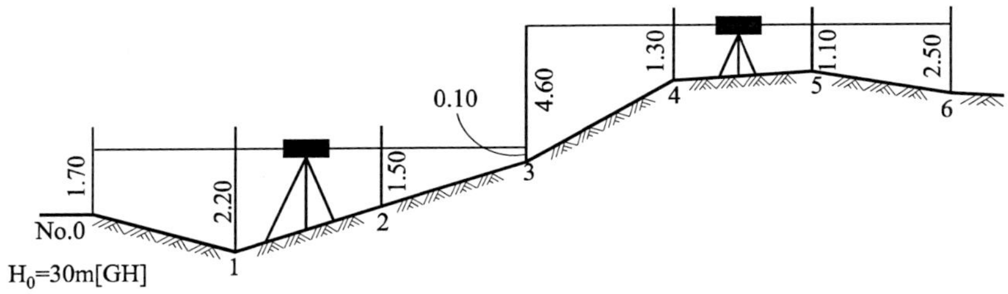

풀이

*SP	거리	BS	FS		IH	GH	remark
			TP	IP			
No.0	0	1.70			31.70	30.00	No.0 표고
1	20			2.20		29.50	30m
2	20			1.50		30.20	검산
3	20	4.60	0.10		36.20	31.60	6.30−2.60=3.70(m)
4	20			1.30		34.90	33.70−30.00=3.70(m)
5	20			1.10		35.10	O.K
6	20		2.50			33.70	
계	120m	6.30	2.60				

예제 8

다음 스케치를 보고 승강식 야장정리로 성과도를 작성하라.

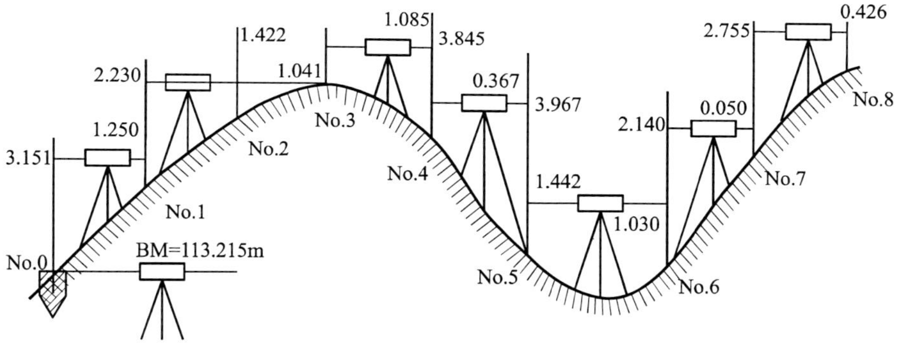

풀이

측점	후시	전시	중간점	승(+)	강(−)	지반고	비고
No.0	3.151					113.215	BM.=113.215m
1	2.230	1.250		1.901		115.116	IP_1
2			1.422	0.808		115.924	IP_2
3	1.085	1.041		1.189		116.305	IP_3
4	0.367	3.845			2.760	113.545	IP_4
5	1.442	3.967			3.600	109.945	IP_5
6	2.140	1.030		0.412		110.357	IP_6
7	2.755	0.050		2.090		112.447	IP_7
8		0.426		2.329		114.776	IP_8
계	13.170	11.609					

예제 9

어떤 노선을 수준측량하여 기고식 야장을 작성하였다. 측점 1, 2, 3, 4의 지반고와 기계고를 계산하여 표를 완성하시오. [단위 : m]

측점	후시	전시		기계고	지반고
		이기점	중간점		
0	3.121			126.688	123.567
1			2.586		
2	2.428	4.065			
3			0.664		
4		2.321			

풀이

측점	후시	전시		기계고	지반고
		이기점	중간점		
0	3.121			126.688	123.567
1			2.586		124.102
2	2.428	4.065		125.051	122.623
3			0.664		124.387
4		2.321			122.730

6 교호 수준측량

큰 계곡이나 하천을 수준측량할 때 기계를 두 점 중앙에 세울 수가 없다. 그러므로 FS, BS의 시준거리가 멀어 정확한 값을 얻을 수 없다. 따라서 양쪽에서 측정한 평균치가 두 점에 고저차가 된다.

$AC = BD = l'$ 라 하면

$$\therefore h = \frac{1}{2}\left[\,(a_1 - b_1) + (a_2 - b_2)\,\right]$$

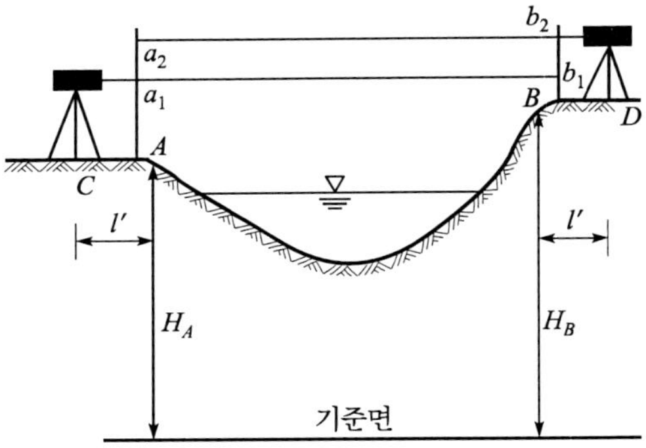

그림 5.9 교호수준측량

교호 수준측량은 전· 후시의 거리를 같게 함으로서 기계적 오차, 기차 등을 없앨 수 있고, 표척의 눈금오차를 없앨 수 있다.

예제 10

교호 수준측량 결과에 따른 B점의 표고는? (단, A점의 표고는 100.000m이고, a_1=2.214m, a_2=4.324m, b_1=1.678m, b_2=3.860m, $d_1=d_2$)

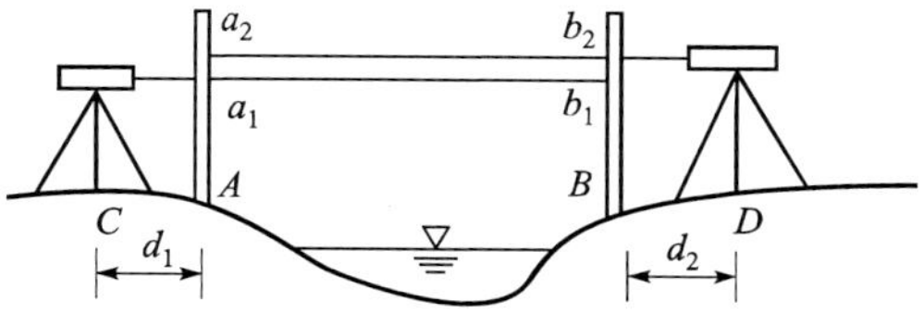

풀이 교호수준측량은 양안에서 수준측량한 결과를 평균하여 높이차를 계산하는 관측방법이다.

$$H_B = H_A + \frac{1}{2}\{(a_1 - b_1) + (a_2 - b_2)\}$$
$$= 100 + \frac{1}{2}\{(2.214 - 1.678) + (4.324 - 3.860)\}$$
$$= 100.500m$$

예제 11

그림과 같이 A점에서 D점에 이르는 도중 폭 약 300m의 하천이 있어서 P점 및 Q점에 레벨을 설치하여 교호수준측량을 실시하였다. A점으로부터 D점에 이르는 각 측점의 표고차가 다음과 같을 때 D점의 표고는? (단, A점의 표고는 30m이다.)

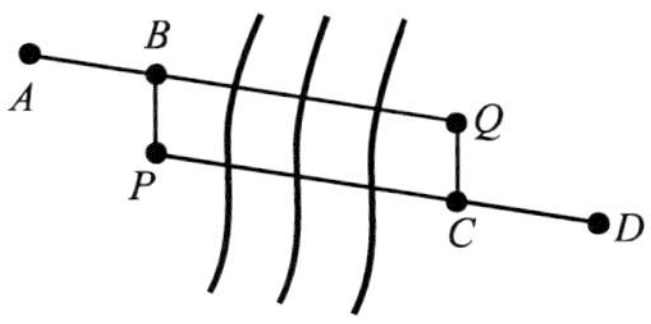

	A→B :	−0.514m
레벨 P에서	B→C :	−0.330m
레벨 Q에서	C→B :	0.374m
	C→D :	0.643m

풀이 $H_B = H_A + h = 30 + (-0.514) = 29.486\,m$

B와 C 사이에 교호수준측량을 수행했으므로

$$H_C = H_B + \frac{1}{2}(\text{레벨 }P\text{에서의 고저차} + \text{레벨 }Q\text{에서의 고저차})$$
$$= 29.486 + \frac{1}{2}(-0.330 + (-0.374)) = 29.134\,m$$

레벨 Q,에서는 C→B를 관측했으므로 부호를 반대로 적용하여 계산한다.

$H_D = H_C + h = 29.134 + 0.643 = 29.777\,m$

7 삼각수준측량

1. 수평거리를 측정할 수 있을 때

$$H = L\tan\alpha + I - h$$

$$H_P = H_A + L\tan\alpha + I + \frac{1-K}{2R}L^2$$

여기서, $\frac{1-K}{2R}D^2$: 양차

D : 시준거리

I : 기계고

H_A : 지반고

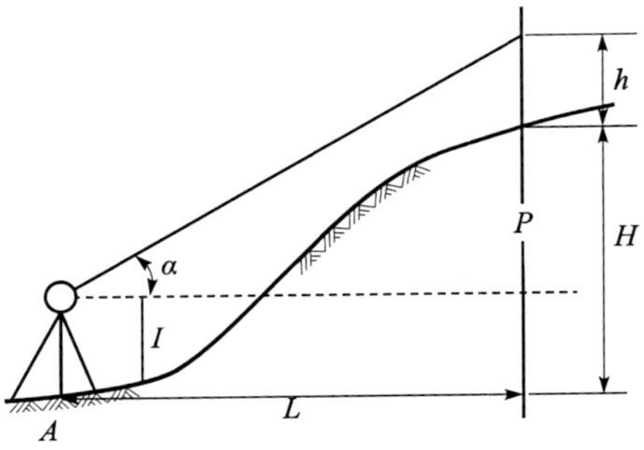

그림 5.10 수평거리측정시 간접수준측량

예제 12

어떤 경사진 터널 내에서 수준측량을 실시하여 그림과 같은 결과를 얻었다. a=1.15m, b=1.56m, 경사거리(S)=31.69m, 연직각 α=+17°47′일 때 두 측점간의 고저차를 구하시오.

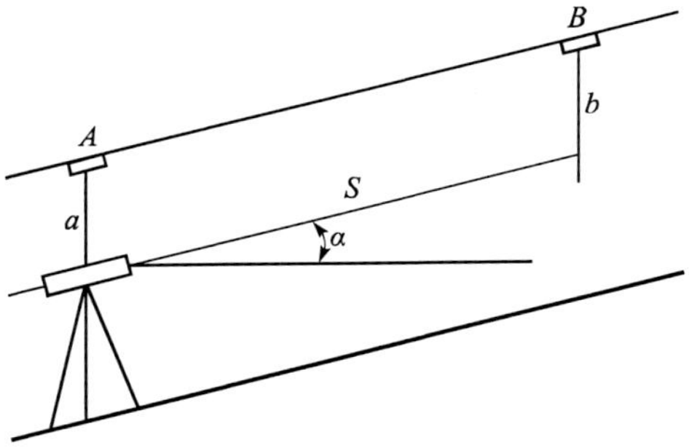

풀이

$H_A - a = H_B - b - S\times\sin\alpha$ 에서

고저차 $\Delta H = H_B - H_A = b - a + S\times\sin\alpha$

$\Delta H = 1.56 - 1.15 + 31.69\times\sin17°47' = 10.09m$

예제 13

삼각수준측량에서 정밀도 10^{-5}의 수준차를 허용할 경우 지구곡률을 고려하지 않아도 되는 최대 시준거리는? (단, 지구곡률반지름 R=6,370km이고, 빛의 굴절계수는 무시)

풀이 지구의 곡률과 대기굴절을 모두 고려하려면 양차를 적용하여 계산하며 굴절계수는 무시하므로

$h=\dfrac{S^2}{2R}$에서 $S=\dfrac{h}{S}\times 2R$ ($\dfrac{h}{S}$는 정밀도를 의미하므로)

$S=\dfrac{1}{100,000}\times 2\times 6,370,000m=127m$

2. 수평인 AB간 거리를 측정할 수 있을 때 (AB간 수평)

$$\frac{H}{y}=\tan\beta,\ H=y\tan\beta \quad \cdots\cdots\cdots\cdots\ ①$$

$$H=(L+y)\tan\alpha \quad \cdots\cdots\cdots\cdots\cdots\cdots\ ②$$

① + ②에서 $(L+y)\tan\alpha=y\tan\beta$

$$L\tan\alpha+y\tan\alpha=y\tan\beta$$

$$L\tan\alpha=y(\tan\beta-\tan\alpha)$$

$$\therefore y=\frac{L\tan\alpha}{\tan\beta-\tan\alpha}$$

y를 ①식에 대입하면

$$\therefore H=y\tan\beta=\frac{L\tan\alpha}{\tan\beta-\tan\alpha}\tan\beta$$

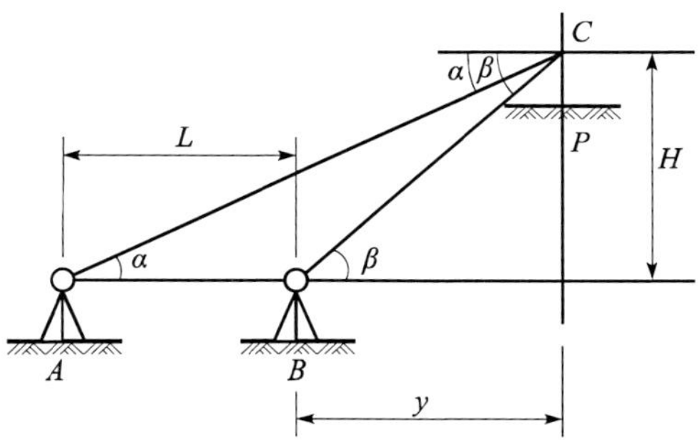

그림 5.11 AB 수평거리 관측시 간접수준측량

sin 정리에서 $\dfrac{L}{\sin(\beta-\alpha)} = \dfrac{BC}{\sin\alpha}$

$$\therefore\ BC = \frac{L\sin\alpha}{\sin(\beta-\alpha)}$$

$$\therefore\ H = BC\sin\beta = \frac{L\sin\alpha}{\sin(\beta-\alpha)}\sin\beta$$

예제 14

높이(x_1)를 구하기 위해 그림과 같은 값을 얻었다. x점의 높이를 구하라(4째 자리에서 반올림하시오).

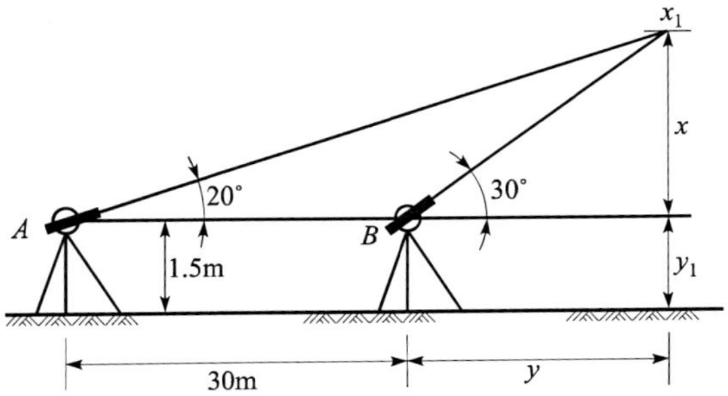

풀이

$x = (30+y)\tan 20°$ ························ ①

$x = y\tan 30°$ ································ ②

① = ②이므로

$(30+y)\tan 20° = y\tan 30°$

$30\tan 20° + y\tan 20° = y\tan 30°$

$30\tan 20° = y(\tan 30° - \tan 20°)$

$\therefore\ y = \dfrac{30\tan 20°}{\tan 30° - \tan 20°} = \dfrac{30\times 0.364}{0.577-0.364} = 51.267(m)$

$\therefore\ x = y\tan 30° = 51.267\tan 30° = 29.599(m)$

x_1점의 높이(H)

$\therefore\ H = 1.5 + 29.599 = 31.099(m)$

8 수준측량의 오차

1. 정오차의 원인

1) 기계 조정 불완전오차
2) 지반 연약으로 인한 오차
3) 표척 눈금 부정오차
4) 광선 굴절에 의한 오차
5) 지구 곡률에 의한 오차
6) 표척을 연직으로 안 세울시 오차

2. 부정오차의 원인

1) 시차로 인한 오차
2) 일광직사로 인한 오차
3) 기포 이동에 의한 오차
4) 진동, 지진에 의한 오차

3. 착오의 원인

1) 정확한 눈금을 읽지 않을 때 생기는 오차
2) 계산 잘못에 의한 오차

4. 수준측량의 허용오차

$$E=\pm C\sqrt{N}, \quad N=\frac{L}{2S} \qquad \therefore E=\pm C\sqrt{\frac{L}{2S}}=\pm K\sqrt{L}$$

여기서, E : 오차
C : 기계를 한번 세우고 1회 측정할 때 생기는 오차
N : 기계를 세운 횟수
S : 일정한 시준거리
L : 시준 노선의 전거리
K : 1km에 대한 수준측량의 오차계수$\left(\frac{C}{2S}\right)$

예제 15

수준측량에서 10km를 왕복 관측한 경우에 허용오차가 ±15mm라면 3km를 왕복 관측한 경우의 허용오차를 구하시오.

풀이 ① 10km 왕복측정시 허용오차

$M=\pm E\sqrt{S}$ 에서 (S : 거리, M : S거리를 측량한 표준오차)

$\pm 15mm = \pm E\sqrt{20km}$

$E = \frac{\pm 15}{\sqrt{20}} = \pm 3.354mm$

② 3km 왕복측정시 허용오차

$M = \pm 3.354\sqrt{6} = \pm 8.216mm$

예제 16

1등 수준측량에서 2km 구간을 왕복 측량한 결과 관측값의 교차가 10mm 발생하였다. 이 경우 알맞은 처리 방법을 쓰시오.

풀이 1등 수준측량의 허용오차

$M = \pm 2.5mm\sqrt{S}$ 에서 $(S$: 거리$(km))$

$M = \pm 2.5mm\sqrt{4km} = \pm 5mm$

허용오차가 ± 5mm인데 측정오차는 10mm이므로 오차가 크므로 재측을 요한다.

9 오차의 조정

수준측량의 결과가 허용오차의 범위내에 있으면 오차조정을 하여 측정값으로 사용한다.

1. 다른 곳에서 출발하여 관측한 지반고의 결정

다른 곳에서 출발하여 거리가 다른 측정값을 각 최확치에 경중률을 고려하여 이 값들의 합계를 경중률의 합계로 나눈 평균값으로 지반고를 결정한다. 직접수준측량에서 거리는 경중률에 반비례하므로 $P_1 : P_2 : P_3 : P_4 = \frac{1}{l_1} : \frac{1}{l_2} : \frac{1}{l_3} : \frac{1}{l_4}$ 이 되고 이를 통해 최확값을 구하면

$$\therefore H_0 = \frac{P_1 h_1 + P_2 h_2 + P_3 h_3 + P_4 h_4}{P_1 + P_2 + P_3 + P_4} = \frac{[Ph]}{[P]}$$

여기서, H_0 : 수준측량에 의한 최확치

h_1, h_2, h_3, h_4 : 관측값

P_1, P_2, P_3, P_4 : 각 관측치의 비중

예제 17

A, B, C 세 점에서 삼각수준측량에 의해 P점 높이를 구한 결과 각각 365.13m, 365.19m, 365.02m 이었다. 그 거리가 $\overline{AP}$ = $\overline{BP}$ = 2km, $\overline{CP}$ = 3km 일 때 P점의 최확값은?

풀이 ① 경중률은 노선의 거리에 반비례한다.

$$P_{\overline{AP}} : P_{\overline{BP}} : P_{\overline{CP}} = \frac{1}{2} : \frac{1}{2} : \frac{1}{3} = 3:3:2$$

② 최확값은 경중률을 고려하여 계산한다.

$$최확값(h) = \frac{P_{\overline{AP}} \times h_{\overline{AP}} + P_{\overline{BP}} \times h_{\overline{BP}} + P_{\overline{CP}} \times h_{\overline{CP}}}{P_{\overline{AP}} + P_{\overline{BP}} + P_{\overline{CP}}}$$
$$= 365 + \frac{3 \times 0.13 + 3 \times 0.19 + 2 \times 0.02}{3+3+2}$$
$$= 365.125m$$

예제 18

수준측량을 실시한 결과가 표와 같을 때, P점의 표고는?

측점	표고(m)	측량방향	고저차(m)	거리(km)
A	20.14	A→P	+1.53	2.5
B	24.03	B→P	−2.33	4.0
C	19.89	C→P	+1.88	2.0

풀이 ① P점의 표고

$A \Rightarrow P$점의 표고 $= 20.14 + 1.53 = 21.67m$

$B \Rightarrow P$점의 표고 $= 24.03 - 2.33 = 21.70m$

$C \Rightarrow P$점의 표고 $= 19.89 + 1.88 = 21.77m$

② 경중률은 노선의 거리에 반비례한다.

$$P_A : P_B : P_C = \frac{1}{2.5} : \frac{1}{4} : \frac{1}{2} = 8:5:10$$

③ 최확값은 경중률을 고려하여 계산한다.

$$최확값(h) = \frac{P_A \times h_A + P_B \times h_B + P_C \times h_C}{P_A + P_B + P_C}$$
$$= 21 + \frac{8 \times 0.67 + 5 \times 0.70 + 10 \times 0.77}{8+5+10}$$
$$= 21.72m$$

2. 폐합수준측량의 오차 조정

출발점으로부터 몇 개의 표고점을 측정하고 다시 출발점에 폐합하는 수준측량이다. 수준측량의 폐합오차가 허용범위 이내일 경우, 측량거리에 비례하여 조정량을 구하고 측정 지반고에 오차를 배분하여 조정 표고로 한다.

$$e_1 = -\frac{L_1}{\sum L}\triangle h$$

$$e_2 = -\frac{L_1 + L_2}{\sum L}\triangle h$$

$$e_3 = -\frac{L_1 + L_2 + L_3}{\sum L}\triangle h$$

$$e_n = -\frac{L_1 + L_2 + L_3 + \cdots + L_n}{\sum L}\triangle h$$

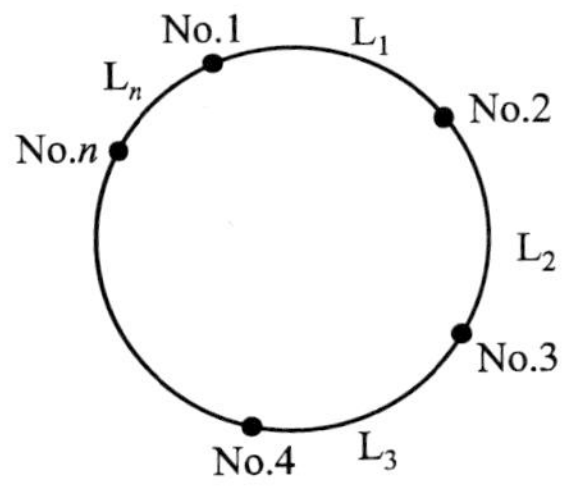

그림 5.12 폐합오차

여기서, e : 각 측점의 보정치, $\triangle h$: 폐합오차

$\sum L$: 총거리 $(L_1 + L_2 + L_3 + \cdots\cdots + L_n)$

1점에서 출발하여 그 점에 폐합하는 경우의 조정 출발점에서 각 측점까지의 거리에 비례하여 오차를 배분한다.

예제 19

그림과 같은 수준환에서 직접수준측량에 의하여 표와 같은 결과를 얻었다. D점의 표고는? (단, A점의 표고는 20m, 경중률은 동일)

구분	거리(km)	표고(m)
A→B	3	B=12.401
B→C	2	C=11.275
C→D	1	D=9.780
D→A	2.5	A=20.044

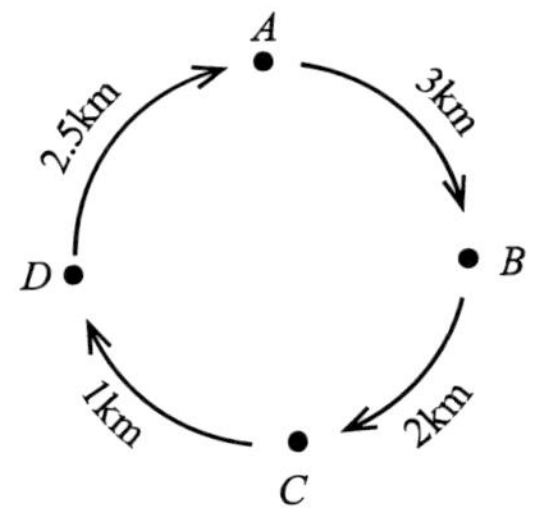

풀이 수준환에서 관측후의 A점의 표고가 20.044m로 0.044m의 오차가 발생했으므로

조정량 $=-\frac{6}{8.5}\times 0.044 = -0.031m$

D점의 표고 $= 9.780 - 0.031 = 9.749m$

예제 및 풀이

1. 빈칸을 채워 측량야장을 완성하시오.

(단위 : m)

측점	추가 거리	후시	전시		기계고	지반고
			이기점	중간점		
No.0	0	4.237				10.000
No.1				2.083		
No.2		0.814	3.281			
No.3				1.237		
No.4			2.183			

해설 1) 기계고(IH) = 지반고(GH) + 후시(BS)
2) 지반고(GH) = 기계고(IH) − 전시(FS)

(단위 : m)

측점	추가 거리	후시	전시		기계고	지반고
			이기점	중간점		
No.0	0	4.237			14.237	10.000
No.1	20			2.083		12.154
No.2	40	0.814	3.281		11.770	10.956
No.3	60			1.237		10.533
No.4	80		2.183			9.587

2. 수준측량의 결과도를 참고하여 성과표를 완성하시오. (단, No.0의 지반고는 98.50m, 계획고는 100.00m이고 경사는 2.5% 하향경사이며 말뚝간격은 20m이다.)

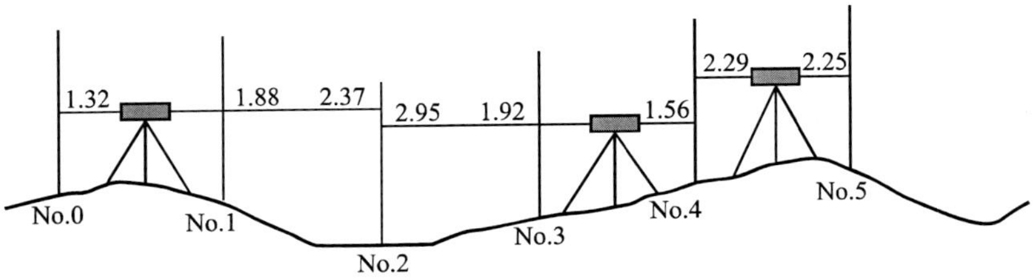

(단위 : m)

측점	추가거리	후시	전시		기계고	지반고	계획고	성토고	절토고
			이기점	중간점					
No.0	0								
No.1	20								
No.2	40								
No.3	60								
No.4	80								
No.5	100								

해설

1) 기계고(IH) = 지반고(GH) + 후시(BS)
2) 지반고(GH) = 기계고(IH) − 전시(FS)
3) 절성토고 계산
   - 지반고 − 계획고 = 양수이면 절토고, 음수이면 성토고
4) 절성토량 계산
   - 사다리꼴공식으로 계산
   - $\text{절성토량} = \dfrac{\text{윗변} + \text{아랫변}}{2} \times \text{높이}$

(단위 : m)

측점	추가거리	후시	전시		기계고	지반고	계획고	성토고	절토고
			이기점	중간점					
No.0	0	1.32			99.82	98.50	100.00	1.50	
No.1	20			1.88		97.94	99.60	1.66	
No.2	40	2.37	2.95			99.82	99.20		0.62
No.3	60			1.92	99.82	99.82	98.80		1.02
No.4	80	2.29	1.56			99.82	98.40		1.42
No.5	100		2.25			97.57	98.00	0.43	

3. 터널측량의 실시결과를 완성하시오. (단, No. 0의 지반고는 55.5m이고 No. 6, No7측점은 천정이다.)

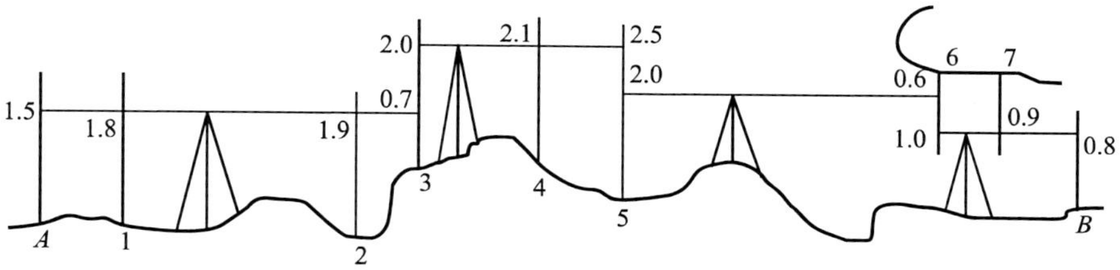

(단위 : m)

측점	후시	전시		기계고	지반고
		이기점	중간점		
A					55.5
No.1					
No.2					
No.3					
No.4					
No.5					
No.6					
No.7					
B					

해설 1) 기계고(IH) = 지반고(GH) + 후시(BS)
2) 지반고(GH) = 기계고(IH) − 전시(FS)

(단위 : m)

측점	후시	전시		기계고	지반고
		이기점	중간점		
A	1.5			57	55.5
No.1			1.8		55.2
No.2			1.9		55.1
No.3	2.0	0.7		58.3	56.3
No.4			2.1		56.2
No.5	2.0	2.5		57.8	55.8
No.6	−1.0	−0.6		57.4	58.4
No.7			−0.9		58.3
B		0.8			56.6

4. 왕복수준측량한 스케치를 이용하여, 야장을 정리하고 지반고를 조정하시오. (단, 관측값은 허용오차 이내로 본다.)

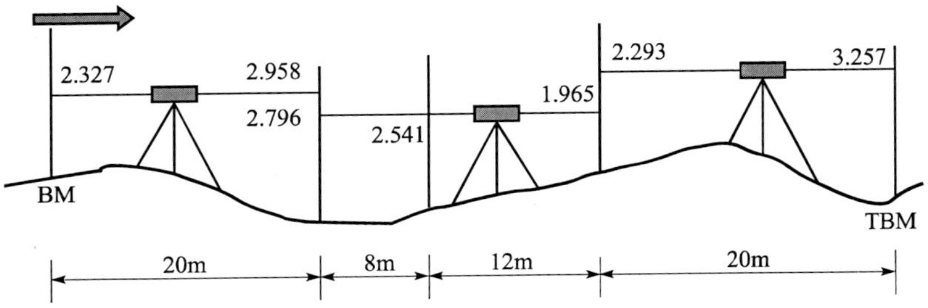

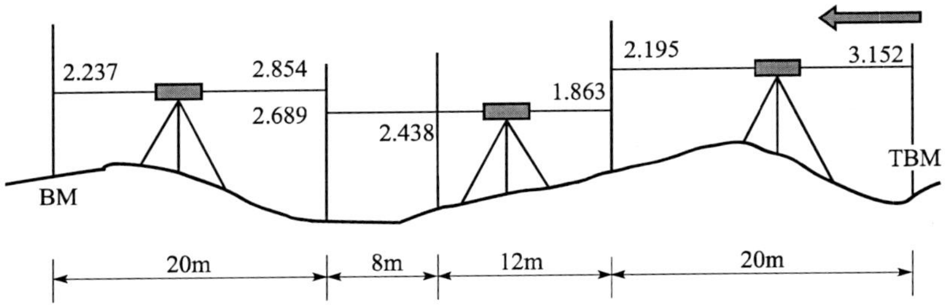

(단위 : m)

측점	추가거리	후시	전시		기계고	지반고	조정량	조정 지반고
			이기점	중간점				
BM						10.000		

해설 1) 기계고(IH) = 지반고(GH) + 후시(BS)
2) 지반고(GH) = 기계고(IH) − 전시(FS)
3) 지반고 오차 조정
- 왕복측량결과 −0.016m오차가 발생했으므로 +0.016m를 관측거리에 비례하여 조정한다.

측점	조정량	조정지반고
BM	$0.000m$	$10.000m$
No.1	$\frac{20}{120} \times 0.016 = 0.003m$	$9.369 + 0.003 = 9.372m$
No.1+8	$\frac{28}{120} \times 0.016 = 0.004m$	$9.624 + 0.004 = 9.628m$
No.2	$\frac{40}{120} \times 0.016 = 0.005m$	$10.200 + 0.005 = 10.205m$
TBM	$\frac{60}{120} \times 0.016 = 0.008m$	$9.236 + 0.008 = 9.244m$
TBM′	$\frac{60}{120} \times 0.016 = 0.008m$	$9.236 + 0.008 = 9.244m$
No.2′	$\frac{80}{120} \times 0.016 = 0.011m$	$10.193 + 0.011 = 10.204m$
No.1+8′	$\frac{92}{120} \times 0.016 = 0.012m$	$9.618 + 0.012 = 9.630m$
No.1′	$\frac{100}{120} \times 0.016 = 0.013m$	$9.367 + 0.013 = 9.380m$
BM′	$\frac{120}{120} \times 0.016 = 0.016m$	$9.984 + 0.016 = 10.000m$

(단위 : m)

측점	추가거리	후시	전시		기계고	지반고	조정량	조정지반고
			이기점	중간점				
BM	0	2.327			12.327	10.000	0.000	10.000
No.1	20	2.796	2.958		12.165	9.369	0.003	9.372
No.1+8	28			2.541		9.624	0.004	9.628
No.2	40	2.293	1.965		12.493	10.2	0.005	10.205
TBM	60		3.257			9.236	0.008	9.244
TBM′	60	3.152			12.388	9.236	0.008	9.244
No.2′	80	1.863	2.195		12.056	10.193	0.011	10.204
No.1+8′	92			2.438		9.618	0.012	9.630
No.1′	100	2.854	2.689		12.221	9.367	0.013	9.380
BM′	120		2.237			9.984	0.016	10.000
계		15.285	15.301					

5. 도로의 중심선을 따라 20m 간격으로 종단 측량을 행한 결과가 표와 같다. 측정 No. 1의 도로 계획고를 표고 21.50m로 하고 2%의 상향기울기의 도로를 설치하기 위한 No. 5의 절취고는?

측점	No.1	No.2	No.3	No.4	No.5
지반고(m)	20.30	21.80	23.45	26.10	28.20

해설 2%경사 $= \frac{H}{D} \times 100(\%)$ 이므로 No. 5의 높이차 $(H) = 80m \times \frac{2}{100} = 1.6m$

No. 5의 계획고 = No. 1의 계획고 + 높이차 = 21.50 + 1.60 = 23.10

No. 5의 절취고 = 계획고 − 지반고 = 23.10 − 28.20 = − 5.10m

6. 교호수준측량을 실시하여 그림과 같은 결과를 얻었다면 B점의 표고는? (단, 단위는 m이다.)

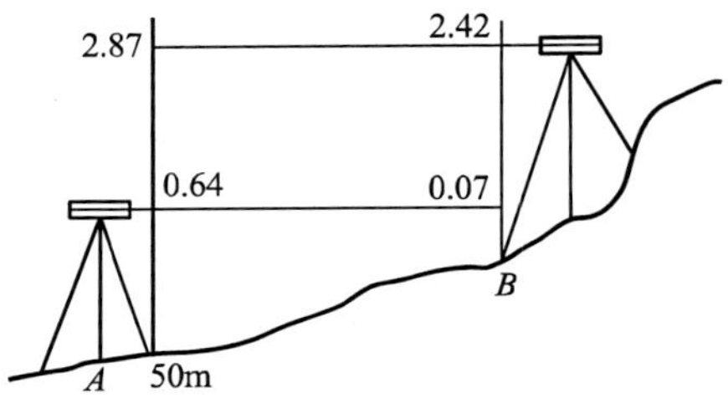

해설 교호수준측량은 양안에서 수준측량한 결과를 평균하여 높이차를 계산하는 관측방법이다.

$$H_B = H_A + \frac{1}{2}\{(a_1 - b_1) + (a_2 - b_2)\}$$
$$= 50 + \frac{1}{2}\{(0.64 - 0.07) + (2.87 - 2.42)\}$$
$$= 50.51m$$

7. A점에서 D점에 이르는 수준측량을 실시하였다. 도중에 하천이 있어 P, Q 지점에 레벨을 세우고 교호수준측량을 하였다. D점의 표고는? (단, HA=40.365m 이고, A→B=−0.415m, B→C=−0.435m, C→B=+0.463m, C→D=+0.384m)

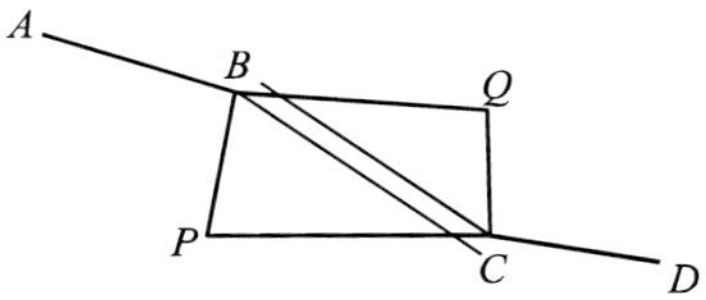

해설 $H_B = H_A + h = 40.365 + (-0.415) = 39.950\,m$

B와 C 사이에 교호수준측량을 수행했으므로

$H_C = H_B + \frac{1}{2}$(레벨 P에서의 고저차 + 레벨 Q에서의 고저차)

$= 39.950 + \frac{1}{2}(-0.435 + (-0.463)) = 39.501\,m$

레벨 Q, 에서는 C→B를 관측했으므로 부호를 반대로 적용하여 계산한다.

$H_D = H_C + h = 39.501 + 0.384 = 39.885\,m$

8. A, B 두 점 간의 고저 차를 구하기 위하여 그림과 같이 (1), (2), (3) 코스로 수준측량한 결과가 다음과 같을 때 두 점 간의 고저 차에 대한 최확값은?

코스	고저차	거리
(1)	29.574m	4km
(2)	29.585m	2km
(3)	29.580m	2km

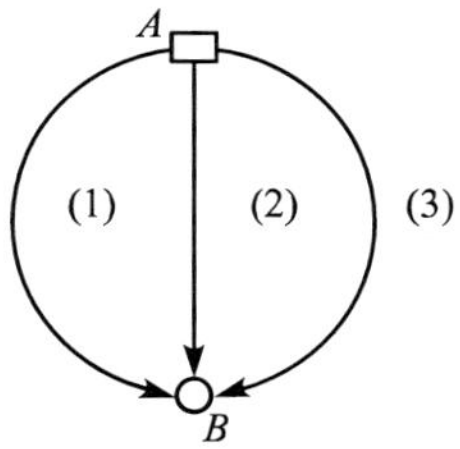

해설 ① 경중률은 노선의 거리에 반비례한다.

$P_1 : P_2 : P_3 = \frac{1}{4} : \frac{1}{2} : \frac{1}{2} = 1 : 2 : 2$

최확값 $= \frac{P_1 l_1 + P_2 l_2 + P_3 l_3}{P_1 + P_2 + P_3} = 29.57 + \frac{1 \times 4 + 2 \times 15 + 2 \times 10}{1 + 2 + 2} \times 10^{-3}$

$= 29.5808\,m$

9. 아래와 같이 기지점 A, B, C에서 출발하여 교점 P의 좌표를 구하기 위한 다각측량을 행하였다. 교점 P의 좌표의 최확값(X_P, Y_P)은?

측선	거리(km)	X_P(m)	Y_P(m)
A→P	2.0	+25.28	−51.87
B→P	1.0	+25.39	−51.76
C→P	0.5	+25.35	−51.72

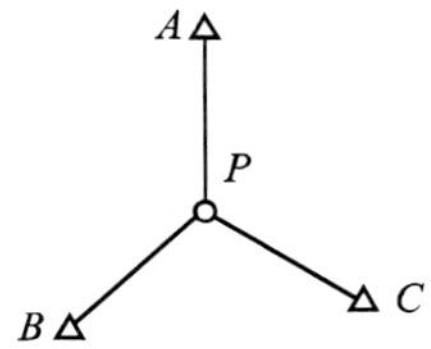

해설 ① 경중률은 노선의 거리에 반비례한다.

$$P_A : P_B : P_C = \frac{1}{2} : \frac{1}{1} : \frac{1}{0.5} = 1 : 2 : 4$$

② 최확값은 경중률을 고려하여 계산한다.

$$X_P = \frac{P_A \times X_A + P_B \times X_B + P_C \times X_C}{P_A + P_B + P_C} = 25 + \frac{1 \times 0.28 + 2 \times 0.39 + 4 \times 0.35}{1+2+4}$$
$$= 25.351m$$

$$Y_P = \frac{P_A \times X_A + P_B \times X_B + P_C \times X_C}{P_A + P_B + P_C} = -\left(51 + \frac{1 \times 0.87 + 2 \times 0.76 + 4 \times 0.72}{1+2+4}\right)$$
$$= -51.753m$$

10. 기지수준점 A, B, C에서 신설점 P의 수준측량 결과가 표와 같을 때 P점의 최확값을 구하시오.

기기점의 표고(m)	노선	거리(km)	관측표고차(m)
A : 132.495	A→P	2	−29.144
B : 90.512	B→P	1	+12.812
C : 200.007	C→P	3	−96.666

해설 ① P점의 표고

$A \Rightarrow P$점의 표고 $= 132.495 + (-29.144) = 103.351m$

$B \Rightarrow P$점의 표고 $= 90.512 + 12.812 = 103.324m$

$C \Rightarrow P$점의 표고 $= 200.007 + (-96.666) = 103.341m$

② 경중률은 노선의 거리에 반비례한다.

$$P_A : P_B : P_C = \frac{1}{2} : \frac{1}{1} : \frac{1}{3} = \left(\frac{1}{2} : \frac{1}{1} : \frac{1}{3}\right) \times 6 = 3 : 6 : 2$$

③ 최확값은 경중률을 고려하여 계산한다.

$$\text{최확값}(h) = \frac{P_A \times h_A + P_B \times h_B + P_C \times h_C}{P_A + P_B + P_C}$$
$$= 103.3 + \frac{3 \times 51 + 6 \times 24 + 2 \times 41}{3+6+2} \times 10^{-3}$$
$$= 103.3344m \fallingdotseq 103.334m$$

11. 그림과 같은 터널에서 AB 사이의 경사가 1/250 이고 BC사이의 경사는 1/100 일 때 측점 A와 C 사이의 지반고 차이를 구하시오.

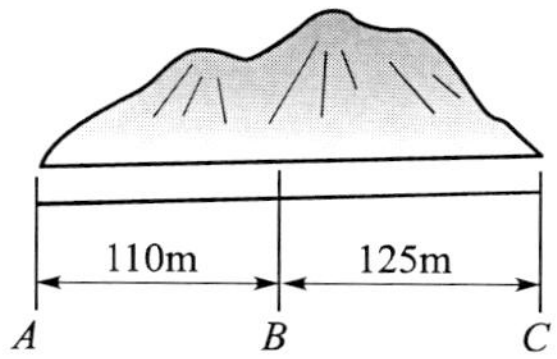

해설 AB와 BC 의 수평거리가 각각 110m, 125m 이고 경사가 1/250, 1/100이므로 높이는 수평거리에 경사를 곱하면 얻을 수 있다.

$$\text{A와 C 사이의 지반고 차이} = 110 \times \frac{1}{250} + 125 \times \frac{1}{100}$$
$$= 0.44 + 1.25 = 1.69m$$

12. A, B, C로부터 수준측량한 결과 P의 표고가 P_A =72.547m, P_B=72.321m, P_C=72.483m이었다면 P 점의 최확값을 구하시오.

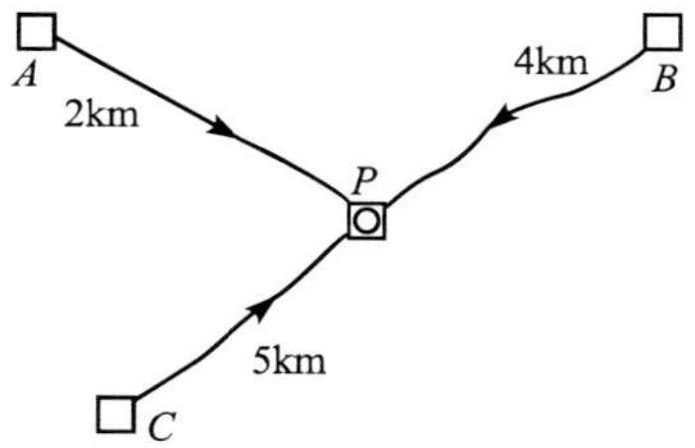

해설 ① 경중률은 노선의 거리에 반비례한다.

$$P_A : P_B : P_C = \frac{1}{2} : \frac{1}{4} : \frac{1}{5} = 10 : 5 : 4$$

$$\text{최확값} = \frac{P_A l_A + P_B l_B + P_C l_C}{P_A + P_B + P_C} = \frac{10 \times 72.547 + 5 \times 72.321 + 4 \times 72.483}{10 + 5 + 4}$$
$$= 72.474m$$

13. 기선 D=30m, 수평각 α=80°, β=70°, 연직각 V=40°를 관측하였다면 높이 H를 구하시오. (단, A, B, C 점은 동일 평면임)

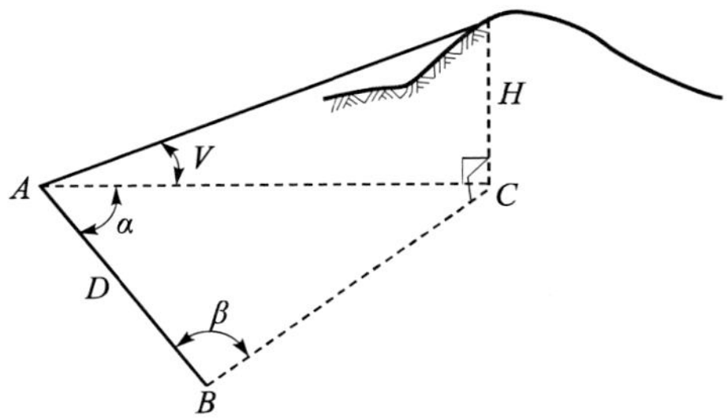

해설 ① $\overline{AC}$ 길이

$$\frac{\overline{AB}}{\sin(\angle ACB)}=\frac{\overline{AC}}{\sin(\angle ABC)} \text{ 에서 } \frac{30}{\sin30°}=\frac{\overline{AC}}{\sin70°}$$

$$\overline{AC}=\frac{\sin70°}{\sin30°}\times 30m=56.382m$$

② 높이 $\overline{CP}$ 의 길이

$$\tan V=\frac{H}{\overline{AC}} \text{ 에서}$$

$$H=\overline{AC}\times\tan V=56.382\times\tan40°=47.31m$$

14. 직접수준측량을 하여 2km를 왕복하는데 오차가 ±16mm 이었다면 이것과 같은 정밀도로 측량하여 4.5km를 왕복 측량하였을 때에 예상되는 오차를 구하시오.

해설 ① 1km 왕복시의 표준오차

$M=\pm E\sqrt{S}$ 에서 (S: 거리, M: S거리를 측량한 표준오차)

$$\pm 16mm=\pm E\sqrt{4km}$$

$$E=\frac{\pm 16}{\sqrt{4}}=\pm 8.0mm$$

② 4.5km 왕복측량시 예상되는 오차

$$M=\pm E\sqrt{S}=\pm 8.0mm\sqrt{9km}=\pm 24.0mm$$

CHAPTER

06 트래버스측량

CHAPTER

06 트래버스측량

1 트래버스측량의 개요

트래버스측량은 다각형의 각 변의 길이와 각을 순차로 측정하고 그 결과에 의해서 측점들의 상대적인 좌표를 결정하는 기준점측량의 가장 보편적인 방법 중의 하나이며 시점과 종점이 동일한 폐합트레버스의 경우 여러 형태의 폐다각형을 형성한다고 하여 다각측량이라 부르기도 한다.

삼각측량과 같은 높은 정도를 요하지 않는 골조측량에 사용하며 경계선 측량 및 사진측량에서 필요한 도화 기준점 등을 측량하고자 할 때 사용하며 최근에는 토털스테이션을 이용하므로 간편·신속한 측량이 가능하게 되었다.

1. 트래버스측량의 특징

1) 삼각점이 멀리 배치되어 있는 좁은 지역에 세부측량의 기준이 되는 점을 추가 설치할 때 편리
2) 복잡한 시가지나 지형의 기복이 심하여 시준이 어려운 지역의 측량에 적합
3) 선로와 같이 좁고 긴 곳의 측량에 편리(도로, 수로, 철도 등)
4) 거리와 각을 관측하여 도식해법에 의하여 모든 점의 위치를 결정할 때 편리
5) 삼각측량과 같이 높은 정도를 요하지 않는 골조 측량에 이용

2. 트래버스측량의 장단점

① 2방향만 시준하므로 선점이 용이하고 후속작업이 편리
② 시가지 또는 복잡한 장애물이 있는 곳에서 적당한 측량
③ 재측하기 쉬우며 세부측량의 기준점으로 적합
④ 삼각측량에 비해 경비가 저렴

⑤ 측점수가 많을 때 오차 누적
⑥ 폐합 또는 기지점에 결합되어야 정밀도 파악 가능
⑦ 넓은 지역의 측량에는 다각점만으로는 부적합

3. 트래버스의 종류

① 폐합 트래버스

소규모 지역의 측량에 적합한 방법이며 임의의 한 점에서 출발하여 최후에 다시 시작점에 폐합시키는 트래버스이며 측량한 성과를 검증할 수 있어 유용하나 결합트래버스에 비해 정확도가 낮다.

② 결합 트래버스

삼각점과 삼각점을 연결하는 측량 또는 기점과 기점을 연결하는 측량으로 정도가 양호하다. 기지점의 관계위치가 측량결과를 점검하기 위한 조건이 된다. 대규모 지역의 정도 높은 측량에 이용된다.

③ 개방 트래버스

시작점과 종점이 아무런 관계나 조건 없이 끝나는 트래버스이므로 답사용이나 허용정밀도가 낮은 경우 사용된다.

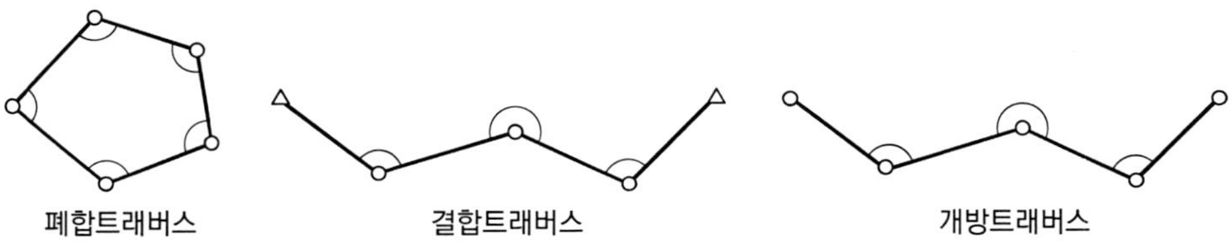

그림 6.1 트래버스의 종류

정도 높은 순서를 보면 결합 > 폐합 > 개방 트래버스 순이다

2 트래버스의 순서

트래버스측량은 계획→답사→선점→조표→관측→계산 등의 순서로 진행한다.

1. 계획

1:50,000 국토기본도를 이용하여 측량구역의 표시, 소요의 정확도, 경제성, 작업시일 등을 고려한 전반적인 측량계획을 수립한다. 기준점 성과는 국토지리정보원의 삼각 및 수준측량 성과표를 이용한다.

2. 답사

측량계획에 따라 현지의 상황이나 지반의 안정성, 작업가능성 등을 고려하여 답사한다.

3. 선점

계획에 따라 적당한 곳에 트래버스 측점을 선정하는 것으로 선점은 답사와 동시에 시행하는 경우가 많으며 선점의 적합여부에 따라 측량의 능률과 정도를 좌우할 만큼 영향이 크다.

4. 조표

측점의 지상에 말뚝이나 돌, 콘크리트 등을 매설하여 필요에 따라 영구 또는 일시적으로 설치하는 표식을 말하며, 폴을 세워서 시준하기 어려운 경우 즉, 장거리 시준을 정확하게 할 때는 추선이나 pole, 철선 등으로 세워 놓는 방법의 시표로 한다.

5. 관측

각과 측점간 거리를 측정한다. 현장 상황에 따라 사용기계, 관측방법을 적절히 하여 각과 측점간의 거리를 측정한다. 야장 기입은 기계점, 관측점에 대해 기준점의 좌표, 거리, 관측 각을 빠짐없이 기록한다.

6. 계산 및 제도

계산결과를 통하여 오차조정 및 트래버스 위치결정을 다음과 같이 한다.

① 각조정	② 방위각 계산조정	③ 경거 위거 계산
④ 폐합차 및 폐합비 조정	⑤ 좌표계산	⑥ 도면작성

3 거리측정 및 수평각 측정

1. 거리측정법

1) 과거 줄자를 이용하여 직접 두 점간의 거리를 측정하였다.

2) 최근 토털스테이션을 이용하여 거리를 측정하고 있다.

2. 수평각의 측정법

1) 교각법

한 측점에서 앞 측선과 다음 측선이 이루는 교각을 관측하는 방법이다. 2측선의 사이 교각을 측정하는 방법으로 내측에 각을 측정하는 내각법, 외측각을 측정하는 외각법으로 구별하며 측각의 방향에 따라 오른편으로 측정하는 방법과 왼편으로 측정하는 방법이 있다. 각 관측이 잘못되어도 다른 각에 영향을 주지 않으며 결합 및 폐합 트래버스에 적합하고 측점수는 20점 이내가 효과적이다.

① 내각법 : 관측각의 총합 = $(n-2)180°$

② 외각법 : 관측각의 총합 = $(n+2)180°$

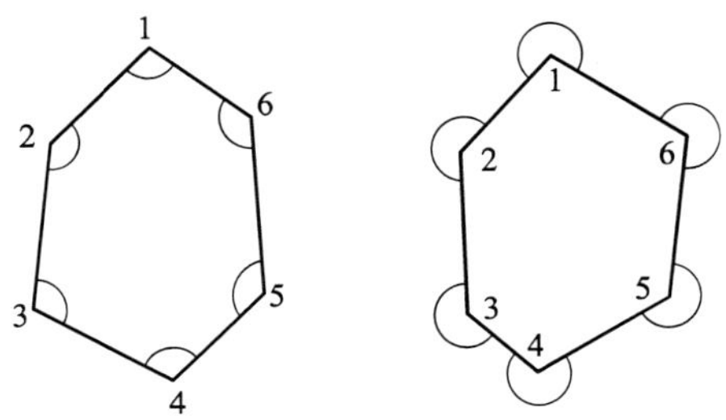

그림 6.2 교각법(내각법과 외각법)

2) 편각법

편각이란 각측선이 전측선의 연장선과 만들어진 각을 말하며 도로, 수로, 철도 등의 노선의 중심선 측량에 이용되며 연장선에 대하여 시계방향으로 관측한 경우는 (+)편각, 반시계방향으로 관측한 경우는 (−)편각이다. 폐합인 경우 편각의 총합은 360°이다.

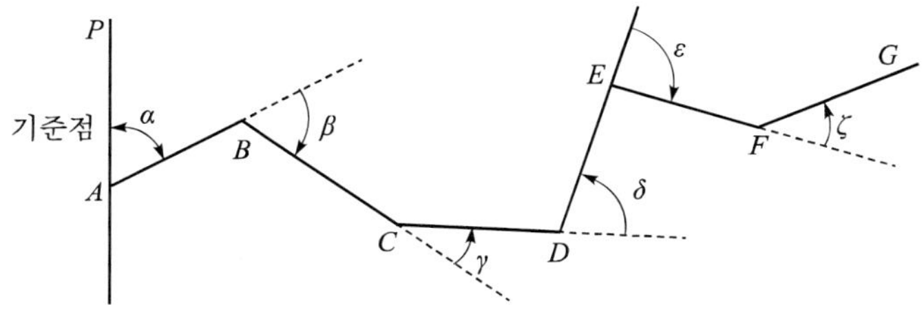

그림 6.3 편각법

3) 방위각법

진북(자오선)을 기준으로 하여 다음 측선까지의 우회전 각을 관측하는 방법이다. AB 방위각과 BA 방위각은 180°차이가 있으며 이를 역방위각이라 한다. 방위각법은 각 측선에 대한 방위각을 직접적으로 측정하므로 각관측값의 계산과 제도가 편리하며 신속한 위치측정을 할 수 있어 노선측량이나 지형측량에 이용된다.

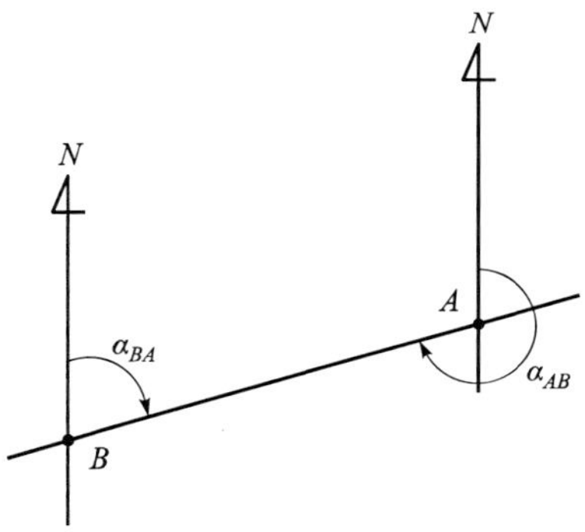

그림 6.4 방위각과 역방위각

예제 1

$\overline{AB}$측선의 방위각이 193°30′15″일 때 $\overline{AB}$측선의 역방위각을 구하시오.

풀이 어느 측선의 역방위각 계산은 방위각에 180°를 더해주면 되는데, 방위각(θ)의 범위는 $0° \le \theta \le 360°$이므로 계산결과가 360°를 초과하게 되면 360°를 빼주면 된다.

$\overline{AB}$의 역방위각 $=$ $\overline{BA}$의 방위각

$$= 193°30'15'' + 180° - 360° = 13°30'15''$$

4 관측각의 조정

1. 각오차의 처리

1) 관측값이 허용범위보다 클 때는 재측을 한다.
2) 관측값이 허용범위내에 있을 때 오차를 등분배하여 조정한다.
3) Traverse의 측각오차의 허용범위
   ① 산림지나 복잡한 지형 $90\sqrt{n}$(초)
   ② 평지 $60\sqrt{n} \sim 30\sqrt{n}$(초)
   ③ 시가지 $30\sqrt{n} \sim 20\sqrt{n}$(초)($n$: Traverse변수)

예제 2

평탄한 지역에서 9변형의 트래버스 측량을 행하여 $2'40''$의 측각오차가 있었다. 이 오차의 처리 방법을 쓰시오. (단, 평탄지의 폐합오차를 $60''\sqrt{n}$ 으로 본다.)

풀이 트래버스측량의 평탄지의 폐합오차는 $60''\sqrt{n}$ 이므로
9변형 트래버스의 평탄지의 허용오차$=60''\sqrt{9}=180''=3'$
측각오차$2'40'' <$ 허용오차$3'$ 이므로 허용오차 범위안에 있으므로
각각의 각에 등분으로 배분한다.

2. 폐합 트래버스의 각오차

1) 내각측정인 경우 오차 ($\triangle a$)

$$\therefore \triangle\alpha = [\alpha] - 180°(n-2)$$

2) 외각측정인 경우 오차 ($\triangle a$)

$$\therefore \triangle\alpha = [\alpha] - 180°(n+2)$$

3) 편각측정인 경우 오차 ($\triangle a$)

$$\therefore \triangle\alpha = [\alpha] - 360°$$

여기서 n : 관측변의 갯수, $[\alpha]$: 측정각의 총합

3. 결합 트래버스의 각오차

① 양 기지점이 NS선 밖에 있는 경우

W_a는 시작점의 방위각, W_b는 끝점의 방위각, $[\alpha]$는 관측각의 총합이고, 양 기지점 L, M이 NS선 밖에 존재하는 경우 각오차는 다음 식으로 구할 수 있다.

$$\therefore \triangle a = (W_a - W_b) + [a] - 180°(n+1)$$

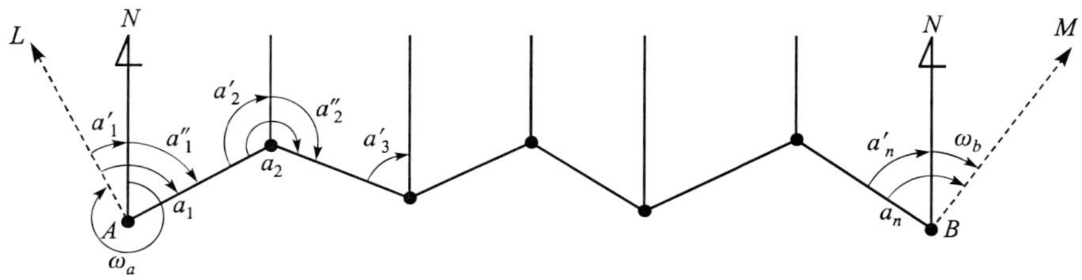

그림 6.5 양 기지점이 NS선 밖에 있는 경우

② 양 기지점이 NS선 안에 있는 경우

W_a는 시작점의 방위각, W_b는 끝점의 방위각, $[\alpha]$는 관측각의 총합이고, 양 기지점 L, M이 NS선 안에 존재하는 경우 각오차는 다음 식으로 구할 수 있다.

$$\therefore \triangle a = (W_a - W_b) + [a] - 180°(n-3)$$

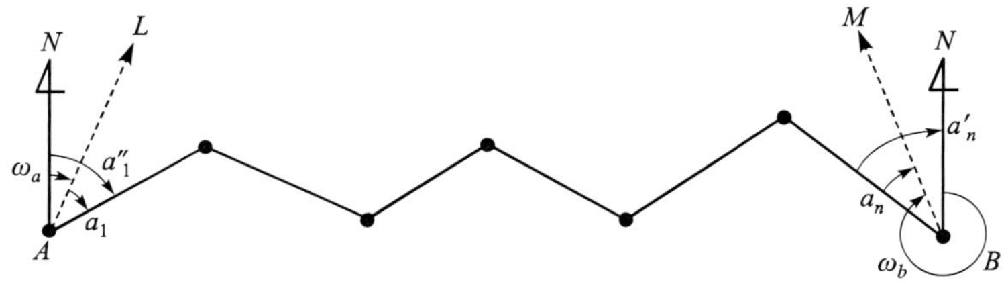

그림 6.6 양 기지점이 NS선 안에 있는 경우

③ 양 기지점이 NS선 같은 방향으로 향하는 경우

W_a는 시작점의 방위각, W_b는 끝점의 방위각, $[\alpha]$는 관측각의 총합이고, 양 기지점 L, M이 NS선 같은 방향으로 향하는 경우 각오차는 다음 식으로 구할 수 있다.

$$\therefore \triangle a = (W_a - W_b) + [a] - 180°(n-1)$$

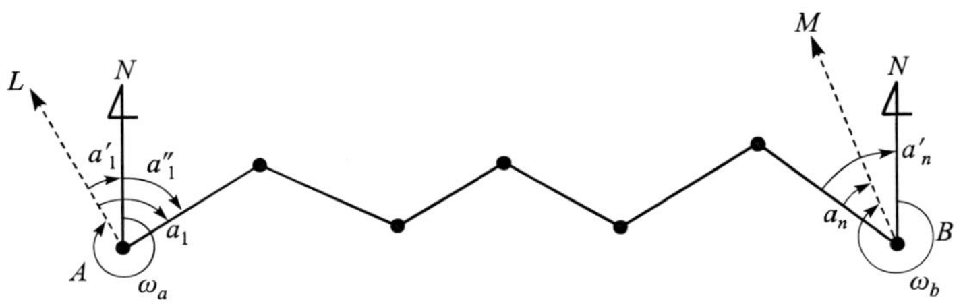

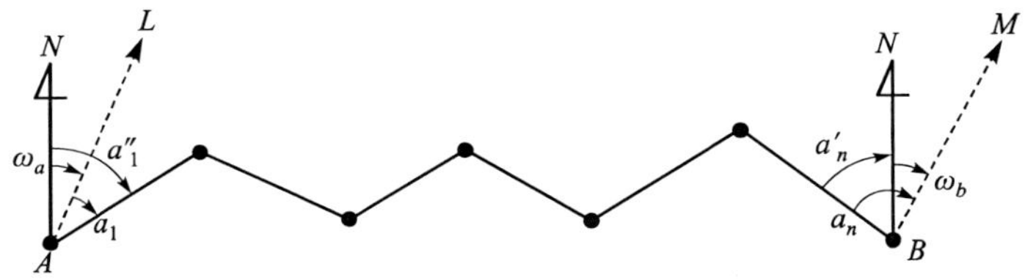

그림 6.7 양 기지점이 NS선 같은 방향으로 향하는 경우

예제 3

그림과 같은 트래버스에서 AL의 방위각이 19°48′26″, BM의 방위각이 310°36′43″, 내각의 총합이 1,190°47′22″일 때 측각오차를 구하시오.

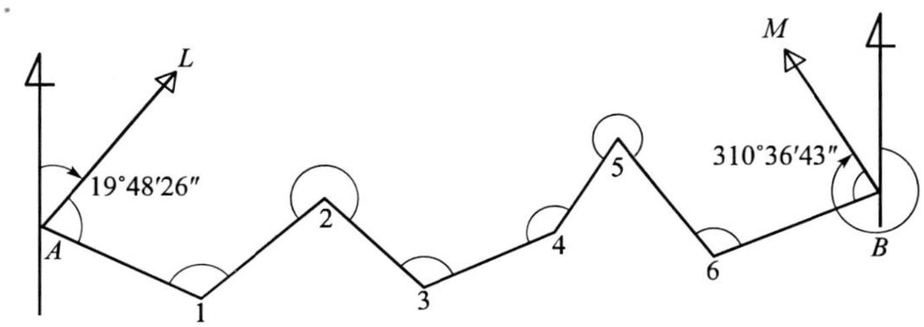

풀이 그림과 같이 삼각점이 모두 안쪽일 경우 측각오차는 다음과 같다.

$$E_a = W_A - W_B + [a] - 180°(n-1)$$

$$= 19°48'26'' - 310°36'43'' + 1{,}190°47'22'' - 180°(8-3)$$

$$= -0°00'55''$$

예제 4

그림과 같은 결합 트래버스의 관측량 오차는? (단, w_a=20°01′27″, w_b=310°48′31″, 교각의 합 [a]=830°47′24″)

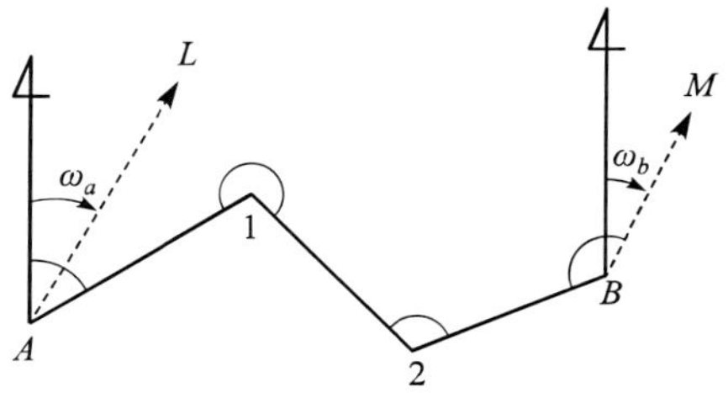

풀이 결합트래버스의 각오차 산정 : 삼각점이 왼쪽이나 오른쪽으로 동일한 방향으로 기울 경우

$E_a = W_A - W_B + [a] - 180°(n-1)$

$= 20°01'27'' - 310°48'31'' + 830°47'24'' - 180° \times (4-1)$

$= 20''$

5 방위각의 계산

1. 교각을 방위각으로 계산

① 우회교각관측시 방위각=전측선의 방위각+180°+해당측선의 교각(그림 a)

② 좌회교각관측시 방위각=전측선의 방위각+180°−해당측선의 교각(그림 b)

2. 편각을 방위각으로 계산

방위각 계산시 우회전편각은 (+), 좌회전 편각은 (−)로 계산한다.

∴ 어떤 측선의 방위각 = 하나앞 측선의 방위각 ± 편각

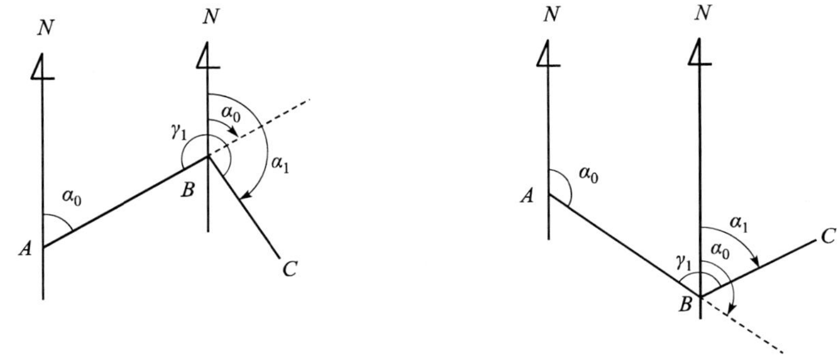

(a) 우회교각 관측시

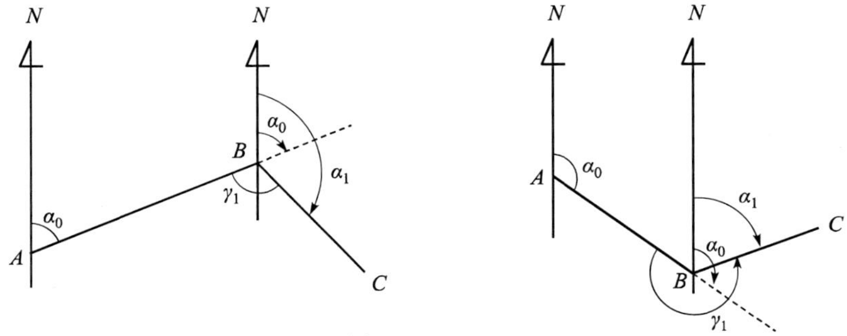

(b) 좌회교각 관측시

그림 6.8 교각으로 방위각 계산

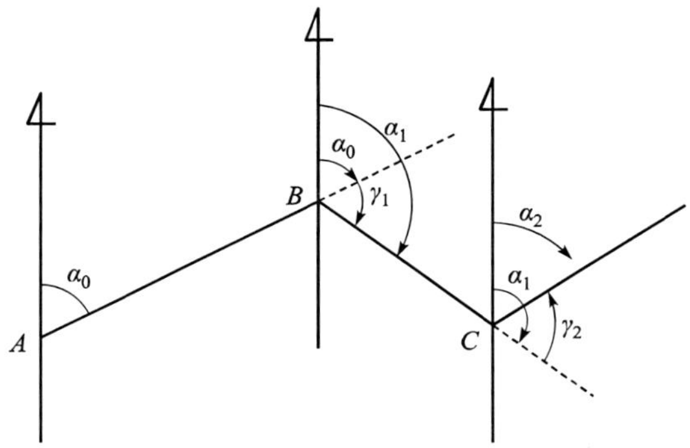

그림 6.9 편각으로 방위각 계산

예제 5

그림과 같이 편각을 측정하였을 때 $\overline{DE}$의 방위각을 구하시오.

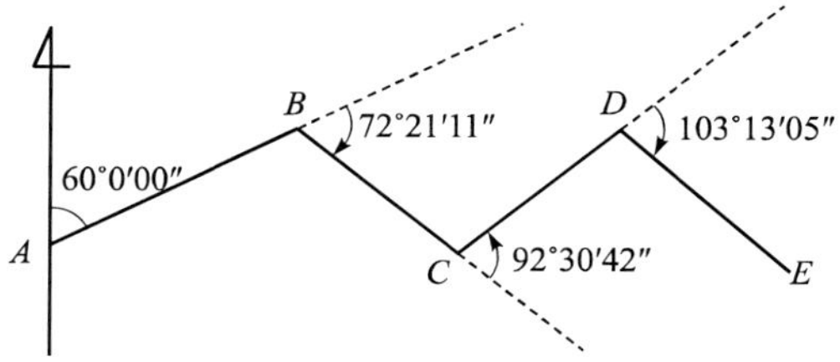

풀이 편각관측시 방위각의 계산은 우편각일 경우는 (+), 좌편각일 경우는 (−)로 계산한다.

① AB방위각=60°

② BC방위각=AB방위각+편각=60°+72°21′11″=132°21′11″

③ CD방위각=BC방위각+편각=132°21′11″−92°30′42″=39°50′29″

④ DE방위각=CD방위각+편각=39°50′29″+103°13′05″=143°03′34″

예제 6

그림과 같은 개방 트래버스에서 DE의 방위를 구하시오.

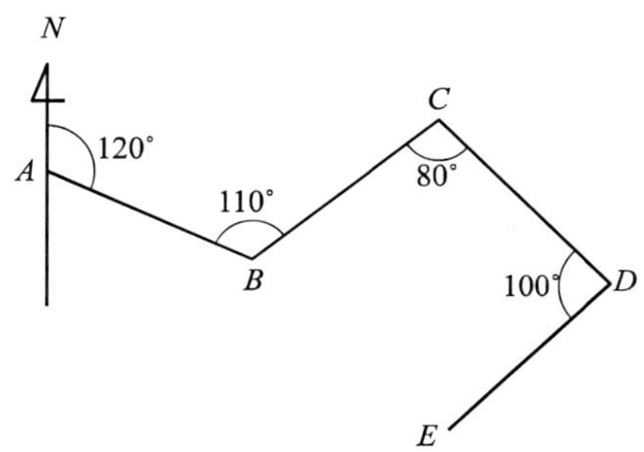

풀이 교각관측시 방위각의 계산은 전측선의 방위각 $+180° \pm$ 교각 으로 계산한다.

$\overline{AB}$ 방위각 $= 120°$

$\overline{BC}$ 방위각 $= \overline{AB}$ 방위각 $+180° + \angle B = 120° + 180° + 110° = 410° = 50°$

$\overline{CD}$ 방위각 $= \overline{BC}$ 방위각 $+180° - \angle C = 50° + 180° + 80° = 150°$

$\overline{DE}$ 방위각 $= \overline{CD}$ 방위각 $+180° + \angle D = 150° + 180° - 100° = 230°$

방위각이 3상한선이므로, 방위 $= S(\theta - 180°)W = S(50°)W$

예제 7

그림과 같이 각 측점에서의 교각을 관측하였다.
측선DC의 방위각은?

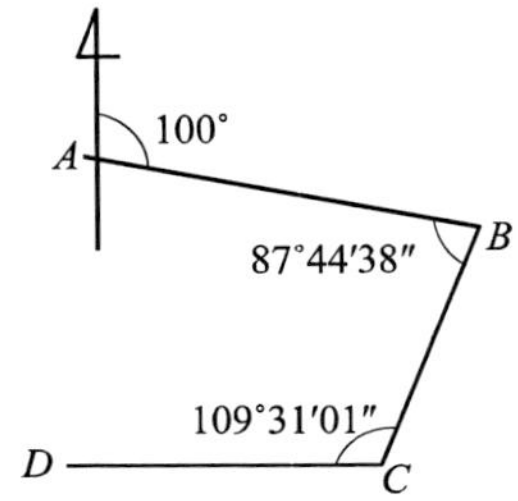

풀이

교각관측시 방위각의 계산은 전측선의 방위각 + 180° ± 교각 으로 계산한다.

① $\overline{AB}$ 방위각 = 100°

② $\overline{BC}$ 방위각 = 100° + 180° − 87°44′38″ = 192°15′22″

③ $\overline{CD}$ 방위각 = 192°15′22″ + 180° − 109°31′01″ = 262°44′21″

④ $\overline{DC}$ 방위각 = $\overline{CD}$ 역방위각 = 262°44′21″ − 180° = 82°44′21″

$\overline{CD}$ 측선과 $\overline{DC}$ 측선은 방향이 반대이므로 180°를 더하거나 빼주면 된다.

예제 8

그림에서 측선 $\overline{BD}$의 방위각을 구하시오.

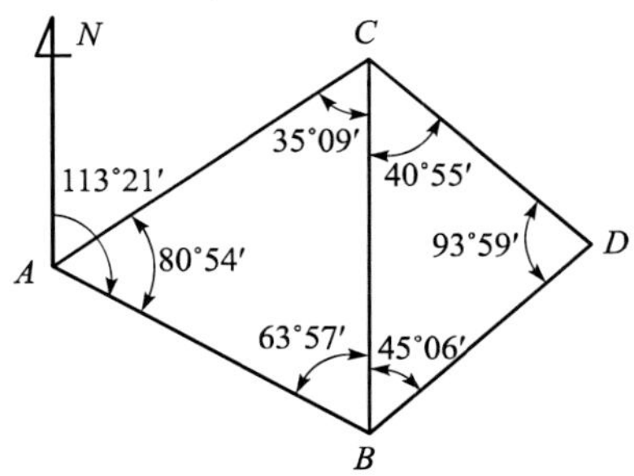

풀이

방위각 계산문제는 전측선의 연장선을 그리고 측선의 시작점에 진북을 표시하여 우회각을 구하도록 한다.

방위각(θ)의 범위는 $0° \leq \theta \leq 360°$이므로 계산결과가 360°를 초과하게 되면 360°를 빼주면 된다.

$\overline{BC}$ 방위각 = $\overline{AB}$ 방위각 + 180° + ∠ABD

= 113°21′ + 180° + (63°57′ + 45°06′)

= 402°24′ − 360° = 42°24′

예제 9

삼각점을 이용하여 터널 입구 A와 B의 좌표값에 대한 결과가 표와 같다. 측선AB의 거리와 방위각을 구하시오.

구분	X(m)	Y(m)
A	−50169.38	+66466.21
B	−51226.24	+66106.39

풀이

$$\overline{AB} = \sqrt{(\triangle X)^2 + (\triangle Y)^2}$$
$$= \sqrt{(-51,226.24-(-50,169.38))^2 + (66,106.39-66,466.21)^2}$$
$$= 1,116.43\,m$$

$$\tan\theta = \frac{\triangle Y}{\triangle X} = \frac{Y_B - Y_A}{X_B - X_A} \Rightarrow \theta = \tan^{-1}\left(\frac{Y_B - Y_A}{X_B - X_A}\right)$$

$\overline{AB}$의 방위각 $\theta = \tan^{-1}\left(\frac{Y_B - Y_A}{X_B - X_A}\right)$

$$= \tan^{-1}\left(\frac{66,106.39-66,466.21}{-51,226.24-(-50,169.38)}\right)$$
$$= 18^\circ 48' 06''$$

$\overline{AB}$는 방안에 그려보면 3상한에 해당하여 180° ~ 270° 사이의 각이어야 하므로

$\overline{AB}$의 방위각 $\theta = 198^\circ 48' 06''$

예제 10

임의 지점 P1의 좌표가 (−2,000m, 1,000m)이고, 다른 지점 P2의 좌표가 (−1,250m, 2,299m)일 때, $\overline{P_1P_2}$의 방위각을 구하시오.

풀이

$\overline{AB}$ 측선을 그려보면 3상한에서 1상한으로 향하는 것을 알 수 있으므로 방위각은 1상한에 해당하는 0°~90° 사이각이 된다.

$$\tan 방위각 = \frac{\triangle Y}{\triangle X} = \frac{Y_{P2} - Y_{P1}}{X_{P2} - X_{P1}}$$

$$방위각 = \tan^{-1}\left(\frac{Y_{P2} - Y_{P1}}{X_{P2} - X_{P1}}\right) = \tan^{-1}\left(\frac{2,299-1,000}{-1,250-(-2,000)}\right) = 59°59'57.38''$$

6 방위의 계산

방위는 평면직교좌표계를 4상한으로 구분하여 NS축을 기준으로 하여 90° 이하의 사잇각으로 표시하여 다음 측점의 위치를 표현한다. 각측량의 성과조정을 끝내고 거리측량성과의 검정과 일원화된 좌표체계로 측점의 위치를 표현하기 위해 방위를 계산하게 된다. 남(S)북(N)을 기준으로 한 90°보다 작은 각을 방위라 하는데 다음과 같이 구한다.

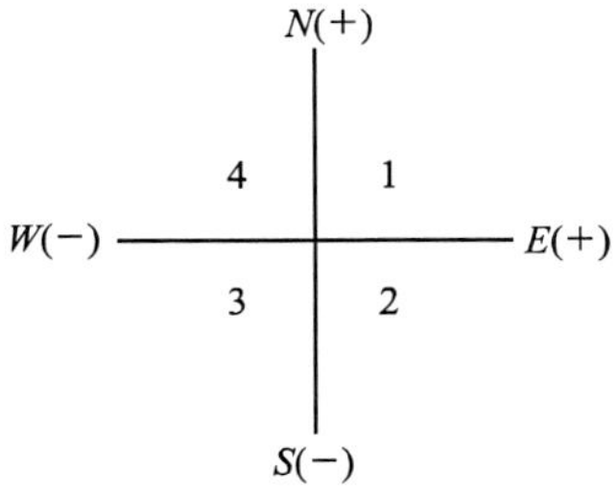

그림 6.10 사분선과 방위

표 6.1 방위각과 방위의 관계

상한	방위각	방위	
I	0°~90°	N방위각E	N 0°~90°E
II	90°~180°	S180°−방위각E	S 0°~90°E
III	180°~270°	S방위각−180°W	S 0°~90°W
IV	270°~360°	N360°−방위각W	N 0°~90°W

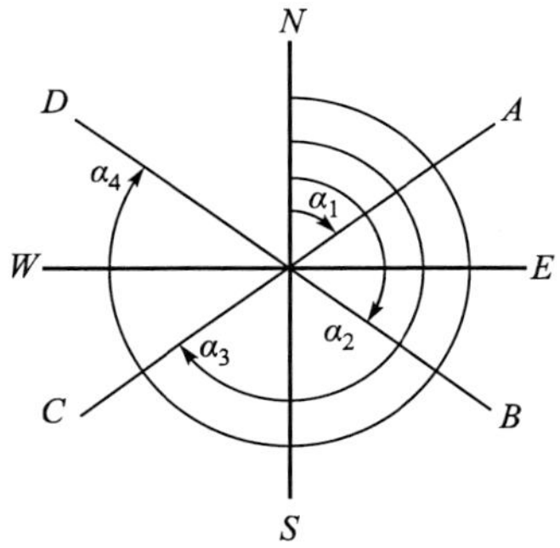

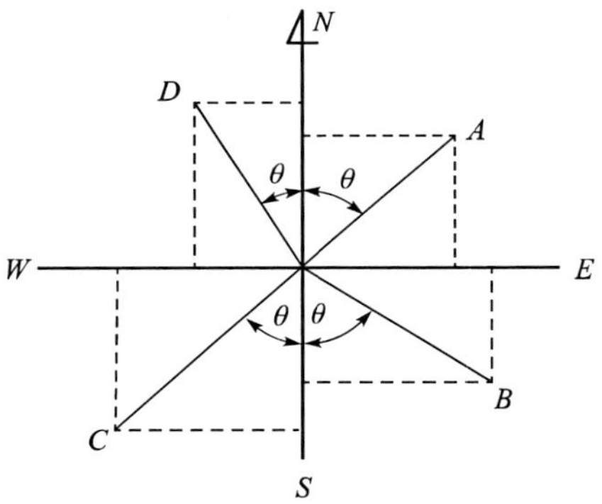

그림 6.11 방위각과 방위

예제 11

방위각 153 ° 20′ 25″에 대한 측선의 방위를 구하시오.

풀이 방위각이 153° 20′ 25″면 2상한이므로
측선의 방위 = S(180°−방위각)E = S(26°39′35″)E

예제 12

트래버스 측량에서 A, B, C점에 대하여 위거(L)와 경거(D)를 계산하여 L_{AB}=80.0m, D_{AB}=20.0m, L_{BC}=-40.0m, D_{BC}=30.0m의 결과를 얻었다. AC의 거리를 구하시오. (단, L_{AB} : AB측선의 위거, D_{AB} : AB측선의 경거)

풀이 폐합트래버스는 오차가 없다면 위거의 합과 경거의 합은 0이 된다.
이를 이용하여 $\overline{CA}$ 의 위거와 경거를 구하면 다음과 같다.

측선	위거	경거
$\overline{AB}$	80	20
$\overline{BC}$	−40	30
$\overline{CA}$		
계	40	50

⇒

측선	위거	경거
$\overline{AB}$	80	20
$\overline{BC}$	−40	30
$\overline{CA}$	−40	50
계	0	0

$\therefore \overline{AC} = \sqrt{(위거)^2 + (경거)^2} = \sqrt{(40)^2 + (-50)^2} = 64.031m$

예제 13

그림과 같은 트래버스에서 CD측선의 방위를 구하시오.
(단, AB의 방위 = N 82°10′E, ∠ABC = 98°39′, ∠BCD = 67°14′이다.)

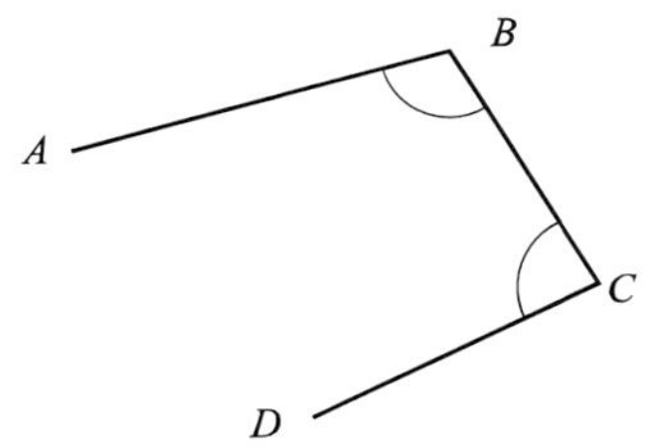

풀이 교각관측에 의한 방위각 계산 = 전측선방위각 + 180° ± 교각
(시계방향각은 +, 반시계방향각은 −)
① AB의 방위각 = 82°10′
② BC의 방위각 = 82°10′ + 180° − 98°39′ = 163°31′
③ CD의 방위각 = 163°31′ + 180° − 67°14′ = 276°17′
방위각이 4상한이므로 CD측선의 방위 = N83°43′W

7 위거 및 경거

위거는 측선에서 NS선의 차를 말하며 경거는 측선에서 WE선의 차를 말한다.

$$\therefore \text{위거 } (L) = A'B' = AB\cos\theta$$

$$\therefore \text{경거 } (D) = A''B'' = AB\sin\theta$$

$$\therefore AB = \sqrt{(L_{AB})^2 + (D_{AB})^2}$$

$$\tan\theta = \frac{D}{L} \qquad \therefore \theta = \tan^{-1}\frac{D}{L}$$

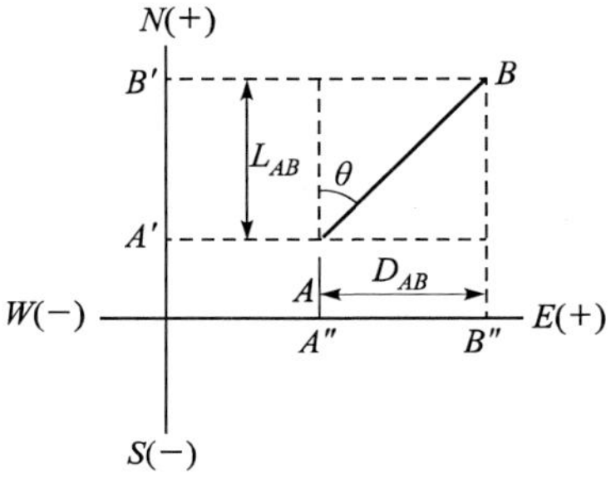

그림 6.12 위거와 경거

표 6.2

방위각	방위	L	D
0°~90°	$N\theta E$	+	+
90°~180°	$S\theta E$	−	+
180°~270°	$S\theta W$	−	−
270°~360°	$N\theta W$	+	−

예제 14

어느 측선의 길이가 200m, 방위가 S30°W일 때 위거와 경거를 구하시오.

풀이

① 방위각 계산

$S30°W$ 는 3상한 각으로 방위각은 $180° + 30° = 210°$이 된다.

① 위거 = 측선의 거리 × cos(측선의 방위각) = $200m \times \cos(210°) = -173.205m$

② 경거 = 측선의 거리 × sin(측선의 방위각) = $200m \times \sin(210°) = -100.000m$

예제 15

트래버스 측점 A의 좌표가 (200, 200)이고, AB 측선의 길이가 50m일 때 B점의 좌표는?
(단, AB의 방위각은 195°이고, 좌표의 단위는 m이다.)

풀이

① $B_X = A_X + \overline{AB} \times \cos(\overline{AB}\text{방위각}) = 200m + 50m \times \cos(195°) = 151.7m$

② $B_Y = A_Y + \overline{AB} \times \sin(\overline{AB}\text{방위각}) = 200m + 50m \times \sin(195°) = 187.1m$

예제 16

표와 같은 폐합트래버스 측량결과에서 BC의 위거와 경거가 누락되었다면 BC의 거리를 구하시오.(단, 오차는 없는 것으로 가정한다)

측선	위거		경거	
	+	−	+	−
AB	65.40	−	83.70	−
BC				
CD	−	65.30	−	40.40
DA	34.65	−	−	62.50

풀이 폐합트래버스 측량결과값의 오차가 없으므로 위거, 경거의 합은 0이 되므로

BC의 위거=34.75, 경거=−19.2

$\overline{BC}= \sqrt{위거^2+경거^2}= \sqrt{34.75^2+(-19.2)^2}=39.70m$

8 폐합오차

1. 폐합 트래버스

폐합트래버스의 경우 각 측선의 위거와 경거의 합은 0이 되어야 하는데 거리 및 각도 측정의 오차 때문에 일치하지 않는 오차를 폐합오차라 한다.

$$E= \sqrt{(\triangle l)^2+(\triangle d)^2}$$

여기서, $\triangle l$: 위거오차

$\triangle d$: 경거오차

E : 폐합오차

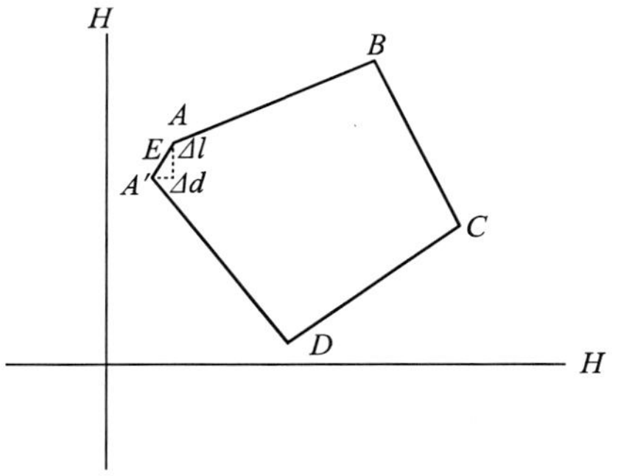

그림 6.13 폐합오차

2. 결합 트래버스

폐합트래버스와 달리 결합트래버스의 경우 시작 결합점의 좌표(X_1, Y_1)에서 위거, 경거의 합을 더하면 최종 결합점의 좌표(X_n, Y_n)가 되어야 하므로 거리 및 각도 측정의 오차 때문에 일치하지 않는 오차를 폐합오차(결합오차)라 한다.

폐합오차 $E = \sqrt{(\triangle l)^2 + (\triangle d)^2}$

위거오차 $\triangle l = \sum L - (X_n - X_1)$

경거오차 $\triangle d = \sum D - (Y_n - Y_1)$

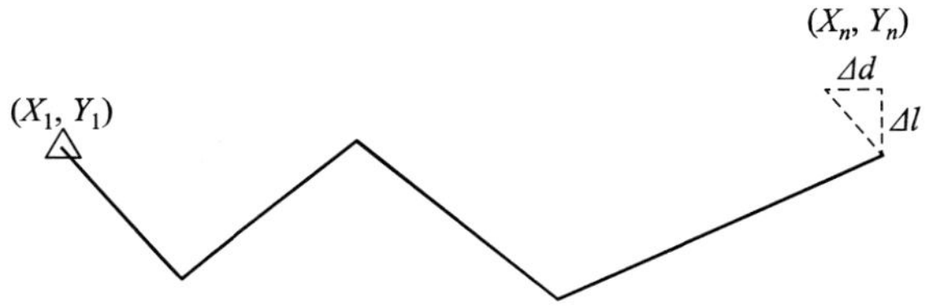

그림 6.14 결합오차

예제 17

트래버스측량의 결과가 표와 같을 때, 폐합오차는?

측점	위거(m)		경거(m)	
	N(+)	S(−)	E(+)	W(−)
A	130.25		110.50	
B		75.63	40.30	
C		110.56		100.25
D	55.04			50.00

풀이 위거의 합과 경거의 합이 각각 0이 되어야 하며 0이 되지 않는 값이 위거오차, 경거오차가 됨

위거오차 = 130.25 − 75.63 − 110.56 + 55.04 = −0.90

경거오차 = 110.50 + 40.30 − 110.25 − 50.00 = 0.55

폐합오차 = $\sqrt{위거오차^2 + 경거오차^2} = \sqrt{(-0.90)^2 + 0.55^2} = 1.05m$

9 폐합비

정밀도는 폐합오차(E)와 폐다각형의 전변장(D)과의 비를 폐비라 한다.

$$\therefore R = \frac{E}{D} = \frac{\sqrt{(E_L)^2 + (E_D)^2}}{D}$$

여기서, R : 폐합비

E : 폐합오차

D : 측선장의 합

E_L : 위거오차

E_D : 경거오차

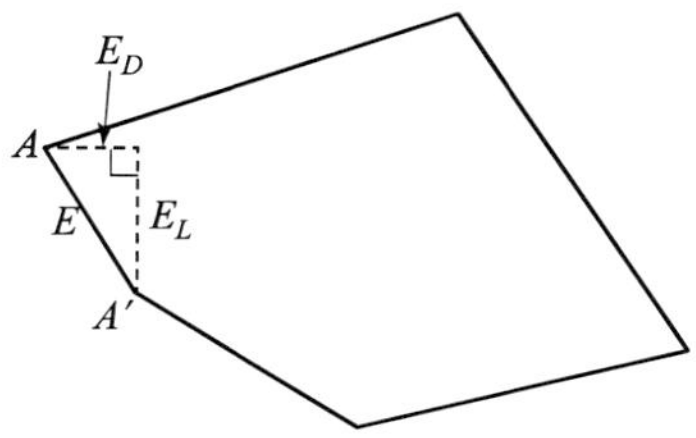

그림 6.15 폐합오차

1. 한측선에 오차가 있다고 생각될 때

1) $\tan\theta = \frac{\sum D}{\sum L}$ 에서 θ를 구하면 $\sum L$과 $\sum D$의 +, −에서 오차의 방위를 알 수 있기 때문에 이것과 평행한 측선에 오차가 있다고 생각한다.
2) 각측선의 $L : D$ 를 구하고 $\sum L : \sum D$ 에 가까운 측선에 오차가 있다고 생각한다.

2. Traverse측량의 허용오차

토지의 상황, 측량의 목적에 따라 다음과 같다.

시가지 $\frac{1}{5,000} \sim \frac{1}{10,000}$

전, 답, 대지 등의 평지 $\frac{1}{1,000} \sim \frac{1}{2,000}$

산림, 임야, 호소지 $\frac{1}{500} \sim \frac{1}{1,000}$

산악지 $\frac{1}{300} \sim \frac{1}{1,000}$

예제 18

폐합트래버스측량을 한 결과, 측선길이의 합이 267.172m, 위거의 합이 +0.011m, 경거의 합이 −0.024m일 때 폐합오차와 폐합비를 구하시오.

풀이

① 폐합오차 (E)

$$E = \sqrt{(\text{위거오차})^2 + (\text{경거오차})^2} = \sqrt{(0.011)^2 + (-0.024)^2} = 0.0264m$$

② 폐합비 (R)

$$R = \frac{\text{폐합오차}}{\text{측선길이의 합}} = \frac{0.0264}{267.172} = \frac{1}{10{,}119.86}$$

예제 19

트래버스측량에서 위거오차 +0.035m, 경거오차 −0.124m이고 전 측선의 길이는 2,680m이다. 폐합비의 허용범위를 1/20,000로 할 때 오차의 처리방법을 쓰시오.

풀이

① 폐합오차 (E)

$$E = \sqrt{(\text{위거오차})^2 + (\text{경거오차})^2} = \sqrt{(0.035)^2 + (-0.124)^2} = 0.129m$$

② 폐합비 (R)

$$R = \frac{\text{폐합오차}}{\text{측선길이의 합}} = \frac{0.129}{2{,}680} = \frac{1}{20{,}775} < \frac{1}{20{,}000}$$

폐합비가 허용범위 안에 있으므로 폐합오차의 조정으로 처리한다.

예제 20

트래버스의 전측선장이 900m일 때 폐합비가 1/5,000로 하기 위한 축척 1/500 도면에서의 폐합오차를 구하시오.

풀이

폐합트래버스에서 폐합비 $= \dfrac{\text{폐합오차}}{\text{전거리}}$에서

$$\frac{1}{5{,}000} = \frac{E}{900}, \quad E = \frac{900}{5{,}000} = 0.18m$$

$\dfrac{1}{500} = \dfrac{\text{도상거리}}{0.18m}$ 이므로

$$\text{도상거리} = \frac{0.18m}{500} = 0.00036m = 0.36mm$$

10 거리오차의 조정

폐합오차가 허용오차의 범위 안에 있으면 위거 및 경거의 합이 각각 0이 되도록 비례식에 의해 위거와 경거 보정량 구하는 방법으로 컴퍼스법칙, 트랜싯법칙 등이 있다.

1. 컴퍼스 법칙

각과 거리측정의 정밀도가 동일한 경우 오차값을 각측선에 비례해서 배분한다.

$$\therefore \text{위(경)거 보정량} = (-)\text{위(경)거의 오차} \times \frac{\text{해당 측선의 길이}}{\text{측선의 합계}}$$

2. 트랜싯 법칙

각측량의 정밀도가 거리측량의 정밀도보다 좋을 때 오차를 각 측선에 위거, 경거의 절대값에 비례하여 배분하는 방법이다.

$$\therefore \text{위(경)거 보정량} = (-)\text{위거(경거)의 오차} \times \frac{|\text{해당 측선의 위거(경거)}|}{|\text{위거(경거)의 합계}|}$$

11 좌표의 계산

트래버스 측량에서 X좌표는 전 측점의 X좌표에 위거를 합하여 구하므로 X좌표를 합위거라 하고, Y좌표는 전 측점의 Y좌표에 경거를 합하여 구하므로 Y좌표를 합경거라 한다.

1. 좌표의 계산

합위거(X) = 전 측선의 합위거 + 다음 측선의 조정위거$(\triangle x)$

합경거(Y) = 전 측선의 합경거 + 다음 측선의 조정경거$(\triangle y)$

B의 합위거, 합경거$(x_2,\ y_2) = x_1 + \triangle x_1,\ y_1 + \triangle y_1$

C의 합위거, 합경거$(x_3,\ y_3) = x_1 + \triangle x_1 + \triangle x_2,\ y_1 + \triangle y_1 + \triangle y_2$

D의 합위거, 합경거$(x_4,\ y_4) = x_1 + \triangle x_1 + \triangle x_2 + \triangle x_3,\ y_1 + \triangle y_1 + \triangle y_2 + \triangle y_3$

2. 2점의 좌표에 의한 측선장 및 방위의 계산

$$측선장(\ell) = \sqrt{(x_2 - x_1)^2 + (y_2 - y_1)^2}$$

$$\tan\theta = \frac{\Delta y}{\Delta x} = \frac{y_2 - y_1}{x_2 - x_1}$$

$$방위(\theta) = \tan^{-1}\left(\frac{\Delta y}{\Delta x}\right)$$

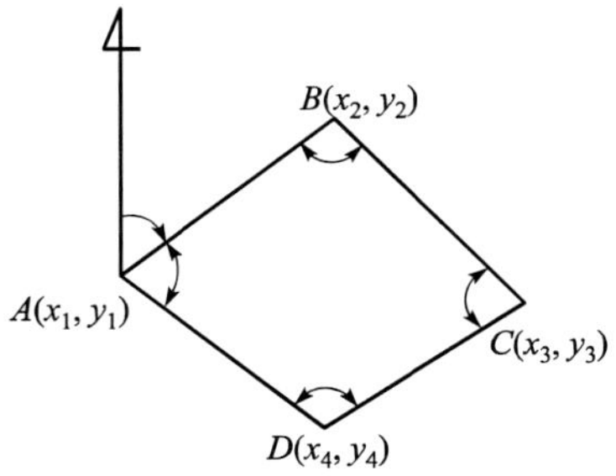

그림 6.16 좌표전개도

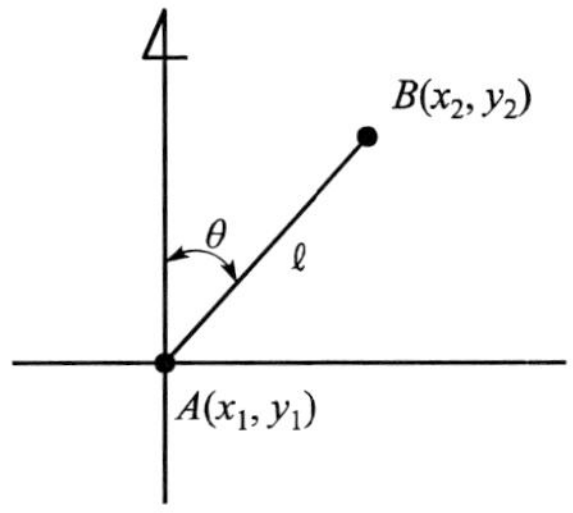

그림 6.17 방위(θ)

예제 21

A점에서 B점을 연결하는 결합트래버스에서 A점의 좌표가 $X_A = 69.30$, $Y_A = 123.56m$이고 B점의 좌표가 $X_B = 153.47m$, $Y_B = 636.22m$일 때 AB간 위거의 총합이 +84.30m, 경거의 총합이 +512.60m일 때 폐합오차를 구하시오.

풀이

① 위거오차 (E_L)

$$E_L = \Sigma 위거 - (X_B - X_A) = 84.30 - (153.47 - 69.30) = 0.13m$$

② 경거오차 (E_D)

$$E_D = \Sigma 경거 - (Y_B - Y_A) = 512.56 - (636.22 - 123.56) = -0.06m$$

③ 폐합오차 (E)

$$E = \sqrt{(E_L)^2 + (E_D)^2} = \sqrt{(0.13)^2 + (-0.06)^2} = 0.14m$$

3. 면적의 계산

폐합트래버스에서 면적 계산은 각 점의 조정위거와 조정경거를 이용하여 면적을 구할 수 있다.

1) 횡거

횡거는 어떤 측선의 중심에서 기준 자오선에 내린 수선의 길이로 면적 산정에는 횡거의 2배에 해당하는 배횡거를 이용한다.

2) 배횡거

∴ 배횡거 = 전측선의 조정경거 + 전측선의 배횡거 + 그 측선의 조정경거

3) 배면적

∴ 어느 측선의 배면적 = 각변의 배횡거 × 그 변의 위거

4) 면적

$$\therefore A = \frac{\text{배면적의 합계}}{2}$$

예제 22

폐합트래버스 ABCD에서 각 측선에 대한 위거와 경거 값이 아래 표와 같을 때, 각측선의 배횡거를 구하시오.

측선	위거(m)	경거(m)
AB	+75.39	+81.57
BC	−33.57	+18.78
CD	−61.43	−45.60
DA	+44.61	−52.65

풀이 배횡거 = 하나 앞 측선의 배횡거 + 하나 앞 측선의 조정 경거 + 해당 측선의 조정경거

측선	위거(m)	경거(m)	배횡거(m)
AB	+75.39	+81.57	+81.57
BC	−33.57	+18.78	+181.92
CD	−61.43	−45.60	+155.10
DA	+44.61	−52.65	+56.85

예제 23

삼각형(△ABC) 토지의 면적을 구하기 위해 트래버스 측량을 한 결과 배횡거와 위거가 표와 같을 때, 면적을 구하시오.

측선	위거L(m)	배횡거
AB	+23.29	+38.82
BC	−54.34	+54.35
CA	+31.05	+15.53

풀이

배횡거에 의한 면적산정

배횡거=전측선의 배횡거+전측선의 조정경거+해당측선의 조정경거

배면적=배횡거×조정위거

측선	위거L(m)	배횡거	배면적
AB	+23.29	+38.82	904.1178
BC	−54.34	+54.35	−2,953.379
CA	+31.05	+15.53	482.2065
계			−1,567.0547

$$\text{면적} = \frac{\text{배면적}}{2} = \frac{1,567.0547}{2} = 783.53\,m^2$$

예제 및 풀이

1. 다음 트래버스의 성과표를 완성하고 면적을 구하시오. (단, 1−2방위각은 73°28′20″, 각은 1″단위, 거리는 소수 3자리까지 구하고 위경거조정은 컴퍼스 법칙으로 한다.)

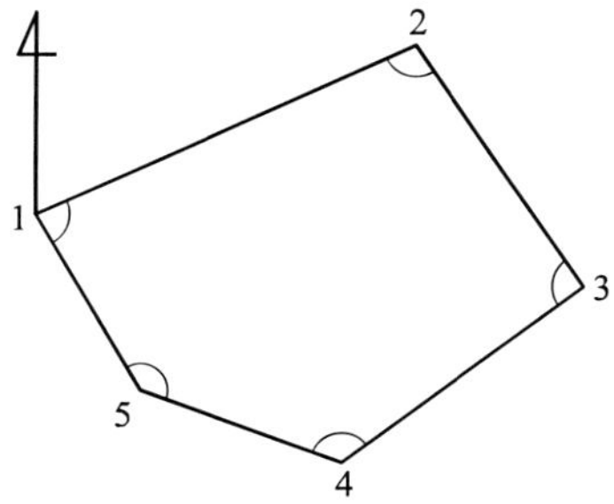

해설 1) 조정량 계산

$$\triangle a = [a] - 180°(n-2) = 539°59'50'' - 540° = -0°0'10''$$

$$\text{조정량} = -\frac{\triangle a}{n} = -\frac{(-10'')}{5} = +2''$$

2) 방위각 계산

측선	방위각 계산
1−2	73°28′20″
2−3	73°28′20″+180°−110°20′32″=143°07′48″
3−4	143°07′48″+180°−84°29′32″=238°38′16″
4−5	238°38′16″+180°−120°40′52″=297°57′24″
5−1	297°57′24″+180°−143°01′24″=334°56′00″

3) 방위 계산

측선	방위 계산
1−2	1상한 각이므로 N73°28′20″E
2−3	2상한 각이므로 S36°52′12″E (θ=180°−143°07′48″=36°52′12″)
3−4	3상한 각이므로 S58°38′16″W (θ=238°38′16″−180°=58°38′16″)
4−5	4상한 각이므로 N62°02′36″W (θ=360°−297°57′24″=62°02′36″)
5−1	4상한 각이므로 N25°04′00″W (θ=360°−334°56′00″=25°04′00″)

4) 위거 및 경거 계산

① $\overline{12}$위거 $= 156.385 \times \cos 73°28'20'' = +44.488m$

② $\overline{23}$위거 $= 97.457 \times \cos 143°07'48'' = -77.965m$

③ $\overline{34}$위거 $= 116.690 \times \cos 238°38'16'' = -60.731m$

④ $\overline{45}$위거 $= 97.423 \times \cos 297°57'24'' = +45.672m$

⑤ $\overline{51}$위거 $= 53.572 \times \cos 334°56'00'' = +48.526m$

⑥ $\overline{12}$경거 $= 156.385 \times \sin 73°28'20'' = +149.923m$

⑦ $\overline{23}$경거 $= 97.457 \times \sin 143°07'48'' = +58.474m$

⑧ $\overline{34}$경거 $= 116.690 \times \sin 238°38'16'' = -99.641m$

⑨ $\overline{45}$경거 $= 97.423 \times \sin 297°57'24'' = -86.054m$

⑩ $\overline{51}$경거 $= 53.572 \times \sin 334°56'00'' = -22.697m$

5) 위거오차

① 위거오차=위거의 총합=−0.010m

② 경거오차=경거의 총합=+0.005m

6) 폐합오차 및 폐합비 계산

① 폐합오차

$$E = \sqrt{(\text{위거오차})^2 + (\text{경거오차})^2} = \sqrt{(-0.010)^2 + 0.005^2} = 0.011m$$

② 폐합비(정밀도)

$$\text{폐합비} = \frac{E}{\sum L} = \frac{0.011}{521.527} = \frac{1}{47{,}411.545}$$

7) 위거조정량 및 경거조정량 (컴퍼스 법칙)

① $\overline{12}$위거조정량 $= -\dfrac{156.385}{521.527} \times (-0.010) = +0.003m$

② $\overline{23}$위거조정량 $= -\dfrac{97.457}{521.527} \times (-0.010) = +0.002m$

③ $\overline{34}$위거조정량 $= -\dfrac{116.690}{521.527} \times (-0.010) = +0.002m$

④ $\overline{45}$위거조정량 $= -\dfrac{97.423}{521.527} \times (-0.010) = +0.002m$

⑤ $\overline{51}$위거조정량 $= -\dfrac{53.572}{521.527} \times (-0.010) = +0.001m$

⑥ $\overline{12}$경거조정량 $= -\dfrac{156.385}{521.527} \times 0.005 = -0.001m$

⑦ $\overline{23}$경거조정량 $= -\dfrac{97.457}{521.527} \times 0.005 = -0.001m$

⑧ $\overline{34}$경거조정량 $= -\dfrac{116.690}{521.527} \times 0.005 = -0.001m$

⑨ $\overline{45}$경거조정량 $= -\dfrac{97.423}{521.527} \times 0.005 = -0.001m$

⑩ $\overline{51}$경거조정량 $= -\dfrac{53.572}{521.527} \times 0.005 = -0.001m$

측선	위거	경거	위거 보정량	경거 보정량	조정 위거	조정 경거
1-2	+44.488	+149.923	+0.003	-0.001	+44.491	+149.922
2-3	-77.965	+58.474	+0.002	-0.001	-77.963	+58.473
3-4	-60.731	-99.641	+0.002	-0.001	-60.729	-99.642
4-5	+45.672	-86.054	+0.002	-0.001	+45.674	-86.055
5-1	+48.526	-22.697	+0.001	-0.001	+48.527	-22.698
계	-0.010	+0.005	+0.010	-0.005	0.000	0.000

8) 합위거 및 합경거

① 측점 1의 합위거 X_1=0m

② 측점 2의 합위거 X_2=0+44.491=44.491m

③ 측점 3의 합위거 X_3=44.491+(−77.963)=−33.472m

④ 측점 4의 합위거 X_4=(−33.472)+(−60.729)=−94.201m

⑤ 측점 5의 합위거 X_5=(−94.201)+45.674=−48.527m

⑥ 측점 1의 합경거 Y_1=0m

⑦ 측점 2의 합경거 Y_2=0+149.922=149.922m

⑧ 측점 3의 합경거 Y_3=149.922+58.473=208.395m

⑨ 측점 4의 합경거 Y_4=208.395+(−99.642)=108.753m

⑩ 측점 5의 합경거 Y_5=108.753+(−86.055)=22.698m

9) 배횡거 (=전측선 배횡거+전측선 조정경거+해당측선조정경거)

① $\overline{12}$배횡거 $= 149.922m$

② $\overline{23}$배횡거 $= 149.922 + 149.922 + 58.473 = 358.317m$

③ $\overline{34}$배횡거 $= 358.317 + 58.473 + (-99.642) = 317.148m$

④ $\overline{45}$배횡거 $= 317.148 + (-99.642) + (-86.055) = 131.451m$

⑤ $\overline{51}$배횡거 $= 131.451 + (-86.055) + (-22.698) = 22.698m$

10) 배면적 (=배횡거×조정위거)

① $\overline{12}$배면적 $= 149.922 \times 44.491 = 6{,}670.180$

② $\overline{23}$배면적 $= 358.317 \times (-77.963) = -27{,}935.468$

③ $\overline{34}$배면적 $= 317.148 \times (60.729) = -19{,}260.081$

④ $\overline{45}$배면적 $= 131.451 \times 45.674 = 6{,}003.893$

⑤ $\overline{51}$배면적 $= 22.698 \times 48.527 = 1{,}101.466$

11) 면적

$$A = \frac{배면적}{2} = \frac{33,420.010}{2} = 16,710.005m^2$$

측점	교각	조정량	조정각	방위각	방위	측선	거리(m)	위거	경거
1	81°27′38″	+2″	81°27′40″	73°28′20″	N73°28′20″E	1−2	156.385	+44.488	+149.923
2	110°20′30″	+2″	110°20′32″	143°07′48″	S36°52′12″E	2−3	97.457	−77.965	+58.474
3	84°29′30″	+2″	84°29′32″	238°38′16″	S58°38′16″W	3−4	116.690	−60.731	−99.641
4	120°40′50″	+2″	120°40′52″	297°57′24″	N62°02′36″W	4−5	97.423	+45.672	−86.054
5	143°01′22″	+2″	143°01′24″	334°56′00″	N25°04′00″W	5−1	53.572	+48.526	−22.697
계	539°59′50″	+10″	540°00′00″			계	521.527	−0.010	+0.005

측선	위거 보정량	경거 보정량	조정 위거	조정 경거	측점	합위거	합경거	측선	배횡거	배면적
1−2	+0.003	−0.001	+44.491	+149.922	1	0	0	1−2	+149.922	+6670.180
2−3	+0.002	−0.001	−77.963	+58.473	2	+44.491	+149.922	2−3	+358.317	−27935.468
3−4	+0.002	−0.001	−60.729	−99.642	3	−33.472	+208.395	3−4	+317.148	−19260.081
4−5	+0.002	−0.001	+45.674	−86.055	4	−94.201	+108.753	4−5	+131.451	6003.893
5−1	+0.001	−0.001	+48.527	−22.698	5	−48.527	+22.698	5−1	+22.698	1101.466
계	+0.010	−0.005	0.000	0.000	계			계		−33420.010

면적 $= 33,420.010/2 = 16,710.005\,m^2$

2. 다음과 같은 결합트래버스의 측량성과를 이용하여 각 측점의 좌표를 계산하시오. (단, A점 (50, 100), B점(69.1, 421.5)이고 $w_a = 16°41'57''$, $w_b = 309°48'19''$, $\overline{A1} = 132.140m$, $\overline{12} = 167.720m$, $\overline{2B} = 146.730m$, 컴퍼스 법칙에 의해 조정할 것)

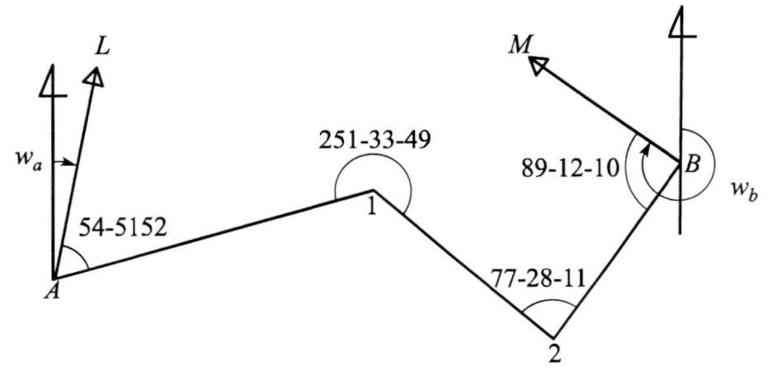

해설

1) 조정량 계산

$\triangle a = [a] - 180°(n-3) + w_a - w_b$

$\triangle a = 473°06'02'' - 180°(4-3) + 16°41'57'' - 309°48'19'' = -0°0'20''$

$$조정량 = -\frac{\triangle a}{n} = -\frac{(-20'')}{4} = +5''$$

2) 방위각 계산

측선	방위각 계산
A-L	16°41′57″
A-1	16°41′57″+54°51′57″=71°33′54″
1-2	71°33′54″+180°+251°33′54″-360°=143°07′48″
2-B	143°07′48″+180°+77°28′16″-360°=40°36′04″
B-M	40°36′04″+180°+89°12′15″=309°48′19″

3) 방위 계산

측선	방위 계산
A-L	1상한 각이므로 N16°41′57″E
A-1	1상한 각이므로 N71°33′54″E
1-2	2상한 각이므로 S36°52′12″E (θ=180°-143°07′48″=36°52′12″)
2-B	1상한 각이므로 N40°36′04″E
B-M	4상한 각이므로 N50°11′41″W (θ=360°-309°48′19″=50°11′41″)

4) 위거 및 경거 계산

① $\overline{A-1}$위거 $= 132.140 \times \cos 71°33'54'' = 41.786m$

② $\overline{1-2}$위거 $= 167.720 \times \cos 143°07'48'' = -134.176m$

③ $\overline{2-B}$위거 $= 146.730 \times \cos 40°36'04'' = 111.406m$

④ $\overline{A-1}$경거 $= 132.140 \times \sin 71°33'54'' = 125.359m$

⑤ $\overline{1-2}$경거 $= 167.720 \times \sin 143°07'48'' = 100.632m$

⑥ $\overline{2-B}$경거 $= 146.730 \times \sin 40°36'04'' = 95.490m$

5) 위거오차

① 위거오차 $= \sum(\text{위거}) - B_x + A_x = 19.016 - 69.1 + 50 = -0.084m$

② 경거오차 $= \sum(\text{경거}) - B_y + A_y = 321.481 - 421.5 + 100 = -0.019m$

6) 폐합오차 및 폐합비 계산

① 폐합오차

$$E = \sqrt{(\text{위거오차})^2 + (\text{경거오차})^2} = \sqrt{(-0.084)^2 + (-0.019)^2} = 0.086m$$

② 폐합비(정밀도)

$$\text{폐합비} = \frac{E}{\sum L} = \frac{0.086}{446.590} = \frac{1}{5,309.186}$$

7) 위거조정량 및 경거조정량 (컴퍼스 법칙)

① $\overline{A-1}$위거조정량 $= -\dfrac{132.140}{446.590} \times (-0.084) = 0.025m$

② $\overline{1-2}$위거조정량 $= -\dfrac{167.720}{446.590} \times (-0.084) = 0.031m$

③ $\overline{2-B}$위거조정량 $=-\dfrac{146.730}{446.590}\times(-0.084)=0.028m$

④ $\overline{A-1}$경거조정량 $=-\dfrac{132.140}{446.590}\times(-0.019)=0.006m$

⑤ $\overline{1-2}$경거조정량 $=-\dfrac{167.720}{446.590}\times(-0.019)=0.007m$

⑥ $\overline{2-B}$경거조정량 $=-\dfrac{146.730}{446.590}\times(-0.019)=0.006m$

측선	위거	경거	위거 보정량	경거 보정량	조정 위거	조정 경거
A-1	41.786	125.359	0.025	0.006	41.811	125.365
1-2	-134.176	100.632	0.031	0.007	-134.145	100.639
2-B	111.406	95.490	0.028	0.006	111.434	95.496
계	19.016	321.481	0.084	0.019	19.100	321.500

8) 합위거 및 합경거

① 측점 A의 합위거 X_A=50m

② 측점 1의 합위거 X_1=50+41.811=91.811m

③ 측점 2의 합위거 X_2=91.811+(-134.145)=-42.334m

④ 측점 B의 합위거 X_B=(-42.334)+111.434=69.100m

⑤ 측점 A의 합경거 Y_A=100m

⑥ 측점 1의 합경거 Y_1=100+125.365=225.365m

⑦ 측점 2의 합경거 Y_2=225.365+100.639=326.004m

⑧ 측점 B의 합경거 Y_B=326.004+95.496=421.500m

측점	관측각	조정량 $\Delta\alpha$	조정각	측선	방위각	방위	거리(m)
A	54°51′52″	+5″	54°51′57″	AL	16°41′57″	-	-
1	251°33′49″	+5″	251°33′54″	A1	71°33′54″	N71°33′54″E	132.140
2	77°28′11″	+5″	77°28′16″	12	143°07′48″	S36°52′12″E	167.720
B	89°12′10″	+5″	89°12′15″	2B	40°36′04″	N40°36′04″E	146.730
계	473°06′02″	+20″					446.590

측점	측선	위거	경거	위거 조정량	경거 조정량	조정위거	조정경거	합위거	합경거
A	AL	-	-	-	-	-	-	50	100
1	A1	41.786	125.359	0.025	0.006	41.811	125.365	91.811	225.365
2	12	-134.176	100.632	0.031	0.007	-134.145	100.639	-42.334	326.004
B	2B	111.406	95.490	0.028	0.006	111.434	95.496	69.100	421.500
계		19.016	321.481	0.084	0.019	19.100	321.500		

3. 다음 삼각형의 각 점의 좌표에 의하여 넓이를 구하고, $\overline{AC}$의 중점 D를 지나 $\overline{AB}$와 만나는 점을 E라 할 때 △AED의 넓이:□EBCD의 넓이=1:2이 되는 E점의 좌표를 구하시오.

측점	X(m)	Y(m)
A	15	15
B	34	25
C	22	35

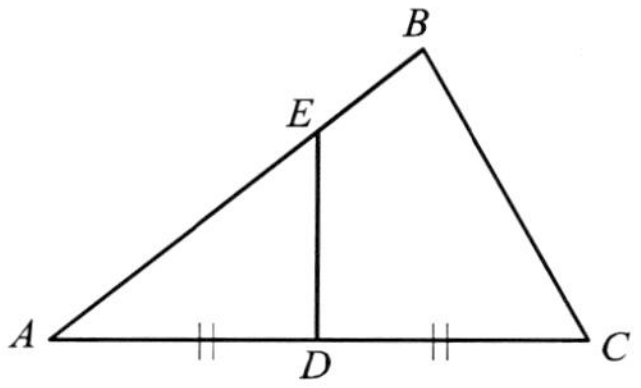

해설 1) △ABC의 넓이

측점	X(m)	Y(m)	$Y_{n-1}(m)$	$Y_{n+1}(m)$	배면적(m^2)
A	15	15	35	25	$(35-25)\times 15=150$
B	34	25	15	35	$(15-35)\times 34=-680$
C	22	35	25	15	$(25-15)\times 22=220$

2) E점의 좌표

① $\overline{AC}$ 거리

$$\overline{AC}=\sqrt{(X_C-X_A)^2+(Y_C-Y_A)^2}=\sqrt{(22-15)^2+(35-15)^2}=21.19m$$

② $\overline{AC}$ 방위각

$$\theta=\tan^{-1}\frac{Y_C-Y_A}{X_C-X_A}=\tan^{-1}\frac{35-15}{22-15}=70°42'36''$$

1상한각이므로 $\overline{AC}$ 방위각$=70°42'36''$

③ $\overline{AB}$ 방위각

$$\theta=\tan^{-1}\frac{Y_B-Y_A}{X_B-X_A}=\tan^{-1}\frac{25-15}{34-15}=27°45'31''$$

1상한각이므로 $\overline{AB}$ 방위각$=27°45'31''$

④ $\angle BAC$

$\angle BAC=\overline{AC}$방위각$-\overline{AB}$방위각$=70°42'36''-27°45'31''=42°57'05''$

⑤ $\overline{AE}$ 거리

△AED의 넓이:□EBCD의 넓이=1:2이므로 △AED의 면적은 △ABC의 면적의 1/3

$$A_{\triangle AED}=A_{\triangle ABC}\times\frac{1}{3}=\frac{1}{2}\overline{AE}\cdot\overline{AC}sin\angle BAC$$

$A_{\triangle AED}=155\times\frac{1}{3}=\frac{1}{2}\overline{AE}\times 10.6\times\sin 42°57'05''$ 이므로

$\overline{AE}=14.31m$

⑥ E점의 좌표

$$E_X=A_X+\overline{AE}cos\theta=15+14.31\times\cos 27°45'31''=27.66m$$

$$E_Y=A_Y+\overline{AE}sin\theta=15+14.31\times\sin 27°45'31''=21.66m$$

4. 폐합트래버스측량을 한 결과, 측선길이의 합이 267.172m, 위거의 합이 +0.011m, 경거의 합이 −0.024m일 때 폐합오차와 폐합비는?

해설 ① 폐합오차 (E)

$$E = \sqrt{(\text{위거오차})^2 + (\text{경거오차})^2} = \sqrt{(0.011)^2 + (-0.024)^2} = 0.0264m$$

② 폐합비 (R)

$$R = \frac{\text{폐합오차}}{\text{측선길이의 합}} = \frac{0.0264}{267.172} = \frac{1}{10,119.86}$$

5. 트래버스측량의 결과가 표와 같을 때, 폐합오차는?

측점	위거(m)		경거(m)	
	N(+)	S(−)	E(+)	W(−)
A	130.25		110.50	
B		75.63	40.30	
C		110.56		100.25
D	55.04			50.00

해설 위거의 합과 경거의 합이 각각 0이 되어야 하며 0이 되지 않는 값이 위거오차, 경거오차가 됨

위거오차 = 130.25 − 75.63 − 110.56 + 55.04 = −0.90

경거오차 = 110.50 + 40.30 − 110.25 − 50.00 = 0.55

폐합오차 = $\sqrt{\text{위거오차}^2 + \text{경거오차}^2} = \sqrt{(-0.90)^2 + 0.55^2} = 1.05m$

6. AB의 방위각과 관측각이 표와 같을 때 그림에서 CD측선의 방위각은?

$\overline{AB}$의 방위각	286°15′14″
∠ABC의 관측각	116°13′15″
∠BCD의 관측각	100°38′27″

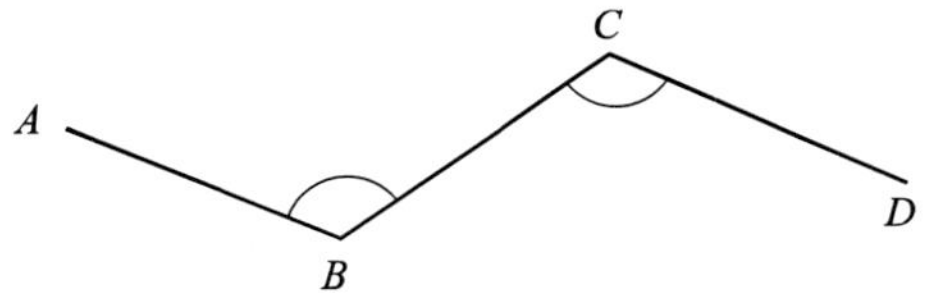

해설 ① $\overline{BC}$ 방위각 $= 286°15'14'' + 180° + 116°13'15'' = 222°28'29''$

② $\overline{CD}$ 방위각 $= 222°28'29'' + 180° - 100°38'27'' = 301°50'02''$

7. 그림과 같이 트래버스의 내각을 관측하였다. CD의 방위는 얼마인가?(단, AB의 방위각은 152°31′18″이다.)

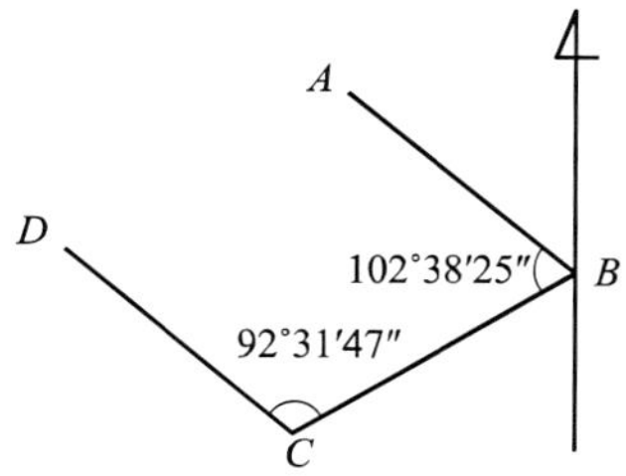

해설 방위각은 0°～360° 사이의 각이므로 음수일 경우 360°를 더하고 360°를 초과할 경우 360°를 빼준다.

① $\overline{AB}$ 방위각 $= 152°31'18''$

② $\overline{BC}$ 방위각 $= 152°31'18'' + 180° - 102°38'25'' = 229°52'53''$

③ $\overline{CD}$ 방위각 $= 229°52'53'' + 180° - 92°31'47'' = 317°21'06''$

④ $\overline{DC}$ 방위각 $= \overline{CD}$ 역방위각 $= 311°08' - 180° = 131°08'$

방위각과 방위의 관계

상한	방위각	방 위	Y(m)
Ⅰ	0°– 90°	N방위각E	N 0°– 90°E
Ⅱ	90°– 180°	S180°–방위각E	S 0°– 90°E
Ⅲ	180°– 270°	S방위각–180°W	S 0°– 90°W
Ⅳ	270°– 360°	N360°–방위각W	N 0°– 90°W

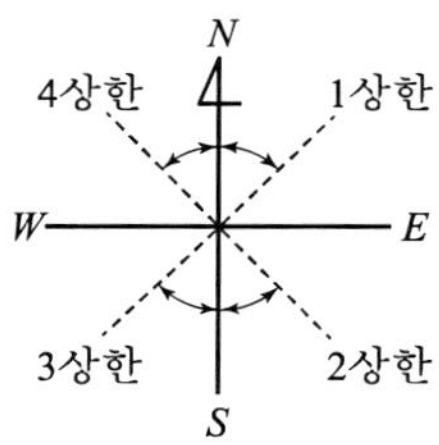

⑤ 방위각=317°21′06″이면, 4상한에 해당하므로

방위 $= 360° - 317°21'06'' = 42°38'54''$,

$= N42°38'54''\ W$

8. 그림과 같이 편각을 측정하였다면 DE의 방위각은?(단, AB의 방위각은 60°이다.)

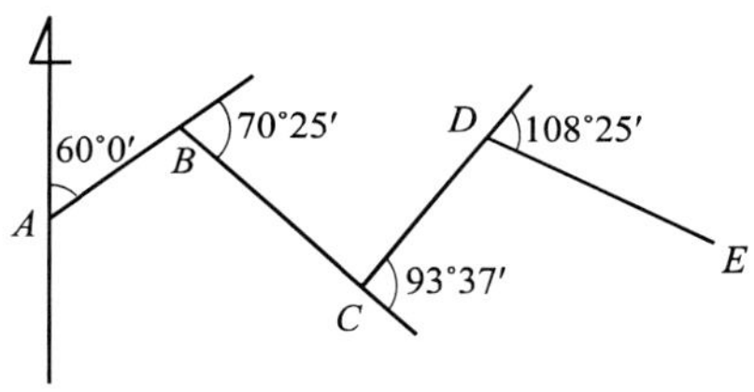

해설 편각관측시 방위각의 계산은 우편각일 경우는 (+), 좌편각일 경우는 (−)로 계산한다.

① $\overline{AB}$ 방위각 $= 60°00'$

② $\overline{BC}$ 방위각 $= 60°00' + 70°25' = 130°25'$

③ $\overline{CD}$ 방위각 $= 130°25' - 93°37' = 36°48'$

④ $\overline{DE}$ 방위각 $= 36°48' + 108°25' = 145°13'$

9. 그림에서 교각 A, B, C, D의 크기가 다음과 같을 때 cd측선의 역방위각은?
(단, A=100°10′, B=89°35′, C=79°15′, D=120°)

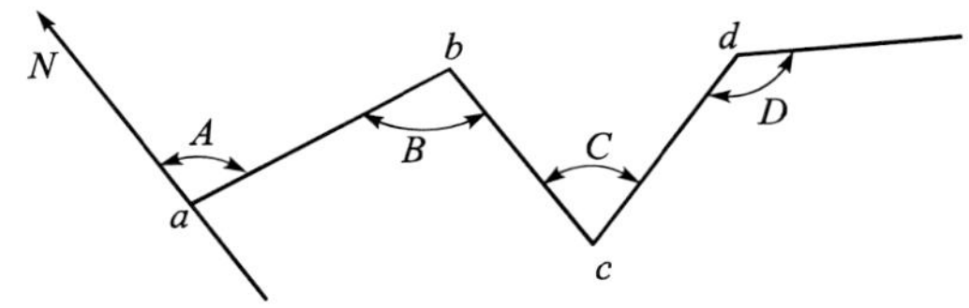

해설

ab 측선의 방위각 = $100°10'$

bc 측선의 방위각 = $100°10' + 180° - 89°35' = 190°35'$

cd측선의 방위각 = $190°35' + 180° + 79°15' = 449°50' = 89°50'$

cd측선의 역방위각 = $89°50' + 180° = 269°50'$

10. 트래버스 측량에서 측점 A의 좌표가 X=150m, Y=200m이고 측점 B까지의 측선길이가 150m일 때 측점 B의 좌표는? (단 AB측선의 방위각은 280°15′13″이다.)

해설

① B점의 X좌표 (X_B)

$$X_B = X_A + \overline{AB} \times \cos(\overline{AB}\text{방위각}) = 150 + 150 \times \cos(280°15'13'')$$
$$= 176.701m ≒ 176.70m$$

② B점의 Y좌표 (Y_B)

$$Y_B = Y_A + \overline{AB} \times \sin(\overline{AB}\text{방위각}) = 200 + 150 \times \sin(280°15'13'')$$
$$= 52.396m ≒ 52.40m$$

11. 북쪽을 X축으로 하는 좌표계에서 P_1과 P_2의 좌표가 $x_1 = -11328.58m$, $y_1 = -4891.49m$, $x_2 = -11616.10m$, $y_2 = -5240.83m$일 때 $\overline{P_1P_2}$의 평면거리 S와 방향각 T는?

해설

① $\overline{P_1P_2} = \sqrt{\Delta X^2 + \Delta Y^2}$

$$= \sqrt{(-11{,}616.10 - (-11{,}328.58))^2 + (-5{,}240.83 - (-4{,}891.49))^2}$$
$$= 452.44m$$

② $\overline{P_1P_2}$의 방향각 $= \tan^{-1}\dfrac{\Delta Y}{\Delta X}$

$$= \tan^{-1}\frac{-5{,}240.83 - (-4{,}891.49)}{-11{,}616.10 - (-11{,}328.58)} = 50°32'40'' \text{ (3상한)}$$

$\overline{P_1P_2}$의 방향각 $= 50°32'40'' + 180° = 230°32'40''$

12. 다각측량을 실시하고 조정계산을 한 결과, 표와 같은 결과를 얻었다. 폐합도형의 면적을 배횡거법으로 계산할 때 각 측선의 배횡거를 구하시오.

측선	위거(m)		경거(m)	
	N(+)	S(−)	E(+)	W(−)
AB		20.0	20.0	
BC	40.0		20.0	
CA		20.0		40.0

해설 배횡거=전측선의 배횡거+전측선의 경거+해당측선의 경거

측선	위거(m)	경거(m)	배횡거(m)
AB	−20	20	20
BC	40	20	60
CA	−20	−40	40

13. 폐합트래버스측량 결과가 표와 같을 때, 폐합트래버스의 면적을 구하시오.

측선	위거(m)	경거(m)
AB	212.83	180.41
BC	−385.47	206.27
CA	172.64	−386.68

해설

측선	위거(m)	경거(m)	배횡거(m)	배면적(m)
AB	212.83	180.41	180.41	38,396.66
BC	−385.47	206.27	567.09	−218,596.18
CA	172.64	−386.68	386.68	66,756.44
계				113,443.08

면적 $A = \frac{2A}{2} = \frac{113,443.08}{2} = 56,721.54m^2$

14. 다각측량 결과가 그림과 같고 측점 B의 좌표가 (100, 100), BC의 길이가 100m일 때, C점의 좌표(x, y)를 구하시오. (단, 좌표의 단위는 m이다.)

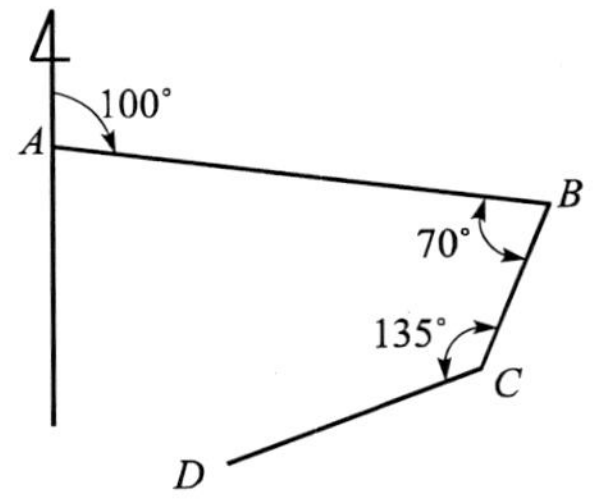

해설 ① BC측선의 방위각 $= 100° + 180° - 70° = 210°$

② $C_X = B_X + \overline{BC} \times \cos(\overline{BC}\text{방위각}) = 100m + 100m \times \cos(210°) = 13.4m$

③ $C_Y = B_Y + \overline{BC} \times \sin(\overline{BC}\text{방위각}) = 100m + 100m \times \sin(210°) = 50m$

CHAPTER

07 삼각측량

CHAPTER 07

삼각측량

1 삼각측량의 개요

1. 삼각측량이란

삼각측량은 기선 거리와 삼각망을 이루는 삼각형의 내각만을 관측하여 삼각법을 응용해서 각 측점의 위치(좌표)를 계산하는 방법을 말한다. 각 지점을 연결하는 다수의 삼각형을 만들고 그 가운데 기준이 되는 삼각형의 한 변을 정밀하게 측정해서 기선(필요하면 검기선)으로 하고, 다른 삼각형은 협각만을 관측하여 삼각법에 의해 각 변의 길이를 차례로 계산한 후 조건식에 의해 조정하여 평면위치(X, Y)를 결정하는 방법이다. 최근에는 GNSS에 의한 삼변측량으로 대체되고 있다.

2. 삼각측량의 원리

삼각망을 구성한 다음 삼각형의 내각과 한 변장을 정밀하게 측정하여 다른 모든 미지변의 거리를 sine 법칙에 따라 구한다. 기선을 정확하게 관측하고 삼각형의 세 각을 관측하면, sine 법칙에 따라 변장을 구하고 삼각점의 위치 결정한다.

각 삼각형에 사인법칙을 적용하면 $\frac{BC}{\sin\alpha_1} = \frac{AB}{\sin\beta_1} = \frac{AC}{\sin\gamma_1}$ 로부터

$$AC = \frac{AB}{\sin\beta_1}\sin\gamma_1$$

$$BC = \frac{AB}{\sin\beta_1}\sin\alpha_1$$

$$CD = \frac{BC}{\sin\beta_2}\sin\alpha_2 = \frac{AB}{\sin\beta_1\sin\beta_2}\sin\alpha_1\sin\alpha_2$$

$$DE = \frac{\sin\alpha_1 \sin\alpha_2 \sin\alpha_3}{\sin\beta_1 \sin\beta_2 \sin\beta_3} \times \mathrm{AB}\text{에서}$$

$$\frac{\sin\alpha_1 \sin\alpha_2 \sin\alpha_3 \times AB}{\sin\beta_1 \sin\beta_2 \sin\beta_3 \times DE} = 1$$

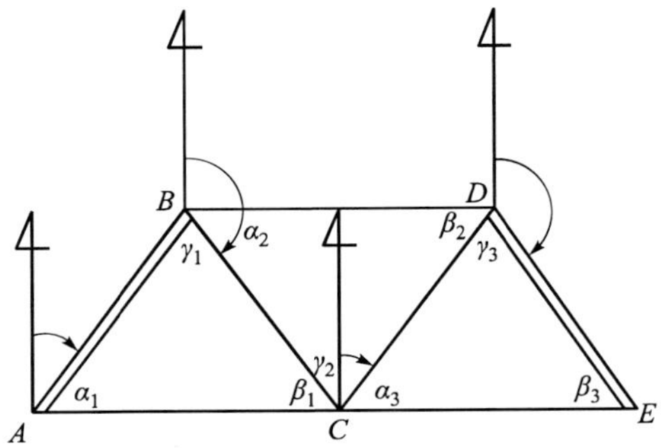

그림 7.1 변장계산도

검기선 DE와 기선 AB의 길이와 삼각형 내각의 조합으로 이뤄진 식이 성립되도록 삼각형의 내각을 조정한 후 각 변의 길이가 조정되면 삼각형의 위치가 결정된다. 또한 보통 1개의 기지 삼각점에서 출발하여 다른 기지 삼각점에 연결하여 계산하므로 이 기지점의 위치와 성과에서 구한 계산값과의 결합차를 정도로 한다.

예제 1

그림과 같은 삼각망에서 CD의 거리를 구하시오.

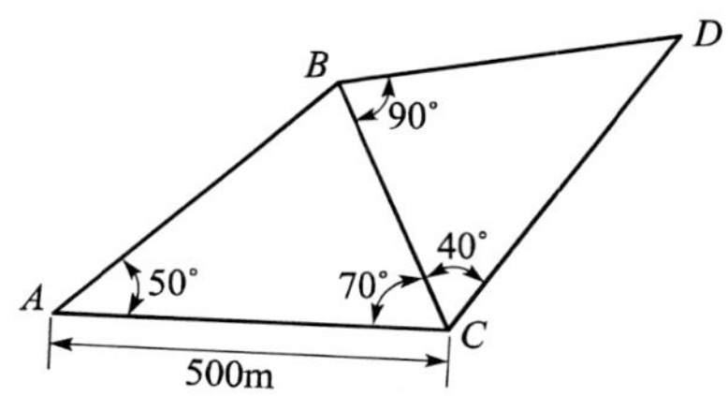

풀이

① $\overline{BD}$ 의 길이

$$\frac{\overline{AC}}{\sin 60°} = \frac{\overline{BC}}{\sin 50°} \text{ 에서 } \overline{BC} = \frac{500m}{\sin 60°} \times \sin 50° = 442.276m$$

② $\overline{CD}$ 의 길이

$$\frac{\overline{CD}}{\sin 90°} = \frac{\overline{BC}}{\sin 50°} \text{ 에서 } \overline{CD} = \frac{442.276m}{\sin 50°} \times \sin 90° = 577.350m$$

예제 2

그림과 같은 단열삼각망의 조정각이 α_1=40°, β_1=60°, γ_1=80°, α_2=50°, β_2=30°, γ_2=100° 일 때, CD의 길이는? (단, AB기선 길이 600m이다.)

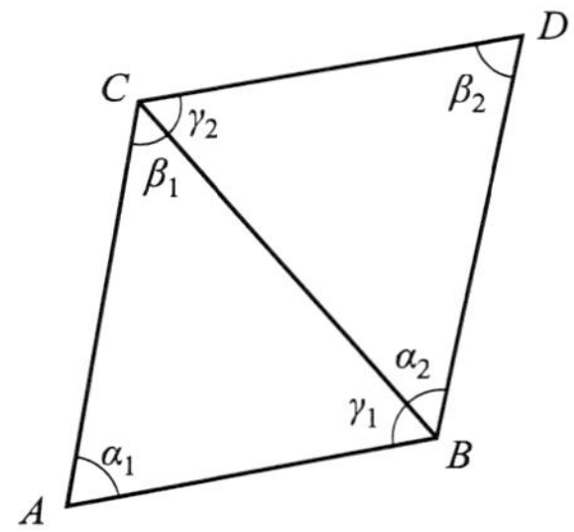

풀이

① $\dfrac{AB}{\sin\beta_1}=\dfrac{BC}{\sin\alpha_1}$ 에서 $BC=\dfrac{\sin\alpha_1}{\sin\beta_1}\times AB$이고

② $\dfrac{BC}{\sin\beta_2}=\dfrac{CD}{\sin\alpha_2}$ 에서 $CD=\dfrac{\sin\alpha_1}{\sin\beta_1}\times\dfrac{\sin\alpha_2}{\sin\beta_2}\times AB$이므로

③ $CD=\dfrac{\sin\alpha_1}{\sin\beta_1}\times\dfrac{\sin\alpha_2}{\sin\beta_2}\times AB=682.3m$

예제 3

그림에서 $\overline{AB}$=500m, $\angle a$=71°33′54″, $\angle b_1$=36°52′12″, $\angle b_2$=39°05′38″, $\angle c$=85°36′05″를 관측하였을 때 $\overline{BC}$의 거리를 구하시오.

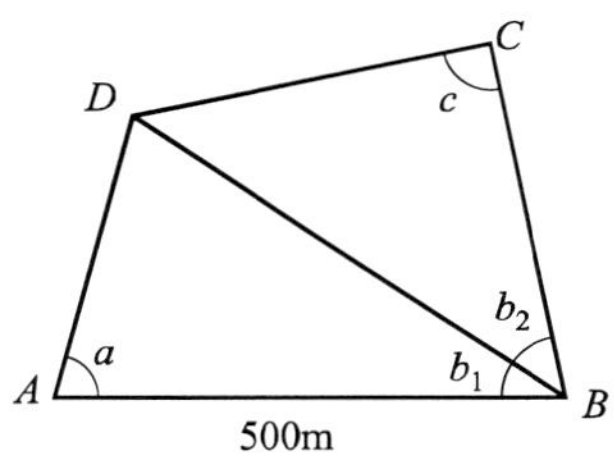

풀이

① $\overline{BD}$ 의 길이

$$\frac{\overline{AB}}{\sin(180°-\angle(a+b_1))}=\frac{\overline{BD}}{\sin\angle a} \text{ 에서 } \overline{BD}=\frac{500m}{\sin71°33'54''}\times\sin71°33'54''=500m$$

② $\overline{BC}$ 의 길이

$$\frac{\overline{BC}}{\sin(180°-\angle(c+b_2))}=\frac{\overline{BD}}{\sin\angle c} \text{ 에서 } \overline{BC}=\frac{500m}{\sin85°36'05''}\times\sin55°18'17''\fallingdotseq 412m$$

3. 삼각측량의 특징

① 삼각점간의 거리를 길게 취할 수 있고 넓은 지역에 동일한 정확도의 기준점을 배치하는 데 용이하다.
② 삼각점간의 시통이 잘 되어야 하고 후속 측량에 이용되므로 전망이 좋은 곳에 설치해야 한다. 시통을 위해 1등 삼각점은 산정상에 위치한다.
③ 산림지역에서는 시통을 위해 벌목과 조표 등이 필요하다.
④ 조건식이 많아 조정계산이 복잡하다.
⑤ 삼각형의 폐합오차, 좌표 등의 계산과정 중에 정확도 검정이 가능하다.

2 삼각망의 종류

1. 단열삼각망

노선측량, 하천, 철도측량에 많이 사용하며 동일한 도달거리에 대하여 측정수가 가장 적으므로 측량은 간단하여 경제적이나 조건식의 수가 적어서 정도가 낮다.

2. 유심삼각망

광대한 지역의 실용적 측량에 적합하며 단열과 사변형의 중간정도이며 지형이 넓은 장소에서 유심다각형으로 배열하여 요구하는 정도를 얻는 삼각망이다.

3. 사변형삼각망

조건식이 많아서 가장 정도가 높으므로 기선 삼각망에 쓴다. 반면 측량 시간이 많이 걸리며 조정이 복잡하고 포함 면적이 적은 결점이 있다.

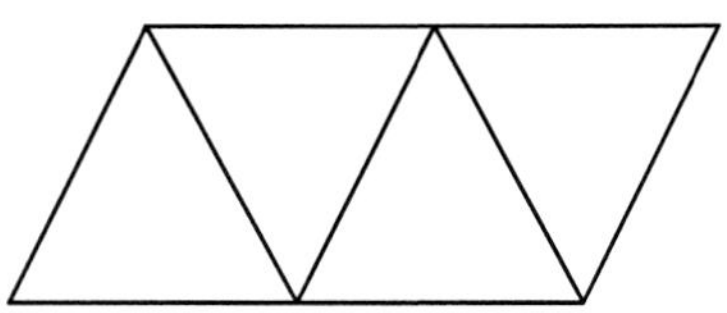

그림 7.2 단열삼각망

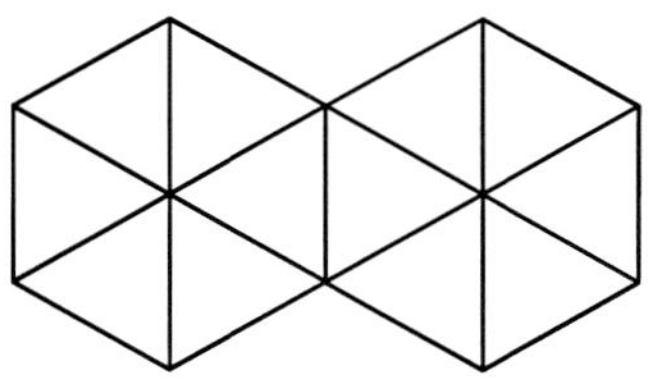

그림 7.3 유심삼각망

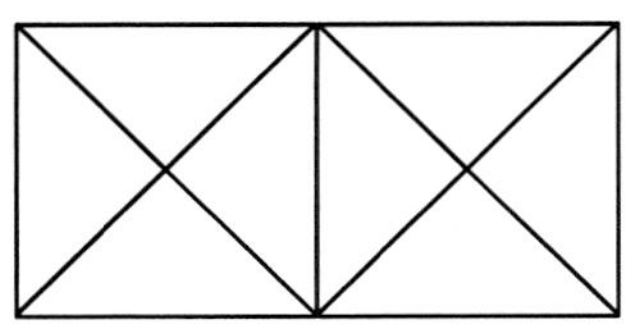

그림 7.4 사변형삼각망

3 삼각측량의 종류 및 순서, 등급

1. 종류

1) 대지삼각측량(측지삼각측량) 지구의 곡률을 고려하는 측량을 말한다.
2) 소지삼각측량(평면삼각측량) : 지구의 곡률을 고려하지 않는 측량을 말한다.

2. 등급

표 7.1 등급

삼각등급	평균변장(한국)	기호
1등삼각점(대삼각본점)	30km	
2등삼각점(대삼각보점)	10km	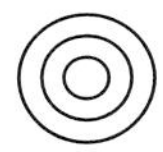
3등삼각점(소삼각1등점)	5km	
4등삼각점(소삼각2등점)	2.5km	

3. 작업순서

1) 도상계획

측량의 목적, 측량지역, 작업량, 기간, 경비, 정확도를 고려하여 축척 1 : 50,000 지형도에 측량지역을 표시한다. 그리고 기존 삼각점의 조사, 필요한 수의 측점 배치, 미지점과 기지점의 기하학적 관계 및 시통을 고려하여 방향선을 기입한다.

2) 답사 및 선점

도상계획한 지도 또는 사진으로 외업을 행하기 전에 기선을 만들 위치와 삼각점을 만들 위치 등을 현지에 나가서 조사선정하고, 동시에 작업에 필요한 사항을 조사하는 것을 말한다. 선점시 유의 사항은 다음과 같다.

① 측량 구역내에서 고른 밀도가 되도록 삼각점을 배치한다.
② 측점의 배치 형상은 정삼각형이 되도록 한다. 30°~120° 범위에 존재하도록 한다.
③ 미지점은 3~5개 정도의 기지점과 양방향에서 시통이 가능하도록 한다.
④ 삼각점은 발견하기 쉽고 견고한 지점에 위치하도록 한다.
⑤ 미지점의 위치는 향후 실시하는 지형측량, 다각측량, 사진측량 등의 세부측량에 유용하도록 위치시킨다.

3) 조표

선점이 되어 삼각점을 설치할 장소가 결정되면 이 삼각점의 위치를 표시한 측표, 즉 측점을 만들어 장래의 참고로 제공하고, 측표의 바로 위에는 다른 점에서 시준하기 위한 목표, 즉 시표를 만들며, 관측에 필요한 트랜싯을 얹을 관측대를 만들기도 한다.

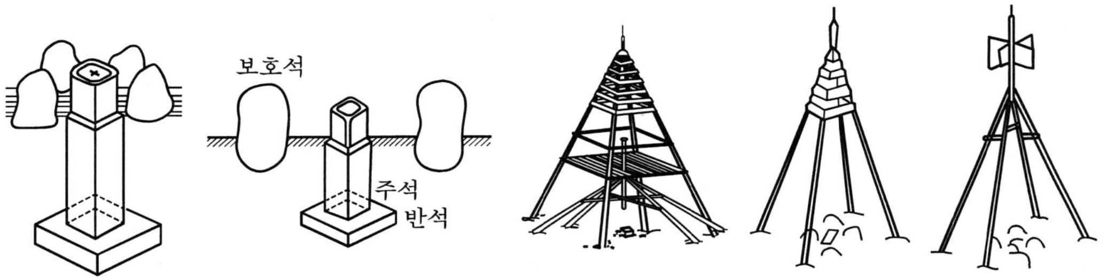

그림 7.5 측표(좌)와 시표(우)

4) 기선 및 검기선 측량

기지삼각점을 이용하지 않을 때 또는 독립삼각측량을 실시할 때 필요하며 기선장의 측정은 대삼각측량에는 인바테이프를 사용하고, 소삼각측량에는 스틸테이프를 사용한다.

5) 각관측

각 삼각형의 내각을 관측하여 정현(sin)법칙을 적용하여 각 변장을 산출한다. 또 수평각과 연결 삼각점간의 표고산출을 위한 연직각으로 측정한다.

6) 계산 및 성과표 작성

각 조건식에 의해 방향각, 거리 및 좌표를 계산하여 성과표를 작성한다.

4 편심관측

삼각점에 기계를 세우기가 곤란할 때 또는 측정이 곤란할 때에는 가까운 근처에서 측정하여 조정한다. 이때 반드시 관측해야 하는 요소는 편심거리와 편심각이다.

1. 편심관측

정밀을 기하기 위하여 측점에서 조금 떨어진 위치에 기계를 세우고 각관측을 하는 경우를 편심관측이라 한다.

관측기기를 편심거리(e) 만큼 떨어진 B점에 고정시키고 t, ϕ, e를 관측한 경우, 삼각점 C에서의 각 T를 다음 식으로 계산한다.

$$T = t + x_2 - x_1$$

여기서, x_1, x_2는 각각 ΔP_1CB와 ΔP_2CB에 sine법칙을 적용하고 $S_1 = S_1{}'$, $S_2 = S_2{}'$로 가정하여 다음과 같이 계산한다.

ΔP_1CB에서 $\dfrac{e}{\sin x_1} = \dfrac{S_1}{\sin(360° - \phi)}$로부터

$\sin x_1 = \dfrac{e}{S_1} \times \sin(360° - \phi)$이 되고

$$\therefore x_1 = \frac{e}{S_1} \times \sin(360° - \phi) \cdot \rho$$

ΔP_2CB에서 $\dfrac{e}{\sin x_2} = \dfrac{S_2}{\sin(360° - \phi + t)}$로부터

$\sin x_2 = \dfrac{e}{S_2} \times \sin(360° - \phi + t)$이 되고

$$\therefore x_2 = \frac{e}{S_2} \times \sin(360° - \phi + t) \cdot \rho$$

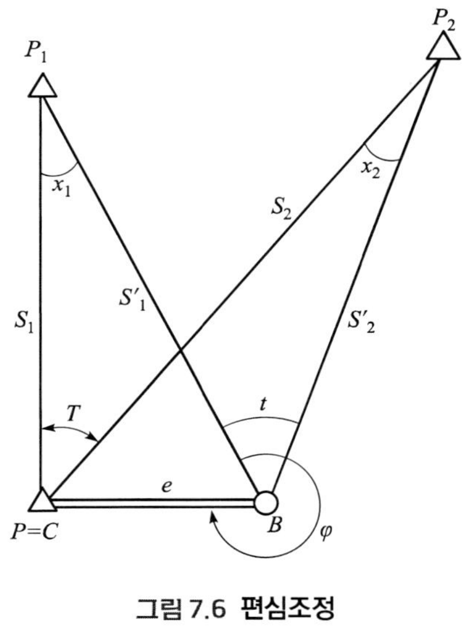

그림 7.6 편심조정

예제 4

그림과 같이 편심관측을 하여 S_1=2000m, S_2=1000m, e=0.1m, T′=120°, ϕ=330°의 결과를 얻었을 때, ∠X_1, ∠X_2는?

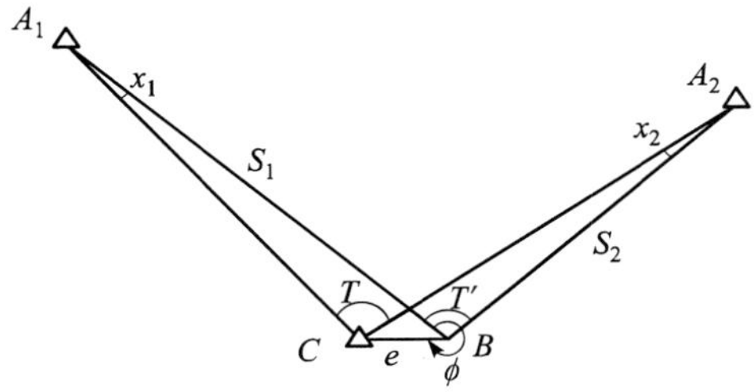

풀이 편심관측에서 S_1, S_2 는 거리가 충분히 멀기 때문에 $S_1 = \overline{AC}$, $S_2 = \overline{CD}$ 로 볼 수 있다.

① $\angle\gamma_1$ 의 계산

$$\frac{e}{\sin x_1} = \frac{S_1}{\sin(360° - \phi)} \text{에서 } \sin x_1 = \frac{e}{S_1} sin(360° - \phi)$$

$$x_1 = \sin^{-1}\left(\frac{0.1}{2,000} sin(360° - 330°)\right) = 0°00'5.16''$$

② $\angle\gamma_2$ 의 계산

$$\frac{e}{\sin x_2} = \frac{S_2}{\sin(360° - \phi + T')} \text{에서 } \sin x_2 = \frac{e}{S_2} sin(360° - \phi + T')$$

$$x_2 = \sin^{-1}\left(\frac{0.1}{1,000} sin(360° - 330° + 120°)\right) = 0°00'10.31''$$

예제 5

삼각점 A에 기계를 세워 삼각점 B가 시준되지 않으므로 P점을 관측하여 ∠DAP=T′=68 ° 31′14″를 얻었다면 ∠DAB는?
(단, e=5m, S=1,400m, $\phi = 300°13'40''$)

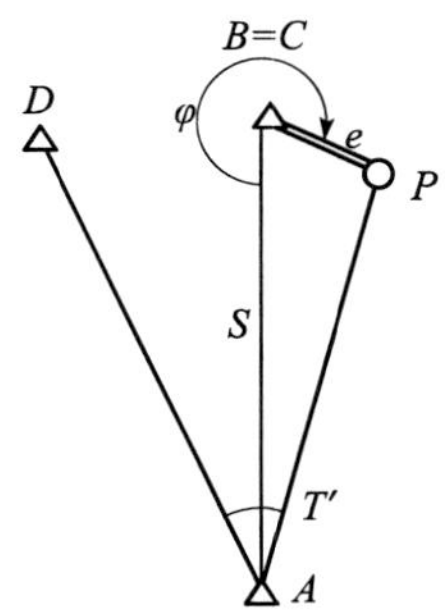

풀이 편심관측에서 $\overline{AB} = \overline{AP} = S$ 이며, 이는 거리가 충분히 멀기 때문이다.

① $\frac{e}{\sin x} = \frac{S}{\sin(360° - \phi)}$ 에서 $\sin x = \frac{e}{S} \times \sin(360° - \phi)$

$$x = \sin^{-1}\left(\frac{e}{S} sin(360° - \phi)\right) = \sin^{-1}\left(\frac{5}{1400} \times \sin(360° - 300° 13' 40'')\right) = 10'36''$$

② $T = T' - x = 68° 31' 14'' - 10' 36'' = 68° 20' 38''$

5 수평각의 조정

1. 삼각망의 조정조건

1) 각조건

① 각 다각형의 내각의 합은 180°(n−2)이다.

② 삼각형의 내각의 합은 180°, 사각형은 360°이다.

2) 점조건 (측점조건)

① 한 측점에서 측정한 여러 각의 합은 그들 각을 한 각으로 하여 측정한 값과 같다.

② 점방정식 : 한 측점 둘레에 있는 모든 각을 합한 값은 360°이다.

3) 변조건

① 삼각망 중의 임의의 한 변의 길이는 계산해 가는 순서와 관계없이 같은 값이어야 한다.

② 사인법칙을 적용하여 변의 길이를 계산하고 조정량으로 각오차를 조정한다.

2. 삼각망의 조정식의 수

$$\begin{Bmatrix} \text{조건식의 총수} = b + a - 2P + 3 \\ \text{변방정식의 수} = b + S - 2P + 2 \\ \text{다각방정식의 수} = S - S' - (P - 1) = S - P + 1 \\ \text{측점방정식의 수} = W - S + 1 \end{Bmatrix}$$

여기서, b : 기선수

S : 변수

P : 삼각점수

a : 관측각수

W : 1개의 측점에서 관측한 각의 총수

S' : 한끝점에서만 관측한 변수

6 사변형삼각망의 조정

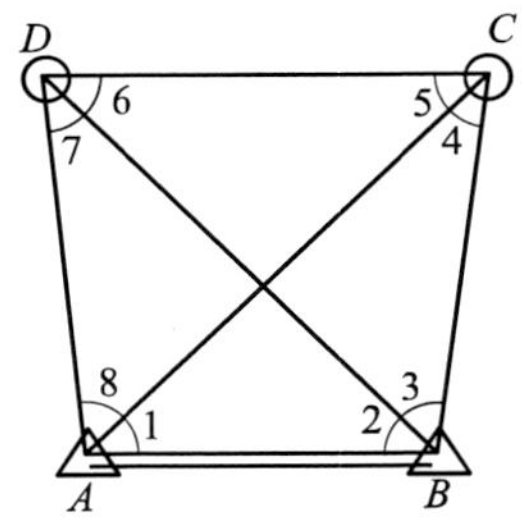

그림 7.7 사변형삼각망

1) 각조건

① 1조건 : $\angle 1+2+3+4+5+6+7+8=360°$

② 2조건 : $\angle 1+2=\angle 5+6$

③ 3조건 : $\angle 3+4=\angle 7+8$

2) 각조건

$BC=AB\frac{\sin 1}{\sin 4}$, $CD=BC\frac{\sin 3}{\sin 6}$,

$AD=CD\frac{\sin 5}{\sin 8}$, $AB=AD\frac{\sin 7}{\sin 2}$에서

$AB=AB\frac{\sin 1 \cdot \sin 3 \cdot \sin 5 \cdot \sin 7}{\sin 2 \cdot \sin 4 \cdot \sin 6 \cdot \sin 8}$ 이고

$\frac{\sin 1 \cdot \sin 3 \cdot \sin 5 \cdot \sin 7}{\sin 2 \cdot \sin 4 \cdot \sin 6 \cdot \sin 8}=1$

양변에 log(로그)를 씌우면

$(\log\sin 1+\log\sin 3+\log\sin 5+\log\sin 7)$

$-(\log\sin 2+\log\sin 4+\log\sin 6+\log\sin 8)=0$ 이 되고

이를 정리하면

$$\sum\log\sin(\text{홀수})-\sum\log\sin(\text{짝수})=0$$

3) 조정계산의 순서

① 1조정 : $\angle 1+2+3+4+5+6+7+8-360°=W_1$에서 8개의 각에 각각 $-\frac{W_1}{8}$씩 조정한다.

② 2조정 : $\angle(1+2)-\angle(5+6)=W_2$에서 4개의 각에 $\frac{W_2}{4}$ 등분하여 $\angle(1+2)$와 $\angle(5+6)$중에서 작은 각에서 $\frac{W_2}{4}$를 더하고 큰 각에서는 $\frac{W_2}{4}$를 감하여 조정한다.

③ 2조정 : $\angle(3+4)-\angle(7+8)=W_3$에서 4개의 각에 $\frac{W_3}{4}$ 등분하여 $\angle(3+4)$와 $\angle(7+8)$중에서 작은 각에서 $\frac{W_3}{4}$를 더하고 큰 각에서는 $\frac{W_3}{4}$를 감하여 조정한다.

③ 조정 log sin의 값을 기록한다.

④ 각대수에 대한 1″의 표차를 대수표에서 구해 기록한다.

⑤ 변방정식의 각각의 log sin의 합계를 각 항별로 구하여 2차 W를 구한다.

⑥ 1″에 대한 표차의 합계 $\Sigma\alpha$를 구한다.

⑦ 조건식의 log sin의 합계차를 1″에 대한 초의 값에 대수합으로 나눈 $\frac{W}{\Sigma\alpha}$는 조정량이 된다.

⑧ 보정량을 각각에 더하면 log sin의 합계는 작아지고 빼면 logsin의 합계는 커진다.

예제 6

다음과 같은 사변형삼각망의 각조건을 조정하시오.
(단, 각은 0.1″단위까지)

각	관측각	각	관측각
1	39-23-07	5	65-00-13
2	52-28-44	6	26-51-22
3	38-13-06	7	36-54-53
4	49-55-06	8	51-13-45

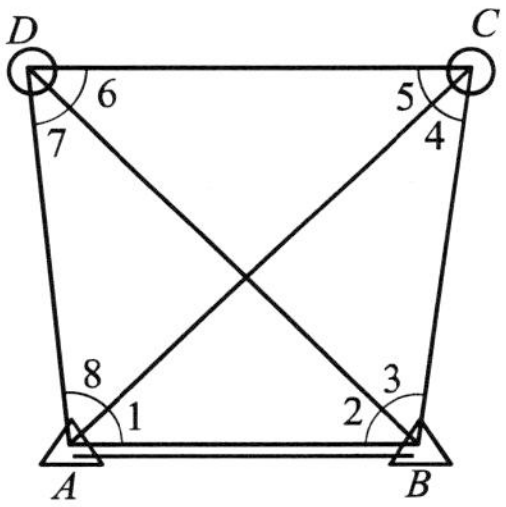

풀이

각	관측각	각조건조정량			각조건 조정각
		V_1	V_2	V_3	
1	39-23-07	−2″	−4″		39-23-01
2	52-28-44	−2″	−4″		52-28-38
3	38-13-06	−2″		+6.5″	38-13-10.5
4	49-55-06	−2″		+6.5″	49-55-10.5
5	65-00-13	−2″	+4″		65-00-15
6	26-51-22	−2″	+4″		26-51-24
7	36-54-53	−2″		−6.5″	36-54-44.5
8	51-13-45	−2″		−6.5″	51-13-36.5
계	360-00-16	−16″			360-00-00

7 유심삼각망의 조정

관측각수 a = 15, 삼각점수 P = 6, 변수 S = 10, 기선 b = 1

조건식의 총수 = $b+a-2P+3=1+15-2\times6+3=7$

다각방정식의 수 = $S-P+1=10-6+1=5$

변방정식의 수 = $b+S-2P+2=1+10-12+2=1$

측점방정식의 수 = $W-S+1=5-5+1=1$

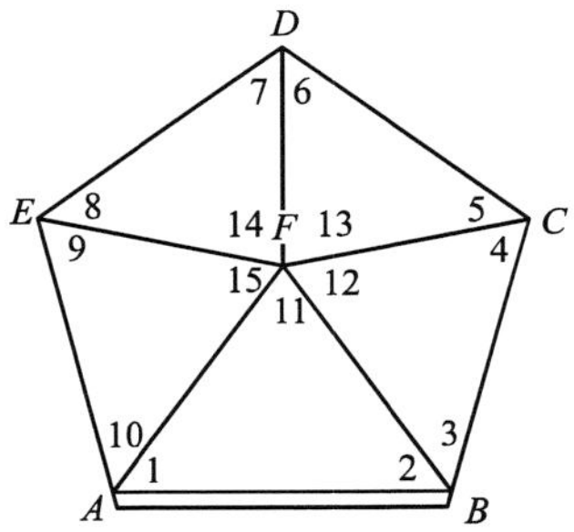

그림 7.8 유심삼각망

1) 각조건에 대한 보정

① 삼각형의 내각의 합은 180°가 되어야 한다.

⑤ 삼각형의 개수만큼 각조건이 발생한다.

2) 점조건에 대한 보정

① 중심점 둘레의 모든 각의 합이 360°가 되도록 조정한다.

② 중심각에 조정량의 $-\frac{1}{2}$을 나머지각에 다시 조정한다.

3) 변조건에 대한 보정 (AF를 기선으로 볼 때)

$\triangle ABF$에서 $\frac{\sin 2}{AF}=\frac{\sin 1}{BF}$, $\triangle BCF$에서 $\frac{\sin 4}{BF}=\frac{\sin 3}{CF}$

$\triangle ACD$에서 $\frac{\sin 6}{CF}=\frac{\sin 5}{DF}$, $\triangle ADE$에서 $\frac{\sin 8}{DF}=\frac{\sin 7}{EF}$

$\triangle AEF$에서 $\frac{\sin 10}{EF}=\frac{\sin 9}{AF}$

$\triangle ABF$에서 구한 BF를 $\triangle BCF$에 대입하고 이를 반복하여 AF를 소거하면

$$\frac{\sin 1 \cdot \sin 3 \cdot \sin 5 \cdot \sin 7 \cdot \sin 9}{\sin 2 \cdot \sin 4 \cdot \sin 6 \cdot \sin 8 \cdot \sin 10}=1$$

위 식 양변에 log(로그)를 씌우면

$(\log\sin 1+\log\sin 3+\log\sin 5+\log\sin 7+\log\sin 9)$

$-(\log\sin 2+\log\sin 4+\log\sin 6+\log\sin 8+\log\sin 10)=0$ 이 되고

이를 정리하면

$$\sum\log\sin(\text{홀수})-\sum\log\sin(\text{짝수})=0$$

예제 7

유심삼각망의 각조건과 점조건을 조정하시오.
(단, 각은 1″단위까지)

삼각형	각	관측각	삼각형	각	관측각
①	α_1	48-46-35	③	α_3	50-50-36
	β_1	29-13-02		β_3	48-34-28
	γ_1	102-00-20		γ_3	80-34-59
②	α_2	40-13-13	④	α_4	35-27-26
	β_2	40-43-50		β_4	66-10-44
	γ_2	99-03-03		γ_4	78-21-47

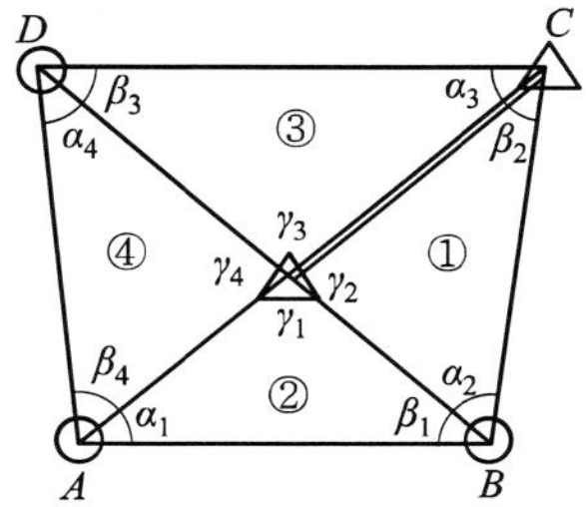

풀이

삼각형	각	관측각	각조건 조정량	각조건 조정각	점조건 조정량	점조건 조정각
①	α_1	48-46-35	+1″	48-46-36	+1″	48-46-37
	β_1	29-13-02	+1″	29-13-03	+1″	29-13-04
	γ_1	102-00-20	+1″	102-00-21	−2″	102-00-19
	계	179-59-57	+3″	180-00-00		180-00-00
②	α_2	40-13-13	−2″	40-13-11	+1″	40-13-12
	β_2	40-43-50	−2″	40-43-48	+1″	40-43-49
	γ_2	99-03-03	−2″	99-03-01	−2″	99-02-59
	계	180-00-06	−6″	180-00-00		180-00-00
③	α_3	50-50-36	−1″	50-50-35	+1″	50-50-36
	β_3	48-34-28	−1″	48-34-27	+1″	48-34-28
	γ_3	80-34-59	−1″	80-34-58	−2″	80-34-56
	계	180-00-03	−3″	180-00-00		180-00-00
④	α_4	35-27-26	+1″	35-27-27	+1″	35-27-28
	β_4	66-10-44	+1″	66-10-45	+1″	66-10-46
	γ_4	78-21-47	+1″	78-21-48	−2″	78-21-46
	계	179-59-57	+3″	180-00-00		180-00-00

8 단열삼각망

기선에서 계산을 시작해서 검기선까지, 변 계산에서 검기선 길이가 같은 경우 모든 삼각망의 각에 오차가 없다고 본다(오차는 허용한계일 때 조정한다).

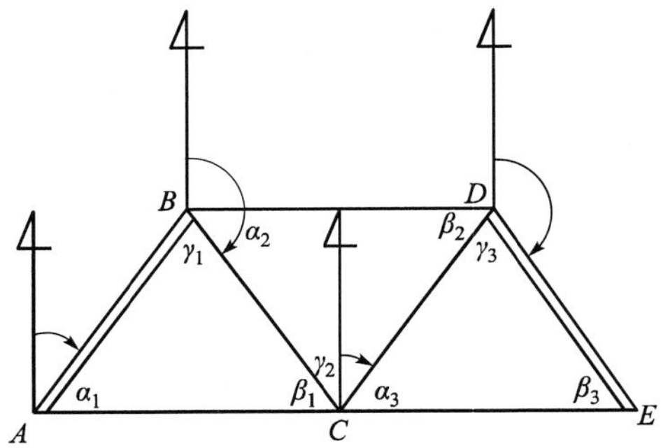

그림 7.9 단열삼각망

1. 단열삼각망의 허용오차

정밀해야 할 대삼각측량 $\dfrac{1}{100{,}000}$ 내외

소삼각측량 $\dfrac{1}{10{,}000} \sim \dfrac{1}{5{,}000}$ 의 범위

2. 단열삼각망의 조정

관측각의 수 $a = 3n$, 기선 $b = 2$

삼각점수 $P = n+2$, 변수 $S = 2n+1$

조건식의 총수 = $b+a-2P+3 = 2+3n-2(n+2)+3 = n+1$

변방정식의 수 = $b+S-2P+2 = 2+2n+1-2(n+2)+2 = 1$

다각방정식 수 = $S-P+1 = (2n+1)-(n+2)+1 = n$

1) 각조건에 대한 조정

① 내각의 합은 180°이다. 오차를 3등분하여 조정한다.

② 경중률을 고려하여 배분한다.

2) 변조건에 대한 조정

$$l_1 = \frac{b_1 \sin A_1}{\sin B_1},\ l_2 = \frac{l_1 \sin A_2}{\sin B_2} = \frac{b_1 \sin A_1 \sin A_2}{\sin B_1 \sin B_2},$$

$$b_2 = \frac{l_2 \sin A_3}{\sin B_3} = \frac{b_1 \sin A_1 \sin A_2 \sin A_3}{\sin B_1 \sin B_2 \sin B_3}$$

$$\therefore \frac{b_1 \cdot \sin A_1 \cdot \sin A_2 \cdot \sin A_3}{b_2 \cdot \sin B_1 \cdot \sin B_2 \cdot \sin B_3} = 1$$

위 식 양변에 log(로그)를 씌우면

$$(\log\sin 1 + \log\sin 3 + \log\sin 5 + \log b_1)$$

$$-(\log\sin 2 + \log\sin 4 + \log\sin 6 + \log b_2) = 0$$ 이 되고

이를 정리하면

$$\therefore \log b_1 - \log b_2 + \sum \log\sin A - \sum \log\sin B = 0$$

예제 8

단열삼각망을 측정하여 다음과 같은 결과를 얻었다. 이 삼각망의 각조건을 조정하여라. (단, 각은 1″단위까지)

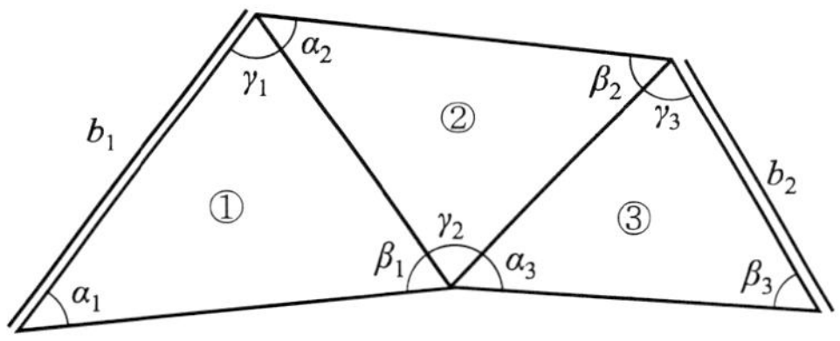

삼각형	각	관측각
①	α_1	59-44-52
	β_1	61-37-53
	γ_1	58-37-02
②	α_2	60-24-20
	β_2	60-34-24
	γ_2	59-01-28
③	α_3	61-43-21
	β_3	58-13-40
	γ_3	60-02-51

풀이

삼각형	각	관측각	각조건 조정량
①	α_1	59-44-52	+3″
	β_1	61-37-53	+3″
	γ_1	58-37-02	+3″
	계	179-59-51	+9″
②	α_2	60-24-20	−4″
	β_2	60-34-24	−4″
	γ_2	59-01-28	−4″
	계	180-00-12	−12″
③	α_3	61-43-21	+3″
	β_3	58-13-40	+3″
	γ_3	60-02-51	+3″
	계	179-59-51	+9″

예제 9

측선 AB를 기선으로 삼각측량을 실시한 결과가 다음과 같을 때 측선 AC의 방위각을 구하시오. 단, A의 좌표(200.000m, 224.210m), B의 좌표(100.000m, 100.000m), ∠A=37°51′41″, ∠B=41°41′38″, ∠C=100°26′41″

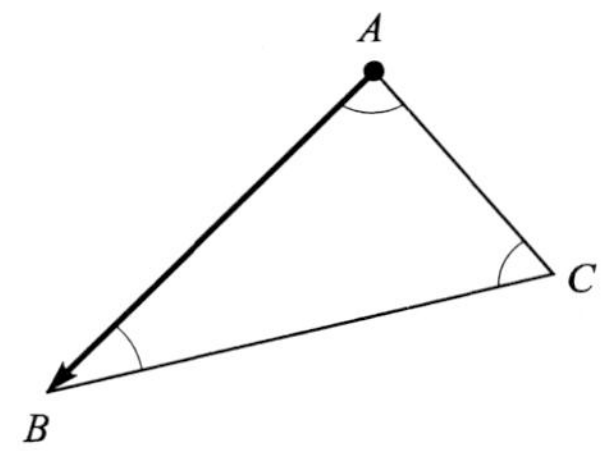

풀이

$$AB\text{측선의 방위각} = \tan^{-1}\left(\frac{Y_B - Y_A}{X_B - X_A}\right) = \tan^{-1}\left(\frac{100-224.21}{100-200}\right) = 51°09'46''$$

(3상한 각이므로 231°09′46″)

AC측선의 방위각 = AB측선의 방위각 − ∠A이므로

AC측선의 방위각 = 231°09′46″ − 37°51′41″ = 193°18′05″

예제 10

그림과 같이 삼각측량을 실시하였다. 이때 P점의 좌표를 구하시오. (단, $A_x = 81.847m$, $A_y = -30.460m$, $\theta_{AB} = 163°20'00''$, $\angle BAP = 60°$, $\overline{AP} = 600.00m$)

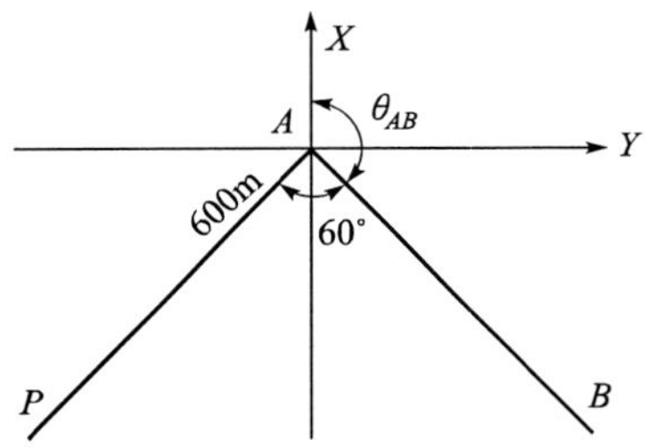

풀이

$\overline{AP}$방위각 $= \overline{AP}$방위각 $+ \angle BAP = 163°20'00'' + 60° = 223°20'00''$

$P_x = A_x + \overline{AP}$ 거리 $\times \cos \overline{AP}$방위각 $= 81.847 + 600 \times \cos 223°20' = -354.577m$

$P_y = A_y + \overline{AP}$ 거리 $\times \sin \overline{AP}$방위각 $= -30.460 + 600 \times \sin 223°20' = -442.205m$

9 삼각측량 성과표

1. 성과표

대지측량에 있어서 대한민국 전역에 대한 삼각측량에서 산지 또는 기선을 관측하기 곤란한 경우, 과거 실측 계산에 의한 삼각 및 고저 측량 성과표를 이용하여 단시일 내에 경비를 절감시켜 측량할 수 있도록 작성된 것을 성과표라 한다.

2. 삼각측량 성과표의 이용 방법

1) 점의 등급, 경위도, 직각좌표, 표고, 진북방향 등을 알 수 있다.
2) 기설점간의 방위와 거리를 계산하여 이것을 기선 및 검기선으로 하고
3) 신설삼각망을 구성하여
4) 삼각망의 수평각 관측으로 각변의 방위 및 변장을 산출할 수 있다.
5) 또한 직각좌표를 구한다.
6) 진북방향각을 각변의 방향각에 가감하므로 방위각을 산출할 수 있으며
7) 따라서 경위도 좌표도 산출할 수 있다.
8) 기지점의 표고를 기준으로 하여 고저차에 의한 간접 수준측량으로 극차 전삼각점의 표고를 산출할 수 있다.

3. 삼각 및 수준 측량 성과표 내용

1) 삼각점의 등급 번호 및 명칭
2) 측점 및 시준점
3) 방향각
4) 진북 방향각
5) 평면 직각 좌표
6) 위도, 경도
7) 삼각점의 표고

10 삼변 측량

삼각측량에서 수평각을 관측하는 대신에 삼변의 길이를 측정하여 삼각점의 위치를 구하는 측량으로 근래에 와서 전파나 광파를 이용한 거리 측정기가 발달하여 높은 정밀도의 삼변측량이 많이 이용되고 있다.

1. 변장 측정 방법

1) 대 삼각망의 기선장을 과거와 같이 기선 삼각망에 의한 기선 확대를 하지 않고 직접 관측한다.
2) 각과 변장을 적당히 관측하여 삼각망을 만든다.
3) 변장만으로 삼각망을 만든다.

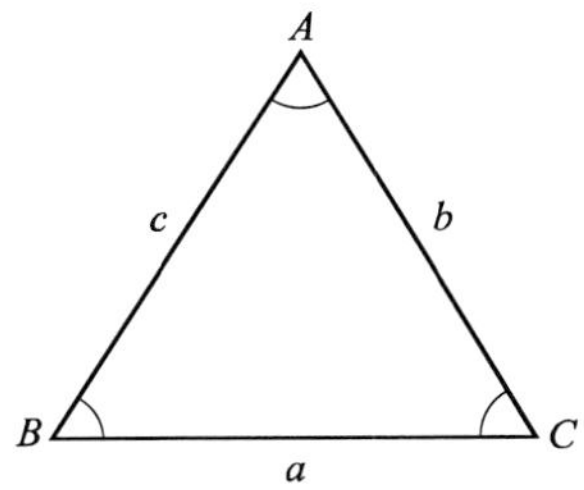

그림 7.10 삼변측량

2. 삼변측량의 원리

삼변측량은 cos제2법칙, 반각공식, 면적조건을 이용하여 변길이로부터 각을 구하여 이 각과 변길이에 의해 수평위치를 구한다.

1) cos제2법칙

$$\cos A = \frac{b^2+c^2-a^2}{2bc}, \ \cos B = \frac{a^2+c^2-b^2}{2ac}, \ \cos C = \frac{a^2+b^2-c^2}{2ab}$$

2) 반각공식

$$\sin\frac{A}{2} = \sqrt{\frac{(S-b)(S-c)}{bc}}, \ \cos\frac{A}{2} = \sqrt{\frac{S(S-a)}{bc}},$$

$$\tan\frac{A}{2} = \sqrt{\frac{(S-b)(S-c)}{S(S-a)}} \quad \text{단, } S = \frac{1}{2}(a+b+c)$$

3) 면적조건

$$A = \sqrt{S(S-a)(S-b)(S-c)}, \ S = \frac{1}{2}(a+b+c)$$

예제 11

삼각형 3변의 길이가 그림과 같을 때 삼각형의 ∠A, ∠B를 구하시오.

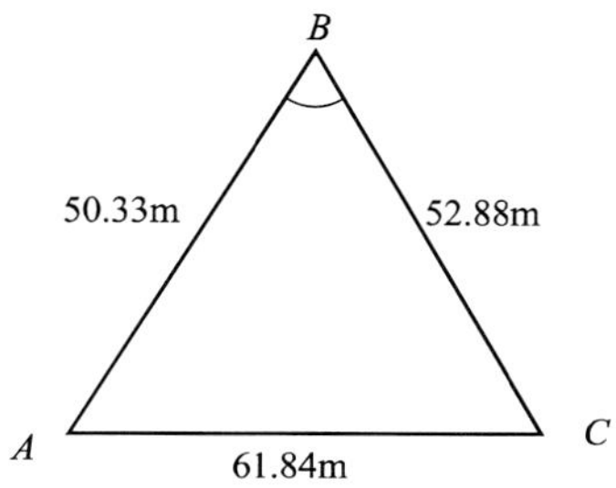

풀이

삼변측량에서 각의 계산은 코사인제2법칙($\cos A = \dfrac{b^2+c^2-a^2}{2bc}$)에 의해 구한다.

$$A = \cos^{-1}\left(\frac{b^2+c^2-a^2}{2bc}\right) = \cos^{-1}\left(\frac{61.84^2+50.33^2-52.88^2}{2\times 61.84\times 50.33}\right) = 55°06'20''$$

$$B = \cos^{-1}\left(\frac{c^2+a^2-b^2}{2ca}\right) = \cos^{-1}\left(\frac{50.33^2+52.88^2-61.84^2}{2\times 50.33\times 52.88}\right) = 73°34'25''$$

예제 및 풀이

1. 그림과 같은 삼각망을 측정하여 다음과 같은 결과를 얻었다. 이 삼각망을 조정하여라. (단, 각은 0.1″까지, 표차는 소수점 아래 2자리에서 반올림, 대수는 7자리까지 계산)

b_1=109.323m

b_2=110.995m

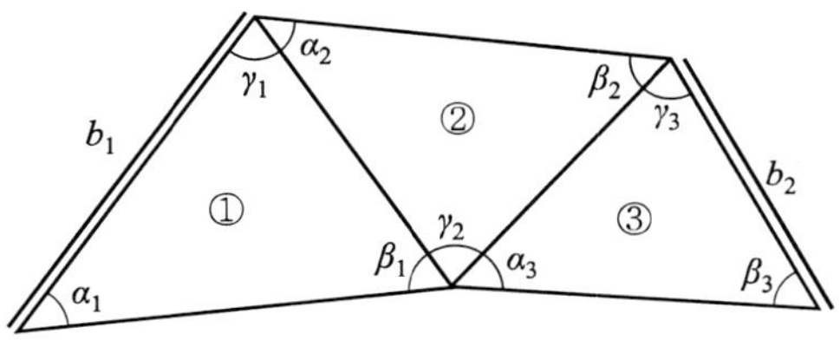

해설

삼각형	각	관측각	각조건 조정량	각조건 조정각	log sin A	log sin B	표차	변조건 조정량	변조건 조정각
①	α_1	59-44-52	+3″	59-44-59	9.9364298		12.3	+1.1″	59-45-00.1
	β_1	61-37-53	+3″	61-37-56		9.9444412	11.4	−1.1″	61-37-54.9
	γ_1	58-37-02	+3″	58-37-05					58-37-05
	계	179-59-51	+9″	180-00-00					180-00-00
②	α_2	60-24-20	−4″	60-24-16	9.9392862		12.0	+1.1″	60-24-17.1
	β_2	60-34-24	−4″	60-34-20		9.9400060	11.9	−1.1″	60-34-18.9
	γ_2	59-01-28	−4″	59-01-24					59-01-24
	계	180-00-12	−12″	180-00-00					180-00-00
③	α_3	61-43-21	+3″	61-43-24	9.9448134		11.3	+1.1″	61-43-25.1
	β_3	58-13-40	+3″	58-13-43		9.9294985	13.0	−1.1″	58-13-41.9
	γ_3	60-02-51	+3″	60-02-53					60-02-53
	계	179-59-51	+9″	180-00-00					180-00-00
				$\log(S_0 S_1)$	2.0387115	2.0453034			
				전체합계	31.8592409	31.8592491	71.9		

2. 다음과 같은 다각망을 조정하시오.
(단, 각은 1″까지, 표차는 소수점 아래 2자리에서 반올림, 대수는 7자리까지 계산)

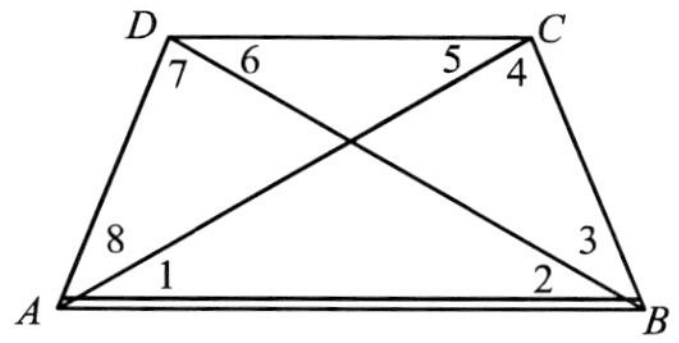

해설

각	관측각	각조건					logsin홀수	logsin짝수	표차	변조건 조정량	변조건 조정각
		v_1	v_2	v_3	계	조정각					
∠1	37°39′20″	−2″	+2″		0″	37°39′20″	9.7859794		27.3	−11″	37°39′09″
∠2	60°52′40″	−2″	+2″		0″	60°52′40″		9.9413044	11.7	+11″	60°52′51″
∠3	48°54′36″	−2″		−4″	−6″	48°54′30″	9.8771749		18.4	−11″	48°54′19″
∠4	32°33′36″	−2″		−4″	−6″	32°33′30″		9.7309098	33.0	+11″	32°33′41″
∠5	40°47′54″	−2″	−2″		−4″	40°47′50″	9.8151684		24.4	−11″	40°47′39″
∠6	57°44′14″	−2″	−2″		−4″	57°44′10″		9.9271642	13.3	+11″	57°44′21″
∠7	47°32′38″	−2″		+4″	+2″	47°32′40″	9.8679393		19.3	−11″	47°32′29″
∠8	33°55′18″	−2″		+4″	+2″	33°55′20″		9.7466863	31.3	+11″	33°55′31″
계	360°00′16″	−16″				360°00′00″	39.3462620	39.3460647	178.7		360°00′00″

3. 그림과 같은 유심 삼각망을 조정하시오.(단, 대수는 소수 7자리, 표차는 소수점 아래 2자리에서 반올림, 각도는 0.1초단위로 계산하시오.)

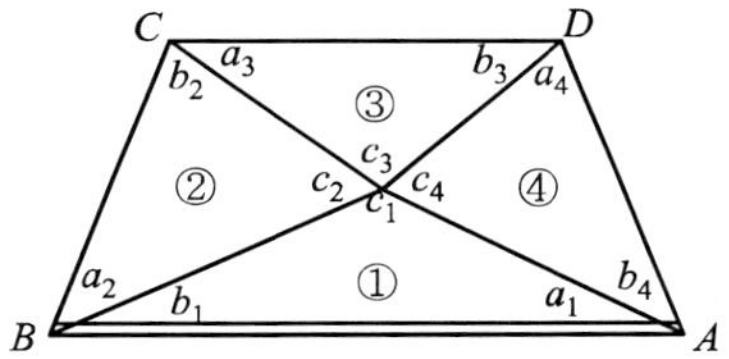

해설

각	각명	관측각	각조건1		각조건2			변 조 건				
			v_1	조정각	v_2	v_3	조정각	logsinα	logsinβ	표차	v_4	조정각
①	a_1	31°48′29″	−3″	31°48′26″		−1.5″	31°48′24.5″	9.7218574		33.9	+5.2″	31°48′29.7″
	b_1	28°43′41″	−3″	28°43′38″		−1.5″	28°43′36.5″		9.6818143	38.4	−5.2″	28°43′31.3″
	c_1	119°27′59″	−3″	119°27′56″	+3″		119°27′59″					119°27′59″
	계	180°00′12″	−9″									180°00′00″
②	a_2	71°34′35″	−5″	71°34′30″		−1.5″	71°34′28.5″	9.9771453		7.0	+5.2″	71°34′33.7″
	b_2	54°14′25″	−5″	54°14′20″		−1.5″	54°14′18.5″		9.9092652	15.2	−5.2″	54°14′13.3″
	c_2	54°11′15″	−5″	54°11′10″	+3″		54°11′13″					54°11′13″
	계	180°00′15″	−15″									180°00′00″

각	각명	관측각	각조건1		각조건2			변 조 건				
			v_1	조정각	v_2	v_3	조정각	logsinα	logsinβ	표차	v_4	조정각
③	a_3	29°24′11″	−2″	29°24′09″		−1.5″	29°24′07.5″	9.6910244		37.4	+5.2″	29°24′12.7″
	b_3	36°30′11″	−2″	36°30′09″		−1.5″	36°30′07.5″		9.7744089	28.5	−5.2″	36°30′02.3″
	c_3	114°05′44″	−2″	114°05′42″	+3″		114°05′45″					114°05′45″
	계	180°00′06″	−6″									180°00′00″
④	a_4	51°39′01″	−1″	51°39′00″		−1.5″	51°38′58.5″	9.8944438		16.7	+5.2″	51°39′03.7″
	b_4	56°06′01″	−1″	56°06′00″		−1.5″	56°05′58.5″		9.9190824	14.1	−5.2″	56°05′53.3″
	c_4	72°15′01″	−1″	72°15′00″	+3″		72°15′03″					72°15′03″
	계	180°00′03″	−3″									180°00′00″
계							39.2844709	39.2845708	191.2			

$$변조건조정량=\frac{(\Sigma \log\sin a-\Sigma \log\sin b)}{\Sigma 표차}=\frac{(4709-5708)}{191.2}\fallingdotseq -5.2''$$

4. 그림과 같은 편심관측에서 T′를 구하시오.
(단, $S_1=S_2=2\text{km}$, $e=0.2\text{m}$, $\phi=120°$, $T=60°$)

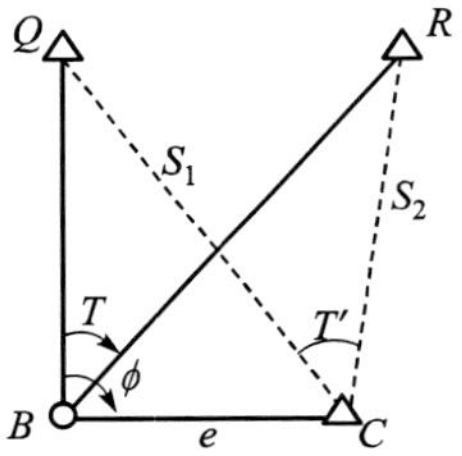

해설 편심관측에서 거리가 충분히 멀기 때문에 $S_1=\overline{BQ}=S_2=\overline{CR}=2km$ 로 볼 수 있다.

$\angle BQC=x$, $\angle BRC=y$라 하면

① $\dfrac{e}{\sin x}=\dfrac{S_1}{\sin\phi}$에서 $\sin x=\dfrac{e}{S_1}\sin\phi$

$$x=\sin^{-1}\left(\frac{e}{S_1}\sin\phi\right)=\sin^{-1}\left(\frac{0.2}{2{,}000}\times\sin 120°\right)=00'17.86''$$

② $\dfrac{e}{\sin y}=\dfrac{S_2}{\sin(\phi-T)}$에서 $\sin y=\dfrac{e}{S_2}\sin(\phi-T)$

$$y=\sin^{-1}\left(\frac{e}{S_2}\sin(\phi-T)\right)=\sin^{-1}\left(\frac{0.2}{2{,}000}\times\sin(120°-60°)\right)=00'17.86''$$

③ $T+x=T'+y$에서

$T'=T+x-y=60°+00'17.86''-00'17.86''=60°00'00''$

5. 삼각측량에 의한 관측 결과가 그림과 같을 때, C점의 좌표를 구하시오. (단, AB의 거리=10m, 좌표의 단위: m)

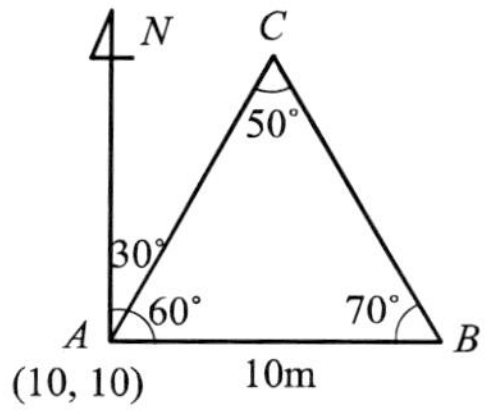

해설 $\overline{AC}$의 길이는 사인법칙에 의하여 구한다.

$\frac{\overline{AB}}{\sin 50°} = \frac{\overline{AC}}{\sin 70°}$에서 $\overline{AC} = \frac{10m}{\sin 50°} \times \sin 70° = 12.27m$

$C_X = A_X + \overline{AC} \times \cos$ 방위각 $= 10 + 12.27 \times \cos 30° = 20.63m$

$C_Y = A_Y + \overline{AC} \times \sin$ 방위각 $= 10 + 12.27 \times \sin 30° = 16.13m$

6. 그림과 같은 삼각망에서 CD의 방위를 구하시오.

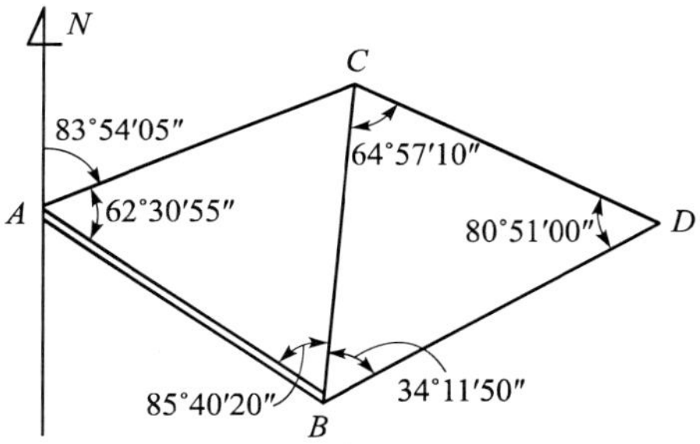

해설 $\triangle ABD$에서 $\angle ACB = 180° - (62°30'55'' + 85°40'20'') = 31°48'45''$

$\overline{CD}$ 방위각 $= \overline{AC}$ 방위각 $+ 180° - (\angle ACB + \angle BCD)$

$= 83°54'05'' + 180° - (31°48'45'' + 64°57'10'')$

$= 167°08'10''$

방위각이 2상한선이므로, 방위$= S(180° - \theta)E = S(12°51'50'')E$

7. B, C, D점에서 그림과 같이 ①~④의 각을 관측하였다. BC의 거리가 120.00m 일 때 CD의 거리를 구하시오.

〈관측 각〉
① 72°30′
② 75°10′
③ 68°15′
④ 59°20′

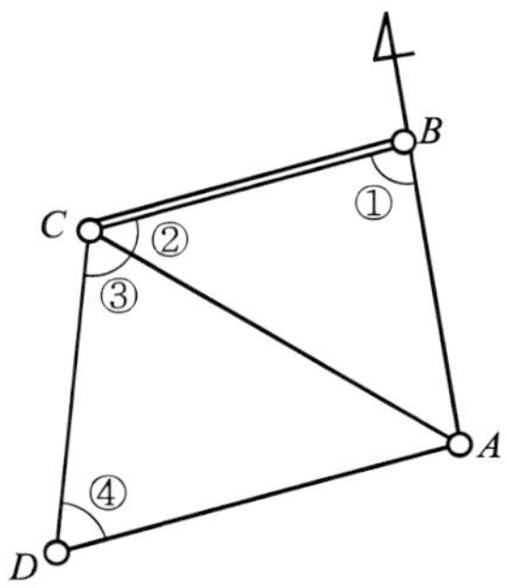

해설 $\angle BAC = 180° - (72°30' + 75°10') = 32°20'$

$\angle CAD = 180° - (68°15' + 59°20') = 52°25'$

$\dfrac{\overline{BC}}{\sin(\angle BAC)} = \dfrac{\overline{AC}}{\sin(①)}$ 에서 $\overline{AC} = \dfrac{\sin 72°30'}{\sin 32°20'} \times 120m = 213.98m$

$\dfrac{\overline{CD}}{\sin(\angle CAD)} = \dfrac{\overline{AC}}{\sin(④)}$ 에서 $\overline{CD} = \dfrac{\sin 52°25'}{\sin 59°20'} \times 213.98m = 197.14m$

8. 그림에서 측선 CD의 거리를 구하시오.

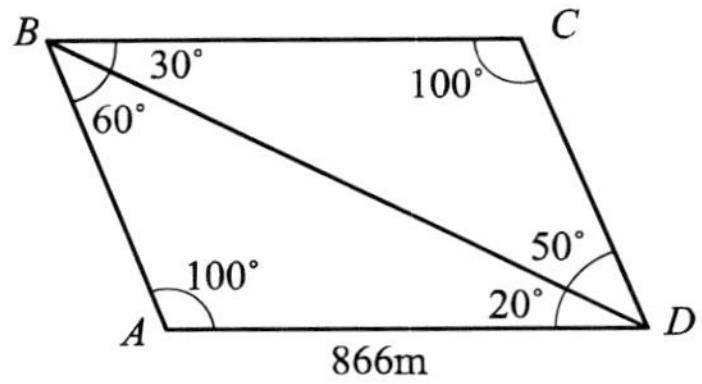

해설 ① $\overline{BD}$ 의 길이

$\dfrac{\overline{AD}}{\sin 60°} = \dfrac{\overline{BD}}{\sin 100°}$ 에서 $\overline{BD} = \dfrac{866m}{\sin 60°} \times \sin 100° = 984.779m$

② $\overline{CD}$ 의 길이

$\dfrac{\overline{CD}}{\sin 30°} = \dfrac{\overline{BD}}{\sin 100°}$ 에서 $\overline{CD} = \dfrac{984.779m}{\sin 100°} \times \sin 30° = 499.985m \fallingdotseq 500m$

9. 그림과 같이 "사과길"로부터 은행건물의 위치를 정확히 알고자 다음과 같은 측량결과를 얻었다. CD의 거리를 구하시오. (단, ∠EAB=62°, AB=8m, BC=10m, ∠ABC=∠ADC=90°)

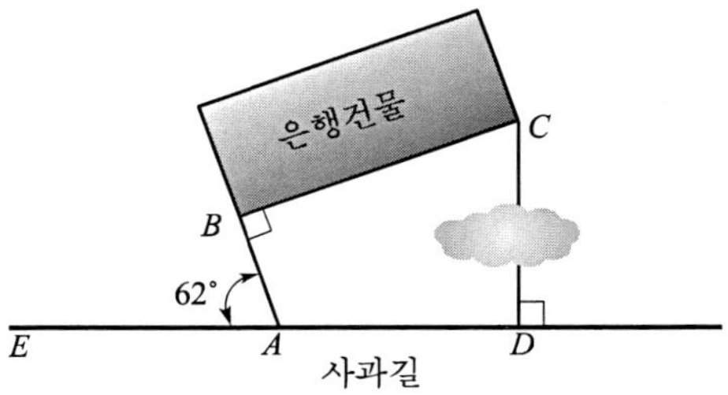

해설 $\overline{CD}$의 거리는 $\overline{AB}$와 $\overline{BC}$의 수직성분의 합으로 구할 수 있다.

$\overline{CD} = \overline{AB} \times \sin 62° + \overline{BC} \times \cos 62°$

$= 8 \times \sin 62° + 10 \times \cos 62° = 11.76m$

10. A점에서 B점 방향을 관측할 경우 측표가 그림과 같이 B′ 점에 편심되어 있을 때 보정량(θ)을 구하시오. (단, $\phi=120°$, e=0.1m, S=1km)

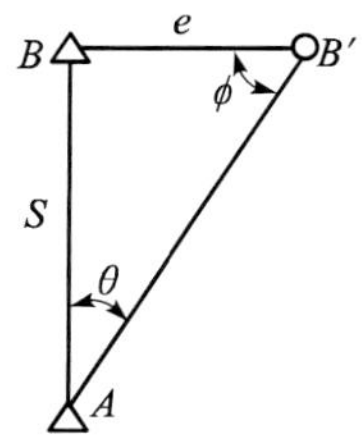

해설 사인법칙을 적용하여 계산한다.

$$\frac{e}{\sin\theta}=\frac{S}{\sin\phi} \text{ 에서 } \sin\theta=\frac{e}{S}sin\phi \text{ 이므로}$$

$$\theta=\sin^{-1}\left(\frac{e}{S}sin\phi\right)=\sin^{-1}\left(\frac{0.1m}{1{,}000m}sin120°\right)=18''$$

11. 수평면상의 A점과 B점간의 거리가 20km라 하면, A점에서 B점을 시준할 수 있는 측표높이는 최소 얼마 이상인가? (단, 지구의 반경은 6,370km이며 광선의 굴절은 무시함)

해설 삼각수준측량의 관측값 중에서 굴절오차(기차)는 낮게, 곡률오차(구차)는 높게 조정한다.

$$\text{구차}=+\frac{S^2}{2R}=\frac{(20km)^2}{2\times(6{,}370km)}=0.03140km=31.40m$$

12. 단열삼각망에 대해 각 조정을 하였다. 각 조정 후 변조건에 의한 조정을 하려고 한다. 기선길이에 대한 거리 b1=152.132m이고, 검기선길이 b2=119.666m, α각에 대한 대수합($\sum\log\sin\alpha$)이 29.8040945, β각에 대한 대수합($\sum\log\sin\beta$)이 29.9083307, 표차의 총합은 61.84이라면 변조건에 대한 조정각의 크기를 구하시오.

해설

$$\text{변조건 조정량}=\frac{\left(\log b_1+\sum\log\sin\alpha\right)-\left(\log b_2+\sum\log\sin\beta\right)}{\sum\text{표차}}$$

$$=\frac{(2.1822206+29.804095)-(2.0779708+29.9083307)}{61.84\times10^{-7}}$$

$$=\frac{31.9863151-31.9863015}{61.84\times10^{-7}}\fallingdotseq 2.2''$$

13. 양차가 0.03m로 되도록 하기 위한 최대 수평거리를 구하시오. (단, k=0.14 R=6,370km)

해설 양차 $h=\frac{1-k}{2R}S^2$ 에서

k : 굴절계수, R : 지구의 반지름, S : 수평선까지의 거리

$$S=\sqrt{\frac{2Rh}{1-k}}=\sqrt{\frac{2\times 6{,}370{,}000m\times 0.03m}{1-0.14}}=666.647m$$

14. 삼각점간의 평균거리가 약 5km인 삼각측량을 하였을 때 관측한 수평각의 허용 오차를 0.3″까지 구한다면 관측점 및 시준점의 편심을 고려치 않아도 되는 허용한계를 구하시오.

해설 거리오차와 측각오차의 정밀도는 다음 식으로 정리된다.

$$\frac{\Delta h}{D}=\frac{\theta}{\rho(1\text{라디안})}$$

$$\frac{\Delta h}{5{,}000m}=\frac{0.3''}{\frac{180^\circ}{\pi}\times 60'\times 60''}$$

$$\Delta h=\frac{5{,}000m\times 0.3''}{\frac{180^\circ}{\pi}\times 60'\times 60''}=0.0073m=0.73cm$$

15. 꼭지점이 A, B, C이고 대응변이 a, b, c인 삼각형에서 ∠A=22°00′56″, ∠C=80°21′54″, b=310.95m일 때 변 a의 길이를 구하시오.

해설 ① $\angle B=180^\circ-(\angle A+\angle C)=77^\circ 37'10''$

$$\frac{a}{\sin(\angle A)}=\frac{b}{\sin(\angle B)} \text{ 에서}$$

$$a=\frac{\sin(\angle A)}{\sin(\angle B)}\times b=\frac{\sin 22^\circ 00'56''}{\sin 77^\circ 37'10''}\times 310.95m=119.34m$$

CHAPTER

08 지형측량

CHAPTER 08

지형측량

1 지형측량

지표상의 각점의 위치와 고저차를 측정하여 지형도를 만들기 위한 측량으로서 자연적, 인위적 물체(도로, 하천, 수로, 철도, 건축물 등)와 지표면의 기복상태(산정, 구릉, 경지, 계곡, 평야)의 수평, 수직의 위치관계를 결정하여 그 결과를 일정한 스케일과 도식으로 도시한 지도를 지형도라 하며 지형도를 작성하기 위한 측량을 지형측량이라 한다.

1. 지형도

1) 지형도 제작

지형도 제작을 위한 측량은 사진측량이 발달함에 따라 국토기본도 및 대규모 지형측량에는 항공사진 측량이 이용되고, 최근에는 수치지형모형에 의한 지형도 제작이 연구되어 실용화되고 있다.

우리나라는 국토지리정보원에서 국가기본도 제작 업무를 주관하고 있으며 1:50,000, 1:25,000, 1:5,000 등의 국가기본도와 1:25,000, 1:5,000, 1:1,000 수치지도를 제작 공급하고 있다.

수치지도는 지도에 표시된 모든 지형, 지물의 평면위치는 물론 표고위치를 컴퓨터가 인식할 수 있는 데이터로 변환하여 저장하고 필요시 컴퓨터에 의하여 변형, 제작이 가능하고 쉽게 화상으로 표시하거나 종이 등으로 출력할 수 있는 이점이 있으므로 일반 국가 기본도(종이지도)와 달리 축척개념 없이 자유롭고 편리한 사용이 가능하게 되었다.

2) 지형도 작성 작업상의 축척

① 대축척 : $\frac{1}{1,000}$ 이상

② 중축척 : $\frac{1}{1,000} \sim \frac{1}{10,000}$

③ 소축척 : $\frac{1}{10,000}$ 이하

3) 지형도의 제작

① 일반도

자연, 인문, 사회 사항을 정확하고 상세하게 표현한 지도이며, 1/5,000 및 1/50,000 국토기본도, 1/25,000 토지이용도, 1/250,000 지세도, 1/,000,000대한민국 전도 등이 있다.

② 주제도

어느 특정한 주제를 강조하여 표현한 지도로서 일반도를 기초로 하며토지 이용도, 지질도, 토양도, 산림도, 관광도, 교통도, 도시계획도, 국토개발 계획도 등이 있다.

③ 특수도

특수한 목적에 사용되는 지도로서, 항공도, 해도, 대권항법도, 천기도, 사진지도, 입체 모형지도, 지적도 등이 있다.

2 지형의 표시법

1. 지형도에 의한 표시방법

1) 자연도법

① 음영법(명암법)

어느 일정한 방향(서북쪽 45°)에서 평행광선을 비칠 때 생기는 그림자로 기복의 모양을 표시하는 방법으로 고저차가 크고 경사가 급한 곳이면 한번 보아 지모를 파악할 수 있다. (1/200,000 지도에서 사용한다).

산의 지모를 나타내는 데는 좋으나 높이를 표시 할 수 없기 때문에 공사 기타의 계획에는 부적당하며 국립공원안내도로 활용된다.

② 영선법(우모법)

우모(소의 털)와 같이 짧고 거의 평행한 선의 간격, 굵기, 길이, 방향 등에 의하여 지형의 모양을 표시하는 방법이며 기복을 알기 쉬우나 제도가 복잡하다. (1/500,000 지도에서 사용한다).

작도 방법을 급경사에 굵고 짧게 그리고 완경사에서는 길고 가늘게 그린다.

영선법도 산악의 지모를 나타내는 데는 좋으나 숫자적으로 토지의 높이를 표시할 수 없기 때문에 공사 및 기타 계획에는 부적당하다.

2) 부호도법

① 점고법

하천, 항만, 해양측량 등에서 심천측량을 한 측점에 숫자를 기입하여 고저를 표시하는 방법이다.

② 채색법(단채법, 색조법)

색조를 이용하여 고저를 표시하는 방법으로 지형도는 높을수록 진하게 흑색으로 칠하고 해양은 청색으로 깊을수록 진하게 칠한다. 대개는 등고선과 함께 사용하며, 지리관계와 지도에 사용한다.

③ 등고선법(Contour line)

일정한 높이의 수평면으로 지형을 절단했을 때의 잘린 면의 곡선을 이용하여 지형을 표시한다. 등고선 위의 모든 점의 표고는 같고, 임의의 방향의 경사도를 쉽게 파악할 수 있고 제도하기도 편리하므로 토목공사용으로 가장 많이 사용되고 있다.

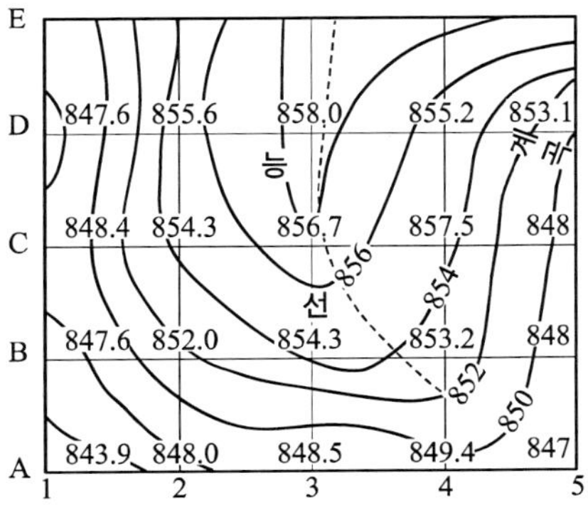

그림 8.1 점고법

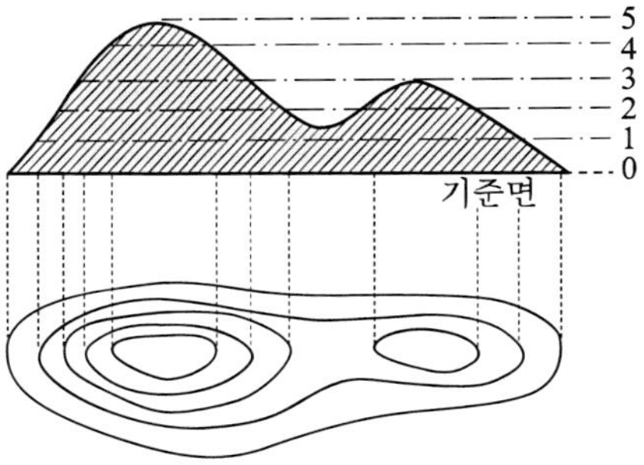

그림 8.2 등고선법

2. 불규칙삼각망 (TIN)

불규칙하게 배치되어 있는 지형점으로부터 삼각망을 생성하여 삼각형 내의 표고를 삼각평면으로부터 보간하는 방법으로 벡터데이터로 표현된 3차원 모형이며 경사가 급한 지역의 표현에 유용하고, 기복의 변화가 작은 지역은 측점수를 적게함으로 자료량이 조절 용이하다.

3. 수치표고모델 (DTM)

불규칙한 지형을 수치적 또는 수학적으로 표시한 것으로 적절한 수의 평면좌표와 표고를 관측하여 저장하고, 기지의 좌표로부터 지형정보를 3차원으로 수치화할 수 있는 기법으로 경사 및 사면 방향 분석, 음영기복 분석, 등고선 생성, 가시권 분석 등에 이용된다.

① DEM : 3차원 지모를 표현한 수치표고모형
② DSM : 지모와 지물을 표현한 수치표면모형
③ DTM : DEM에 속성이 더해진 수치지형모형

3 등고선 (Contour Line)

1. 등고선의 종류

1) 주곡선

등고선을 일정한 간격으로 그렸을 때 선을 말한다.

2) 계곡선

등고선 다섯줄마다 등고선을 읽기 쉽게 하기 위하여 굵은 선으로 그렸을 때 선을 말한다.

3) 간곡선

지형의 상세한 부분까지 충분히 표시할 수 없을 경우 주곡선 사이에 둔 선을 말한다.

4) 조곡선 (보조곡선)

지형의 상세도가 간곡선으로 충분하지 않을때 주곡선과 간곡선 사이에 둔 선을 말한다.

2. 등고선의 간격

1) 측량의 목적 및 지형의 넓이에 따라 상세하게 간격이 정해진다.
2) 외업 및 내업에 필요한 시간과 비용을 생각한다.
3) 지형의 상황에 따라 표시한다.
4) 면적의 축척면적의 축척을 정한다.
5) 필요한 정도가 되도록 해야 한다.

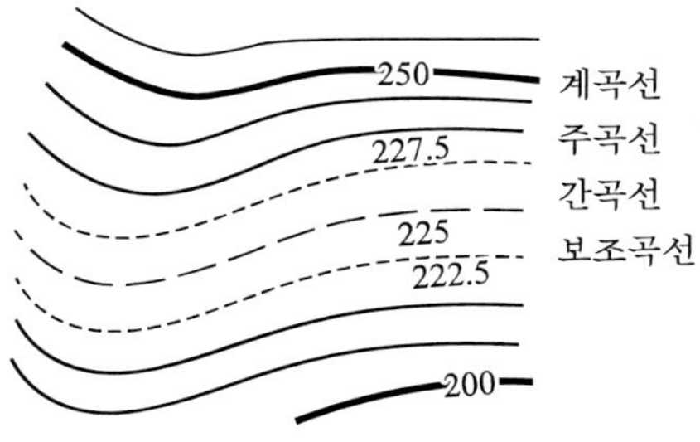

그림 8.3 등고선 간격

표 8.1 표제목

종류 \ 축척	표시법	1/50,000	1/25,000	1/10,000	1/5,000	1/1,000	1/500
주곡선	가는실선	20	10	5	5	1	1
계곡선	굵은실선	100	50	25	25	5	5
간곡선	가는파선	10	5	2.5	2.5	0.5	0.5
보조곡선	가는점선	5	2.5	1.25	1.25	0.25	0.25

예제 1

1,595m 산정상과 1,390m 산기슭 사이에 주곡선 간격의 등고선 개수는? (단, 축척은 1:50,000이다.)

풀이 1:50,000 지형도의 주곡선 간격은 20m이므로 1,390m와 1,595m 사이에는 1400, 1420, 1440, 1460, 1480, 1500, 1520, 1540, 1560, 1580로 모두 10개의 주곡선이 있다.

$$N = \frac{1580 - 1400}{20} + 1 = 10$$

3. 등고선의 성질

1) 동일 등고선상에 있는 모든 점은 같은 높이이다.(a)
2) 등고선은 도면상 혹은 외에서 폐합하며 도중에 손실되지 않는다. (b)
3) 지도상에서 폐합되는 부분은 산정 또는 분지이다(낮은 쪽으로 화살표를 표시한다).(c)
4) 등고선은 절벽이나 동굴 이외에는 서로 만나지 않는다.(d)
5) 등고선은 급경사지에서는 간격이 좁고 완경사지에서는 넓다.(e)

6) 등고선은 등경사지에서 등간격이며, 등경사 평면인 지형에서는 등간격의 평행선으로 된다.(f)

7) 등고선간의 최단거리의 방향은 기지 표면의 최대 경사의 방향을 가리키므로 최대 경사의 방향은 등고선에 수직한 방향이다.(g)

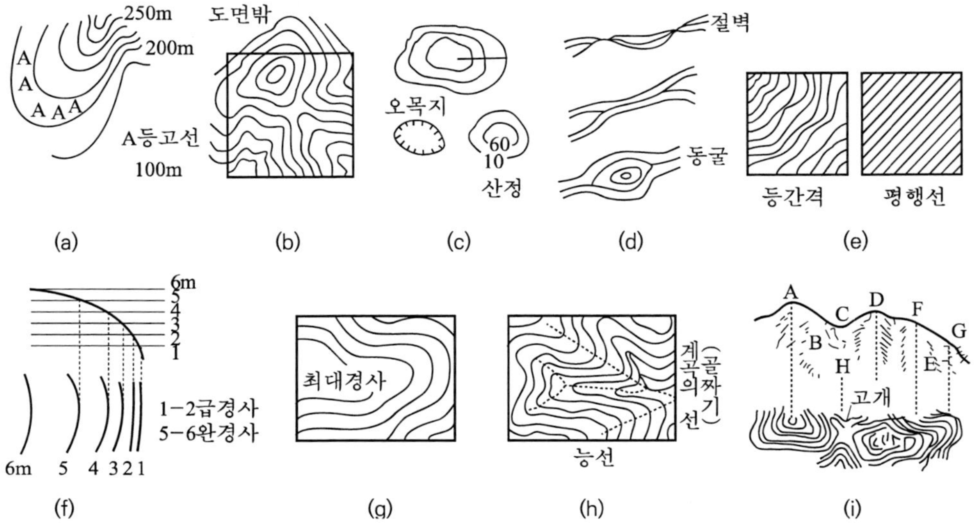

그림 8.4 등고선의 성질

4. 지성선

1) 능선(분수선, 철선)

정상을 향하여 가장 높은 점을 연결한 선으로 빗물이 이것을 경계로 흐르게 되므로 분수선이라고도 한다.

2) 곡선(계곡선, 합수선, 요선)

가장 낮은 점을 연결한 선으로 계곡선 이라고도 한다.

3) 경사변환선

동일 방향의 경사면에서 경사의 크기가 다른 두면의 교선을 경사 변환선이라 한다.

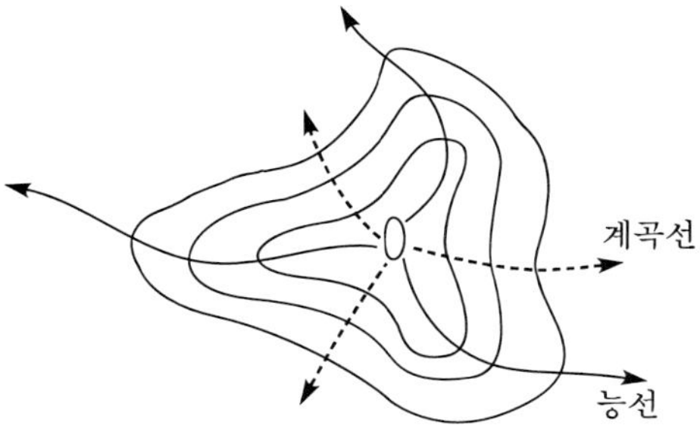

그림 8.5 능선과 계곡선

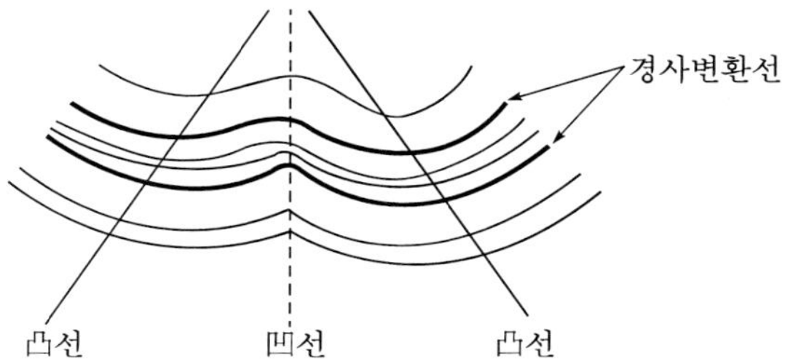

그림 8.6 경사변환선

4) 최대 경사선

지표의 임의의 한 점에 있어서 그 경사가 최대로 되는 방향을 표시한 선을 말하며 등고선에 직각으로 교차한다. 이는 물이 흐르는 방향으로 유하선이라고도 한다.

4 등고선 측량방법

1. 직접측량법

각 등고선의 통과점 위치를 현지에서 구하고 순차적으로 도시하여 등고선을 그리는 방법이다. 고원, 평야 등의 완경사지와 같은 시통이 양호한 곳에 적합한 방법이며 가장 정확한 방법으로 소규모 지역의 대축척 지형도 작성에 이용된다. 시간과 노력을 많이 요하므로 넓은 지역의 소축적 지형도 작성에는 부적합하다. 해당 등고선의 높이는 레벨측량으로 찾고 평판측량으로 위치를 정한다. 즉, 레벨과 평판을 인접하게 놓고 측량하는 방법이다.

2. 간접측량법

1) Total station 및 GPS를 이용하는 방법

토털스테이션과 GPS는 동시에 3차원 위치를 구할 수 있으므로 편리하게 등고선작성을 위한 데이터를 획득할 수 있다. 측량대상지역에 경사변환선과 지형지물의 위치에 대해 다량의 3차원 데이터를 얻고 관련 소프트웨어를 이용하여 손쉽게 등고선을 작성할 수 있다.

2) 보간법에 의한 등고선 작성

간접법에 의해 구해진 다량의 점에 대한 3차원 위치 데이터는 이들 값들을 이용하여 등고선 작성하거나 특정 표고 사이에 삽입할 수 있다. 해당 등고선의 위치를 현지에서 찾는 것이 아니라 분수선상 또는 계곡 상에서 방향 또는 경사가 변화하는 점의 표고와 위치를 측량하고 측량 후에 비례법으로 등고선을 삽입하는 방법이다. 경사가 급하고 기복이 규칙적인 토지에 적합하다.

직접 또는 간접법에 의해 구해진 구점과 기점을 기준으로 하여 비례식으로 요구되는 등고선의 표고(x)를 구하는 방법을 말한다.

$$D : H = d : h$$

$$\therefore d = \frac{D}{H} h$$

여기서, H : AB간의 표고

h : 등고선 표고의 높이

D : AB간 수평거리

d : 구하는 등고선까지 거리

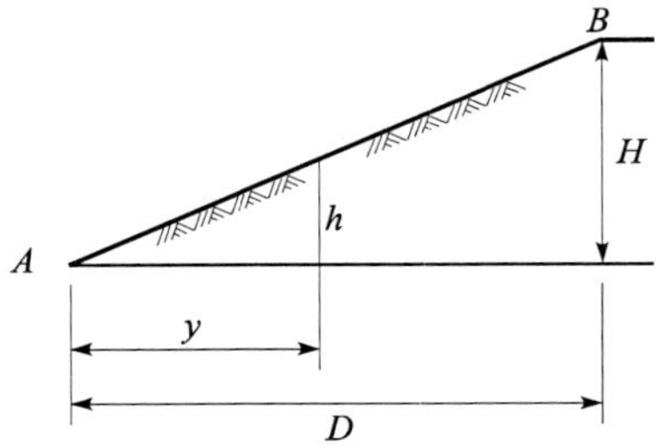

그림 8.7 보간법에 의한 등고선 삽입

예제 2

축척 1:5,000지형도에서 면적 8km^2의 토지에 대한 도상면적을 구하시오.

풀이 도상면적은 실제면적에서 축척만큼 축소된 것으로 실제면적은 도상면적에 축척의 분모수를 곱하여 구할 수 있다. 가로와 세로의 축척이 상이한 횡단면도상의 면적의 실제면적은 도상면적에 가로, 세로의 축척비율을 곱해주면 된다.

$$\text{도상면적} = \frac{\text{실제면적}}{\text{축척분모수}^2} = \frac{8km^2}{5{,}000^2} \times \frac{(1{,}000m)^2}{(1km)^2} = 0.32m^2$$

예제 3

축척 1:25,000의 지형도에서 963m의 산정으로부터 423m의 산밑까지의 거리가 95mm이었다. 이때 사면의 경사를 구하시오.

풀이

$$\text{경사} = \frac{\text{높이차}}{\text{수평거리}} \times 100(\%) \text{ 이므로}$$

$$= \frac{963 - 423}{0.095 \times 25{,}000} \times 100(\%) = \frac{1}{4.398}$$

예제 4

A, B의 표고가 각각 802m, 826m 이고 A, B의 도상수평거리가 30mm일 때 A점으로부터 820m 등고선까지의 도상거리는?

풀이 그림과 같이 높이와 관련한 정보는 실제 길이를 수평거리와 관련한 정보는 도상거리로 구분하여 식을 정리하면

① A, B 두 점간의 높이차 = 826 - 802 = 24m

② 높이 820m일 때의 A점 표고에 대한 높이차
= 820-802 = 18m

③ 삼각형에 대한 비례식을 풀면

$\frac{24}{30} = \frac{18}{d}$에서

$d = \frac{18}{24} \times 30mm = 22.5mm$

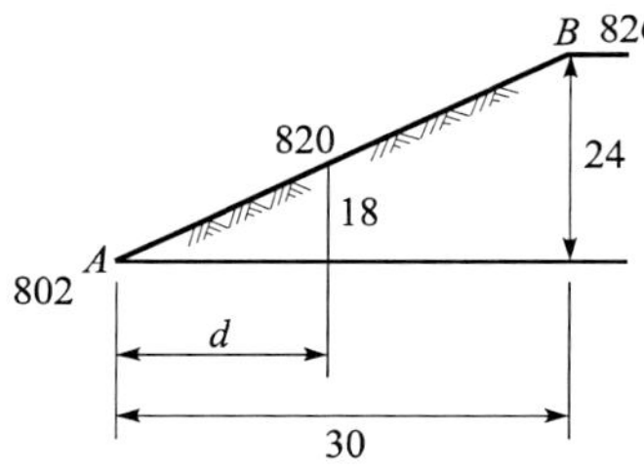

1) 방안법 (좌표점고법, 모눈종이법)

비교적 평탄한 지역에서 또는 어느 지역을 수평지역으로 지세 정리공사를 할 때 또는 특히 정밀한 등고선이 필요할 때 많이 쓴다.

측정법을 Transit와 줄자를 사용하여 1구역을 구형 또는 정방형 등의 규칙으로 바른 형상 분할한 후 각 지점의 높이는 level 또는 Transit 혹은 Hand level로 측정한 후 등고선 삽입법으로 삽입하는 것이다.

2) 종단점법

지성선과 같은 중요한 선의 방향에 여러 개의 측선을 내고 그 방향을 측정한다. 다음에는 이에 따라 여러 점의 표고와 거리를 구하여 이것을 도면위에 표시하고 그 높이를 이용하여 등고선을 측정하는 방법이다.

3) 횡단점법

종단측량을 하고 좌우에 횡단면을 측정하는데 줄자와 Hand level로 하는 때가 많다. 측정방법을 중심선에서 좌우횡방향으로 수선을 그어 그 수선상의 거리와 표고를 재서 등고선을 삽입하는 방법을 말한다.

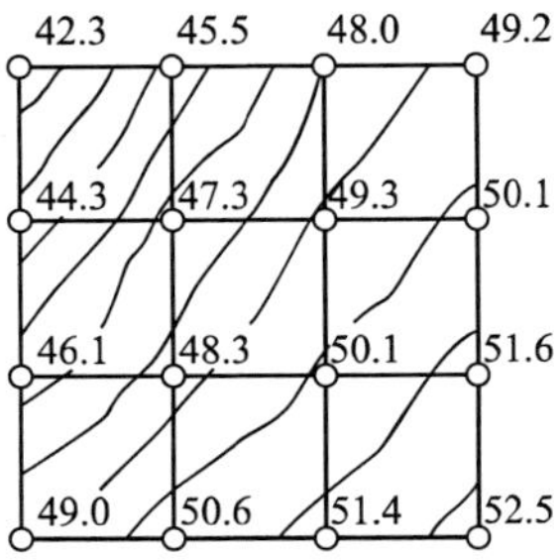

그림 8.8 방안법

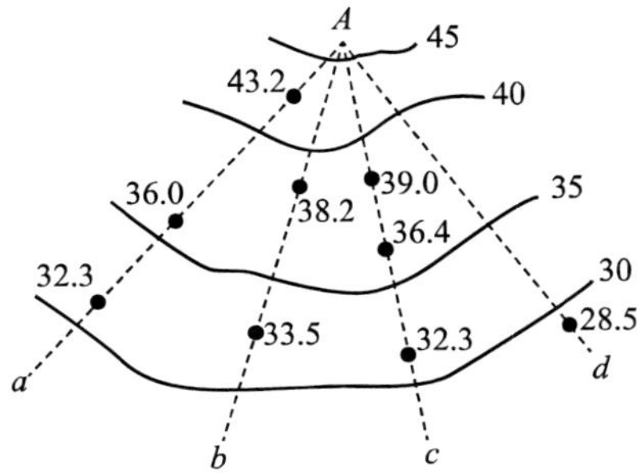

그림 8.9 종단점법

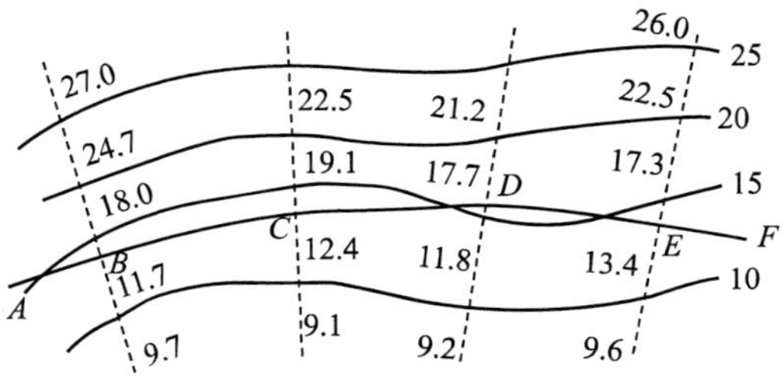

그림 8.10 횡단점법

5 지형도의 이용

지형도에 의해 지형변화 상태를 표시하는 데는 지형도 및 독도 능력이 대단히 중요하며 축척에 따라 토목공사 자료에 널리 이용된다.

1. 좌표의 계산

지형도를 이용하여 임의의 점에 대한 평면좌표를 보간법에 의해 구할 수 있다. 좌표격자점 A로부터 도상거리 x, y만큼 떨어져 있는 P점의 평면좌표를 다음과 같이 구할 수 있다.

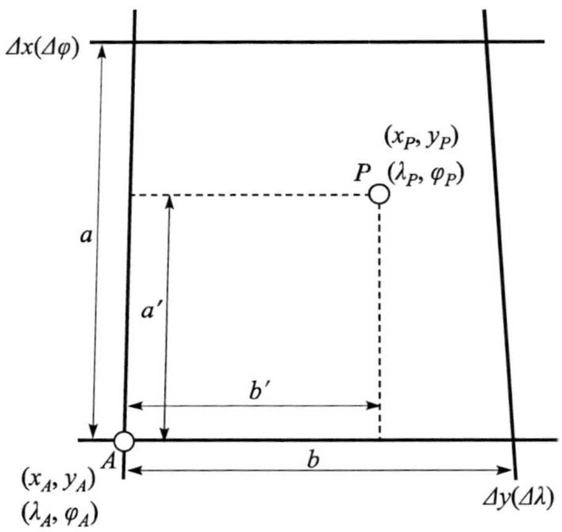

그림 8.11 지형도에서 좌표구하기

$$x_P = x_A + \Delta x \frac{a'}{a}$$

$$y_P = y_A + \Delta y \frac{b'}{b}$$

여기서, a, a', b, b' : 도상거리, Δx : x좌표의 차이, Δy : y좌표의 차이

2. 단면도 작성

지형도상의 등고선을 이용하면 도로나 하천, 철도의 계획에서 중심선상의 종단면도와 각 단면에 대한 횡단면도를 작성할 수 있고, 이를 기반으로 단면적과 토공량 및 저수량을 구할 수 있다.

3. 등경사 노선의 결정

지형도의 등고선을 이용하면 손쉽게 등경사 노선을 결정할 수가 있다. 등고선 간격 h, 등경사선의 경사 i %, 수평거리 D라 하면 요구되는 경사에 대한 등고선간 거리는 다음과 같이 구할 수 있다.

$$\text{경사 } i(\%) = \frac{h}{D} \times 100 \text{이므로 } D = \frac{100}{i} \times h$$

4. 용지 경계의 측정

공사 용지의 범위(절토, 성토)에 따른 토공량에 따른 공사비 책정 및 설계를 할 경우 정확한 용지 경계측정을 할 때 사용한다.

5. 유역면적의 산정

유역면적을 구하기 위해서는 등고선으로부터 능선을 잇는 분수선을 그린다. 등고선과 직각으로 만나는 최대경사선을 능선까지 그리면 폐합이 되는데 이 면적이 유역면적이 되며 구적기로 면적을 산정하여 합리식$\left(Q = \frac{1}{3.6} CIA\right)$을 이용하여 유출량을 구하는데 유역면적이 활용된다.

6. 토공량

횡단면도에 의한 토적계산 및 지형도상에서 토공량을 계산할 수 있다.

예제 및 풀이

1. 축척 1:25,000인 우리나라 지형도의 한 도엽의 크기(경도, 위도)는 얼마인가?

해설 축척에 따른 1도엽당 차지하는 지상의 면적
① 1:50,000 경도×위도 15′×15′
② 1:25,000 경도×위도 7.5′×7.5′
③ 1:10,000 경도×위도 3′×3′
④ 1:5,000 경도×위도 1.5′×1.5′

2. 1:1,000 수치지도에서 도엽코드가 358081410인 도엽이 있다. 이 도엽의 경위도 좌표와 인덱스를 1 : 50,000, 1 : 10,000 그리고 1 : 1,000 축척에서 몇 번째에 있는지 예와 같이 해당 숫자와 원으로 표시하시오.

축척	색인도
1 : 50,000	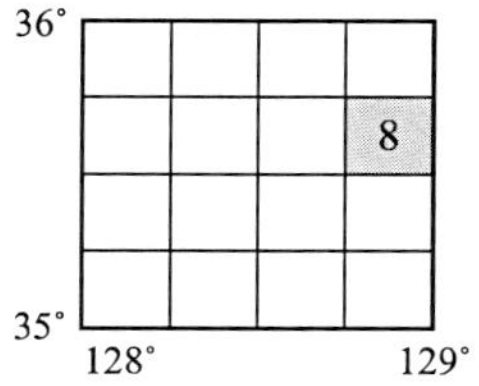
1 : 10,000	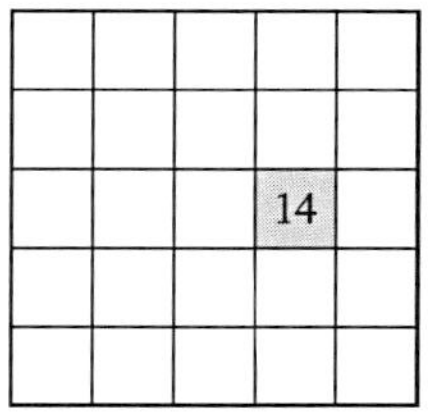
1 : 1,000	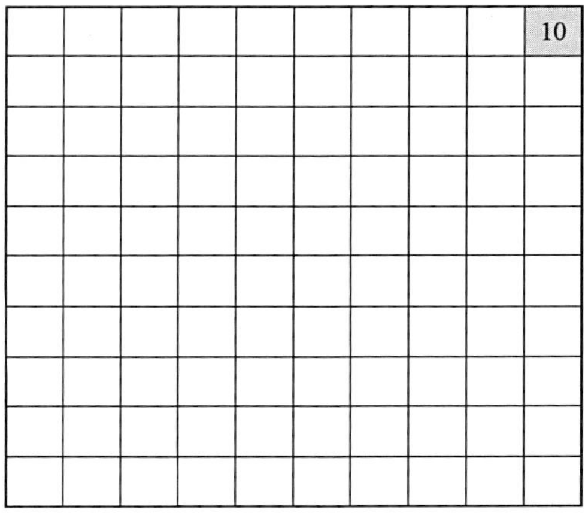

해설 1) 1 : 50,000 (35808)

- 북위 35도와 36도, 동경 128도와 129도 사이를 가로세로 4등분씩 총 16등분할 때 8번째 도면

2) 1 : 10,000 (3580814)

- 북위 35도와 36도, 동경 128도와 129도 사이를 가로세로 4등분씩 총 16등분할 때 8번째 1 : 50,000도면을 다시 가로세로 5등분 총 25등분할 때 14번째 도면

3) 1 : 1,000 (358081410)

- 북위 35도와 36도, 동경 128도와 129도 사이를 가로세로 4등분씩 총 16등분할 때 8번째 1 : 50,000도면을 다시 가로세로 5등분 총 25등분할 때 14번째 1 : 10,000 도면을 다시 가로세로 10등분 총 100등분할 때 10번째 도면

3. 등고선 간격이 2m인 지형도에서 94m 등고선상의 A점과 128m 등고선상의 B점을 연결하여 기울기 $\frac{8}{100}$의 도로를 개설하였다면 AB간 도로의 실제길이를 구하시오.

해설 ① A, B 두 점간의 높이차 = 128 - 94 = 34m

② A, B 두 점을 연결한 도로의 기울기

$$\text{기울기} = \frac{\text{높이차}}{\text{수평거리}} = \frac{8}{100} = \frac{34m}{\text{수평거리}}$$

$$\text{수평거리} = \frac{100 \times 34m}{8} = 425m$$

③ A, B간 도로의 실제길이 = 경사거리

$$\text{경사거리} = \sqrt{\text{수평거리}^2 + \text{높이차}^2} = \sqrt{425^2 + 34^2} \fallingdotseq 426m$$

4. 축척 1:500 지형도를 기초로 하여 축척 1:3,000의 지형도를 제작하고자 한다. 1:3000 지형도 1도엽은 1:500 지형도를 몇 매 포함한 것인가?

해설 면적은 거리의 제곱에 비례하고, 도엽수는 면적의 함수이므로 도엽수는 축척의 제곱에 비례함을 알 수 있다.

$\frac{1}{500}$은 $\frac{1}{3,000}$에 비해 거리가 약 6배의 관계이므로 면적은 $6^2 = 36$매 임을 알 수 있다.

5. 축척 1:10,000 지형도상에서 균일 경사면상에 40m와 50m 등고선 사이의 P점에서 40m와 50m 등고선까지의 최단거리가 각각 도상에서 5mm, 15mm일 때, P점의 표고를 구하시오.

해설 ① 40m, 50m 등고선에서 P점까지의 실제거리

$$M = \frac{\text{도상거리}}{\text{실거리}} = \frac{1}{10,000} \text{에서}$$

$$5mm \times 10,000 = 50m,\ 15mm \times 10,000 = 150m$$

② P점의 표고 (H_P)

$$\text{수평거리} : \text{높이차} = 200m : 10m = 50m : x \quad \Rightarrow \ x = 2.5m$$

$$H_P = 40m + 2.5m = 42.5m$$

6. 축척 1:25,000의 지형도에서 963m의 산정으로부터 423m의 산밑까지의 거리가 95mm이었다. 이때 사면의 경사를 구하시오.

해설 $경사 = \frac{높이차}{수평거리} \times 100(\%)$ 이므로

$$= \frac{963-423}{0.095 \times 25,000} \times 100(\%) \fallingdotseq \frac{1}{4.4}$$

7. 축척 1:25,000 지형도 상의 인접한 두 주곡선 사이의 수평거리가 8mm이었다면 두 지점간의 기울기를 구하시오.

해설 ① 수평거리

$$M = \frac{1}{m} = \frac{도상거리}{실제거리} = \frac{1}{25,000} = \frac{8mm}{실제거리}$$

$실제거리 = 0.008m \times 25,000 = 200m$

② 기울기

축척 1:25,000의 지형도에서 주곡선의 간격은 10m이다.

$$경사도(\%) = \frac{높이차}{수평거리} \times 100(\%) \Leftrightarrow i = \frac{h}{D} \times 100(\%)에서$$

$$i = \frac{10m}{200m} \times 100(\%) = 5\%$$

8. 축척 1:50,000 지형도에서 두 점의 거리가 8.0cm이었고 축척을 모르는 다른 지형도상에 서 동일한 두 점간의 거리가 57.1cm라고 한다면 이 지형도의 축척을 구하시오.

해설 ① 두 점간의 거리

$$M = \frac{1}{m} = \frac{도상거리}{실제거리} = \frac{1}{50,000} = \frac{8cm}{실제거리}$$

$실제거리 = 0.08m \times 50,000 = 4,000m$

② 축척

$$M = \frac{1}{m} = \frac{도상거리}{실제거리} = \frac{0.571}{4,000} = \frac{1}{7,005.254} \fallingdotseq \frac{1}{7,000}$$

9. 1:25,000 지형도에서 4% 경사의 노선을 선정하려면 등고선(주곡선) 간의 도상거리를 구하시오.

해설 축척 1:25,000의 지형도에서 주곡선의 간격은 10m이다.

$$\text{경사도}(\%) = \frac{\text{높이차}}{\text{수평거리}} \times 100(\%) \Leftrightarrow i = \frac{h}{D} \times 100(\%)\text{에서}$$

$$D = \frac{100}{i}h = \frac{100}{4} \times 10 = 250m$$

$$\therefore \text{도상거리} = \frac{250}{25{,}000} = 0.01m = 10mm$$

10. A점은 20m의 등고선 상에 있고, B점은 30m의 등고선 상에 있다. 이때 AB의 경사가 20%이면 AB의 수평거리를 구하시오.

해설

$$\text{경사도} = \frac{\text{높이차}}{\text{수평거리}} \times 100(\%) = \frac{30m - 20m}{\text{수평거리}} \times 100 = 20\%\text{에서}$$

$$\text{수평거리} = 10m \times \frac{100}{20} = 50m$$

11. 축척 1:25,000 지형도에서 100m 등고선 상의 점과 120m 등고선 상의 점간에 도상거리 20m를 얻었다. 이때 두 점의 경사각을 구하시오.

해설 등고선상 두점의 높이차와 도상위치를 알고 있으므로 이들의 축척을 통일하여 경사각을 구한다.

도상거리를 실거리로 환산하려면 축척의 분모를 곱하면 된다.

$$\tan \text{경사각} = \frac{\text{높이차}}{\text{수평거리}}\text{이므로}$$

$$\text{경사각} = \tan^{-1}\left(\frac{\text{높이차}}{\text{수평거리}}\right) = \tan^{-1}\left(\frac{(120-100)m}{0.02m \times 25{,}000}\right)$$

$$= 2°17'26''$$

12. 축척 1:25,000 지형도에서 산 정상부터 산 밑까지의 지도상 거리가 5.6cm 이고, 실제 지형에서는 산 정상의 표고가 335.75m, 산 밑의 표고가 102.50m일 때 사면의 경사도를 구하시오.

해설 ① 실제거리 (D)

$$M=\frac{1}{m}=\frac{\text{도상거리}}{\text{실제거리}} \text{ 에서 } \frac{1}{25{,}000}=\frac{5.6cm}{\text{실제거리}}$$

실제거리 $=25{,}000\times0.056m=1{,}400m$

② 경사도 (i)

$$i=\frac{\text{높이차}}{\text{수평거리}}=\frac{335.75m-102.50m}{1{,}400m}=\frac{1}{6}$$

13. 그림에서 등고선 AB간의 수평거리가 80m일 때 AB의 경사를 구하시오.

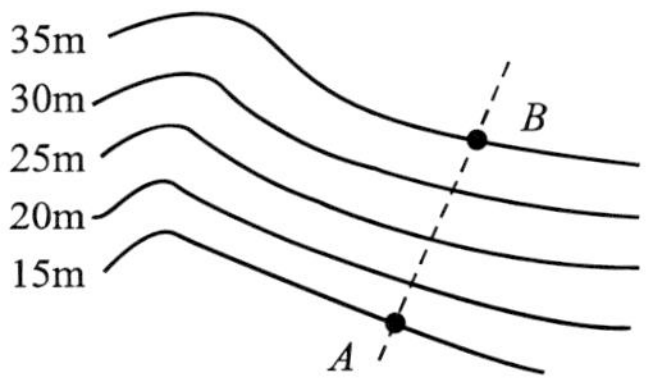

해설 경사도(%)$=\frac{\text{높이차}}{\text{수평거리}}\times100(\%)$ 에서

경사도(%)$=\frac{35m-15m}{80m}\times100(\%)=25\%$

CHAPTER 09 면적 및 체적의 측정

CHAPTER 09

면적 및 체적의 측정

측량에서 취급하는 토지의 면적에는 그 토지의 경계선을 기준면상에 투영했을 때 영역내의 면적을 말하며 측량구역이 작은 경우에는 수평면으로 간주하여도 무방하나 넓은 경우에는 평균해수면을 투영면으로 간주한다. 즉, 토지면적이라는 것은 그 표면의 면적을 가리키는 것이 아니고 수평면에 투영하여 얻은 면적을 말하며 사면의 넓이가 아니다. 면적측정은 경계선의 위치, 방향 및 길이를 정하는 외업과 야장 또는 도면에서 면적을 계산하는 내업으로 구분한다.

1 면적의 계산

1. 삼사법

삼각형의 밑변 및 높이를 각각 b 및 h라고 하고, 그 면적을 A라고 하면 다음식이 성립된다. 일반적으로 넓은 면적을 많은 삼각형으로 분할하고, 그 밑변과 높이를 측정하여 그 구역의 면적을 계산할 때 사용한다.

$$\therefore A = \frac{1}{2} bh$$

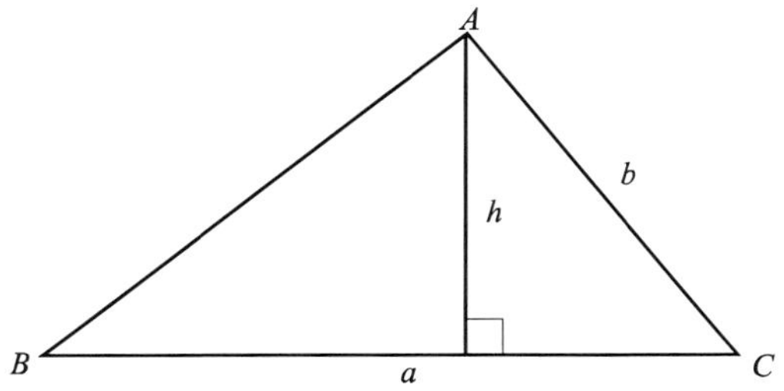

그림 9.1 삼사법

예제 1

축척이 1/500인 도면상에서 그림과 같은 값을 얻었을 때, 삼각형의 면적을 구하시오.
(a=h=4cm)

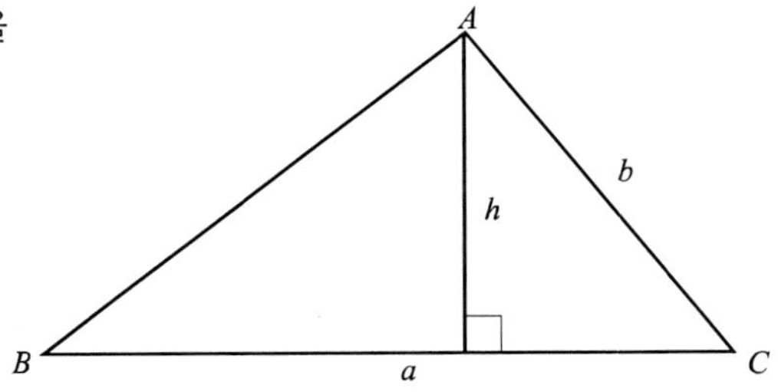

풀이

$$\therefore A = \frac{1}{2} b \cdot h(m)^2 = \frac{1}{2} \times 0.04 \times 0.04 \times (500)^2 = 200(m^2)$$

여기서, m : 축척 분모수

2. 2변과 사이각을 아는 삼각형면적

삼각형의 내각을 A, B, C, 세변의 길이를 a, b, c라 할 때 삼각형의 면적은 다음 식으로 구할 수 있다.

$$\begin{aligned} \therefore A &= \frac{1}{2} ab\sin C \\ &= \frac{1}{2} bc\sin A \\ &= \frac{1}{2} ca\sin B \end{aligned}$$

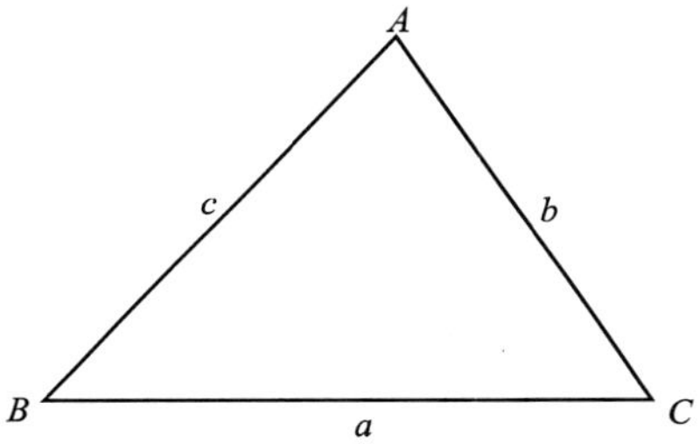

그림 9.2 2변과 사이각을 아는 삼각형

예제 2

그림과 같은 사각형 ABCD의 면적을 구하시오.

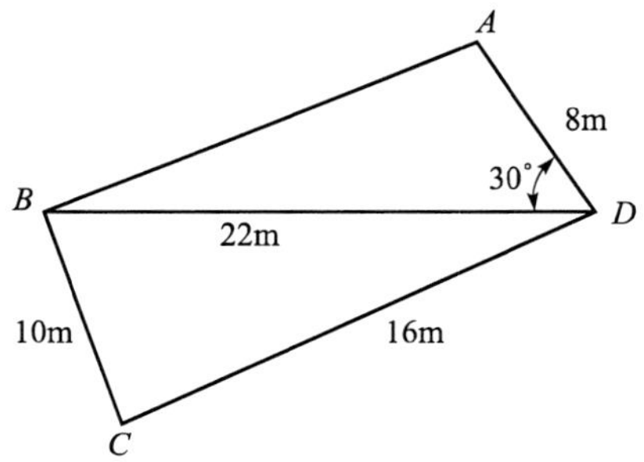

풀이 □ABCD의 면적은 △ABC와 △BCD 면적의 합으로 구할 수 있는데 △ABC는 두변과 사잇각을 알고 있으므로 $A_1 = \frac{1}{2}absin\gamma$의 식으로 , △BCD는 세변의 길이를 알고 있으므로 헤론의 공식으로 각각 구할 수 있다.

① △ABC의 면적 A_1

$$A_1 = \frac{1}{2}\overline{AD}\times\overline{BD}\times\sin(\angle ADB) = \frac{1}{2}\times 8\times 22\times\sin(30^\circ) = 44m^2$$

② △BCD의 면적 A_2

$$s = \frac{a+b+c}{2} = \frac{10+16+22}{2} = 24$$

$$A_2 = \sqrt{s(s-a)(s-b)(s-c)} = \sqrt{24(24-10)(24-16)(24-22)}$$

$$= 73.3m^2$$

③ □ABCD의 면적

$$A = A_1 + A_2 = 44 + 73.3 = 117.3m^2$$

3. 삼변법 (Herron의 공식)

삼각형의 삼변 a , b , c를 알고 있으면 다음 식에서 면적 A를 계산할 수 있다.

$$S = \frac{1}{2}(a+b+c)$$

$$\therefore A = \sqrt{S(S-a)(S-b)(S-c)}$$

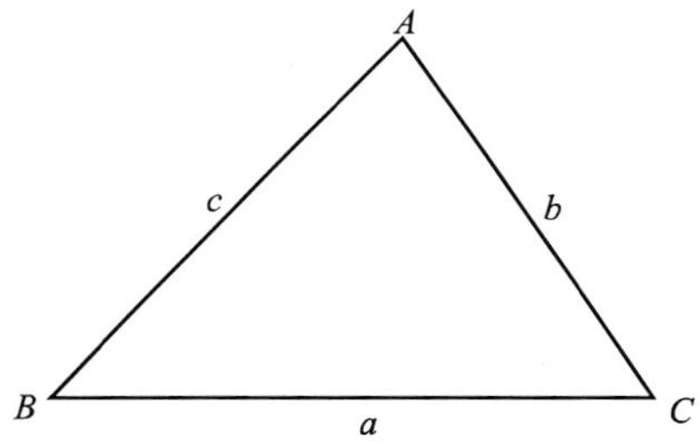

그림 9.3 세변의 길이 a, b, c

예제 3

어느 토지의 3변의 길이가 45m, 70m, 95m인 삼각형의 토지면적은?

풀이

$$A = \sqrt{S(S-a)(S-b)(S-c)}$$

단, $S = \frac{1}{2}(a+b+c) = \frac{1}{2}(45+70+95) = 105(m)$

$$\therefore A = \sqrt{105(105-45)(105-70)(105-95)}$$

$$= 1484.92(m^2)$$

4. 면적의 오차

거리 x, y를 측정하여 x, y에 각각 dx , dy의 오차가 생겼다고 하면

$$A = x \cdot g$$

$$dA = \left(\frac{dA}{dx}\right)dx + \left(\frac{dA}{dy}\right)dy$$

$$= y \cdot dx + x \cdot dy$$

면적의 정밀도 $\frac{dA}{A} = \frac{ydx + x \cdot dy}{x \cdot y} = \frac{dx}{x} + \frac{dy}{y}$

또 거리측정은 같은 정도로 측정되었으므로

거리의 정밀도 $\frac{dl}{l} = K$ 라면 면적의 정밀도 $\frac{dA}{A} = 2K$가 된다.

같은 원리로 체적의 정밀도 $\frac{dV}{V} = 3K$가 된다.

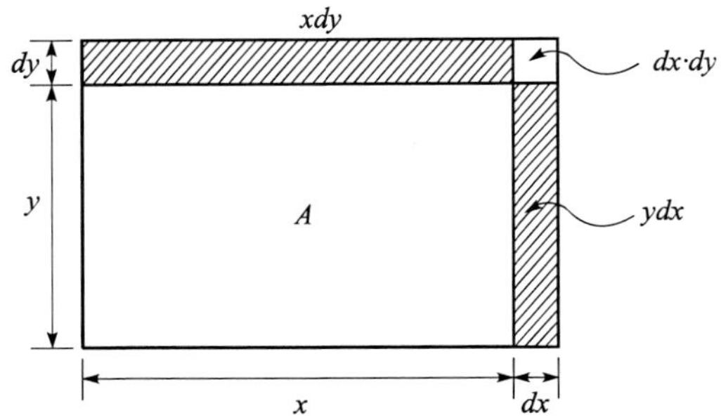

그림 9.4 면적의 오차

예제 4

50m에 대하여 2cm 늘어난 줄자로 삼각형의 토지면적을 삼사법으로 구한 값이 40m^2 였다면 적합한 면적은?

풀이 줄자가 늘어나면 실제면적도 늘어나게 된다.

$A_0 = A \pm C_0 \quad \because C_0 = \pm 2 \times \frac{\Delta l}{l} \times A$

$C_0 = 2 \times \frac{0.02}{50} \times 40m^2 = 0.032m^2$

실제면적 $A_0 = 40 + 0.032 = 40.032m^2$

5. 사다리꼴 공식

그림의 경계선(점선)을 직선으로 간주하고 계산할 영역의 면적을 몇 개의 사다리꼴로 구분하면 다음과 같다

$$A = \frac{1}{2}\{(y_0 + y_1)d_1 + (y_1 + y_2)d_2 + \ldots + (y_4 + y_5)d_5\}$$

지거의 간격이 $d_1 = d_2 = d_3 = d_4 = d_5$로 동일한 일반식으로 나타내면 다음과 같다.

$$A = d\left\{\frac{y_0 + y_n}{2} + \sum(y_{나머지})\right\}$$

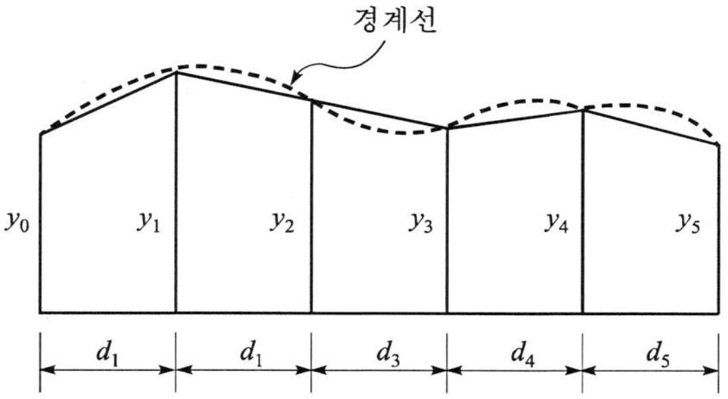

그림 9.5 사다리꼴

6. Simpson 제1법칙

경계선을 곡선으로 간주하는 방식으로 일정한 간격의 도형 두 구간을 1조로 하여 면적을 계산하는 방법이다.

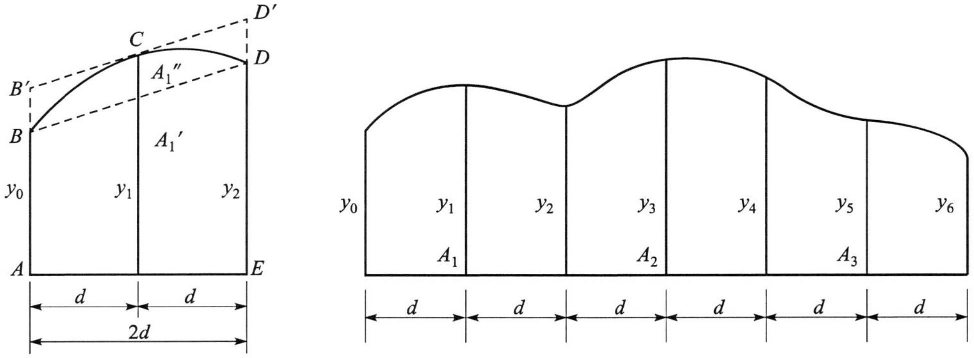

그림 9.6 Simpson 제1법칙에 의한 면적 산정

$$A_1 = (\text{사다리꼴 } ABCDE) + (\text{포물선 } BCD)$$

$$= \left(2d \times \frac{y_0 + y_2}{2}\right) + \frac{2}{3}\left(y_1 - \frac{y_0 + y_2}{2}\right)2d$$

$$= \frac{d}{3}(3y_0 + 3y_2 + 4y_1 - 2y_0 - 2y_2)$$

$$= \frac{d}{3}(y_0 + 4y_1 + y_2)$$

이 원리를 전체 영역에 적용하여 정리하면

$$\therefore A = \frac{d}{3}\left\{y_0 + y_n + 4\sum(y_{\text{홀수}}) + 2\sum(y_{\text{짝수}})\right\}$$

예제 5

다음 그림의 면적을 simpson 제1법칙에 의하여 구하라.

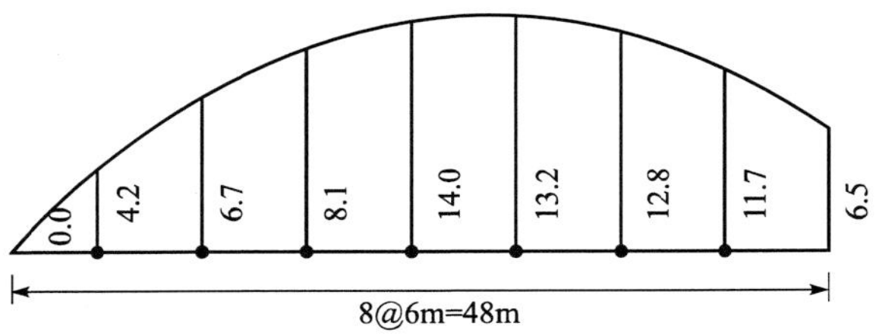

풀이 Simpson 1법칙은 지거 2개를 묶어 곡선으로 처리하는 방법이다.

$$A = \frac{d}{3}(y_0 + y_4 + 4 \times (y_1 + y_3) + 2 \times y_2)$$

$$= \frac{6}{3}(0 + 6.5 + 4 \times (4.2 + 8.1 + 13.2 + 11.7) + 2 \times (6.7 + 14.0 + 12.8)) = 444.6m^2$$

예제 6

지거를 5m의 같은 간격으로 각 지거를 $y_0 = 2.8m,\ y_1 = 9.4m,\ y_2 = 11.6m\ ,\ y_3 = 13.8m,\ y_4 = 6.4m$ 로 하였을 때, 심프슨의 제1법칙 공식에 의한 면적을 구하라.

풀이 simpson의 제1법칙

$$\therefore A = \frac{d}{3}\{y_0 + y_n + 2(y_2 + y_4 + \cdots\cdots) + 4(y_1 + y_3 \cdots\cdots)\}$$

$$= \frac{5}{3}\{2.8 + 6.4 + 2(11.6) + 4(9.4 + 13.8)\} = 208.7(m^2)$$

7. Simpson 제2법칙

지거간격을 등간격으로 하고, 사다리꼴 3개씩을 한조로 묶어 그 부분의 경계선을 3차 포물선으로 가정하여 면적을 구하는 방법이다.

$$A = (\text{사다리꼴 } ABCDE) + (\text{포물선 } BCD)$$
$$= \left(2d \times \frac{y_0 + y_3}{2}\right) + \frac{3}{4}\left(\frac{y_1 + y_2}{2} - \frac{y_0 + y_3}{2}\right)3d$$
$$= \frac{3}{8}d(y_0 + 3y_1 + 3y_2 + y_3)$$

이 원리를 전체 영역에 적용하여 정리하면

$$\therefore A = \frac{3d}{8}\left\{y_0 + y_n + 2\sum(y_{3\text{의 배수}}) + 3\sum(y_{\text{나머지}})\right\}$$

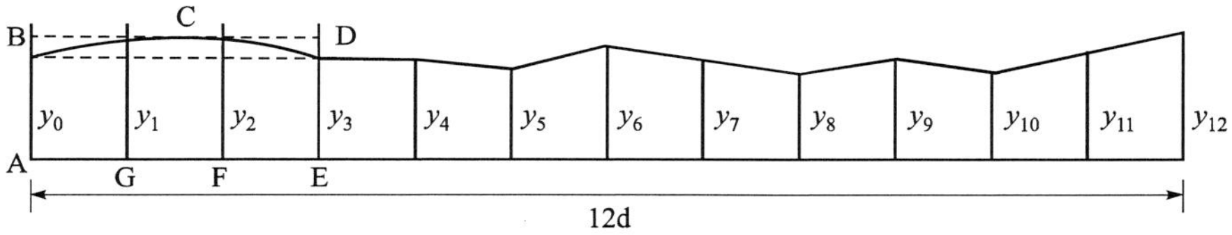

그림 9.7 Simpson 제2법칙에 의한 면적산정

예제 7

Simpson 제2법칙을 이용하여 다음 그림의 면적을 구하라.

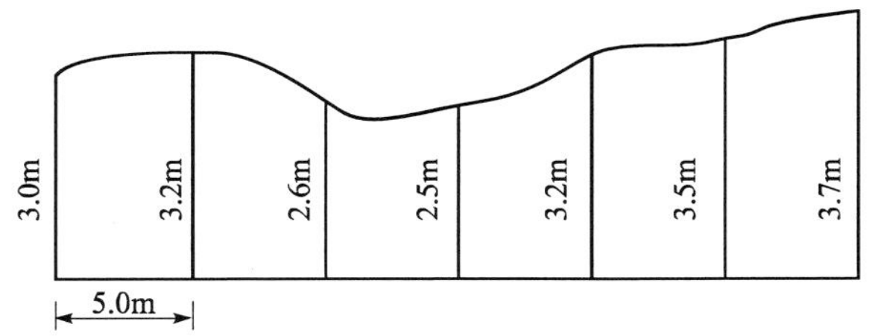

풀이 Simpson 제2법칙

$$A = \frac{3d}{8}\left(h_0 + h_n + 3 \times \sum(h_{3\text{의 배수아닌 것}}) + 2 \times \sum(h_{3\text{의 배수}})\right)$$

$$A = \frac{3 \times 5}{8}\{3 + 3.7 + 2 \times (2.5) + 3 \times (3.2 + 2.6 + 3.2 + 3.5)\} = 92.25m^2$$

8. 좌표법

각 측점의 좌표를 알고 있을 때, 그 점들로 구성된 면적을 측정하는 방법으로 최근 total station 측량에 의해 측점의 좌표를 직접 구하거나, AutoCAD상에서 좌표를 구해 면적을 구할 때 쓰이는 방법이다.

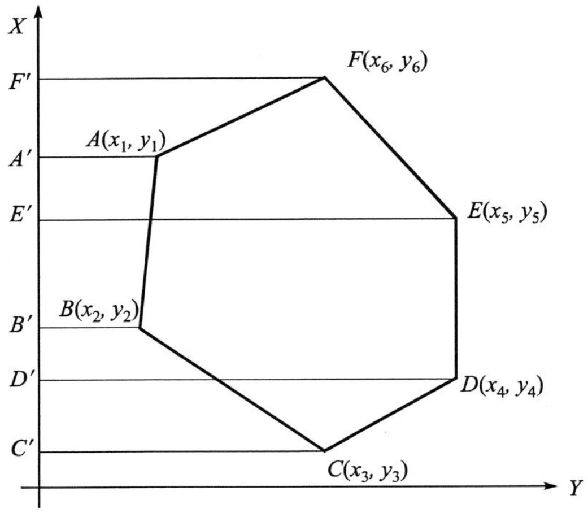

그림 9.8 좌표법

그림에서 도형의 면적(A)은 다음과 같다.

$$\text{전체면적 } A = \square \mathrm{C'CDD'} + \square \mathrm{D'DEE'} + \square \mathrm{E'EFF'} - \square \mathrm{C'CBB'} - \square \mathrm{B'BAA'} - \square \mathrm{A'AFF'}$$

$$= \frac{1}{2}(y_3 + y_4)(x_3 - x_4) + \frac{1}{2}(y_4 + y_5)(x_4 - x_5) + \frac{1}{2}(y_5 + y_6)(x_5 - x_6)$$

$$- \frac{1}{2}(y_3 + y_2)(x_3 - x_2) - \frac{1}{2}(y_2 + y_1)(x_2 - x_1) - \frac{1}{2}(y_1 + y_6)(x_1 - x_6)$$

이를 정리하면

$$A = \frac{1}{2} y_1 (x_2 - x_6) + y_2 (x_3 - x_1)$$

$$+ y_3 (x_4 - x_2) + y_4 (x_5 - x_3) + y_5 (x_4 - x_6) + y_6 (x_5 - x_1)$$

이를 일반식으로 나타내면

$$S = \frac{1}{2} \Sigma \{x_i (y_{i+1} - y_{i-1})\} \text{ 혹은 } S = \frac{1}{2} \Sigma \{y_i (x_{i+1} - x_{i-1})\}$$

이를 간이계산법으로 표현할 수도 있다.

$$\frac{x_1}{y_1} \times \frac{x_2}{y_2} \times \frac{x_3}{y_3} \times \frac{x_4}{y_4} \times \frac{x_5}{y_5} \times \frac{x_6}{y_6} \times \frac{x_1}{y_1}$$

면적은 대각선(↘, ↙)곱의 합의 차이의 1/2이다.

$$A = \frac{1}{2}\{\sum \searrow - \sum \swarrow\}$$

예제 8

그림과 같은 지형의 면적을 구하시오.
(단, 단위는 m 이다.)

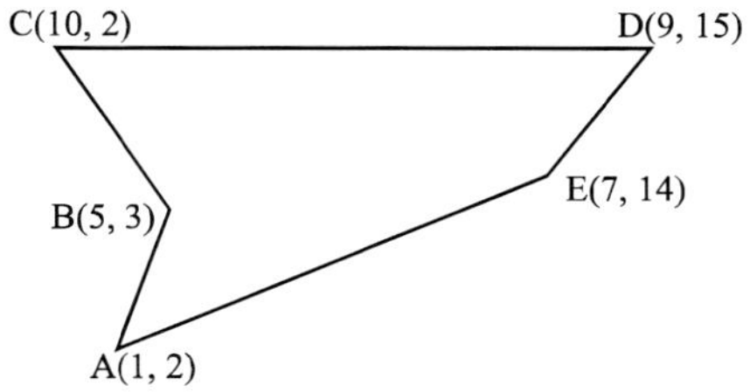

풀이 좌표법에 의하여 계산하면 A(1, 2) 에서 시작하여 시계방향으로 다시 A 로 페합)

$$\frac{1}{2} \times \frac{5}{3} \times \frac{10}{2} \times \frac{9}{15} \times \frac{7}{14} \times \frac{1}{2}$$

$$\sum \searrow = (1\times3)+(5\times2)+(10\times15)+(9\times14)+(7\times2)=303$$

$$\sum \swarrow = (5\times2)+(10\times3)+(9\times2)+(7\times15)+(1\times14)=177$$

$$2 \cdot A = \sum \searrow - \sum \swarrow = 303-177=126$$

$$A = \frac{2 \cdot A}{2} = 63m^2$$

예제 9

그림과 같은 도로계획면을 만들고자 한다. 이 단면의 면적을 구하시오.
(단, 좌표의 단위 : m)

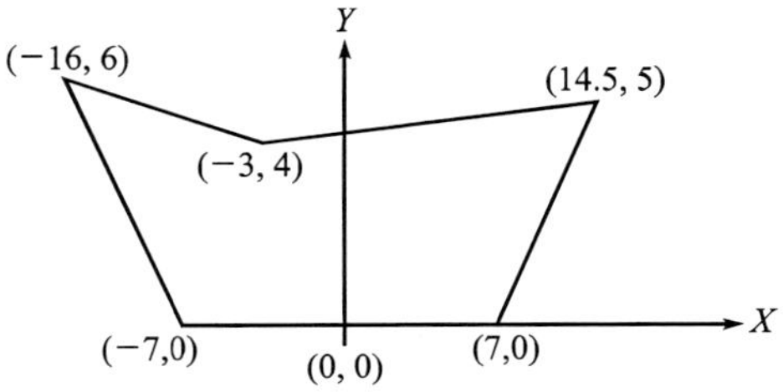

풀이 좌표법에 의하여 계산하면
(좌측하단점(−7, 0)에서 시작하여 시계방향으로 다시 그 점(−7. 0)으로 폐합)

$$\frac{-7}{0} \times \frac{-16}{6} \times \frac{-3}{4} \times \frac{14.5}{5} \times \frac{7}{0} \times \frac{-7}{0}$$

$\sum\swarrow = (-16\times0)+(-3\times6)+(14.5\times4)+(7\times5)+(-7\times0)=75$

$\sum\searrow = (-7\times6)+(-16\times4)+(-3\times5)+(14.5\times0)+(7\times0)=-121$

$2\cdot A=\sum\swarrow-\sum\searrow=75-(-121)=196$

$A=\frac{2\cdot A}{2}=98m^2$

9. 방안법

1칸의 면적을 계산하여 개수에 의해 구하는데 경계선의 모양은 삼각형, 사다리꼴로 생각해서 계산하는 방법을 말한다.

10. 부채꼴 면적

$$\therefore A=\frac{\pi r^2\alpha^\circ}{360}$$

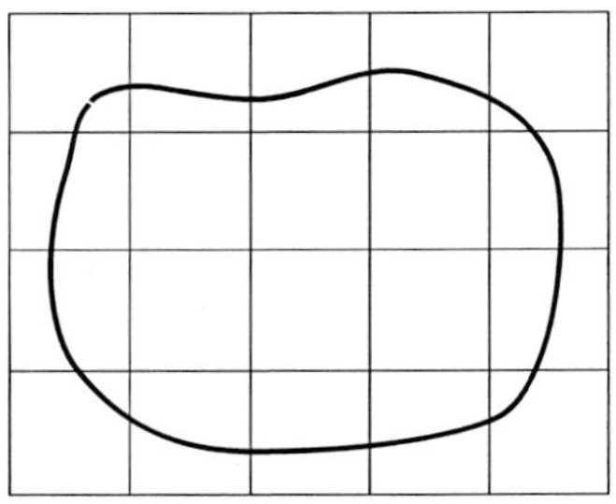

그림 9.9 방안법

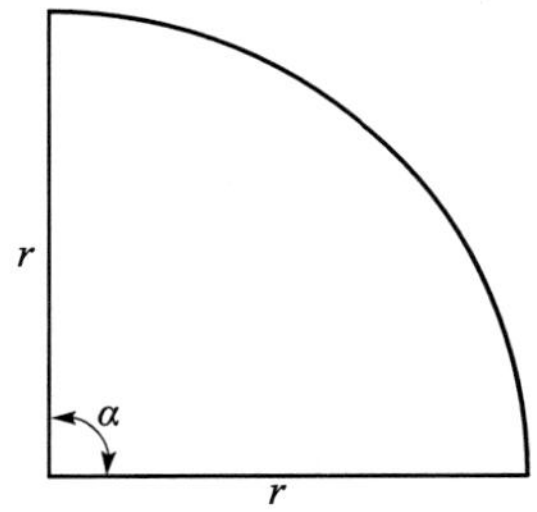

그림 9.10 부채꼴

11. 성토(흙쌓기) 및 절토(흙깎기)의 경우

사면의 경사 1:n은 높이 1일 때 수평변화가 n이 되며 절·성토면적은 사다리꼴 면적에서 삼각형 면적을 빼주면 구해진다.

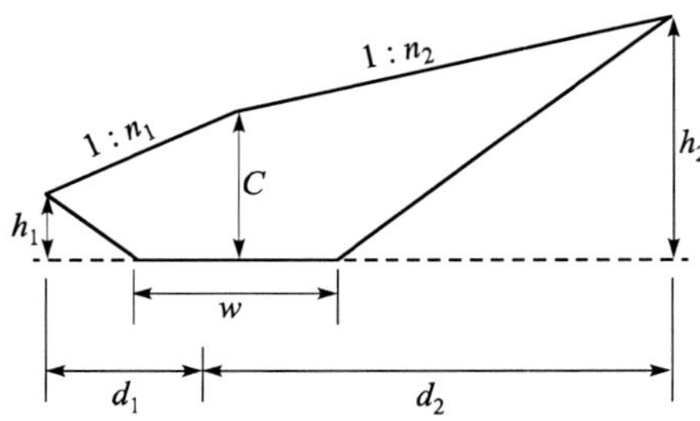

그림 9.11 절토(흙깎기) 단면

$A =$ 좌측 사다리꼴+우측사다리꼴 −(좌측 삼각형+우측삼각형)에서

$$A = \frac{h_1 + C}{2} \times d_1 + \frac{C + h_2}{2} \times d_2 - \left\{ \frac{h_1}{2} \times \left(d_1 - \frac{w}{2}\right) + \frac{h_2}{2} \times \left(d_2 - \frac{w}{2}\right) \right\}$$

예제 10

그림과 같은 단면의 면적은 구하시오.

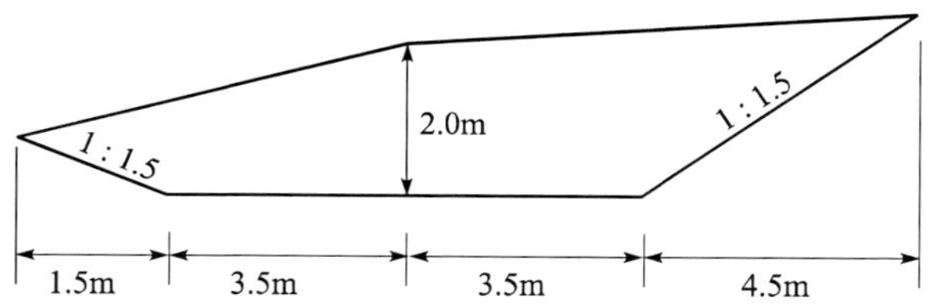

풀이 도로 중심부를 기준으로 양쪽 사면의 삼각형을 포함한 두 사다리꼴 면적에서 두 삼각형 면적을 제하여 절취단면을 구한다.

이때 좌측 삼각형의 높이는 $1.5 \div 1.5 = 1m$ 이고 우측 삼각형의 높이는 $4.5 \div 1.5 = 3m$ 이다.

① 두 사다리꼴 면적 $= \frac{1+2}{2} \times 5 + \frac{2+3}{2} \times 8 = 27.5$

② 두 삼각형 면적 $= \frac{1 \times 1.5}{2} + \frac{3 \times 4.5}{2} = 7.5$

$\therefore$ ① − ② $= 27.5 - 7.5 = 20.0m^2$

2 체적의 계산

토량을 측정하기 위하여 절토, 성토지역에 체적을 구하여 굴착량 및 성토량을 산정하기 위한 계산방법을 결정한다.

1. 점고법

매립공사, 땅고르기 등 필요한 토공량을 계산하는데 편리한 방법으로 넓은 면적을 일정한 4각형으로 분할하고 직각점마다 표고를 구해서 사각형분할, 삼각형분할법에 의하여 체적을 구하는 방법을 말한다.

1) 사각형으로 분할할 때

$$V_0 = \frac{ab}{4}(h_1 + h_2 + h_3 + h_4)$$

$$\therefore\ V = \sum V_0 = \frac{ab}{4}(\Sigma h_1 + 2\Sigma h_2 + 3\Sigma h_3 + 4\Sigma h_4)$$

여기서, V : 부피(체적) a : 가로폭 b : 세로폭

$\Sigma h_1, \Sigma h_2, \cdots, \Sigma h_n$: 필요한 높이의 총합

h_1 : 1회 필요한 높이 h_2 : 2회 필요한 높이

h_3 : 3회 필요한 높이 h_4 : 4회 필요한 높이

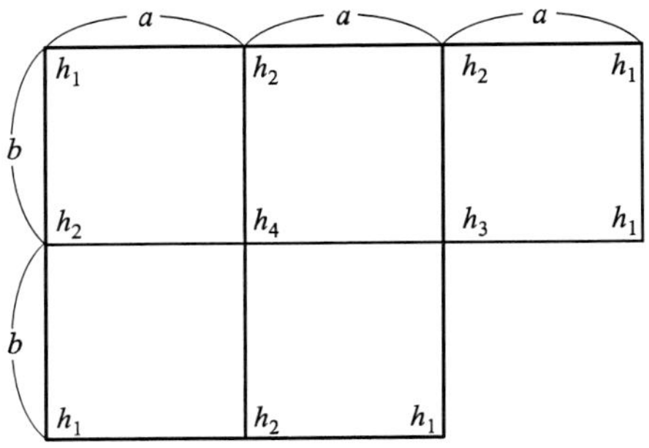

그림 9.12

2) 삼각형으로 분할할 때

$$V_0 = \frac{1}{3} \times \left(\frac{ab}{2}\right) \times (h_1 + h_2 + h_3)$$

$$\therefore\ V = \sum V_0 = \frac{ab}{6}(\Sigma h_1 + 2\Sigma h_2 + \ldots + 7\Sigma h_7 + 8\Sigma h_8)$$

여기서, V : 부피(체적) a : 가로폭 b : 세로폭

$\Sigma h_1, \Sigma h_2, \cdots, \Sigma h_n$: 필요한 높이의 총합

h_1 : 1회 필요한 높이 h_2 : 2회 필요한 높이

h_3 : 3회 필요한 높이 h_4 : 4회 필요한 높이

h_5 : 5회 필요한 높이 h_6 : 6회 필요한 높이

h_7 : 7회 필요한 높이 h_8 : 8회 필요한 높이

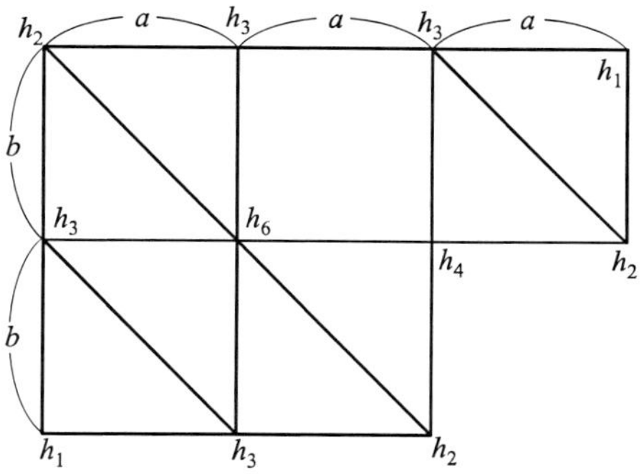

그림 9.13

3) 계획고

절성토량이 균형을 이루는 계획고는 토공량을 면적의 총합으로 나누어 구한다.

$$h = \frac{V}{n \times A}$$

예제 11

다음 그림은 고저 측량을 한 결과 기준면으로부터 높이이다. 이 용지를 수평으로 정지할 때의 높이는 기준면으로부터 몇 m로 하면 되는가? 정지할 때는 절토량과 성토량이 같다고 한다.

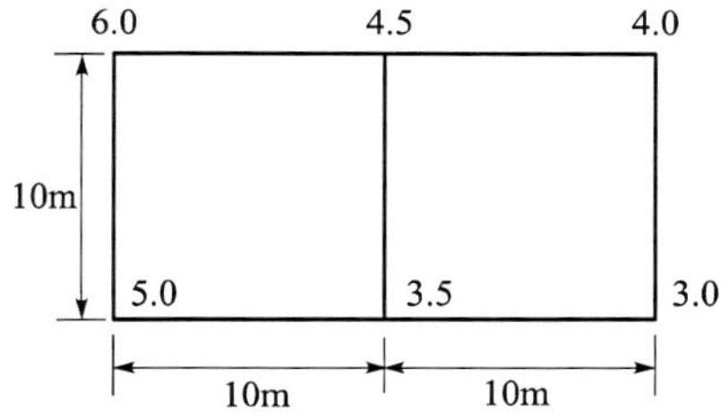

풀이

단면적 $A = 10 \times 10 = 100(m^2)$ (구간)

$\therefore V = \frac{A}{4}(\Sigma h_1 + 2\Sigma h_2) = \frac{100}{4}\{(6.0+5.0+4.0+3.0)+2(4.5+3.5)\} = 850(m^3)$

용지의 전면적 = $(10 \times 10) \times 2 = 200(\mathrm{m}^2)$

$\therefore$ 정지높이 = $\frac{850}{200} = 4.25(m)$

예제 12

그림과 같이 삼각형으로 나누어서 측량을 실시하였다. 토공량을 구하시오.

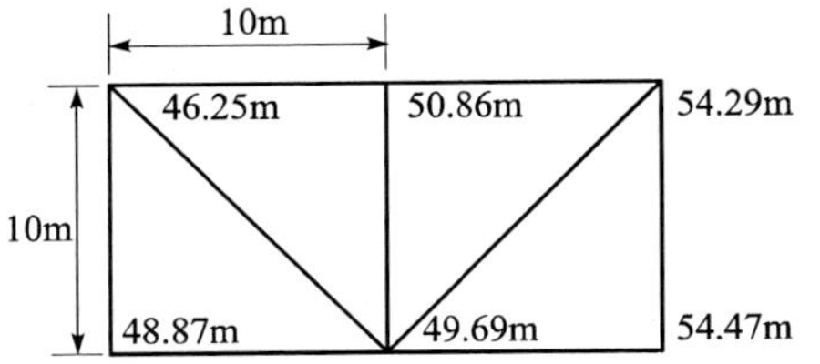

풀이

$$V=\frac{ab}{6}(\Sigma h_1+2\Sigma h_2+3\Sigma h_3+4\Sigma h_4)$$

$$=\frac{10\times 10}{6}(48.87+54.47+2(46.25+50.86+54.29)+4\times 49.69)$$

$$=10{,}081.67m^3$$

예제 13

측량의 결과 다음과 같은 그림을 작성하였는데 이로부터 토량을 계산하라.

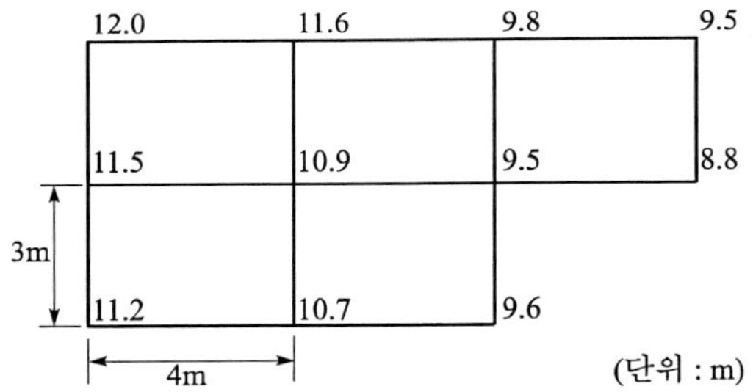

풀이

$$V=\frac{ab}{4}(\Sigma h_1+2\Sigma h_2+3\Sigma h_3+4\Sigma h_4)$$

$$=\frac{3\times 4}{4}\{(12.0+9.5+8.8+9.6+11.2)+2(11.6+9.8+10.7+11.5)+3(9.5)+4(10.6)\}$$

$$=631.2m^3$$

예제 14

그림과 같은 지역에서 절토량과 성토량이 균형을 이루는 표고를 구하시오. (단, 각 격자의 크기는 동일하다.)

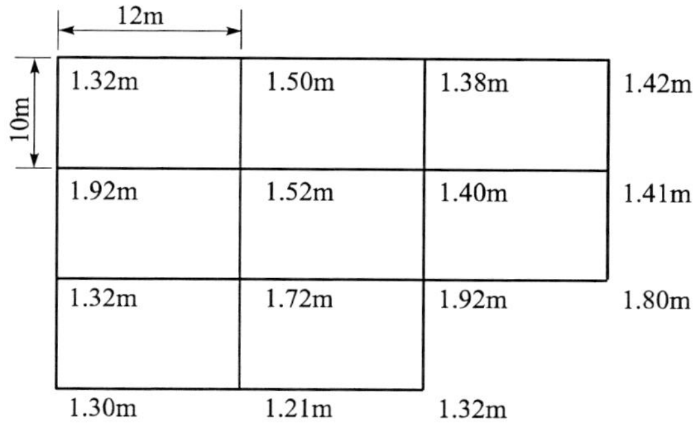

풀이 사각형 점고법으로 토공량을 구하면

$V=\frac{ab}{4}(\Sigma h_1+2\Sigma h_2+3\Sigma h_3+4\Sigma h_4)$ 이므로

$\sum h_1=1.32+1.42+1.80+1.32+1.30=7.16$

$\sum h_2=1.50+1.38+1.41+1.21+1.32+1.92=8.74$

$\sum h_3=1.92$

$\sum h_4=1.52+1.40+1.72=4.64$

$V=\frac{12\times 10}{4}\{7.16+2\times 8.74+3\times 1.92+4\times 4.64\}=1468.8$

표고$(h)=\frac{V}{nA}=\frac{1468.8}{8\times 12\times 10}=1.53m$

4) 등고선에 둘러싸인 면적의 체적

체적은 근사적으로 구하는 경우에 대단히 편리하며, 산지 또는 저수용량을 측정하거나 택지의 토량 산출하는데 이용된다.

각각의 높이가 같은 등고선내의 면적을 구적기(Planimeter)로 측정하여 구한 A_0, A_1, $A_2, \cdots\cdots, A_n$이라 할 때 다음 식을 사용하여 체적을 구할 수 있다.

$$\therefore V=\frac{h}{3}\{(A_1+A_n)+2(A_3+A_5+\cdots\cdots)+4(A_2+A_4+\cdots\cdots)\}$$

여기서, A 면적이 V계산에서 제외되는 경우는 사다리꼴 공식으로 나머지 면적에 대한 것은 부피를 구하여 합한다.

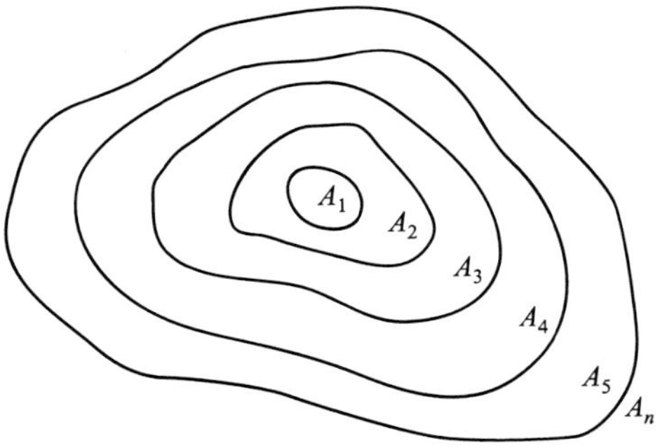

그림 9.14 등고선에 둘러싸인 면적의 체적

예제 15

그림과 같은 구릉지가 있다. 간격 5m의 등고선에 쌓인 부분의 단면적이 A_1=3,800m², A_2=2,000m², A_3=1,800m², A_4=900m², A_5=200m²라고 할 때 각주공식에 의한 이 구릉지의 토량은? (단, 정상은 편평한 것으로 가정한다.)

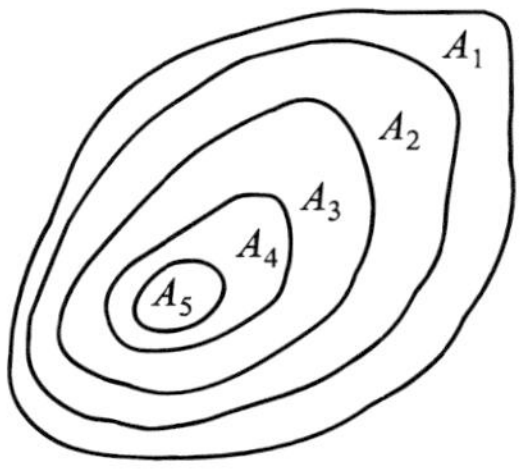

풀이 등고선 간격 5m를 적용하고, 단면의 순서가 0번이 아닌 1번으로 시작하므로 식은 한단계씩 미루어 표현한다.

$$V=\frac{h}{3}(A_1+A_5+4\times(A_2+A_4)+2\times A_3)=\frac{5}{3}(200+3{,}800+4\times(900+2{,}000)+2\times 1{,}800)$$

$$=32{,}000\,m^3$$

예제 16

등고선이 그려져 있는 지형도의 토량을 계산하고자 한다. 85m 등고선의 면적 $A_1=970m^2$, 90m 등고선의 면적 $A_2=900m^2$, 95m 등고선의 면적 $A_3=500m^2$, 100m등고선의 면적 $A_4=100m^2$, 105m등고선의 면적 $A_5=30m^2$일 때 85m 등고선 이상의 토량은? (단, 각주 공식 사용)

풀이 등고선 간격 10m를 적용하고, 단면의 순서가 0번이 아닌 1번으로 시작하므로 식은 한단계씩 미루어 표현한다.

$$V=\frac{h}{3}(A_1+A_5+4\times(A_2+A_4)+2\times A_3)=\frac{10}{3}(970+30+4\times(900+100)+2\times 500)$$

$$=10{,}000\,m^3$$

2. 양단면평균법

도로, 철도에서 종단($l = 20m$)점간의 단면을 A_1, A_2라 할 때 아래 공식에 의해 체적을 구하는 방법으로 현장에서 일반적으로 양단면 평균법을 사용하여 성토, 절토량을 구한다.

$$\therefore V = \frac{A_1 + A_2}{2} l_1 + \frac{A_2 + A_3}{2} l_2$$

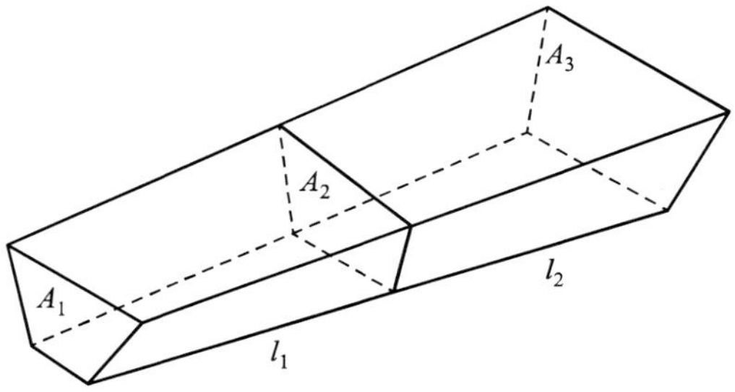

그림 9.15 양단면평균법

예제 17

도로선형을 계획함에 있어 A점의 성토면적이 $25m^2$, B점의 성토면적이 $10.42m^2$인 경우, 두 지점간의 토량을 양단면평균법으로 구하시오. (단, 단면간 거리는 20m)

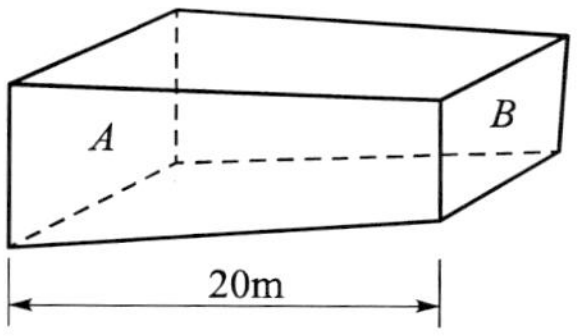

풀이 양단면평균법에 의하여 평균단면을 구하고 중심말뚝간 거리를 곱하여 토량을 구한다.

$$V = A \times l = \frac{A_1 + A_2}{2} \times l = \frac{25 + 10.42}{2} \times 20 = 354.2 m^3$$

예제 18

다음 표에서 성토부분의 총 토량을 양단면평균법으로 구하시오.

측점	거리(m)	성토단면적(m^2)
1	–	30.0
2	20.0	45.0
3	20.0	20.0
4	15.0	43.0

풀이 도로의 토량계산은 양단면평균법에 의하여 토량을 산정한다.

$$V = \sum\left(\frac{\text{전단면} + \text{후단면}}{2} \times \text{거리}\right)$$

$$V = \frac{A_1 + A_2}{2} \times L + \frac{A_2 + A_3}{2} \times L + \frac{A_3 + A_4}{2} \times L$$

$$= \frac{30 + 45}{2} \times 20 + \frac{45 + 20}{2} \times 20 + \frac{20 + 43}{2} \times 15 = 1{,}873 m^3$$

3. 각주공식

도로, 철도에서 종·횡단 측량 결과를 양단면 A_1, A_2를 측정하고 중앙단면 A_m을 구하여 중앙단면이 4배의 평균 단면으로 보고 아래 공식에서 체적을 구하는 방법을 말한다(9.12식 참조).

$$\therefore V = \frac{l}{6}(A_1 + 4A_m + A_2)$$

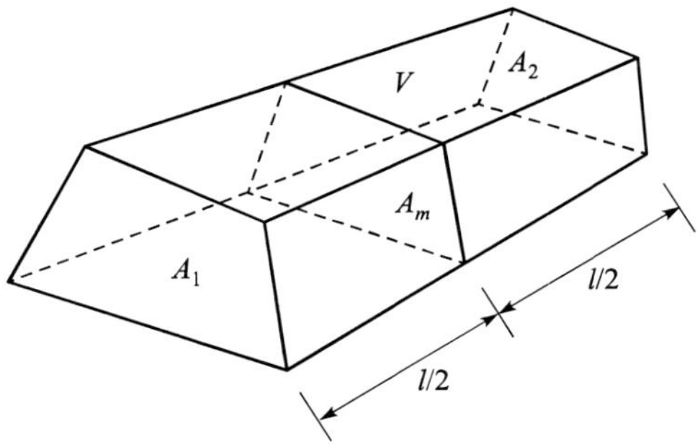

그림 9.16 각주공식

예제 19

그림과 같은 단면의 체적을 각주공식으로 구하시오.

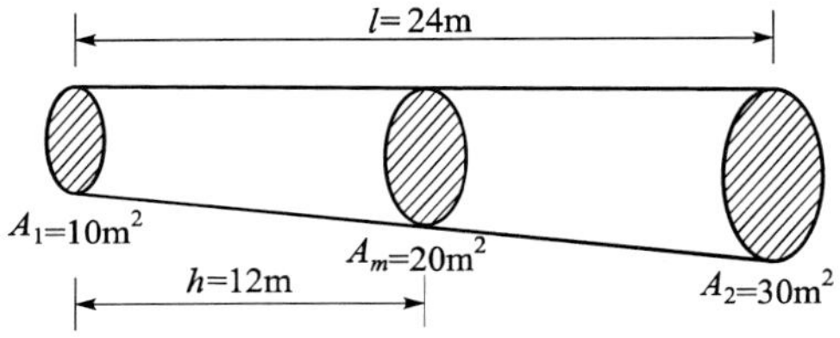

풀이 $V = \frac{l}{6}(A_1 + 4A_2 + A_3) = \frac{24}{6} \times (10 + 4 \times 20 + 30) = 480m^3$

4. 중앙단면법

양단면이 일정한 기울기에 의해 구성되었을 때 중앙단면에 의해서만 아래 공식으로 체적을 구하는 방법을 말한다.

$$\therefore V = A_m l$$

3 면적의 분할

면적의 분할 및 경계선을 정정하는 것은 지적 분할 측량 및 구획 정리 사업에 사용하는 방법으로 토목 공사에도 이용되고 있다.

1. 삼각형의 분할

1) $a:b:c$ 분할법

$\triangle ABC$ 를 $a:b:c$ 로 분할하려면

$\overline{BP}\,(a+b+c)=\overline{BC}\,(a)$에서

$$\overline{BP}=\frac{a}{a+b+c}\times BC$$

$\overline{BQ}\,(a+b+c)=\overline{BC}\,(a+b)$이므로

$$\overline{BQ}=\frac{(a+b)}{a+b+c}\times BC$$

$$\overline{PQ}=BQ-BP$$

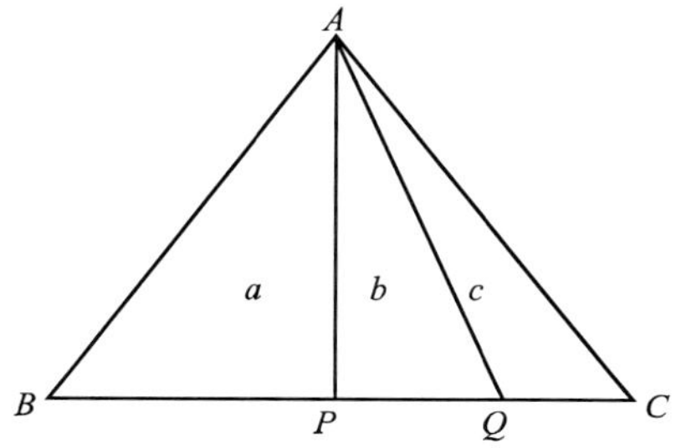

그림 9.17 한 꼭지점을 지나는 분할

예제 20

그림과 같은 삼각형을 A로부터 밑변을 향해 a:b:c=5:3:2의 비율로 면적을 분할하기 위한 BP와 BQ의 거리가 순서대로 짝지어진 것은? (단, BC=200m)

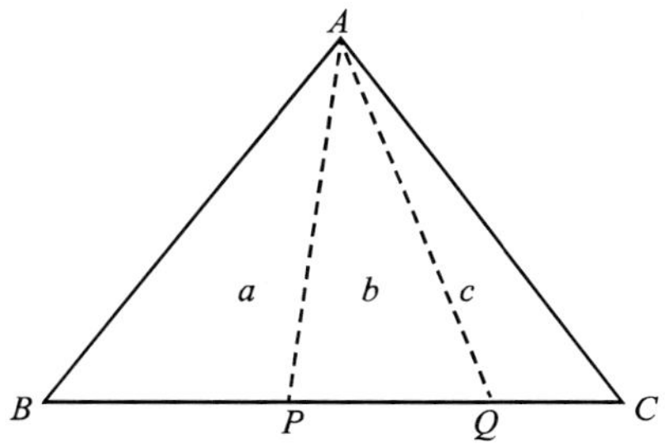

풀이 삼각형의 꼭지점과 대응되는 변 사이를 분할하는 경우는 면적의 비율과 분할되는 변의 비율이 비례하게 된다. 즉, 길이의 비가 곧 면적의 비가 된다. 이를 식으로 표현하면

$$\frac{\triangle ABP}{\triangle ABC}=\frac{\frac{1}{2}h\,\overline{BP}}{\frac{1}{2}h\,\overline{BC}}=\frac{a}{a+b+c}=\frac{\overline{BP}}{\overline{BC}} \qquad \therefore \overline{BP}=\frac{a}{a+b+c}\cdot\overline{BC}$$

$$\overline{BP} = \frac{a}{a+b+c} \cdot \overline{BC} = \frac{5}{5+3+2} \cdot 200 = 100m$$

$$\overline{BQ} = \frac{a+b}{a+b+c} \cdot \overline{BC} = \frac{5+3}{5+3+2} \cdot 200 = 160m$$

2) 한변에 평행하게 분할

그림 9.28와 같이 $m : n$ 으로 분할하는 경우

$$\begin{aligned}\triangle Axy : \triangle ABC &= m : (m+n) \\ &= \overline{Ax}^2 : \overline{AB}^2 \\ &= \overline{Ay}^2 : \overline{AC}^2 \\ &= \overline{xy}^2 : \overline{BC}^2\end{aligned}$$

이므로 $m : (m+n) = \overline{Ax}^2 : \overline{AB}^2$

$$\overline{Ax} = \overline{AB}\sqrt{\frac{m}{m+n}}$$

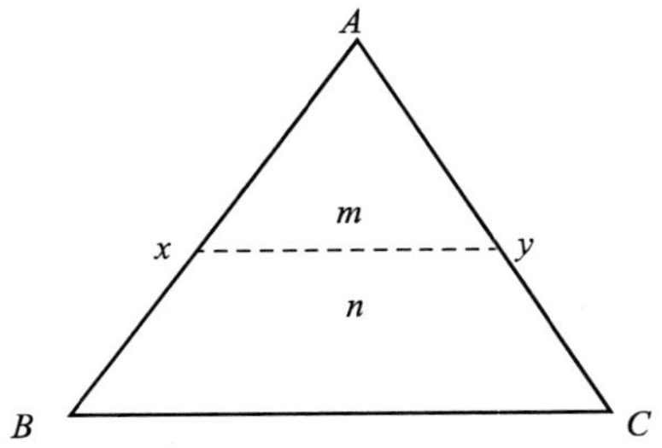

그림 9.18 평행하게 분할

예제 21

그림과 같은 토지의 1변 BC에 평행하게 면적을 m:n=1:3의 비율로 분할하고자 할 경우, AB의 길이가 90m라면 AX는 얼마인가?

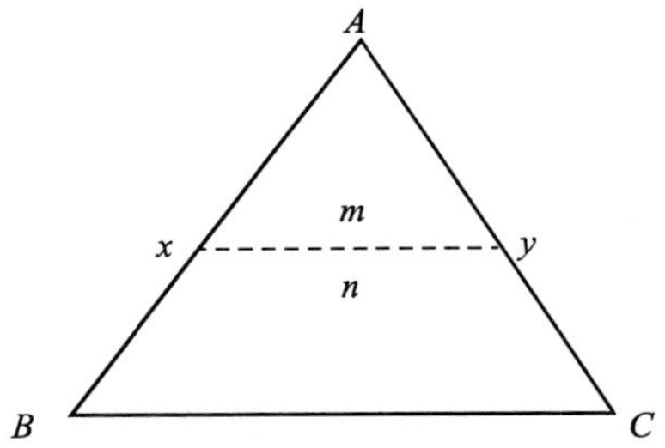

풀이 1변에 평행한 직선으로 분할하는 경우 $\triangle ABC$와 $\triangle AXY$는 닮은꼴이므로 다음과 같은 관계식이 적용된다.

$$\frac{\triangle AXY}{\triangle ABC} = \left(\frac{XY}{BC}\right)^2 = \left(\frac{AX}{AB}\right)^2 = \left(\frac{AY}{AC}\right)^2 = \frac{m}{m+n}$$

$$\therefore \overline{AX} = \overline{AB}\sqrt{\frac{m}{m+n}} = 90\sqrt{\frac{1}{1+3}} = 45m$$

3) 한변 위의 점 D를 지나는 직선에 의한 분할

그림 9.19와 같이 $\triangle ABC$를 $\triangle BED$: ⏢ $AEDC = m : n$ 으로 분할하려면 다음 식으로 점 E의 위치를 구하여 점 D와 E를 이으면 된다.

$\overline{AB} \cdot \overline{BC} \cdot (n) = \overline{BE} \cdot \overline{BD} \cdot (m+n)$ 이므로

$$\overline{BE} = \frac{\overline{AB} \cdot \overline{BC}}{\overline{BD}} \times \frac{n}{m+n}$$

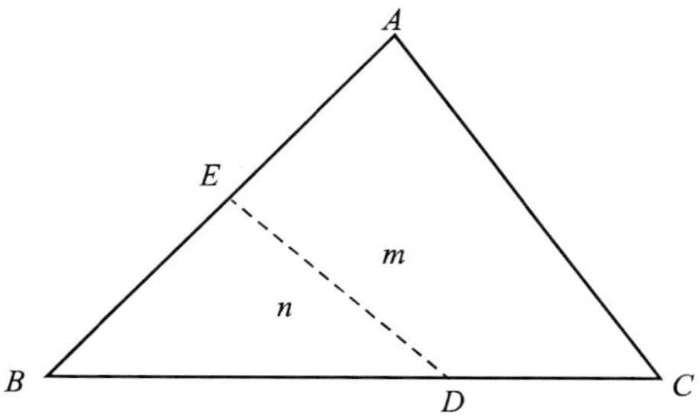

그림 9.19 한 변의 점을 지나는 분할

예제 22

그림과 같은 삼각형 ABC 토지의 한 변 AC상의 점 D와 BC상의 점 E를 연결하고 직선 DE에 의해 삼각형 ABC의 면적을 2등분 하고자 할 때 CE의 길이는?(단, AB=40m, AC=80m, BC=70m, AD=13m)

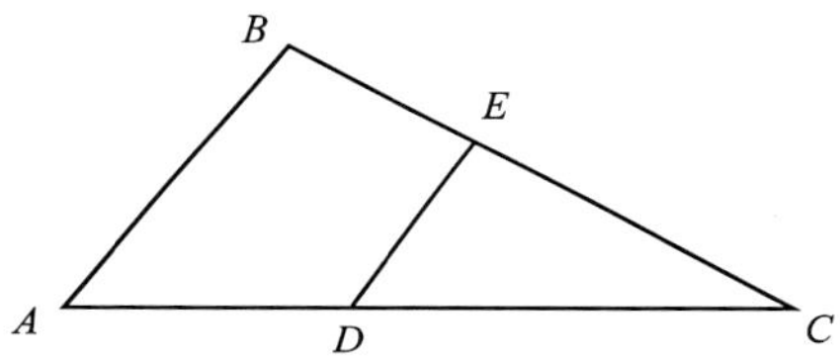

풀이

$$\frac{\triangle CDE}{\triangle ABC} = \frac{\frac{1}{2} \times \overline{CD} \times \overline{CE} \times \sin C}{\frac{1}{2} \times \overline{AC} \times \overline{BC} \times \sin C} = \frac{n}{m+n}$$

$$\therefore \overline{CE} = \frac{n}{m+n} \times \frac{\overline{AC} \times \overline{BC}}{\overline{CD}} = \frac{1}{1+1} \times \frac{80 \times 70}{80-13} = 41.79\,m$$

2. 사다리꼴 분할

사다리꼴 $ABCD$를 $m : n$ 으로 분할하려면

$$m\,\overline{AD}^2 + n\,\overline{BC}^2 = \overline{(xy)}^2 (m+n)$$

$(AD - BC) : AB = (xy - BC) : Bx$ 이므로

$$\therefore\ Bx = \frac{xy - BC}{AD - BC} \cdot AB \text{ 이고}$$

$$Ax = AB - Bx$$

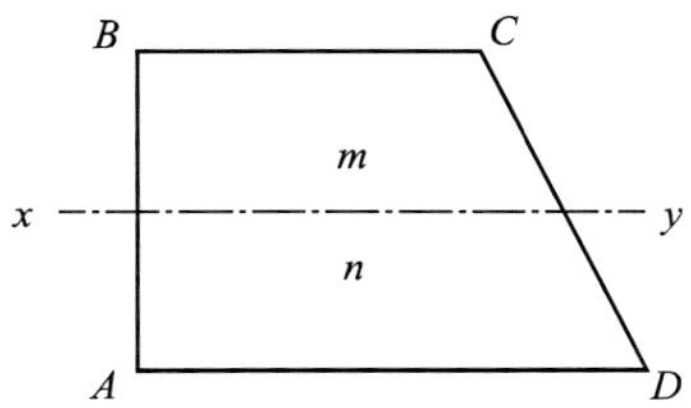

그림 9.20 사다리꼴의 분할

예제 23

사다리꼴 토지의 밑변 AD에 평행한 직선 PP′ 에 의해 면적을 2등분(m : n=1 : 1)하고자 할 때 PP′의 거리를 구하시오.

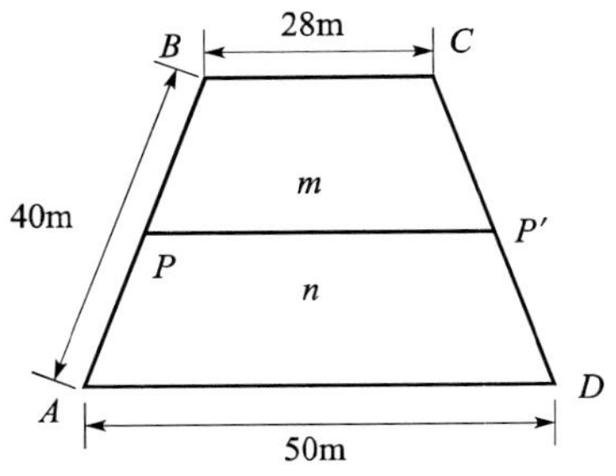

풀이 AD에 평행한 PP′으로 분할하면

$$PP' = \sqrt{\frac{m \times AD^2 + n \times BC^2}{m+n}} = \sqrt{\frac{1 \times 50^2 + 1 \times 28^2}{1+1}} = 40.52\,m$$

예제 및 풀이

1. 그림과 같이 곡선과 직선인 경계선에 쌓여 있는 면적을 심프슨(Simpson)의 제1법칙으로 구하시오.(단, h_0=3.2m, h_1=10.4m, h_2=12.8m, h_3=11.2m, h_4=4.4m 이고 지거의 간격 d=5m이다.)

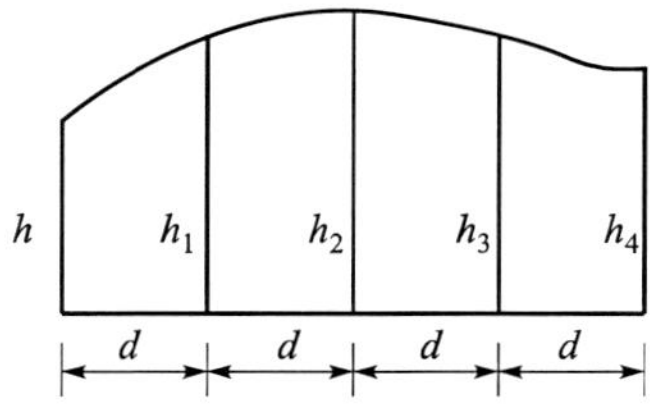

해설 Simpson 1법칙은 지거 2개를 묶어 곡선으로 처리하는 방법이다.

$$A=\frac{d}{3}(h_0+h_4+4\times(h_1+h_3)+2\times h_2)$$

$$=\frac{5}{3}(3.2+4.4+4\times(10.4+11.2)+2\times 12.8)=199.33\,m^2$$

2. 그림과 같이 ABCD토지의 면적을 심프슨 제2법칙에 의하여 구한 결과 45m²이였다. AD의 거리를 구하시오.

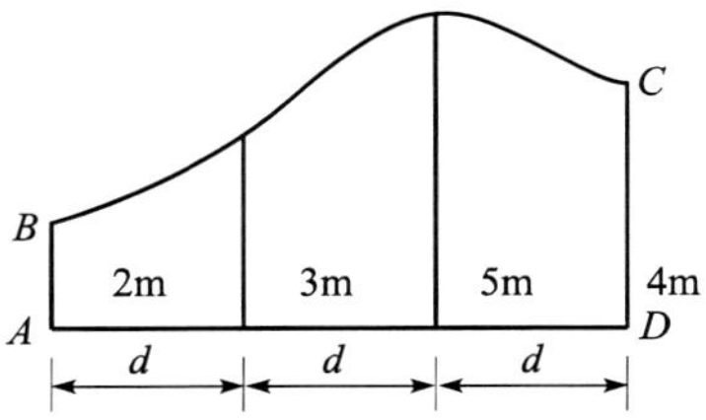

해설 Simpson 1법칙은 지거 3개를 묶어 곡선으로 처리하는 방법이다.

$$A=\frac{3d}{8}\left(h_0+h_n+3\times\sum(h_{3\text{의 배수 아닌 것}})+2\times\sum(h_{3\text{의 배수}})\right)$$

$$A=\frac{3\times d}{8}\{2+4+3\times(3+5)\}=45m^2$$

$$d=\frac{45\times 8}{3\times 30}=4m$$

$$\therefore \overline{AD}=d\times 3=12m$$

3. 직각좌표 ABCD 4점을 꼭지점으로 한 4각형 ABCD의 면적을 구하시오. (단위 : m)

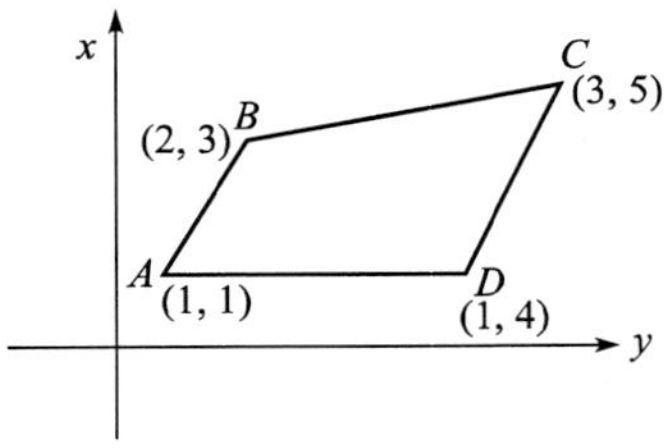

해설 좌표법에 의하여 계산하면 (A점에서 시작하여 시계방향으로 다시 A점으로 폐합)

$$\frac{1}{1} \;⤫\; \frac{2}{3} \;⤫\; \frac{3}{5} \;⤫\; \frac{1}{4} \;⤫\; \frac{1}{1}$$

$$\sum\swarrow = (1\times3)+(2\times5)+(3\times4)+(1\times1)=26$$

$$\sum\searrow = (2\times1)+(3\times3)+(1\times5)+(1\times4)=20$$

$$2 \cdot A = \sum\swarrow - \sum\searrow = 26-20=6$$

$$A=\frac{2 \cdot A}{2}=3m^2$$

4. 그림과 같은 삼각형 지역의 토량을 구하시오. (단, 각 점에 주어진 수치는 지반고이며 m단위이고, 각 변에 주어진 거리는 수평면에 투영된 거리임)

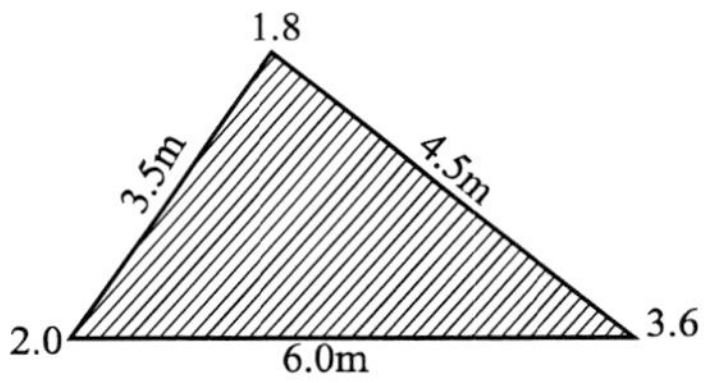

해설 삼각형의 세변의 길이를 알 때는 헤론의 공식을 이용하여 면적을 구할 수 있으며 토량은 계산된 면적에 세 점의 평균높이를 곱하여 구한다.

$$A=\sqrt{S(S-a)(S-b)(S-c)}=\sqrt{7(7-3.5)(7-4.5)(7-6)}=7.83m^2$$

$$\because S=\frac{a+b+c}{2}=\frac{3.5+4.5+6}{2}=7$$

$$V=A\times \text{평균}h=7.83\times\left(\frac{1.8+2.0+3.6}{3}\right)=19.3m^3$$

5. 그림과 같은 5각형 ABCDE를 동일면적의 사각형 AFDE로 만들기 위해 DC의 연장선에 경계점 F를 설치하였다. BC=25m, ∠ACB=30°, ∠BCF=80°일 때 CF의 거리는 얼마인가?

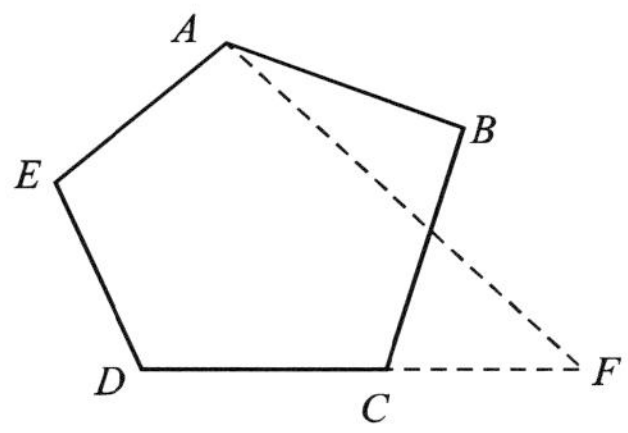

해설 문제의 조건에서 △ABC와 △ACF의 면적이 같음을 알 수 있다. 이를 식으로 표현하면

$$\triangle ABC = \frac{1}{2}\overline{AC}\times\overline{BC}\times\sin\angle ACB = \frac{1}{2}\overline{AC}\times 25\times\sin\angle 30^\circ$$

$$\triangle ACF = \frac{1}{2}\overline{AC}\times\overline{CF}\times\sin\angle ACF = \frac{1}{2}\overline{AC}\times\overline{CF}\times\sin\angle 110^\circ$$

$\triangle ABC = \triangle ACF$ 이므로

$$\frac{1}{2}\overline{AC}\times 25\times\sin\angle 30^\circ = \frac{1}{2}\overline{AC}\times\overline{CF}\times\sin\angle 110^\circ$$

$$\overline{CF} = \frac{25\times\sin\angle 30^\circ}{\sin\angle 110^\circ} = 13.3m$$

6. 그림과 같은 사각형 ABCD의 면적을 구하시오. (단, 단위는 m)

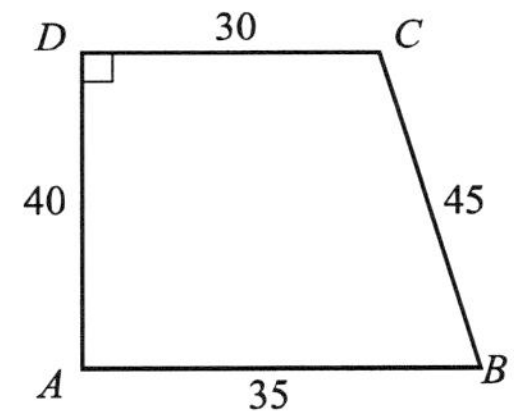

해설 □ABCD의 면적은 네변의 길이와 한 각(직각)을 알고 있으므로 피타고라스의 정리에 의해 대각선의 길이를 구하면 △ABC와 △ACD 면적의 합으로 구할 수 있는데 △ABC는 세변의 길이를 알게 되므로 헤론의 공식으로, △ACD는 두변과 사잇각을 알고 있으므로 $A = \frac{1}{2}absin\gamma$ 으로 각각 구할 수 있다.

① $\overline{AC} = \sqrt{30^2 + 40^2} = 50m$

② △ABC의 면적 A_1

$$s = \frac{a+b+c}{2} = \frac{35+45+50}{2} = 65$$

$$A_1 = \sqrt{s(s-a)(s-b)(s-c)}$$

$$= \sqrt{65(65-35)(65-45)(65-50)}$$

$$= 764.85m^2$$

③ △ACD의 면적 A_2

$$A_2 = \frac{1}{2}\overline{AC}\times\overline{CD} = \frac{1}{2}\times 40\times 30 = 600\,m^2$$

④ □ABCD의 면적

$$A = A_1 + A_2 = 764.85 + 600 = 1{,}364.85\,m^2$$

7. 그림과 같이 폭 15m의 도로가 어느 지역을 지나가게 될 때 도로에 포함되는 □BCDE의 면적을 구하시오. (단, AC의 방위=N23°30′00″ E, AD의 방위=S89°30′00″ E, AB의 거리=20m, ∠ACD=90°이다.)

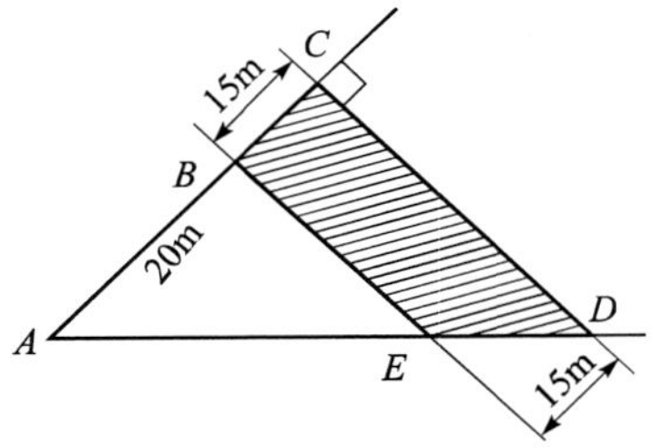

해설 $\angle CAD = AD$방위각 $- AC$방위각 $= 90°30' - 23°30' = 67°$

$\overline{BE} = 20m \times \tan 67° = 47.117m$

$\overline{CD} = 35m \times \tan 67° = 82.455m$

$$\square BCED = \frac{\overline{BE} + \overline{CD}}{2} \times \overline{BC} = \frac{47.117 + 82.455}{2} \times 15 = 971.79m^2$$

8. 그림과 같은 횡단면도의 성토 부분의 면적을 구하시오.

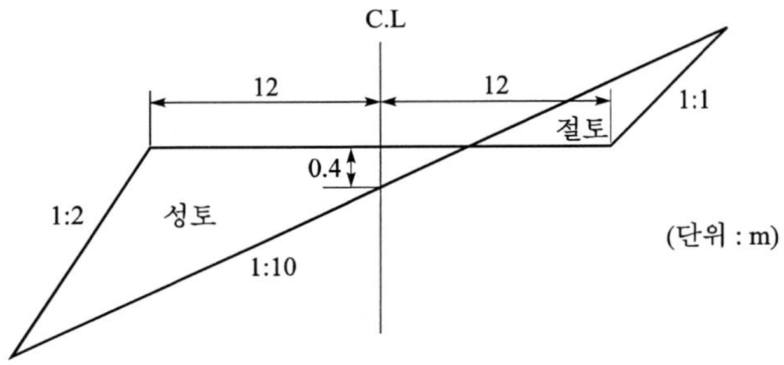

해설 원지반선 $y = \frac{1}{10}x - 0.4 \cdots ①$

좌측성토선 $y = \frac{1}{2}x + 6 \cdots ②$

②−①에서 $0.4x + 6.4 = 0$이므로 $x = -16$

①식에 대입하면 $y = -2$

성토부분 면적 $A = \frac{1}{2}ah = \frac{1}{2}\times 16\times 2 = 16m^2$

9. 그림과 같은 토지의 한 변 AC=50m 상의 고정점 D와 BC=46m 상의 점 E를 연결하여 △ABC의 면적을 2등분(m:n = 1:1)하기 위한 AE의 길이를 구하시오.

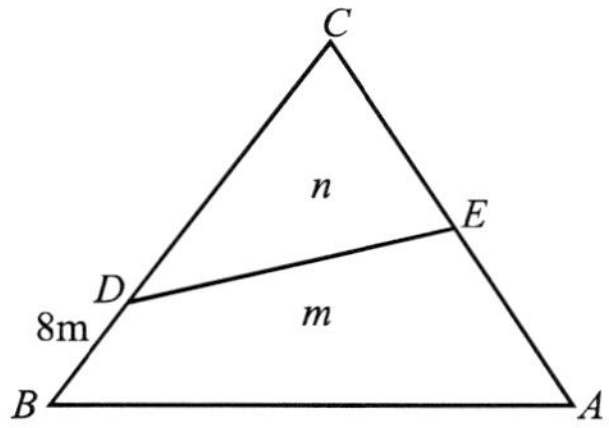

해설

$$\frac{\triangle CDE}{\triangle ABC} = \frac{\frac{1}{2}\overline{CD} \cdot \overline{CE} \cdot \sin C}{\frac{1}{2}\overline{AC} \cdot \overline{BC} \cdot \sin C} = \frac{n}{m+n}$$

$$\therefore \overline{CE} = \frac{n}{m+n} \cdot \frac{\overline{AC} \cdot \overline{BC}}{\overline{CD}} = \frac{1}{1+1} \cdot \frac{50 \cdot 46}{46-8} = 27.4m$$

$$\therefore \overline{AE} = \overline{AC} - \overline{EC} = 46 - 27.4 = 18.6m$$

10. 세 꼭지점의 평면좌표가 표와 같은 삼각형의 면적을 3:2로 분할하는 점 M의 좌표를 구하시오.

구분	X(m)	Y(m)
A	493.69	555.27
B	777.54	734.82
C	642.32	876.12

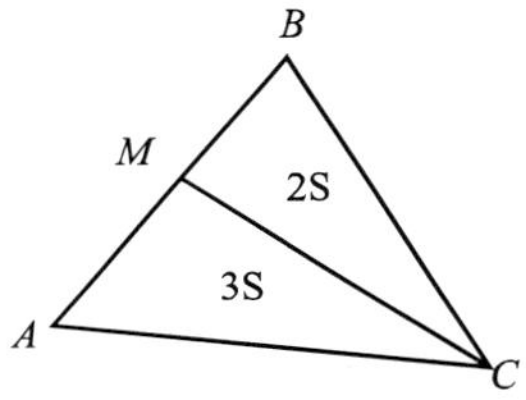

해설 삼각형의 꼭지점과 대응되는 변 사이를 분할하는 경우는 면적의 비율과 분할되는 변의 비율이 비례하게 된다. 즉, 길이의 비가 곧 면적의 비가 된다. 이를 식으로 표현하면

$$\overline{AM} = \frac{3}{3+2}\overline{AB}$$

$\overline{AB}$의 X거리 $= X_B - X_A = 777.54 - 493.69 = 283.85$

$\overline{AB}$의 Y거리 $= Y_B - Y_A = 734.82 - 555.27 = 179.55$

$$M(X,Y) = \left(X_A + \frac{3}{5}(\overline{AB}\text{의 } X\text{거리}),\ Y_A + \frac{3}{5}(\overline{AB}\text{의 } Y\text{거리})\right)$$

$$M(X,Y) = \left(493.69 + \frac{3}{5} \cdot 283.85,\ 555.27 + \frac{3}{5} \cdot 179.55\right) = (664,663)$$

11. 그림과 같은 사다리꼴 토지를 AB와 나란한 선 XY로 면적을 m:n=3:2로 분할하고자 한다. AB=40m, AD=60m, CD=50m 일 때에 AX를 구하시오.

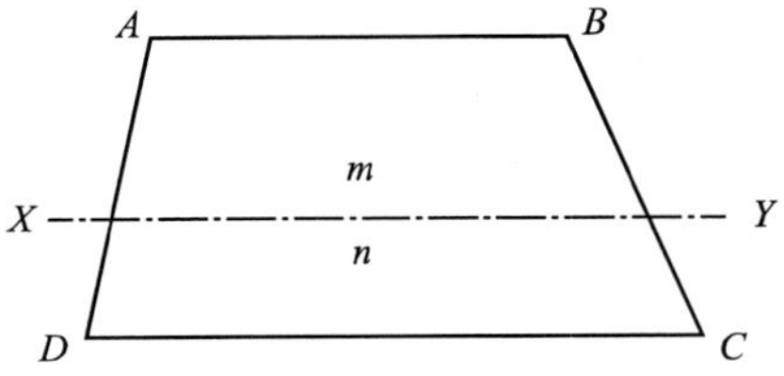

해설

$$XY=\sqrt{\frac{m\times CD^2+n\times AB^2}{m+n}}=\sqrt{\frac{3\times 50^2+2\times 40^2}{3+2}}=46.26m$$

A점과 D점, D점에서 CD선상으로 10m지점으로 된 삼각형에서 비례식을 이용하면

$$\overline{AX}=\frac{6.26}{10}\times 60=37.56m$$

12. 그림에서 빗금친 부분의 면적을 구하시오. (단, ∠OCB=90°, 거리는 소수 세자리까지, 각은 초단위까지 구하시오.)

측점	X(m)	Y(m)
A	150.000	120.000
B	135.355	155.355
O	100.000	120.000

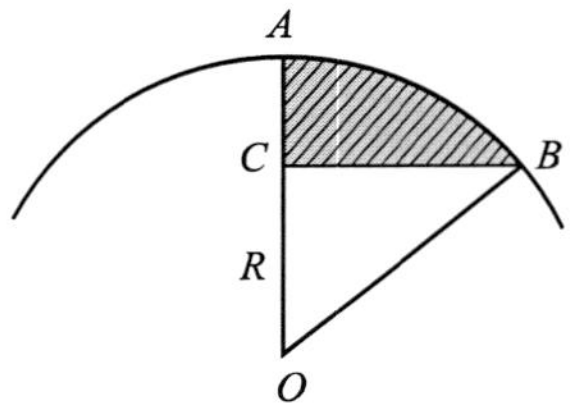

해설

1) $\overline{AO}, \overline{BO}$(=R) 거리계산

$$R=\sqrt{\Delta X^2+\Delta Y^2}=\sqrt{(X_O-X_A)^2+(Y_O-Y_A)^2}$$

$$R=\sqrt{(100-150)^2+(120-120)^2}=50m$$

2) $\angle AOB$ 계산

$\overline{OA}$ 방위각

$$\theta=\tan^{-1}\frac{\Delta Y}{\Delta X}=\tan^{-1}\frac{Y_A-Y_O}{X_A-X_O}=\tan^{-1}\frac{120-120}{150-100}=0°$$

$\overline{OB}$ 방위각

$$\theta=\tan^{-1}\frac{\Delta Y}{\Delta X}=\tan^{-1}\frac{Y_B-Y_O}{X_B-X_O}=\tan^{-1}\frac{155.355-120}{135.355-100}=45°$$

$\angle AOB$ 계산

$$\angle AOB=45°-0°=45°$$

3) $\overline{OC}$ 거리계산

$$\overline{OC}=R\times\cos\angle BOC=50\times\cos 45°=35.355m$$

4) $\overline{CB}$ 거리계산

$$\overline{CB} = \sqrt{R^2 - \overline{OC}^2} = \sqrt{50^2 - 35.355^2} = 35.355m$$

5) 면적계산

부채꼴 AOB 면적(A_1)

$$A_1 = \pi R^2 \times \frac{\angle BOC}{360°} = \pi \times 50^2 \times \frac{45°}{360°} = 981.748m^2$$

삼각형 BCO 면적(A_2)

$$A_2 = \frac{1}{2} \times R \times \overline{OC} \times \cos \angle BOC = \frac{1}{2} \times 50 \times 35.355 \times \cos 45° = 624.994m^2$$

빗금친 면적 = 부채꼴(A_1) − 삼각형(A_2)

$$A_1 - A_2 = 981.748 - 624.994 = 356.754m^2$$

13. DEM의 전체 토량과 절토량 및 성토량이 균형을 이루는 계획 지반고를 구하시오.

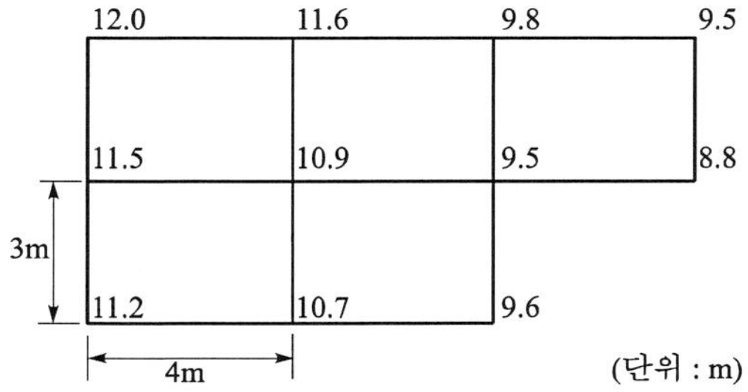

해설

$$V = \frac{ab}{4}(\Sigma h_1 + 2\Sigma h_2 + 3\Sigma h_3 + 4\Sigma h_4)$$

$$= \frac{3 \times 4}{4}\{(12.0 + 9.5 + 8.8 + 9.6 + 11.2) + 2(11.6 + 9.8 + 10.7 + 11.5) + 3(9.5) + 4(10.9)\}$$

$$= 631.2m^3$$

$$\text{계획고}(h) = \frac{V}{nA} = \frac{631.2}{5 \times 3 \times 4} = 10.52m$$

14. 그림과 같이 삼각형으로 나누어서 측량을 실시하였다. 시공 계획고를 50m로 할 때 남는 토량을 구하시오.

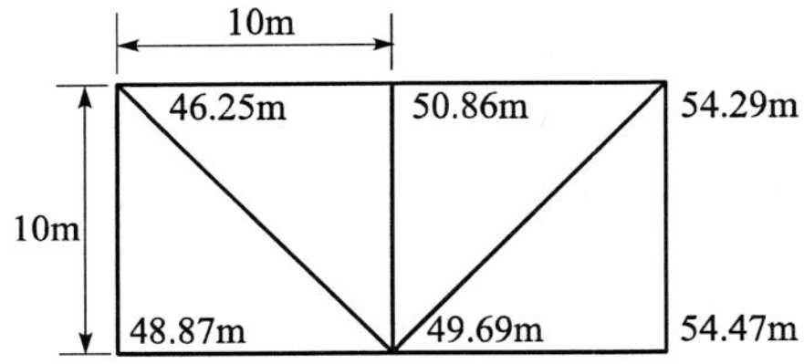

해설 $V=\dfrac{ab}{6}(\Sigma h_1+2\Sigma h_2+3\Sigma h_3+4\Sigma h_4)$

$=\dfrac{10\times 10}{6}(48.87+54.47+2(46.25+50.86+54.29)+4\times 49.69)=10{,}081.67$

50m를 기준으로 전체 면적을 성토하면 성토량은 $50\times\dfrac{10\times 10}{2}\times 4=10{,}000m^3$

10,081.67 - 10,000 = 81.67m^3 (+값이므로 절토량을 의미함)

15. 그림과 같은 지역의 토공량을 구하시오.(단, 분할된 격자의 가로, 세로 길이는 10m로 같다.)

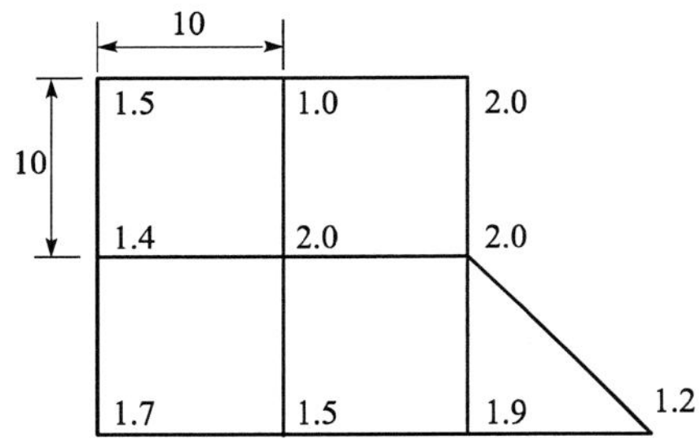

(단위 : m)

해설 사각형부분과 삼각형 부분으로 나누어서 각각 계산하고 토공량을 합산한다.

① 사각형 부분

$V_1=\dfrac{ab}{4}(\Sigma h_1+2\Sigma h_2+3\Sigma h_3+4\Sigma h_4)$

$=\dfrac{10\times 10}{4}\{(1.5+2.0+1.9+1.7)+2(1.6+2.0+1.5+1.4)+3(0)+4(2.0)\}$

$=702.5\,m^3$

② 삼각형 부분

$V_2=\dfrac{ab}{3\times 2}(\Sigma h_1+2\Sigma h_2+3\Sigma h_3+4\Sigma h_4+5\Sigma h_5+6\Sigma h_6+7\Sigma h_7+8\Sigma h_8)$

$=\dfrac{10\times 10}{3\times 2}\{(2.0+1.2+1.9)\}$

$=85\,m^3$

③ 토량의 합

$V=V_1+V_2=702.5+85=787.5\,m^3$

16. 그림과 같은 지역을 점고법에 의해 구한 토량을 구하시오.

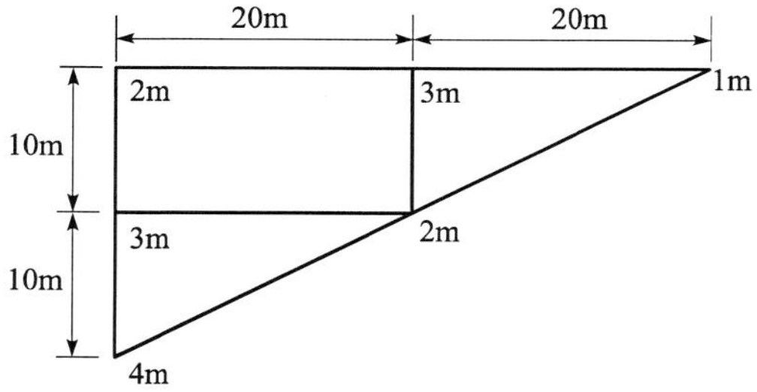

해설

$$V=\frac{ab}{4}(\Sigma h_1+2\Sigma h_2+3\Sigma h_3+4\Sigma h_4)+\frac{ab}{6}(\Sigma h_1+2\Sigma h_2+\ldots+8\Sigma h_8)$$

$$=\frac{20\times 10}{4}\times(2+3+2+3)+\frac{20\times 10}{6}\times(4+3+1+3+2\times 2)$$

$$=500+500=1{,}000m^3$$

17. 그림과 같은 단면을 갖는 길이 50m의 도로를 만들기 위한 전체 성토량을 구하시오.(단, 성토경사는 양쪽이 1 : 1.5 로 동일하고, 지면은 평지이다.)

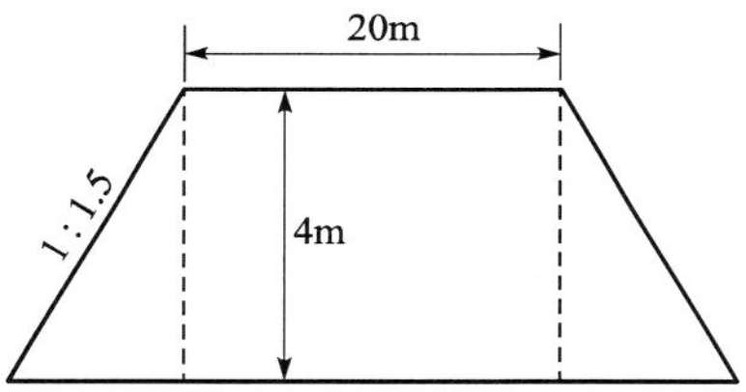

해설

경사도 1:1.5 는 높이 1일 때 수평거리의 변화 1.5를 의미한다.

즉 높이 4m의 경우 수평거리의 변화는 4 × 1.5 = 6.0이다.

면적(사다리꼴) = $\frac{\text{윗변}+\text{아래변}}{2}\times\text{높이}=\frac{20+(20+4\times1.5\times2)}{2}\times4=104m^2$

체적 = 면적 × 길이 = 104 × 50 = 5,200 m^3

CHAPTER 10

GNSS측량

CHAPTER 10

GNSS측량

1 개요

1. GNSS측량의 정의

GNSS(Global Navigation Satellite System)는 인공위성을 이용한 세계 위치 결정체계로 정확한 위치를 알고 있는 위성에서 발사한 전파를 수신하여 관측점까지 소요시간을 관측함으로써 관측점의 위치를 구하는 체계이다. GNSS 측량은 위치가 알려진 다수의 위성을 기지점으로 하여 수신기를 설치한 미지 점의 위치를 결정하는 후방교회법(Resection method)에 의한 측량방법이다.

예전의 삼각측량, 삼변측량, 트래버스측량은 관측 시준거리의 한계로 인하여 넓거나 먼 거리의 측량에는 시야확보를 위하여 높은 산꼭대기를 이용 하는 등의 불편함이 있었으나 최근에는 3차원 위성측량방법이 개발되어 정밀하고 신속하게 그리고 편리하게 절대위치 또는 상대위치를 결정할 수 있게 되었으며 측지분야 외에 여러 분야에서 널리 응용 사용되고 있는 추세이다.

2. GNSS측량의 장단점

1) 장점

① 관측의 정밀도가 높다.

② 기준점간 시통이 필요하지 않다.

③ 장거리를 신속하게 측량할 수 있다.

④ 주야간 관측이 가능하고 기상조건에 영향을 받지 않는다.

⑤ 측량이 소요시간이 기존방법보다 효율적이다.

⑥ 3차원측정 및 동체측정이 가능하다.

⑦ 지구상 어느 곳에서나 이용할 수 있다.

2) 단점

① 장비가 고가이다.
② 위성이 궤도정보가 필요하다.
③ 전리층 및 대류권에 대한 정보가 필요하다.
④ 도심지의 고층건물 등에 의한 오차발생 확률이 높다.
⑤ 수목이나 건물 등에 의한 상공장애가 발생하면 관측의 정밀도가 낮다.

3. GPS 구성

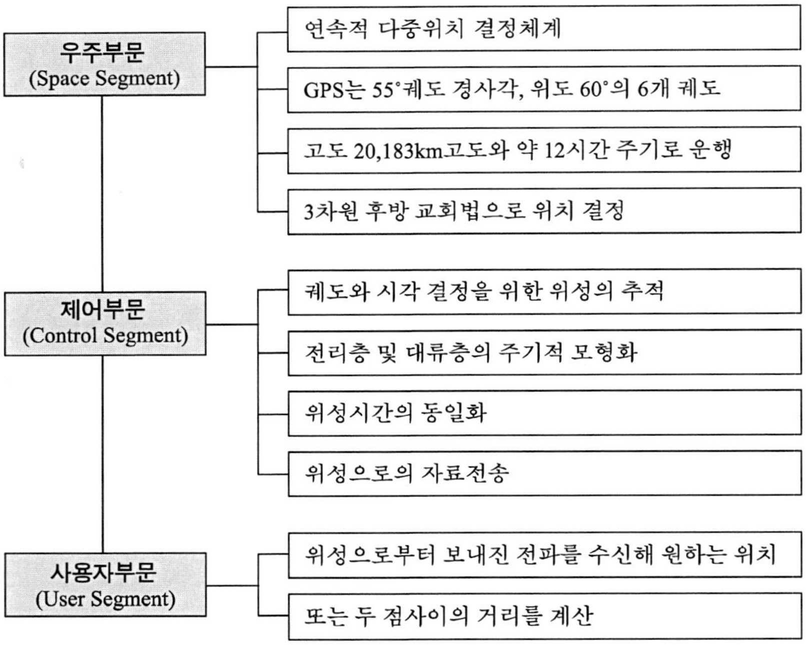

1) 우주부문

① 궤도형상 : 타원궤도(거의 원궤도)
② 궤도면수 : 6개
③ 위성수 : 1궤도면에 4개 위성(24개)
④ 궤도경사각 : 55° (적도면과 궤도면과의 경사각)
⑤ 궤도고도 : 20,183km

⑥ **사용좌표계** : WGS84

⑦ **회전주기** : 11시간 58분(0.5항성일) : 1항성일은 23시간 56분 4초

⑧ **궤도간 간격** : 60°

⑨ **기준발진기**(10.23MHz) : 세슘원자시계 2대, 루비듐원자시계 2대

2) 제어부문

① 1개의 주제어국, 5개의 추적국 및 3개의 지상안테나(Up Link 안테나: 전송국)

② **주제어국** : 추적국에서 전송된 정보를 사용하여 궤도요소를 분석한 후 신규궤도 요소, 시계보정, 항법메시지 및 컨트롤 명령정보, 전리층 및 대류층의 주기적 모형화 등을 지상안테나를 통해 위성으로 전송함(콜로라도 스프링스)

③ **추적국** : GNSS 위성의 신호를 수신하고 위성의 추적 및 작동상태를 감독하여 위성에 대한 정보를 주제어국으로 전송함(어센션, 디에고 가르시아, 콰잘레인, 하와이)

④ **전송국** : 주관제소에서 계산된 결과로서 시각보정값, 궤도보정치를 사용자에게 전달할 메시지 등을 위성에 송신하는 역할

3) 사용자부문

① 위성으로부터 전파를 수신하여 수신점의 좌표나 수신점 간의 상대적인 위치관계를 구한다.

② 사용자부문은 위성으로부터 전송되는 신호정보를 수신할 수 있는 GNSS 수신기와 자료처리를 위한 소프트웨어로서 위성으로부터 전송되는 시간과 위치정보를 처리하여 정확한 위치와 속도를 구한다.

③ **GNSS 수신기** : 위성으로부터 수신한 항법데이터를 사용하여 사용자 위치/속도를 계산한다.

④ **수신기에 연결되는 GNSS 안테나** : GNSS 위성신호를 추적하며 하나의 위성신호만 추적하고 그 위성으로부터 다른 위성들의 상대적인 위치에 관한 정보를 얻을 수 있다.

4. GPS 신호체계

GPS 신호는 C/A코드, P코드 및 항법 메시지 등의 측위 계산용 신호가 각기 다른 주파수를 가진 L1 및 L2파의 2개 전파에 실려 지상으로 방송이 되며 L1, L2파는 코드 신호 및 항법메시지를 운반한다고 하여 반송파(carrier wave)라 한다.

표 10.1

반송파 신호	코드 신호	용도
L1파 (1,575.42MHz)	C/A코드 : 위성궤도정보를 PRN 코드로 암호화한 코드	민간용
	P 코드 : 위성궤도정보를 PRN 코드로 암호화한 코드	군사용
	항법 메시지 : 시각정보, 궤도정보 및 타위성의 궤도 정보	민간용
L2파 (1,227.60MHz)	P코드(10.23MHz)	군사용
	항법 메시지	민간용

1) 반송파 (Carrier)

반송파인 L1과 L2 신호는 위성의 위치계산을 위한 Keplerian 요소와 형식화 된자료 신호를 포함

① L1 : 1,575.42MHz(154×10.23MHz), C/A code와 P code 변조 가능

② L2 : 1,227.60MHz(120×10.23MHz), P code만 변조 가능

③ Keplerian 요소(궤도의 6요소)

- 타원궤도의 모양과 크기, 방향, 위성의 위치결정을 위한 제반 요소
- 궤도 장반경, 이심율, 궤도경사각, 승교점의 적경, 근지점 인수, 근지점 이각

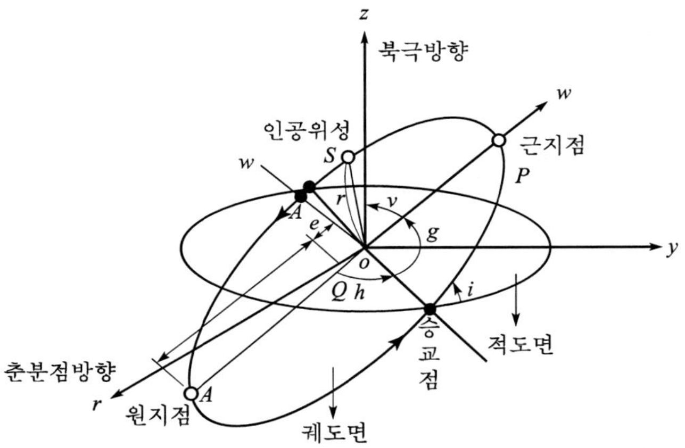

Q : 타원중심 o : 지구중심(타원초점) o_{xyz} : 관성 좌표계
A : 궤도 장반경 e : 궤도 이심율 i : 궤도 경사각
h : 승교점 적경 g : 근지점 인수 v : 근지점 이각(離角)

그림 10.1 위성궤도의 요소

④ 2개의 주파수로 방송되는 이유는 위성궤도와 지표면 중간에 있는 전리층의 영향을 보정하기 위함

2) 코드 (Code)

① P code(군사목적으로 만들어진 코드신호)

- 반복주기 7일인 PRN code(Pseudo Random Noise code)
- 주파수 10.23MHz, 파장 30m
- AS mode로 동작하기 위해 Y-code로 암호화되어 PPS 사용자에게 제공
- PPS(Precise Positioning Service : 정밀측위서비스) - 군사용

② C/A code

- 1ms(milli-second)인 PPN code
- 주파수 1.023MHz, 파장 300m
- 위성신호가 어느 위성에서 송신되는지 쉽게 알 수 있다.
- L1 반송파에 변조되어 SPS 사용자에게 제공
- SPS(Standard Positioning Service : 표준측위서비스) - 민간용

3) Navigation Message (항법메시지)

① 궤도관계정보
② 전리층 보정을 위한 파라미터(Parameter)
③ 위성에 탑재된 원자시계의 보정계수
④ 위성의 동작상태를 나타내는 상태(health)정보 등이 들어 있다.

5. 궤도정보 (Ephemeris)

궤도정보는 GPS 측위 정확도를 좌우하는 중요한 사항으로서 크게 나누어 방송력과 정밀력으로 구분되며 Almanac과 같은 뜻이다.

1) 방송력 (Broadcast ephemeris)

① GPS위성이 타 정보와 마찬가지로 지상으로 송신하는 궤도정보이다.
② 사전에 계산되어 위성에 입력한 예보궤도로서 실제 운행궤도에 비해 정확도가 떨어진다.
③ 향후의 궤도에 대한 예측치가 들어 있으며 형식은 매 30초마다 기록되고 16개의 Keplerian element로 구성되어 있다.
④ 위성 전파를 수신하지 않고도 획득 가능하며 수신하는 순간부터도 사용이 가능하므로 측위 결과를 신속히 알 수 있다.

2) 정밀력 (Precise ephemeris) : 정밀 궤도 정보

① 실제 위성의 궤적으로서 지상 추적국에서 위성전파를 수신하여 계산된 궤도 정보임

② 방송력에 비해 정확도가 높으며 위성 관측 후 정보를 취득하므로 주로 후처리 방식의 정밀 기준점 측량에 적용된다.

2 측위법의 기본 원리

1. GNSS 측위 원리

GNSS를 이용한 측위 방법에는 코드신호 측정방식과 반송파신호 측정 방식이 있으며 코드신호에 의한 방법은 위성과 수신기간의 전파 도달 시간차를 이용하여 위성과 수신기사이의 거리를 구하며, 반송파 신호에 의한 방법은 위성으로부터 수신기에 도달되는 전파의 위상을 측정하는 간섭법을 이용하여 거리를 구하는 방법을 말한다.

1) 코드신호 측정 방식

① 기본 원리

위성에서 발사한 코드와 수신기에서 미리 복사된 코드를 비교하여, 두 코드가 완전히 일치할 때까지 걸리는 시간을 관측하여 여기에 전파속도를 곱하여 거리를 구하는데 이때 시간에 오차가 포함되어 있으므로 의사거리(Pseudo range)라 한다.

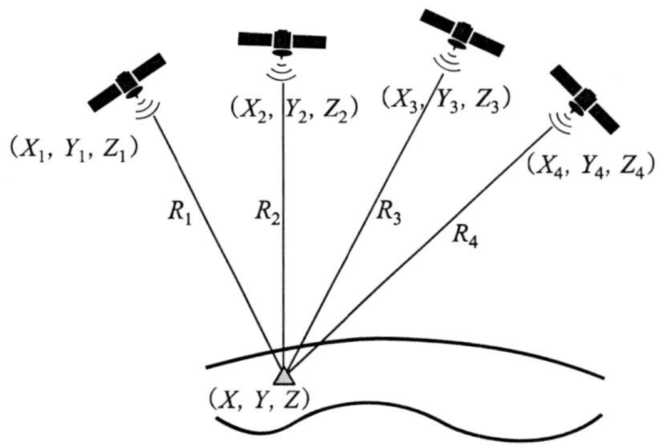

그림 10.2 의사거리를 이용한 위치결정

② 계산식

$$R = \sqrt{(X_R - X_S)^2 + (Y_R - Y_S)^2 + (Z_R - Z_S)^2} + C \times dt$$

여기서, R : 위성(S)과 수신기(R)간의 거리

X_R, Y_R, Z_R : 수신기의 좌표값 　 X_S, Y_S, Z_S : 위성의 좌표값

C : 전파속도 　 dt : 위성과 수신기간의 시각동기오차

③ 특징 및 용도

- 동시에 4개 이상의 위성신호를 수신해야함
- 단독 측위(1점 측위, 절대 측위)에 사용되며 이때 허용오차는 5m ~ 15m 정도임
- 2대 이상의 GNSS를 사용하는 상대측위 중 코드 신호만을 해석하여 측정하는 DGNSS(Differential GNSS) 측위시 사용되며 허용오차는 약 1m 내외임

2) 반송파 신호 측정 방식

① 기본원리

코드신호를 운반하는 반송파는 그 자체가 정현파로서 L1파의 경우 약 19cm, L2파의 경우 약 24cm의 파장으로 위성과 수신기간의 파장 개수를 측정함으로써 거리를 계산할 수 있는데 이와 같이 위상차에 의해 간섭법 으로 거리를 측정하는 방법이다.

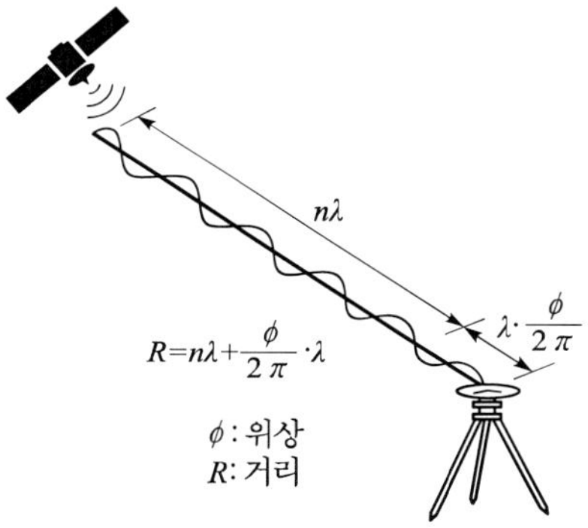

그림 10.3 반송파를 이용한 위치결정

② 계산식

$$R = \left(N + \frac{\Phi}{2\pi}\right)\lambda + C(dT + dt)$$

여기서, R : 위성과 수신기간의 거리

N : 위성과 수신기간의 반송파의 개수

Φ : 위상각

π : 반송파의 파장

$dT+dt$: 위성과 수신기의 시계오차

③ 특징 및 용도

- 반송파 신호 측정 방식은 일명 간섭 측위라 하며 전파의 위상차를 관측하는 방식인데 수신기에 마지막으로 수신되는 파장의 위상을 정확히 알 수 없으므로 이를 모호정수(Ambiguity)라고 한다.
- 본 방식은 위상차를 정확히 계산하는 방법이 매우 중요한데 그 방법으로 일중차, 이중차, 삼중차의 단계를 거친다.
- 일반적으로 수신기 1대만으로는 정확한 Ambiguity를 결정할 수 없으며 최소 2대 이상의 수신기로부터 정확한 위상차를 관측한다.

• 후처리용 정밀 기준점 측량(허용오차 : 5mm 내외) 및 RTK(Real-time Kinematic) 법과 같은 실시간 이동측량(허용오차 : 1~2cm)에 사용된다.

2. 간섭측위에 의한 위상차 측정 방법

정적간섭측위(Static Positioning)를 통하여 기선해석을 하는데 사용하는 방법으로서 두 개의 기지점에 수신기를 설치하고 위상차를 측정하여 기선의 길이와 방향을 3차원 벡터량으로 결정하는데 다음과 같은 위상차 차분 기법을 통하여 기선해석의 품질을 높인다.

1) 일중차 (일중위상차 : Single Phase Difference)

① 간섭측위에 의한 기선해석의 1단계이다.

② 한 개의 위성과 두 대의 수신기를 이용한 위성과 수신기간의 거리 측정차이다.

③ 동일 위성에 대한 측정치이므로 위성의 궤도오차와 원자시계에 의한 오차가 소거된 상태이다.

④ 그러나 수신기의 시계오차는 포함되어 있는 상태이다.

2) 이중차 (이중위상차 : Double Phase Difference)

① 두 개의 위성과 두 대의 수신기를 이용하여 각각의 위성에 대한 수신기간 1중차 끼리의 차이 값이다.

② 두 개의 위성에 대하여 두 대의 수신기로 관측함으로써 같은 량으로 존재하는 수신기의 시계오차를 소거한 상태이다.

③ 일반적으로 최소 4개의 위성을 관측하여 3회의 이중차를 측정하여 기선해석을 하는 것이 보통이다.

3) 삼중차 (삼중위상차 : Triple Phase Difference)

① 한 개의 위성에 대하여 어떤 시각의 위상 적산치(측정치)와 다음 시각의 위성 적산치와의 차이 값으로서 적분위상차라고도 한다.

② 반송파의 모호정수(Ambiguity)를 소거하기 위하여 일정 시간 간격으로 이중차의 차이 값을 측정하는 것을 말한다.

③ 일정 시간동안의 위성 거리 변화를 뜻하며 파장의 정수배의 불명확을 해결하는 방법으로 이용된다.

3 GNSS 위치 결정방법 및 정확도

GNSS의 관측방법에는 크게 1점 측위(Point Positioning) 혹은 절대관측과 간섭계 측위(상대관측)로 나누어지며 상대관측은 스태틱(Static)측량과 키네마틱(Kinematic)측량으로 구분된다.

1. 절대관측 방법 (1점 측위)

4개 이상의 위성으로부터 수신신호 가운데 C/A code를 이용해 실시간처리로 수신기의 위치 결정 하는 방법이다. 지구상에 있는 사용자의 위치를 관측하는 방법으로 위성신호수신 즉시 수신기의 위치계산이 가능하며 GNSS의 가장 일반적이고 기초적인 응용단계로서 위치 정확도가 낮으며 토지, 식생, 재해, 등산, 레저, 군사작전(산악, 사막), 열차, 선박, 자동차, 항공기 등의 항법에 미사일의 유도 등에 이용된다.

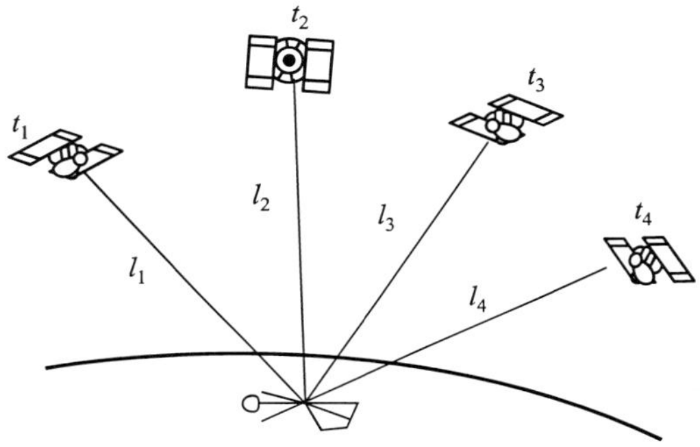

그림 10.4 절대관측방법

2. 상대관측 방법 (간섭계 측위)

2점간에 도달하는 전파의 시간적 지연을 측정하고 2점간의 거리를 정확히 측정하여 관측하는 방법으로 스태틱 측량과 키네마틱 측량으로 나누어진다.

1) 스태틱 (Static) 측량

2개 이상의 수신기를 각 측점에 고정하고 양 측점에서 동시에 4대 이상의 위성으로부터 신호를 30분 이상 수신완료 후 컴퓨터로 각 수신위치 및 거리계산하는 방식으로 계산된 위치 및 거리 정확도가 높으므로 측지 측량에 이용되며 향후 VLBI의 보완 또는 대체 가능할 것으로 보인다.

2) 키네마틱 (Kinematic) 측량

기지점에 1대의 수신기를 고정국, 다른 수신기를 이동국으로 하여 이동국을 순차로 이동하면서 각 측점에 놓고 4대 이상의 위성으로부터 신호를 수초-수분정도 수신하는 방식으로서 이동차량 위치결정, 공사측량 등에 응용되며 정밀도는 10m~10cm 정도이다.

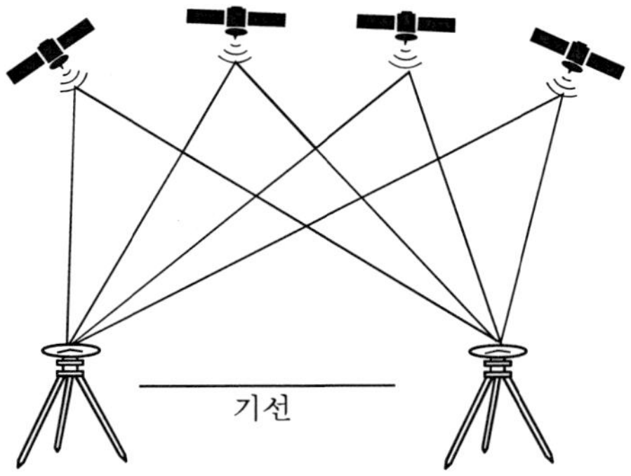

그림 10.5 스태틱관측 방법

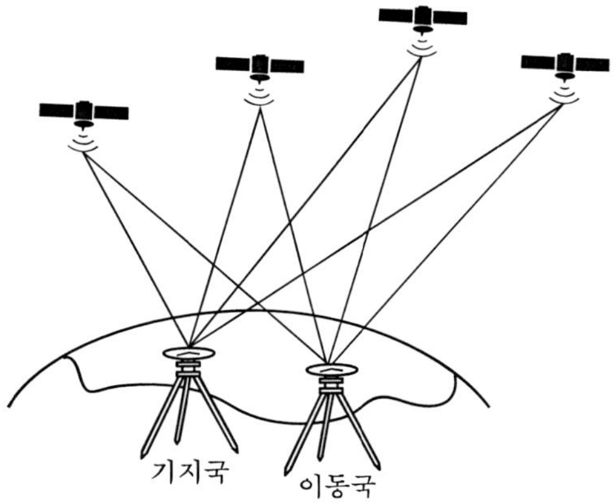

그림 10.6 키네마틱 관측방법

3. DGNSS (Differential GNSS) : 측량방법

DGNSS(Differential GNSS)는 상대 측위 방식의 GNSS 측량기법으로서 이미 알고 있는 기지점 좌표를 이용하여 오차를 최대한 줄여서 이용하기 위한 위치결정 방식으로, 기점에서 기준국용 수신기를 설치하며 위성을 관측하여 각 위성의 의사거리 보정값을 구한 뒤 이를 이용하여 이동국용 수신기의 위치 결정오차를 개선하는 위치결정 형태이다.

1) DGNSS의 원리

① 기지국 GNSS(Reference station)
기지점에 설치하는 GNSS로서 인공위성에 의해 측정된 위치 데이터와 기지점의 위치 데이터와의 차이값을 계산, 위치보정데이터를 생성하여 이동국 GNSS로 송신하는 기능을 수행한다.

② 이동국 GNSS(Mobile station)
인공위성에 의해 측정된 위치데이터에 기지국으로부터 송신된 위치보정 데이터를 합성하여 현지점의 정확한 위치를 표시한다.

2) DGNSS의 특징

① DGNSS는 기존 광학 장비보다 시통과 거리의 제한이 매우 적다.
② 기상조건 및 야간관측에 영향을 받지 않는다.

③ 1인 측량이 가능하다.

④ 야장이 필요 없으며 컴퓨터에 의한 자동처리가 가능하다.

4) RTK법에 의한 실시간 측량법

1) RTK 측량 방법

① DGNSS법과 거의 동일한 방법이다.

② DGNSS는 위성 신호중 C/A 코드를 처리하는 방식이나 RTK는 위성 신호중 L1 또는 L2파의 반송파를 처리하여 보다 정확한 위치(1~2cm)를 획득하는 반송파 처리 방식이다.

2) 응용분야

① 일반 측량 분야

1~3cm 내외의 정확도를 요하는 측량으로서 일반 공사 측량, 횡단측량및 토공량 산출, 현황 측량에 사용된다.

② 해상 측량 분야

준설선·항타선 등의 선박 유도, 정밀 수심 측량, 해상구조물 설치측량 등에 사용이 편리하다.

③ 토공 장비의 제어

불도저나 그레이더 등의 토공 장비에 GNSS를 부착하여 별도의 측량없이 토공 작업을 수행한다.

④ GIS 구축

정밀을 요하는 지하시설물 측량 분야의 GIS 구축 시 수치 지도와 연계 하여 수치 지도상에 각종 시설물의 레이어에 대한 위치 정보의 파악및 입력, 지도 갱신.

⑤ GNSS-VAN에 부착

지상 사진 측량을 위한 GNSS-VAN의 위치 측정에 사용됨

⑥ 시설물 변위 계측 및 방재 예측 시스템 구축

- 정밀DGNSS(RTK)에 의한 방법 : 기지국에서 생성한 위치보정신호를 이동국 GNSS로 송신하여 이동국 에서의 변위 데이터취득.
- Inverse DGNSS에 의한 방법 : 이동국 GNSS에서 수신한 원시 데이터를 그대로 기지국으로 송신하여 기지국에서 데이터를 처리함으로써 변위 데이터 취득(통상 mm

단위의 변위계측이 가능하며 규정치 이상의 변위 발생 자동위험예지 신호를 발생시켜 방재 예측 시스템으로 활용한다.

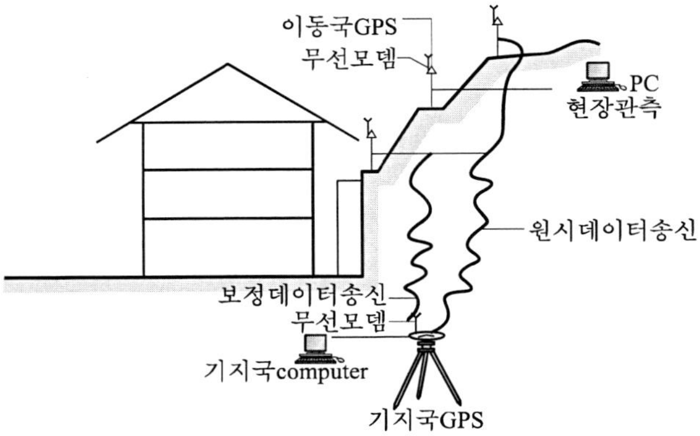

그림 10.7 IDGNSS의 예

4 GNSS측량의 오차

1. 개요

GNSS의 측위오차는 거리오차와 DOP(정밀도 저하율)의 제곱으로서 구조적 요인에 의한 거리오차, 위성의 배치상황에 따른 오차, SA, Cycle, Slip등으로 구분할 수 있다.

2. 구조적 요인에 의한 거리오차

거리오차는 위성과 수신기간의 측정된 거리오차를 의미하며 원인은 다음과 같다.

1) 위성시계오차

① 위성에 장착된 매우 정밀한 원자시계의 미세한 오차

② 위성시계오차로 잘못된 시간에 신호를 보냄으로써 발생되는 오차

2) 위성궤도오차

① 위성의 항행메시지에 의한 예상궤도와 실제궤도의 불일치에 의한 오차

② 위성의 예상위치를 사용하는 실시간 위치결정(Real-Time Positioning)에의한 영향 오차

3) 전리층과 대류권에 의한 전파지연 오차

전리층과 대류권에서 위성신호의 전파속도 지연과 경로의 굴절오차가 있다.

① **전리층** : 지표면에서 70km 주위에서 시작하여 전기적으로 충전된 입자들이 포함된 약 1,000km 두께의 두꺼운 층

② **대류권** : 지표상 10km까지 이르는 것으로 지구의 기후 형태에 의한 층

4) 수신기에서 발생하는 오차

다중 경로 오차는 GNSS위성으로부터 직접 수신된 전파 이외에 부가적으로 주위의 지형, 지물에 의한 반사된 전파로 인해 발생하는 오차

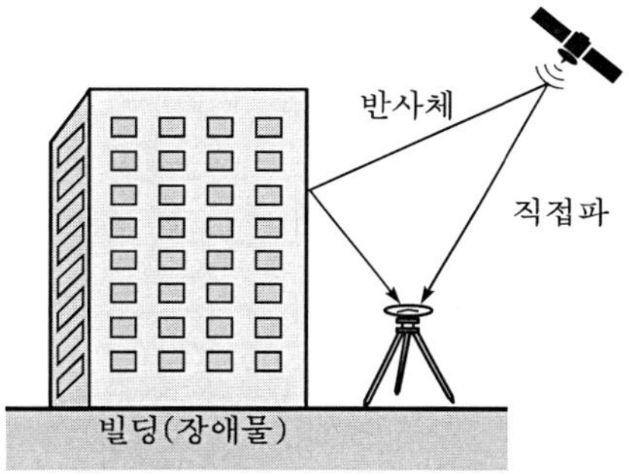

그림 10.8 Multipath

3. 위성의 배치 상황에 따른 오차

후방교회법에 있어서 기준점의 배치가 정확도에 영향을 주는 것과 마찬가지로 GNSS의 오차는 수신기와 위성들 간의 기하학적 배치에 따라 영향을 받는데 이 경우 측위 정확도의 영향을 표시하는 계수로 DOP(정밀도저하율)가 사용된다.

1) DOP의 종류 (Dilution of Precision)

① GDOP : 기하학적 정밀도 저하율

② PDOP : 위치 정밀도 저하율(3차원 위치)

③ HDOP : 수평 정밀도 저하율(수평위치)

④ VDOP : 수직 정밀도 저하율(높이)

⑤ TDOP : 시간 정밀도 저하율

2) DOP의 특징

① 수치가 작을수록 정확하다.
② 지표에서 가장 좋은 배치 상태일 때의 수치를 1로 한다.
③ 5까지는 실용상 지장이 없으나, 10 이상인 경우는 좋지 않다.
④ 수신기를 가운데 두고 위성이 정사면체를 이룰 때, 즉 최대체적 때 GDOP, PDOP 등이 최소

4. Cycle slip (주파수 단절)

사이클 슬립은 GNSS 반송파 위상 추적 회로(Phase lock loop : PLL)에서 반송파 위상치의 값을 순간적으로 놓침으로 인해 발생하는 오차이다. 이러한 사이클 슬립은 반송파 위상 데이터를 사용하는 정밀 위치측정 분야에서는 매우 큰 영향을 미칠 수 있으므로 사이클 슬립의 검출은 매우 중요한 요인이다.

1) 사이클 슬립의 원인

① GNSS 안테나 주위의 지형, 지물에 의한 신호 단절
② 높은 신호 잡음
③ 낮은 신호 강도(Signal strength)
④ 낮은 위성의 고도각
⑤ 사이클 슬립은 이동측량에서 많이 발생

2) 사이클 슬립 처리

① 수신회로의 특성에 의해 파장의 정수배만큼 점프하는 특성
② 데이터 전처리 단계에서 사이클 슬립을 발견, 편집가능
③ 기선해석 소프트웨어에서 자동처리

3) 시통성 (Visibility)

양호한 GDOP라 하더라도 산, 건물 등으로 인해 위성의 전파경로 시계 확보가 되지 않는 경우(Bad visibility) 좋은 측위 결과를 얻을 수 없는데 이처럼 위성의 시계 확보와 관련된 문제를 시통성(Visibility)이라 한다.

4) 오차소거 및 정확도 향상방법

① 위성시계오차는 어느 정도 예측이 가능하므로 주제어 국에서 조정하여 최소화가 가능하다.

② 주제어 국에서 전파지연 량들을 예측하여 코드정보와 함께 방송하므로 수신기는 측위 계산 시 이를 이용한다.

③ 상대적 관측으로 정오차 소거가 가능하다.

④ GNSS와 VLBI, Total Station, INT 등을 결합하여 사용한다.

⑤ 전리층에 의한 지연을 제거하기 위해 L1과 L2의 조합을 이용한다.

5. SA와 AS (Selective Availability / Anti-Spoofing)

미 국무부의 정책적 판단에 의해 인위적으로 GNSS 측위의 정확도를 저하시키기 위한 조치로 위성의 시각정보 및 궤도정보 등에 임의의 오차를 부여하거나 송신, 신호형태를 임의 변경하는 것을 SA라하며, 군사적 목적으로 P코드를 암호화하는 것을 AS라 한다.

1) 선택적 가용성에 의한 오차 (Selective Availability : SA)

① 미 국무부의 정책적 판단에 의하여 고의로 오차를 증가시킨 것이다.

② 천체위치표에 의한 자료와 위성시계 자료의 조작을 통해 위성과 수신기 사이에 거리 오차가 생기도록 하는 방법이다.

③ SA 작동중 오차 : 약 10~30m정확도의 위치결정이 가능하다.

④ SA에 의한 오차는 상대위치해석이나 DGNSS기법에 의해 감소 가능하다.

⑤ GNSS 오차에서 가장 큰 영향을 주던 SA는 2000년 5월 1일 해제 조치로 인해 언제 어디서나 10~30m 정밀도로 위치를 파악할 수 있게 되어 항공, 교통, 물류, 선박 등 다양한 분야에서 GNSS 민간 이용자가 혜택을 받고 있다 그러나 SA가 해제되더라도 수 미터의 고 정밀도를 요하는 자동차 항법 및 GIS분야에는 기존의 DGNSS 기술이 여전히 필요할 것이다.

2) AS (Anti-Spoofing : 코드의 암호화, 신호차단)

군사목적의 P코드를 적의 교란으로부터 방지하기 위해 암호화 시키는 기법이며 암호를 풀 수 있는 수신기를 가진 사용자만이 위성신호의 수신이 가능하다.

5 높이관측 및 상시관측소

1. GNSS 측량과 지오이드(Geoid)의 관계

정표고는 평균해수면에 가장 근사한 중력 등포텐셜면으로 정의되는 지오이드를 기준으로 하여 측정되며 GNSS에 의하여 측정되는 타원체고는 지오이드에 대하여 수학적으로 가장 근사한 가상면의 지심타원체(GRS 80)를 기준으로 측정된다. 그러므로 수준 측량에 있어 GNSS를 실용화하기 위해서는 정확한 지오이드고가 산정되어야 한다.

1) GNSS 측량에서 Geoid를 고려해야 하는 이유

① 종래 삼각점의 좌표는 지역적인 준거타원체나 범지구타원체에 준거하여 삼각, 삼변 및 트래버스 측량으로 결정하고 수준점의 좌표인 표고는 지오이드와 일치한다고 가정한 평균해수면에 준거하여 Spirit Levelling에 의한 역표고, 정표고 및 정규표고를 결정한다.

② GNSS에 의해 측정되는 타원체고는 지오이드에 대하여 수학적으로 가장 근사한 가상적인 면인 지심 타원체를 기준으로 관측한다.

③ GNSS에 의한 표고의 결정은 지오이드가 결정되지 않은 지역에서는 적용할 수 없으므로 GNSS Levelling을 실용화하기 위해서는 정밀한 지오이드의 결정이 필요하다.

④ GNSS에 의하여 얻어진 측지학적 높이는 타원체로부터의 높이이다. 이 높이는 지오이드로부터의 높이, 즉 정표고와 일치하지 않는다. 따라서 이들 측지학적 높이를 평균해면위의 높이, 즉 표고로 환산하기 위해서는 지오이드고를 알아야 한다.

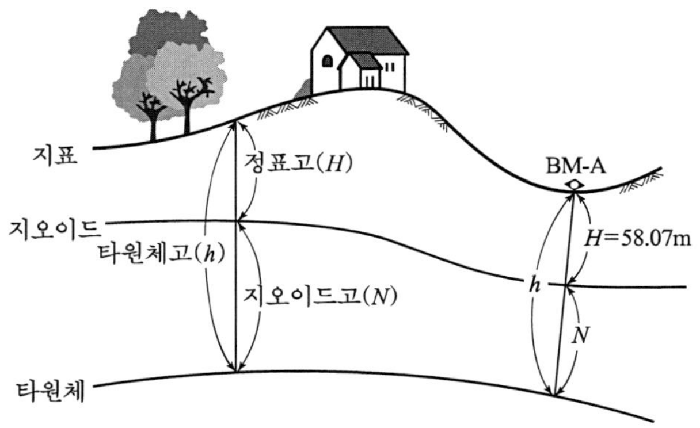

그림 10.9 높이의 관계

$$H = h - N$$

여기서, H = 정표고

h = 타원체고

N = 지오이드 고

2. GNSS 기준망 / GNSS 상시관측소

GNSS 기준망(Reference Network)은 현재 전 세계적으로 설치되어 운영되고 있는 약 400개의 GNSS 기준점으로 구성되었으며, 약 1,400개의 GNSS 기준점 설치 및 운영을 계획 중에 있다. GNSS 기준망은 항법, 측지측량, 지형 공간 정보체계 등 여러 가지 목적으로 이용되고 있으며, 활용도는 급속히 확대될 전망이며 또한 세계 각국은 전 국토에 걸쳐 일정한 밀도로 GNSS 상시관측소를 설치하여 전국 어디서나 시간, 거리, 장소, 기상 등의 제한 없이 실시간으로 정확히 위치 정보를 제공하고 있다.

3. GNSS 상시관측 시스템의 구성

1) 무인 원격 관측소

GNSS 수신기 및 안테나, 안테나설치 탑, 통신장치, 전력공급 장치

2) GNSS 관측센터

GNSS관측망의 통제 및 관리 시스템 (데이터의 수신, 저장, 처리 및 분석)

3) 상시 관측망 시스템 기대 효과

- GNSS 위성 궤도 정보 제공
- 측량 시 전자 기준점으로서의 역할 수행
- 차량 항법 시스템 및 지능형 교통관제 시스템의 기준국 역할수행
- 상시 관측소의 위치 변동량을 측정하여 지각 변동량 조사와 함께 사전 지진감지 재난 방재 시스템 역할 수행

6 GNSS 기준좌표계

1. 개요

GNSS에 의해 측정되는 좌표는 WGS 84좌표계에 의한 지심좌표로서 벳셀 타원체에 준거한 경위도 좌표계와는 지역에 따라 약 750m정도의 차이가 발생한다. 따라서 GNSS 측량성과의 실용화를 위해서는 WGS 84 좌표계를 우리나라 측지계로 반드시 변환해야 하며 좌표 변환 방법에는 일반적으로 변환요소방법 및 MRE방법 그리고 Molodensky 방법 등이 있다.

2. WGS84와 ITRF

WGS84(World Geodetic Reference System of 1984)는 1987년 미 국무부 DMA (Defense Mapping Agency)에 의하여 고안된 지구 기준 좌표계로서 지구의 질량의 중심을 좌표계의 원점으로 하고, epoch 1984.0 BIH(Bureau International del'Heure) 정의에 따른 평균극축 즉 CTP (Conventional Terrestrial Pole)방향을 Z-축으로, epoch 1984.0 BIH정의에 의한 WGS84 기준자오선(그리니치자오선)과 적도면과의 교차선을 X-축으로 한다. Y-축은 X축과 Z축에 직각인 방향으로 적도면에서 X축에 직각인 방향이다.

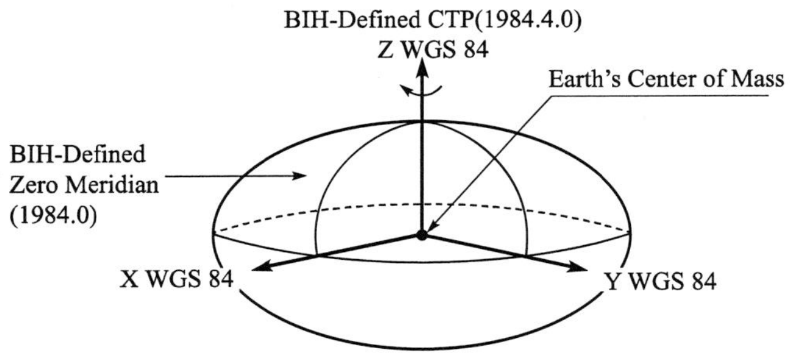

그림 10.10 WGS 84 좌표계

WGS84는 1987년이래 GNSS의 기준좌표계로 사용되어 왔으며 트랜싯위성의 도플러관측에 의하여 결정된 약 1500개소의 지상점의 위치에 의하여 설정되었다. WGS84는 CTP를 중심으로 일정한 속도로 회전하는 지구에 대한 기준 체계로 설정되었다.

1) WGS84

① 미국에 의해 구축된 세계 측지계의 하나이다.

② WGS60

위성자료, 표면중력자료 및 천문 측량 자료를 종합하여 WGS60이라는 지심 좌표를 채택하였다.

③ WGS66

GS60 이후로 확장된 삼각망, 삼변망, 도플러 및 광학 위성 자료를 적용하여 개선된 WGS66을 발표(1966년)하였다.

④ WGS72

WGS66 좌표에 고정밀 트래버스와 천문측량 자료를 추가하여 발표하였다.

⑤ WGS84

- 현재 사용하고 있는 좌표계이다.
- Z축은 1984년 국제시보국에서 채택한 지구 자전축과 평행하다.
- X축은 BIH에서 정의한 본초자오선과 평행한 평면이 지구 적도면과 교차하는 선이다.
- Y축은 X축과 Z축이 이루는 평면에 동쪽으로 수직인 방향으로 정의된다.

2) ITRF

① 국제기관(IERS : International Earth Rotation Service : 국제지구회전 관측기관)에서 구축한 세계 측지계이다.

② 세계각국의 VLBI(Very Long Baseline Interferometry)와 SLR (Satellite Laser Ranging) 및 GNSS 상시 관측망 등의 관측자료를 종합해서 해석한 결과에 의해 좌표계가 설정된다.

③ 좌표체계는 WGS84와 거의 흡사하며 WGS84와의 차이는 수 cm로서 지각변동, 조석변위와 같은 지구의 순간변화까지도 고려하여 결정되고 수정 보안되므로 WGS84보다 더 정확한 기준계로서 각국에서 사용되고 있다.

④ 1999년 이래 ITRF 97을 사용해 왔으며 최근에는 ITRF 2000을 사용하고 있다.

7 VRS

VRS(Virtual Reference Station)방식은 가상 기준점 방식의 새로운 실시간 GNSS 측량법으로서, 기지국 GNSS를 설치하지 않고 이동국 GNSS만을 이용하여 VRS 서비스 센터에서 제공하는 위치보정 데이터를 휴대전화로 수신함으로써 RTK 또는 DGNSS 측량을 수행할 수 있는 첨단 기법이다.

1. VRS 방식의 원리

VRS 서비스센터에서 상시관측소의 GNSS 관측데이터를 24시간 수신하고 가상 기준점에 설치한 이동국 수신기의 GNSS관측 데이터의 수신과 동시에 상시관측소와 가상기준점의 관측데이터를 이용, 정하여 정적간섭 측위방식으로 순간 처리한 가상 기준점의 위치보정데이터를 생성하고 이를 휴대전화 또는 무선 인터넷모뎀으로 이동국 GNSS 사용자에게 송신하는 원리이다.

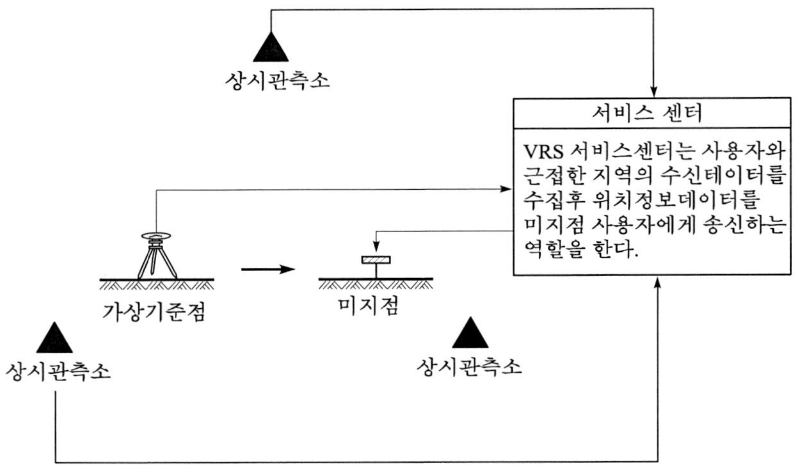

그림 10.11 VRS 운영체계도

2. VRS 측위의 조건

1) 국가의 측지 기준점 체계가 완벽히 갖춰져야 한다.
2) 상시 관측소가 최소 30~50km 간격으로 균등하게 배치되어야 한다.

3) 위치보정데이터를 순간 생성할 수 있는 GNSS 기선 해석 및 망조정 기술 능력이 확보되어야 한다.
4) 제공되는 위치보정데이터에 대하여 측지 성과로서의 공신력이 확보되어야 한다.
5) 위치보정데이터의 통신 매체인 휴대전화나 인터넷모뎀 등의 통신 품질이 확보되어야 한다.
6) 이동국 GNSS 사용자의 GNSS 측량에 대한 기초지식이 필요하다.

3. VRS 측위의 장단점

1) VRS측위의 장점

① 예전의 RTK 또는 DGNSS 측위시의 제반 문제점을 해결할 수 있다.
- 기지국 GNSS가 필요없음(경제적임)
- 위치보정데이터 송수신을 위한 부선 모뎀 장치가 필요 없음
- 휴대전화의 사용으로 통신거리에 제약이 없음
- 실시간 측량을 위한 장비의 초기화가 필요 없음

② 다양한 종류의 GNSS 측위 서비스를 제공할 수 있다.
- 정밀 측위 : cm 단위의 RTK-VRS 서비스
- 일반 측위 : Sbu meter 단위의 DGNSS-VRS 서비스
- 스태틱 측위 : 후처리 방식의 정지 측량 VRS 서비스

③ 스태틱 VRS인 경우 기지점에서 GNSS 수신기를 설치할 필요 없이 상시관측소간의 기선을 세션관측시 그대로 이용하므로 적은 GNSS 장비로 많은 량의 관측이 가능해진다.

2) VRS측위의 단점

① GNSS 상시 관측망에 근거한 VRS망 외부지역에서는 측위 불가능
② 휴대전화 가청 범위로 측위 제한
③ 휴대 전화 요금의 문제
④ 상시 관측소 설치, VRS 서비스 센터 구축, 휴대전화 기지국 망의 확충 및 통화 품질 등 전체적인 VRS 시스템 구축에 비용 소요

예제 및 풀이

1. GPS의 정확도가 1ppm 이라면 기선의 길이가 10km 일 때 GPS를 이용하여 어느 정도로 정확하게 위치를 알아낼 수 있다는 것을 의미하는가?

해설 **GPS의 정확도에서 ppm의 개념**

1ppm이란 1/100만이므로 1km 거리관측에 1mm의 오차가 발생하는 것을 의미한다.

$$\frac{1}{1,000,000}=\frac{1mm}{1km}=\frac{1mm}{1,000,000mm}$$

기선의 길이가 10km이면 1km의 10배이므로 mm의 10배인 1cm의 정확도로 관측됨을 알 수 있다.

2. GPS 신호에서 C/A 코드는 1.023Mbps로 이루어져 있다. GPS 신호의 전파 속도를 200000km/s로 가정했을 때 코드 1bit사이의 간격은 약 몇 m인가?

해설 **주파수와 속도와 거리와의 관계**

주파수는 시간의 역수$\left(\frac{1}{t}\right)$이고,

$\lambda=\frac{c}{f}$ (λ: 파장, c: 광속도, f: 주파수)

MHz를 Hz 단위로 환산하여 계산하면,

$$\lambda=\frac{200,000,000\,\frac{m}{s}}{1.023\times 1,000,000\,\frac{1}{s}}=196m$$

3. L2 반송파의 주파수가 약 1.2GHz 라고 할 때, L2 반송파의 파장을 구하시오. (단, 빛의 속도는 3.0×10^8m/s이다.)

해설 주파수는 시간의 역수$\left(\frac{1}{t}\right)$이고, $\lambda=\frac{c}{f}$ (λ: 파장, c: 광속도, f: 주파수)

MHz를 Hz 단위로 환산하여 계산하면,

$$\lambda=\frac{300{,}000{,}000\ \frac{m}{s}}{1{,}200\times1{,}000{,}000\ \frac{1}{s}}=0.25m$$

4. GPS위성으로부터 전송되는 L1신호의 주파수는 1575.42MHz일 때 L1 신호 10000파장의 거리를 구하시오. (단, 광속 c=299792458 m/s)

해설 주파수는 시간의 역수$\left(\frac{1}{t}\right)$이고, $\lambda=\frac{c}{f}$ (λ: 파장, c: 광속도, f: 주파수)

MHz를 Hz 단위로 환산하여 계산하면,

$$\lambda=\frac{299{,}792{,}458}{1{,}575.42\times1{,}000{,}000}=0.190294m$$

$\therefore L_1$ 신호 10,000 파장의 거리 $=0.190294\times10{,}000=1{,}902.94m$

5. GPS에서 전송되는 L_2 대의 신호 주파수가 1227.60MHz일 때 L_2 신호 300000 파장의 거리를 구하시오. (단, 광속(c) = 299,792,458 m/s 이다.)

해설 주파수는 시간의 역수$\left(\frac{1}{t}\right)$이고, $\lambda=\frac{c}{f}$ (λ: 파장, c: 광속도, f: 주파수)

MHz를 Hz 단위로 환산하여 계산하면,

$$\lambda=\frac{299{,}792{,}458}{1{,}227.60\times1{,}000{,}000}=0.24421m$$

$\therefore L_1$ 신호 300,000 파장의 거리 $=0.24421\times300{,}000=73{,}263m$

6. GPS를 이용한 기준점 측량에서 관측 전·후에 측정한 관측점에서 ARP(Antenna Reference Point)까지의 경사거리가 각각 147.2cm와 147.4cm이었고 안테나 반지름이 16.5cm이었다. ARP를 기준으로 APC(Antenna Phase Center)의 오프셋이 높이방향으로 +1.32cm라면 기선해석에 사용해야할 안테나고를 구하시오.

해설 ① 경사거리$= \dfrac{147.2+147.4}{2} = 147.3cm$

② 수직거리$= \sqrt{147.3^2 - 16.5^2} = 146.373cm$

③ 안테나고$= 146.373 + 1.32 = 147.693cm$

7. 어떤 지점에서 GNSS 측량을 실시한 결과 타원체고가 153.8m, 정표고가 53.7m이었다면 이 지점의 지오이드고를 구하시오.

해설 정표고는 타원체고에서 지오이드고를 뺀 값으로 GPS측량에 의하여 타원체고를 얻게 되면 해당지역의 지오이드고를 고려하여 정표고를 얻는다.

지오이드고 $=$ 타원체고 $-$ 정표고 $= 153.8 - 53.7 = 100.1\,m$

8. 수준점을 이용하여 미지점의 정표고를 결정하기 위해 GPS Levelling을 실시하였다. 수준점과 미지점 사이의 거리가 약 150m, 수준점의 정표고가 67.248m, 타원체고가 42.357m이고 미지점의 타원체고가 72.835m라고 할 때 미지점의 정표고를 구하시오.

해설 미지점과 기지점의 수평거리가 150m이므로 타원체고에 따른 정표고의 높이변화(지오이드고)는 동일하다고 간주한다.

① 기지점의 지오이드고 = 67.248 - 42.357 = 24.891m

② 미지점의 표고 = 72.835 + 24.891 = 97.726m

9. 위성의 기하학적 분포상태는 의사거리에 의한 단독측위의 선형화된 관측방정식을 구성하고 정규방정식의 역행렬을 활용하면 판단할 수 있다. 관측점 좌표 x, y, z 및 수신시시계 I에 대한 cofactor 행렬(Q)의 대각선요소가 $q_{xx}=0.5$, $q_{yy}=1.1$, $q_{zz}=3.5$, $q_{tt}=2.3$일 때, 관측점에서의 GDOP를 구하시오.

해설

$$GDOP=\sqrt{q_{xx}^2+q_{yy}^2+q_{zz}^2+q_{tt}^2}=\sqrt{0.5^2+1.1^2+3.5^2+2.3^2}$$
$$=4.359$$

10. 임의 지점에서 GPS관측을 수행하여 타원체고 (h)57.234m를 획득하였다. 그 지점의 지구중력장 모델로부터 산정한 지오이드고(N)가 25.578m이었다면 정표고(H)를 구하시오.

해설 정표고는 타원체고에서 지오이드고를 뺀 값으로 GPS측량에 의하여 타원체고를 얻게 되면 해당지역의 지오이드고를 고려하여 정표고를 얻는다.

$정표고=타원체고-지오이드고=57.234-25.578=31.656m$

11. 그림과 같이 A지점에서 GPS로 관측한 타원체고(h)가 37.238m이고 지오이드고(N)는 21.524m를 얻었다. A점에서 취득한 높이 값을 이용하여 수준측량 한 결과 C점의 표고를 구하시오. (단, 거리는 타원체면상의 거리이고 A, B, C점의 지오이드는 동일하며 연직선편차는 0으로 가정한다.)

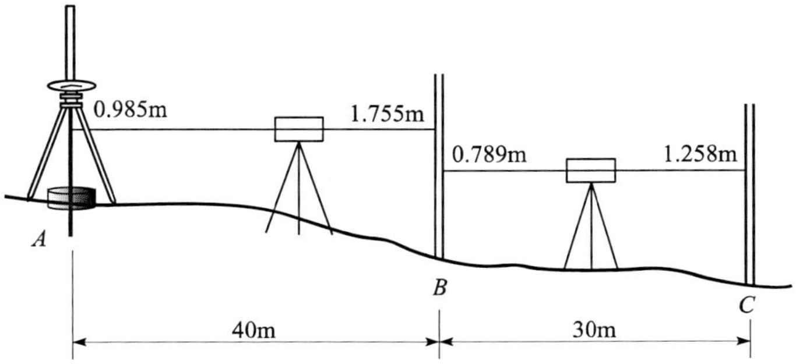

해설 정표고는 타원체고에서 지오이드고를 뺀 값으로 GPS측량에 의하여 타원체고를 얻게 되면 해당지역의 지오이드고를 고려하여 정표고를 얻는다.

$H_A=타원체고-지오이드고=37.238-21.524=15.714m$

$H_C=H_A+후시의\ 합-전시의\ 합$

$=15.714+(0.985+0.789)-(1.755+1.258)=14.475m$

CHAPTER

11 노선측량

CHAPTER 11

노선측량

1 노선측량의 개요

노선측량은 도로, 철도, 수로, 관로 및 송전선로와 같이 폭이 좁고 길이가 긴 구역의 측량으로 도로나 철도의 경우 현지 지형에 조화를 이루는 선형계획과 경제성 및 안전성을 고려한 최적의 곡선설치가 선행되어야 한다. 노선선정, 지형도작성, 중심선 측량, 종횡단 측량, 용지측량 및 공사량 산정의 순으로 진행한다.

1. 노선측량의 순서

1) 도상계획　　2) 답사　　3) 예측
4) 도상선정　　5) 실측　　6) 공사측량

2. 도상계획

노선측량을 하는 지역의 지형도나 공중사진을 구해 노선의 목적, 경제성 및 시공기술면 등을 고려하여 몇 개(보통 3개)의 후보 노선을 지도나 사진위에 기입하여 현지 답사시 사용할 수 있도록 하는 작업을 말한다(가장 많이 이용되는 지도 1/50,000지형도).

3. 답사

건설비 및 유지·관리비가 최소가 되도록 가급적 직선이며 평탄하고 공사가 용이한 장소를 선정하여야 하며 도상계획의 노선의 결점을 발견하면 현지에서 변경하고 더 좋은 노선이 있으면 도상에 추가하여 답사결과가 종합된 후보노선이 되도록 한다.

4. 예측

답사에 의한 유망 노선에 보다 상세한 조사를 하며 공사비를 개산한다. 예측은 트래버스 측량, 종단측량(횡축척 1/2,500~1/5,000, 종축척 1/250~1/500), B.M설치, 횡단측량(노면폭의 5~10배), 평면측량 등으로 나누어 실시한다. 거리측량의 정도는 1/3,000정도이고 예측도의 축척은 1/2,500, 등고선 간격은 평지에서는 1m 급 경사지에서는 10m까지 한다.

5. 도상선정

현지 상황을 검토하고 최적의 노선을 지형도상에 결정한다. 즉 계획노선과 용지폭을 기입한다.

1) 가능한 한 직선으로 할 것
2) 가능한 한 경사가 완만할 것
3) 토공량이 적게 되며 절토와 성토가 짧은 구간에서 균형될 것
4) 절토의 운반거리가 짧게 될 것
5) 배수가 완전할 것

6. 실측

도상선정에 의해서 정해진 노선 또는 예측의 결과로 선정된 노선을 지상에 측설하는 것이다.

〈실측작업〉

1) 중심선의 설치	2) 수준측량	3) 지형측량	4) 지물조사
5) 용지측량	6) 설계, 제도측량	7) 공사시공 측량	

7. 공사측량

용지측량과 시공측량으로 나누어 측량한다.

2 곡선설치법

1. 곡선의 종류

평면곡선에는 단곡선, 복합곡선(복심곡선, 반향곡선, 머리핀곡선) 등이 있고 이러한 직선과 원곡선 사이의 충격을 완화시키기 위해 연결하는 곡선으로 완화곡선을 사용한다. 완화곡선은 클로소이드 곡선, 3차포물선, 렘니스케이트 곡선, sine체감곡선 등이 있다. 종단곡선은 경사가 변하는 곳에 두 경사선 사이에 시거의 확보를 위해 설치하며 원곡선이나 2차 포물선을 사용한다.

(1) 평면곡선

1) 원곡선

① 단곡선
② 복심곡선(IC)
③ 반향곡선(쌍굴터널)
④ 머리핀곡선(산허리)

2) 완화곡선

① 클로소이드 곡선(도로)
② 3차 포물선(일반철도)
③ 렘니스케이트 곡선(도심지철도, 지하철)
④ sine체감곡선(고속철도)

(2) 수직곡선

1) 원곡선(철도)
2) 2차 포물선(도로)

2. 단곡선의 설치

1) 단곡선의 설치과정

① 단곡선의 교각(I), 반지름(R)을 정한다.
② 접선길이, 곡선길이를 계산하여 곡선시점과 곡선종점의 위치를 결정한다.
③ 시단현과 종단현의 길이를 구하고 중심말뚝의 위치(20m 간격)를 결정한다.

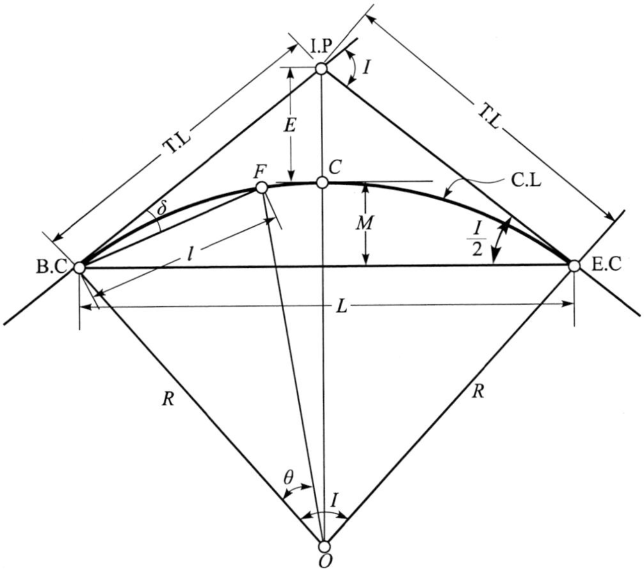

그림 11.1 원곡선 설치도

표 11.1 원곡선의 기호와 공식

기호	의미	공식	기호	의미	공식
I	교각		C.L	곡선길이	$C.L=\frac{\pi}{180°}RI$
R	반지름		E	외할	$E=R\left(\sec\frac{I}{2}-1\right)$
I.P	교점		M	중앙종거	$M=R\left(1-\cos\frac{I}{2}\right)$
I	교각		L	장현	$L=2Rsin\frac{I}{2}$
B.C	곡선시점	I.P거리−T.L	l	현의길이	$l=2Rsin\delta=2Rsin\frac{\theta}{2}$
E.C	곡선종점	B.C+C.L	δ	편각	$\delta=\frac{\theta}{2}=\frac{l}{2R}$(라디안)
T.L	접선길이	$T.L=Rtan\frac{I}{2}$	I/2	총편각	$\frac{I}{2}=\sum\delta$

2) 편각설치법

① 편각

원호상의 한 점을 통하는 현과 그 점에서의 절선과 이루는 각을 말한다. 철도, 도로 등에 널리 이용되며 토털 스테이션으로 각과 거리를 측정하면서 곡선을 설치하는 방법이다.

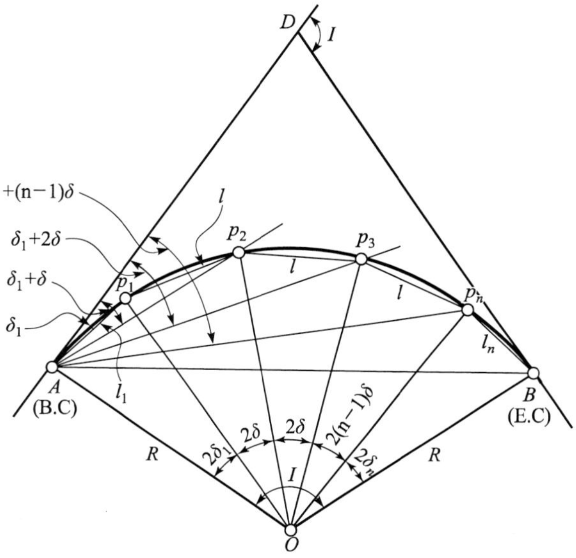

그림 11.2 편각설치

② 그림에서 $\overline{AP} = \overline{PQ} = l$ 에 대한 원의 중심각을 2δ라 하면

$$\angle VAP = \delta \text{ , } \angle VAQ = 2\delta$$

$\widehat{AP} \fallingdotseq \overline{AP}$ 라고 하면

$$2\delta . R = \widehat{AP} \fallingdotseq l$$

$$\therefore \delta = \frac{l}{2R} Rad = \frac{l}{2R}\left(\frac{180}{\pi} \times 60\right) \text{분} = 1718.87 \times \frac{l}{R} (\text{분})$$

③ 순서

㉮ 반경 R을 정한다.

$$R = \frac{V^2}{127(i+f)}$$

여기서, V : 주행속도, i : 편경사, f : 노선의 횡방향 미끄럼 마찰계수

㉯ 접선장($T \cdot L$)를 구하여 교점($I \cdot P$)으로부터 절선장의 길이를 잡아 시점($B \cdot C$) 및 종점($E \cdot C$)을 정한다.

㉰ 곡선장($C \cdot L$)을 구하고 시단현, 종단현을 계산한다.

㉱ 시단현에 대한 편각 δ_1, 말뚝중심간의 거리(보통 20m)에 대한 편각 $\delta_2, \delta_3, \delta_4 \cdots$ 등을 계산한다.

㉲ 시점($B \cdot C$)에 transit을 세우고 $\angle VAB = \frac{I}{2}$ 임을 검사한다.

㉳ 교점($I \cdot P$)로부터 편각 δ만큼 회전한 시준선중 시점($B \cdot C$)부터 시단현의 길이를 잡아 P점을 설치한다.

㉴ 교점($I \cdot P$)으로부터 δ_0(시단현각) + δ_1만큼 망원경을 수평회전한 수준선 중에 P(시단현끝점)에서 말뚝거리(보통 20m)를 잡아 Q점을 설치한다.

㉵ 편각을 곡선종점($E \cdot C$)까지 계속 계산하여 합산한 편각의 총합은 교각의 절반이 된다. ($\frac{I}{2} = \sum\delta$)

예제 1

단곡선 설치에 있어 도로기점으로부터 교점(I. P)까지의 거리가 515.32m, 곡선반지름이 300m, 교각이 31°00′일 때 다음 물음에 답하시오. (단, 중심말뚝의 간격은 20m이고, 거리는 소수점 2자리까지, 각도는 초단위까지 계산하시오.)

1) 접선길이
2) 곡선시점의 위치
3) 곡선길이
4) 곡선종점의 위치
5) 시단현의 길이
6) 종단현의 길이
7) 시단현의 편각
8) 종단현의 편각

풀이

1) 접선길이 (TL)

$$T.L = R\tan\frac{I}{2} = 300 \times \tan\frac{31^\circ}{2} = 83.20\,m$$

2) 곡선시점의 위치 (BC)

곡선시점(B.C)의 위치 = 시점 ~ 교점까지의 거리 - 접선길이(T.L)

= 515.32 - 83.20 = 432.12 m

3) 곡선길이 (CL)

$$C.L = \frac{\pi}{180^\circ} RI = \frac{\pi}{180^\circ} \times 300m \times 31^\circ = 162.32m$$

4) 곡선종점의 위치(EC)

곡선종점(E.C)의 위치 = 시점 ~ 곡선시점까지의 거리 + 곡선길이(C.L)

= 432.12 + 162.32 = 594.44 m

5) 시단현(l_1)의 길이

시단현(l_1)의 길이 = 곡선시점인 432.12 m 보다 큰 20의 배수인 440 m 에서 곡선 시점 까지의 거리를 뺀 값이다.

= 440 - 432.12 = 7.88 m

6) 종단현(l_2)의 길이

종단현(l_2)의 길이 = 곡선종점인 594.44 m에서 이보다 작은 20의 배수인 580 m을 뺀 값이다.

= 594.44 - 580 = 14.44 m

7) 시단현편각 (δ_{l_1})

시단현(l_1)편각 $\delta_{l_1} = \frac{l_1}{2R} \times \rho = \frac{7.88}{2 \times 300} \times \frac{180^\circ}{\pi} = 0^\circ 45'09''$

8) 종단현편각 (δ_{l_2})

종단현편각 $\delta_{l_2} = \frac{l_2}{2R} \times \rho = \frac{14.44}{2 \times 300} \times \frac{180^\circ}{\pi} = 1^\circ 22'44''$

예제 2

교점(I.P)가 도로기점으로부터 300m에 위치한, 곡선반지름 R=200m, 교각 I=90°인 원곡선을 편각법으로 측설할 때, 종점(E.C)의 위치를 구하시오.(단, 중심말뚝의 간격은 20m이다.)

풀이 중심말뚝의 간격이 20m이므로 시단현의 길이는 곡선시점에서 다음 말뚝까지의 거리를 의미한다.

$$T.L = Rtan\frac{I}{2} = 200 \times \tan\frac{90^\circ}{2} = 200m$$

곡선시점(B.C)의 위치 = 시점 ~ 교점까지의 거리 - 접선길이(T.L)

= 300 - 200 = 100 m

또, 곡선종점(E.C)의 위치는 노선의 시점에서 곡선시점까지의 직선구간에 곡선의 길이를 더한 값이다.

$$C.L = \frac{\pi}{180°} RI = \frac{\pi}{180°} \times 200m \times 90° = 314.159\,m$$

곡선종점(E.C)의 위치 = 시점 ~ 곡선시점까지의 거리 + 곡선길이(C.L)

= 100 + 314.159 = 414.159 m (No. 20 + 14.159m)

4) 절선편거와 현편거에 의한 방법

측각기계를 사용하지 않고 줄자만으로 설치할 수 있는 방법으로 지방도로 등에 많이 사용되나 정밀도는 떨어진다.

$$AP = PQ = l\ ,\ YP = z$$

$PQ = PS$, $SQ = x$ 라 하면

PY : 절편편거

SQ : 현편거

$$\frac{x}{l} = \frac{l}{R} \qquad \therefore x = \frac{l^2}{R}\text{(현편거)}$$

$$YP = \frac{x}{2} = \frac{l^2}{2R}$$

$$\therefore AY = \sqrt{l^2 - Z^2}\ \text{(접선장)}$$

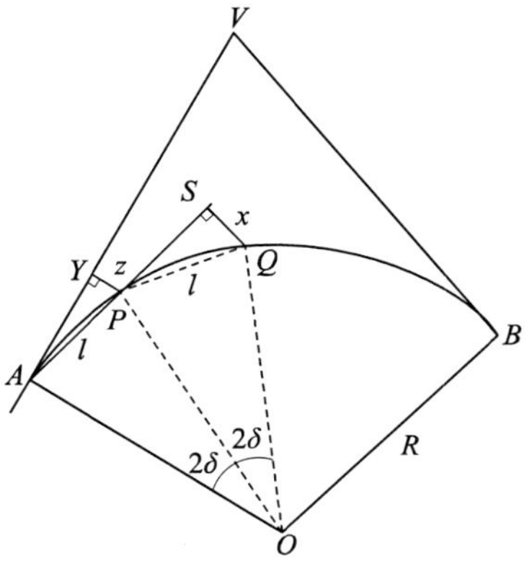

그림 11.3 절선편거와 현편거법

5) 절선에 대한 지거에 의한 방법

① 터널에서의 곡선 설치에 주로 많이 쓴다.

② 산림지대에서 벌채량을 줄이는 경우에도 이 방법이 사용된다.

$$\overline{OP}^2 = \overline{OS}^2 + \overline{PS}^2$$

$$\therefore R^2 = (R-y)^2 + x^2$$

$$\therefore y = R - \sqrt{R^2 - x^2}$$

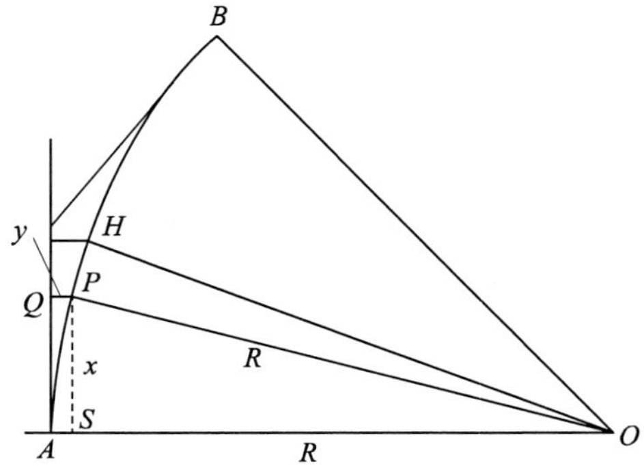

그림 11.4 절선에 의한 지거법

편평한 곡선(반경이 큰 경우)에서는 $\overline{PQ}$는 $2R$에 비하여 무시할 수 있을 정도로 미소하므로 y는

$$x^2 = R^2 - (R-y)^2 = \{R+(R-y)\}\{R-(R+y)\} = (2R-y)y$$

$$\therefore x^2 = 2R \cdot y \qquad \therefore y = \frac{x^2}{2R}$$

7) 중앙종거법 (1/4법)

기설곡선의 검사 또는 조정에 편리하고, 시가지, 궤도의 곡선설치, 기설곡선의 정정 등에 편리하게 이용되나, 중심 말뚝의 간격을 20m마다 설치할 수 없는 것이 결점이다. 그림에서 중앙종거 M과 R, I 간에 다음의 관계가 있다.

그림에서

$$M_1 = R\left(1-\cos\frac{I}{2}\right) = R - \sqrt{R^2 - \left(\frac{L}{2}\right)^2}$$

$$M_2 = R\left(1-\cos\frac{I}{4}\right) = R - \sqrt{R^2 - \left(\frac{L_1}{2}\right)^2}$$

$$M_3 = R\left(1-\cos\frac{I}{8}\right) = R - \sqrt{R^2 - \left(\frac{L_2}{2}\right)^2}$$

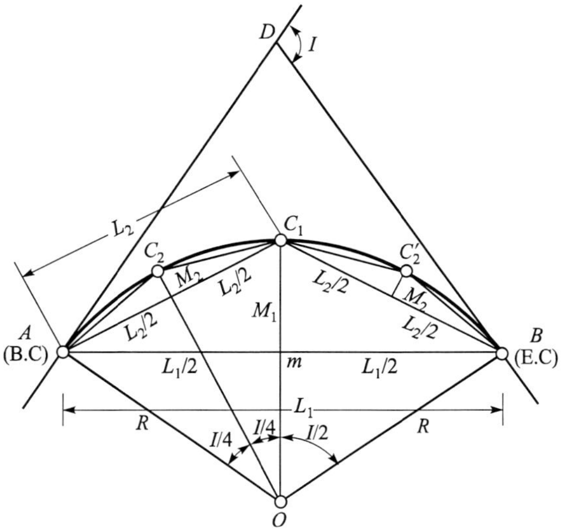

그림 11.5 중앙종거법

예제 3

교각이 50°30′이고 곡선반지름이 300m일 때 단곡선을 중앙종거에 의하여 설치하고자 한다. 세 번째 중앙종거 M_3를 구하시오.

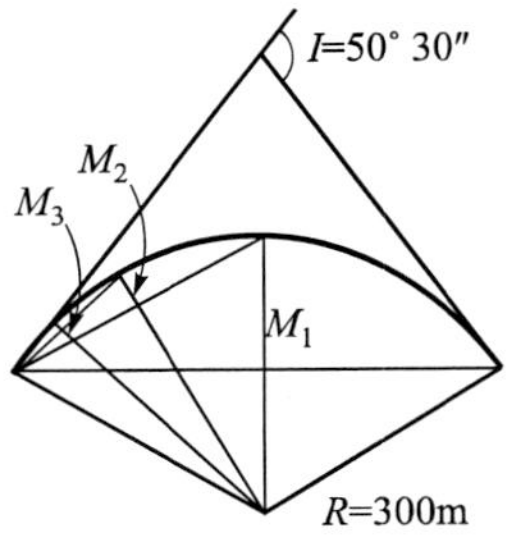

풀이 세 번째 중앙종거 M_3에 적용되는 교각은 첫 번째 중앙종거M_1의 교각을 8등분하여 얻는다.

$$M_3 = R \cdot \left(1 - \cos\frac{\frac{I}{2}}{4}\right) = R \cdot \left(1 - \cos\frac{I}{8}\right)$$

$$= 300 \cdot \left(1 - \cos\frac{50°30'}{8}\right) = 1.819\,m$$

3. 반향곡선

공통접선의 반대쪽에 중심을 가지고 두 원호를 그리는 곡선을 말한다.

1) 국내 국유철도 건설규정에는 본선로에서는 중간에 직선을 삽입하지 않으면 반향곡선을 부설하지 못하게 되어 있다.
2) 고속도로 설치 규정에는 반향곡선의 중간에는 완화 구간으로 직선을 삽입하도록 규정되어 있다.
3) 한 개를 정하면 다른 한 개 반경은 계산에 의하여 구하여야 한다.

4. 복심곡선

공통접선의 같은 쪽에 중심이 있고 반경이 다른 두 원호가 그려지는 곡선을 말한다.

1) 복심곡선중의 한 곡선을 연장한다.
2) 공유절점은 두 평행선의 절점을 연결하는 직선상에 있게 된다.

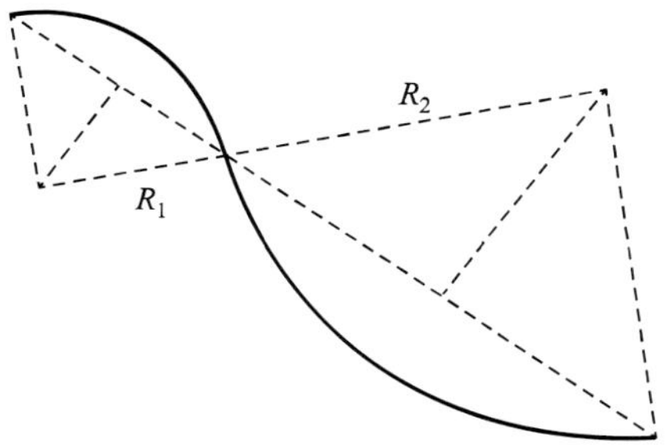

그림 11.6 반향곡선

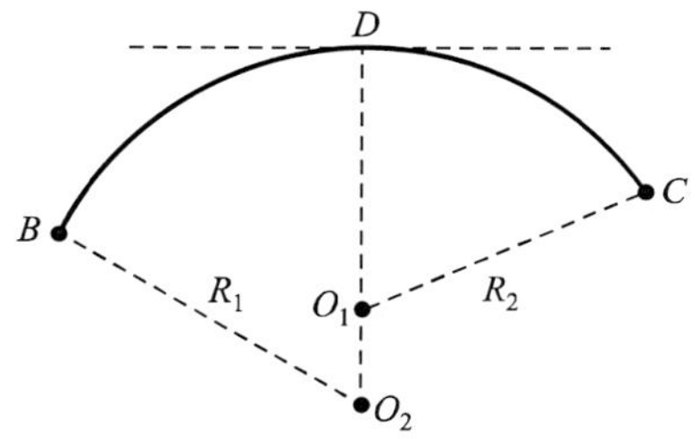

그림 11.7 복심곡선

5. 머리핀곡선 (배향곡선)

배향곡선을 연속시켜 머리핀 같은 형태의 곡선으로 된 것을 말한다.

1) 산지의 도로에 통상수단으로 적당한 종단경사를 취할 수 없는 경우에 사용한다.
2) 주로 계곡을 이용하여 도로연장을 길게 하여 소정의 경사를 취해야 할 때 쓰인다.

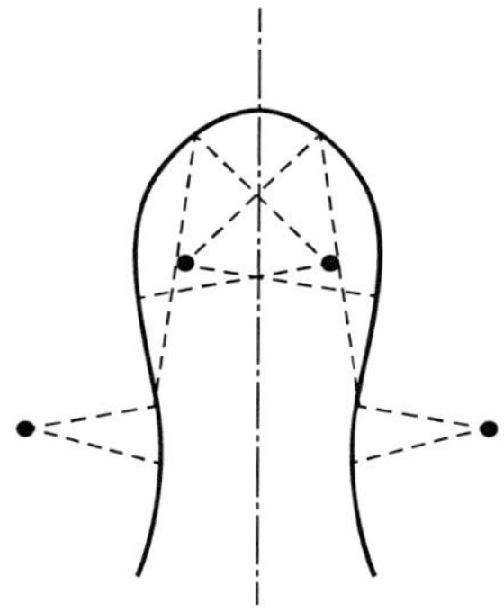

그림 11.8 머리핀곡선

3 편경사와 확폭

1. 편경사 혹은 캔트

차량이 곡선부를 주행할 때 곡률과 차량의 주행속도에 의해 원심력이 작용되므로 횡활 또는 전도를 일으킬 위험이 있다. 이때 외측 rail노면을 내측보다 높여 주는 것을 cant라고 한다.

$$i = \tan\theta = \frac{P}{W} = \frac{MV^2/R}{M \cdot g} = \frac{V^2}{R \cdot g} \fallingdotseq \frac{C}{b}$$

$$\therefore C = \frac{bV^2}{R \cdot g}$$

여기서, M : 차량의 질량, V : 주행속도

P : 원심력, g : 중력가속도($9.8m/s^2$)

W : 차량의 자중 R : 곡률반경

$$\therefore C = \frac{bV^2}{127R}$$

궤간 $b = 1.5m$ 로 하고 단위 통일하면

$$\therefore C = 11.8\frac{V^2}{R}$$

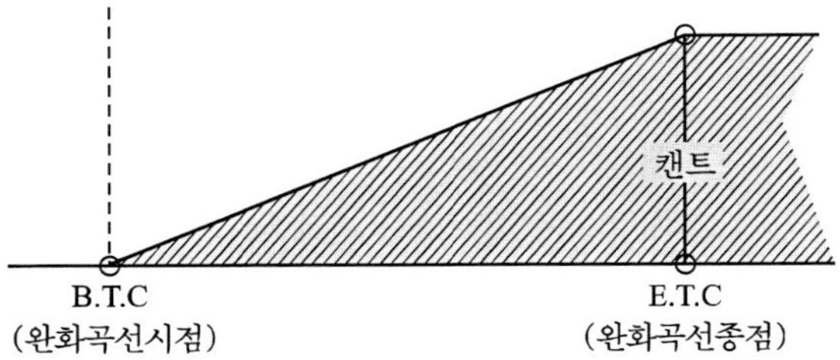

그림 11.9 캔트(cant)도

예제 4

곡선반경 500m되는 원곡선 상을 80km/h로 주행하려면 캔트(Cant)를 구하시오.(단, 궤간 b는 1.067m임)

풀이

$C = \frac{bV^2}{R \cdot g}$ 식에서

$$\therefore C = \frac{bV^2}{R \cdot g} = \frac{1.067 \times \left(\frac{80,000}{60 \times 60}\right)^2}{500 \times 9.8} = 0.10753(m) = 107.53(mm) \fallingdotseq 108(mm)$$

예제 5

평균속도 100km/hr로 유효폭원 6m되는 도로에 곡선부 중심반경 1,000m되는 곡선을 투입하여 축조할 경우 몇 %의 편경사를 붙이는 것이 적당한가?

풀이

$$i = \frac{V^2}{127R} = \frac{100^2}{127 \times 1,000} = 0.08$$

∴ 편경사 = 0.08 × 100 = 8(%)

2. 확폭

차량이 곡선부를 주행할 때 뒷바퀴가 앞바퀴보다 안쪽으로 회전하려 한다. 그러므로 곡선부에서 내측의 노폭을 넓혀 주는데 이것을 확폭이라 한다.

$$\therefore \ \epsilon = \frac{L}{2\left(R - \frac{W}{2}\right)}$$

여기서, R : 곡선반경, W : 유효폭, L : 차륜간격

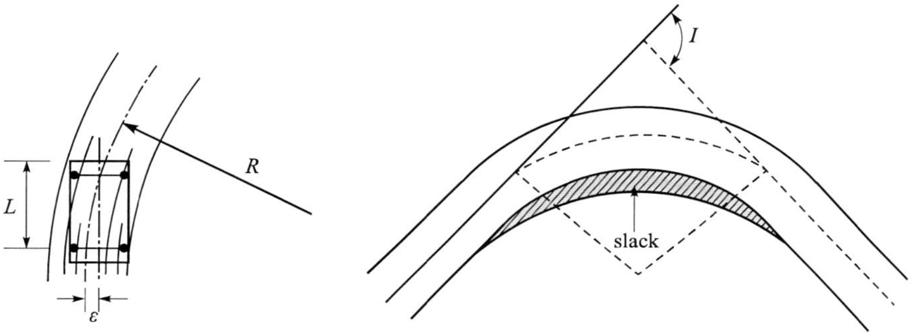

그림 11.10 확폭

예제 6

유효폭원 6m되는 도로로서 곡선부 중심반경이 60m되는 곡선을 삽입하여 축조할 경우 확폭량은 몇 m인가?

풀이 2차선 이상일 때는 내, 외측 차선에 모두 확폭하여야 하므로

R : 곡선반경 60m, W : 유효폭원 6m, L : 트레일러 차륜 간격으로 최대 7m로 하면

$$\text{확폭량}(\epsilon) = \frac{L}{2\left(R - \frac{W}{2}\right)} = \frac{7}{2\left(60 - \frac{6}{2}\right)} = 0.06$$

4 완화곡선

직선부분에 원곡선으로 방향을 바꾸면 반경이 달라지기 때문에 동요가 생기는 것을 없애고 차륜을 안전하게 통과시키기 위하여 직선부와 곡선부 사이에 반경을 무한대로부터 차차 작아져서 곡선부에 접하도록 하며 곡선 중의 cant는 0에서 차차 커져 원곡선부에서 정해진 값이 되도록 직선부와 곡선부 사이에 넣는 특수곡선을 완화곡선이라 한다.

1. 완화곡선의 성질

① 곡반경은 완화곡선 시점에서 무한대 종점에서 원곡선의 반경 R로 된다.

② 완화곡선의 접선은 시점에서 직선에 종점에서 원호에 접한다.

③ 완화곡선에 연한 곡선반경의 감소율은 캔트의 증가율과 같다.

2. 완화곡선장

① 곡선길이를 cant의 N배에 비례

$$\therefore L = \frac{CN}{1000}$$

여기서, C : 캔트(mm)이며 150mm가 최대, N : 계수

② 캔트(cant)

$$C = \frac{bV^2}{Rg}$$

여기서, L : 완화곡선장, C : cant, R : 곡선반경, b : 폭

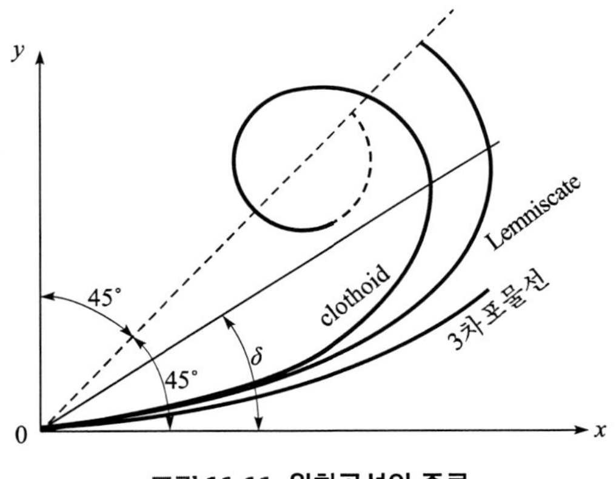

그림 11.11 완화곡선의 종류

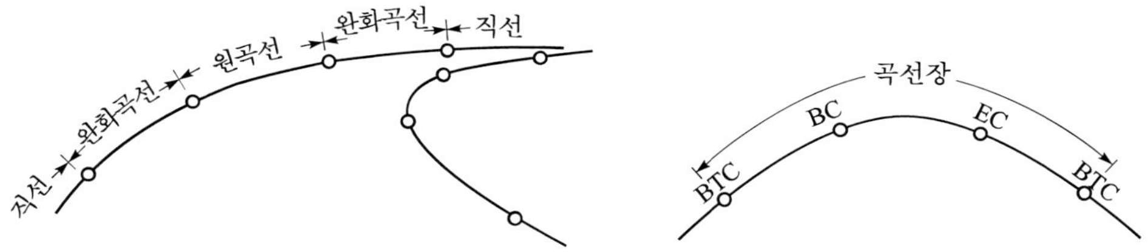

그림 11.12 완화곡선

3. 클로소이드곡선

등속도로 주행하고 있는 자동차의 핸들을 등각속도로 회전시켰을 때의 주행궤로이며, 나선형이다. 따라서 클로소이드곡선의 반경은 무한대로부터 연속적으로 변화하여 서서히 작아져가고 클로소이드시점에서의 곡선길이와 그 점에 있어서의 반경과는 반비례한다. 그리고 고속도로의 완화곡선으로 사용한다.

1) Clothoid곡선의 기본식

$$\therefore A^2 = R \cdot L$$

여기서, A : Clothoid 매개변수, R : 곡률반경, L : 완화곡선 길이

2) 단위 클로소이드

매개변수 A가 1인 클로소이드

$$R \cdot L = 1 \text{ 즉 } r \cdot l = 1$$

3) 클로소이드의 공식

표 11.2

사항	공식
곡률반경	$R = \frac{A^2}{L} = \frac{A}{l} = \frac{L}{2\tau} = \frac{A}{\sqrt{2\tau}}$
곡선의 길이	$L = \frac{A^2}{R} = \frac{A}{r} = 2\tau R = A\sqrt{2\tau}$
접 선 각	$\tau = \frac{L}{2R} = \frac{L^2}{2A^2} = \frac{A^2}{2R^2}$

사항	공식
매개변수	$A^2 = R \cdot L = \frac{L^2}{2\tau} = 2\tau R^2$
	$A = \sqrt{R \cdot L} = l \cdot R = L \cdot \tau = \frac{L}{\sqrt{2\tau}} = \sqrt{2\tau}\,R$

예제 7

노선의 곡률반지름 R=100m, 곡선장 L=16m일 때 클로소이드의 매개변수 A를 구하시오.

풀이 $A^2 = RL$에서 $A = \sqrt{RL} = \sqrt{100 \times 16} = 40m$

예제 8

$A = 60m$의 클로소이드 곡선상의 시점 BC에서 곡선길이 30m의 반지름을 구하시오.

풀이 $A^2 = RL$에서 $R = \frac{A^2}{L} = \frac{60^2}{30} = 120m$

4) 클로소이드 (Clothoid) 곡선의 설치방법

설치방법은 원곡선의 경우와 같게 하면 되는데 곡선의 설치는 주요점의 설치 및 중간점 설치의 순서로 실시한다.

트래버어스 계산에서 얻어진 좌표를 근거로 하여 정확히 설정하고 주곡점에서 클로소이드 양단의 점이 있는데 설치법은 다른 방법에서 기술 한 점의 결정법과 같고 중간점의 설치법은 원곡선의 경우와는 다르다.

① 주 접선에서 직각좌표에 의한 설치법
② 현에서 직각좌표에 의한 설치법
③ 접선으로부터 직각좌표에 의한 설치법
④ 극각동경법에 의한 설치법
⑤ 극각현장법에 의한 설치법
⑥ 현각현장법에 의한 설치법
⑦ 2/8법에 의한 설치법
⑧ 현 다각으로부터의 설치법

5 수직곡선

종단 노선의 경사가 변할 때는 두 경사선이 갑자기 변화하는 것을 피하기 위하여 곡선에 따라서 원활하게 접촉할 필요가 있는데 운동량의 변화에 의한 충격의 완화와 시거의 확보를 위하여 곡선을 마련한다. 또 철도에는 차량의 부상으로 인한 탈선의 방지와 승차 기분을 좋게 하는 것이 주안으로 종단곡선을 설치한다.

1. 원호의 경우

두 선의 경사를 $\frac{m}{1{,}000}$, $\frac{n}{1{,}000}$이라 할 때

$$\tan\theta_1 = \frac{m}{1{,}000},\ \tan\theta_2 = \frac{n}{1{,}000},\ \alpha = \theta_2 - \theta_1,\ l = R\tan\frac{\alpha}{2} = R\tan\frac{\theta_2 - \theta_1}{2}$$

$\frac{\theta_2 - \theta_1}{2}$이 미소하므로

$$l = R\frac{1}{2}\tan(\theta_2 - \theta_1) = \frac{R}{2}\cdot\frac{\tan\theta_2 - \tan\theta_1}{1 - \tan\theta_1\cdot\tan\theta_2}$$

$\tan\theta_1\cdot\tan\theta_2$를 무시

$$\therefore\ l = \frac{R}{2}(\tan\theta_2 - \tan\theta_1) = \frac{R}{2}\left(\frac{n}{1{,}000} - \frac{m}{1{,}000}\right)$$

여기서 l은 접선장이지만 호장의 반으로 사용

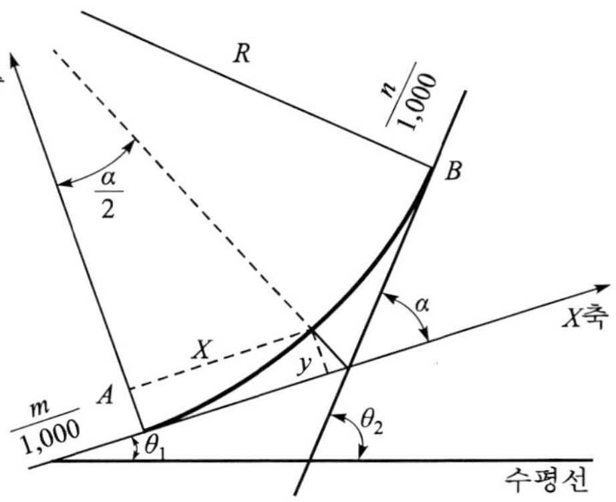

그림 11.13 원종곡선도

$$\therefore\ y = R - \sqrt{R^2 - x^2} = R\left\{1 - \left(1 - \frac{x^2}{R^2}\right)^{\frac{1}{2}}\right\}$$

$$= R\left\{\frac{x^2}{2R^2} + \frac{1}{8}\left(\frac{x}{R}\right)^4 + \cdots\cdots\cdots\cdots\right\} \fallingdotseq \frac{x^2}{2R}$$

2. 포물선의 경우

AB의 경사 $\dfrac{m}{100}$, BC'의 경사 $\dfrac{m}{100}$

y축은 포물선축에 평행 x축은 접선이라 한다.

$$y = px^2,\ \tan\alpha = \frac{m-n}{100}$$

$x = AC \fallingdotseq L$ 이라 하면

$$CC' = PL^2$$

$$\therefore\ \tan\alpha \fallingdotseq \frac{CC'}{1/2L}$$

$$CC' = \frac{L}{2}\tan\alpha = \frac{L}{2}\left(\frac{m-n}{100}\right)$$

$$PL^2 = \frac{L}{2}\left(\frac{m-n}{100}\right),\ P = \frac{1}{2L}\left(\frac{m-n}{100}\right)$$

$$\therefore\ y = \frac{1}{2L}\left(\frac{m-n}{100}x^2\right)$$

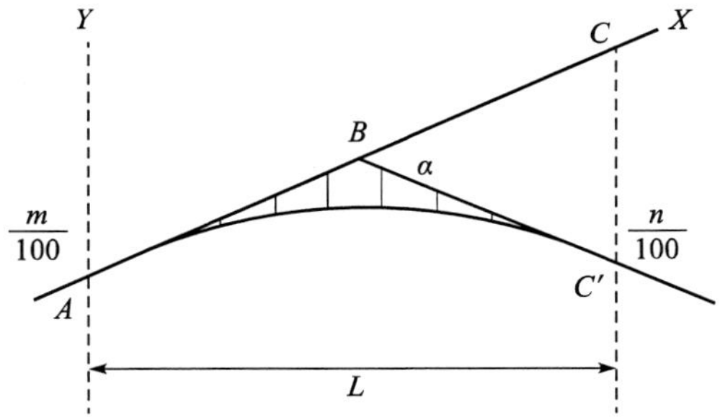

그림 11.14 종단경사

종단곡선상의 표고

$$\therefore\ H' = H_0 + \frac{m}{100}x$$

$\therefore H = H' - y$

여기서, H' : $B \cdot C$에서 x만큼 떨어져 있는 AV'선상의 점의 표고

H_0 : $B \cdot C$의 표고

H : $B \cdot C$에서 x만큼 떨어져 있는 종곡선상의 점의 표고

예제 9

그림과 같이 원곡선으로 종단곡선을 설치할 때, i_1=0%, i_2=7%, A=NO.25+8.5m, C=NO.26+8.5m, B=NO.27+8.5m이라고 하면 NO.27에서의 종거 y_3의 값을 구하시오.(단, 측점간 거리는 20m로 한다.)

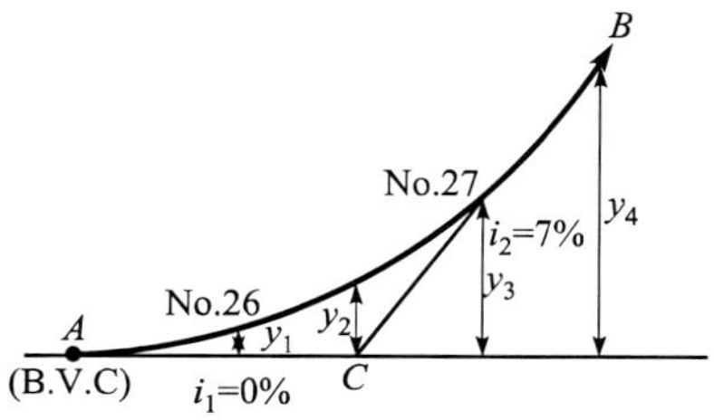

풀이 문제의 경우처럼 종거계산이 대칭이 아닌 경우 x(수평거리)는 종곡선 중심과 관계없이 좌측부터의 거리를 적용

A에서부터 NO.27까지의 거리 = NO.27 − (NO.25 + 8.5) = 540 − 508.5 = 31.5 m

$$y = \frac{i_1 - i_2}{200L}x^2 = \frac{0-(7.0)}{200 \times 40}31.5^2 = 0.868\,m$$

예제 10

그림과 같이 2차포물선에 의하여 종단곡선을 설치하려 한다면 C점의 계획고를 구하시오.(단, A점의 계획고는 50.00m 이다.)

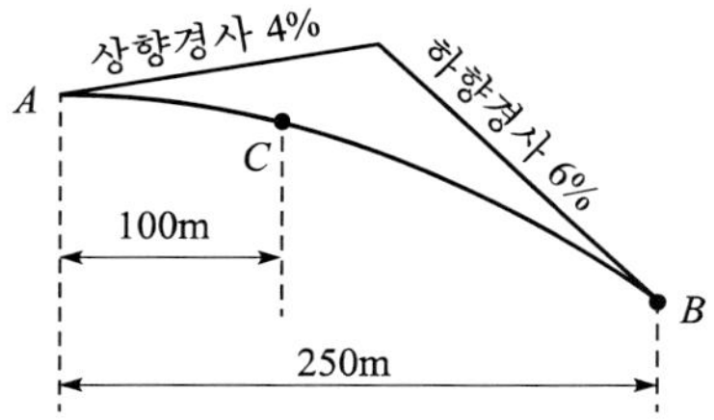

풀이 볼록 종곡선의 경우는 종거(y)를 구하여 표고에서 빼주고, 오목 종곡선의 경우는 더해준다.

$$y = \frac{i_1 - i_2}{200L}x^2 = \frac{4.0-(-6.0)}{200 \times 250} \times 100^2 = 2.00\,m$$

$$H_C' = H_A + \frac{i_1}{100}x = 50.00 + \frac{4.0}{100} \times 100 = 54.00\,m$$

$$H_C = H_C' - y = 54.00 - 2.00 = 52.00\,m$$

예제 및 풀이

1. 도로의 기점으로부터 1000.00m 지점에 교점(I.P)이 있고 원곡선의 반지름 R=100m, 교각 I=30°20′ 일 때 다음 물음에 답하시오. (단, 중심말뚝의 간격은 20m이고, 거리는 소수점 2자리까지, 각도는 초단위까지 계산하시오.)

1) 접선길이
2) 곡선시점의 위치
3) 곡선길이
4) 곡선종점의 위치
5) 시단현의 길이
6) 종단현의 길이
7) 시단현의 편각
8) 종단현의 편각

해설 1) 접선길이 (TL)

$$T.L = R\tan\frac{I}{2} = 100 \times \tan\frac{30°20'}{2} = 27.11\,m$$

2) 곡선시점의 위치 (BC)

곡선시점(B.C)의 위치 = 시점 ~ 교점까지의 거리 - 접선길이(T.L)
= 1,000 - 27.11 = 972.89 m

3) 곡선길이 (CL)

$$C.L = \frac{\pi}{180°}RI = \frac{\pi}{180°} \times 100m \times 30°20' = 52.94\,m$$

4) 곡선종점의 위치(EC)

곡선종점(E.C)의 위치 = 시점 ~ 곡선시점까지의 거리 + 곡선길이(C.L)
= 972.89 + 52.94= 1,025.83 m

5) 시단현(l_1)의 길이

시단현(l_1)의 길이 = 곡선시점인 972.89 m 보다 큰 20의 배수인 980 m에서 곡선 시점까지의 거리를 뺀 값이다.
= 980 - 972.89 = 7.11 m

6) 종단현(l_2)의 길이

종단현(l_2)의 길이 = 곡선종점인 1,025.83 m에서 이보다 작은 20의 배수인 1,020 m을 뺀 값이다.
= 1,025.83 − 1,020 = 5.83 m

7) 시단현편각 $\left(\delta_{l_1}\right)$

시단현(l_1) 편각 $\delta_{l_1} = \dfrac{l_1}{2R} \times \rho = \dfrac{7.11}{2 \times 100} \times \dfrac{180^\circ}{\pi} = 2^\circ 02' 13''$

8) 종단현편각 $\left(\delta_{l_2}\right)$

종단현편각 $\delta_{l_2} = \dfrac{l_2}{2R} \times \rho = \dfrac{5.83}{2 \times 100} \times \dfrac{180^\circ}{\pi} = 1^\circ 40' 13''$

2. 다음 그림과 같이 곡선의 반지름이 300m, 교각이 10°인 단곡선을 편각법에 의해 설치하려 한다. 기점으로부터 교점(IP)까지의 거리가 75.50m, 중심말뚝간 거리는 20m일 때 다음 물음에 답하시오. (단, 거리는 m단위로 소수 2자리까지, 각도는 초단위로 소수 1자리까지 구한다.)

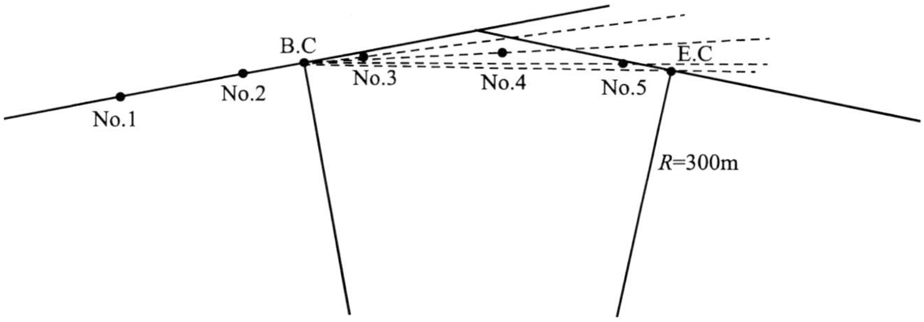

1) 접선장 (TL)
2) 곡선장 (CL)
3) 시단현(l_1)
4) 종단현(l_2)
5) 접선에 대한 편각

측점	추가거리 (m)	편각 (계산과정 및 답)
No.3		
No.4		
No.5		

해설 1) 접선길이 (TL)

$$T.L = Rtan\frac{I}{2} = 300 \times \tan\frac{10^\circ}{2} = 26.25\,m$$

2) 곡선길이 (CL)

$$C.L = \frac{\pi}{180^\circ}RI = \frac{\pi}{180^\circ} \times 300m \times 10^\circ = 52.36\,m$$

3) 시단현(l_1)의 길이

곡선시점(B.C)의 위치 = 시점 ~ 교점까지의 거리 - 접선길이(T.L)

= 75.50 - 26.25 = 49.25 m

시단현(l_1)의 길이 = 곡선시점인 49.25 m 보다 큰 20의 배수인 60 m에서 곡선 시점까지의 거리를 뺀 값이다.

= 60 - 49.25 = 10.75 m

4) 시단현(l_2)의 길이

곡선종점(E.C)의 위치 = 시점 ~ 곡선시점까지의 거리 + 곡선길이(C.L)

= 49.25 + 52.36= 101.61 m

종단현(l_2)의 길이 = 곡선종점인 101.61 m에서 이보다 작은 20의 배수인 100 m을 뺀 값이다.

= 101.61- 100 = 1.61 m

5) 접선에 대한 편각

시단현편각 $\delta_1 = \frac{l_1}{2R} \times \rho = \frac{10.75}{2 \times 300} \times \frac{180^\circ}{\pi} = 1^\circ 01' 35.6''$

종단현편각 $\delta_2 = \frac{l_2}{2R} \times \rho = \frac{1.61}{2 \times 300} \times \frac{180^\circ}{\pi} = 0^\circ 09' 13.5''$

20m 편각 $\delta_{20} = \frac{l_{20}}{2R} \times \rho = \frac{20}{2 \times 300} \times \frac{180^\circ}{\pi} = 1^\circ 54' 35.5''$

측점	추가거리 (m)	편각 (계산과정 및 답)
No.3	10.75	$1°01'35.6''$
No.4	20	$\delta_1 + \delta_{20} = 1°01'35.6'' + 1°54'35.5'' = 2°56'11.1''$
No.5	20	$\delta_1 + \delta_{20} \times 2 = 1°01'35.6'' + 1°54'35.5'' \times 2 = 4°50'46.6''$
EC	1.61	$\delta_1 + \delta_{20} \times 2 + \delta_2 = 1°01'35.6'' + 1°54'35.5'' \times 2 + 0°09'13.5'' = 5°00'00.1''$

3. 단곡선을 설치하기 위한 조건 중 곡선시점 (B.C)의 좌표가 $X_{B.C}$ = 1,000.500m, $Y_{B.C}$ = 200.400m이고, 곡선반지름(R)이 300m, 교각(I)이 70°일 때, 곡선시점(B.C)으로부터 교점(I.P)에 이르는 방위각이 123°13′12″일 경우 원곡선 종점(E.C)의 좌표를 구하시오.

해설 원곡선 종점의 좌표는 곡선의 현의 길이를 구하고 나면 곡선시점좌표에세 곡선의 길이와 방위각은 문제에 주어졌으므로 트래버스측량의 좌표계산과 같은 형식으로 계산할 수 있다.

① 곡선의 현의 길이 $C = 2R\sin\frac{I}{2} = 2\times300\times\sin\frac{70°}{2} = 344.146m$

② 원곡선시종점의 방위각 = 곡선시점으로부터 교점까지의 방위각 + 교각 / 2

= 123° 13′ 12″+ 35° = 158° 13′ 12″

③ 원곡선 종점(E.C)의 좌표

$X_{EC} = X_{B.C} +$ 원곡선 현의 길이 $\times\cos$곡선시종점 방위각

$= 1{,}000.500 + 344.146\times\cos158°13'12'' = 680.921m$

$Y_{EC} = Y_{B.C} +$ 원곡선 현의 길이 $\times\sin$곡선시종점 방위각

$= 200.400 + 344.146\times\sin158°13'12'' = 328.093m$

4. 원곡선으로 곡선을 설치할 때 교각 60°, 반지름 200m, 곡선시점의 위치 No. 20+12.5m 일 때 곡선종점의 위치를 구하시오.(단, 중심말뚝 간의 거리는 20m 이다.)

해설 노선의 시점에서 곡선종점까지의 거리는 노선의 시점에서 곡선시점(B.C)까지의 거리와 곡선길이(C.L)를 더하여 구한다.

즉, 곡선종점의 거리 = 곡선시점까지의 직선거리 + 곡선길이

① 곡선시점까지의 직선거리 $= No.20 + 12.5 = 20\times20 + 12.5 = 412.5m$

② $C.L = \frac{\pi}{180°}R \cdot I = \frac{\pi}{180°}200 \cdot 60° = 209.4m$

③ 곡선종점까지의 거리 $= 412.5 + 209.4 = 621.9m$

5. 원곡선 설치를 위한 조건이 다음과 같을 경우 원곡선 시점 (B.C.)으로부터 원곡선상 처음 중심점(P_1)까지의 편각을 구하시오.

측점위치	X(m)	Y(m)
원곡선시점(B.C)	117.441	117.441
교점(I.P)	150.000	150.000
원곡선상 처음중심점(P_1)	123.030	124.452

해설 원곡선시점, 교점, 원곡선상 처음중심점 등 세점의 좌표를 알고 있으므로 원곡선시점으로부터 교점과 처음 중심점의 방위각을 각각 계산하면 두 선분의 방위각의 차이가 곧 편각이 된다.

$\overline{B.C \sim I.P}$ 의 방위각 $= \tan^{-1}\left(\frac{\triangle Y}{\triangle X}\right) = \tan^{-1}\left(\frac{150-117.441}{150-117.441}\right) = 45°$

$\overline{B.C \sim P_1}$ 의 방위각 $= \tan^{-1}\left(\frac{\triangle Y}{\triangle X}\right) = \tan^{-1}\left(\frac{124.452-117.441}{123.030-117.441}\right) = 51°26'20.37''$

두 측선의 방위각의 차이 = $51°26'20.37'' - 45° = 6°26'20.37''$

6. 교각 60°, 곡선반지름 100m의 원곡선에서 이 원곡선의 시점을 움직이지 않고 교점에서 교각을 100°로 증가시켜 새로운 원곡선을 설치할 때, 접선길이의 변화 없다면 새로운 원곡선의 반지름을 구하시오.

해설

$$T.L = R \cdot \tan\frac{I}{2} = 100 \times \tan\frac{60°}{2} = 57.735m$$

$$T.L = R \cdot \tan\frac{I}{2} = R \times \tan\frac{100°}{2} = 57.735m$$

$$R = \frac{57.735m}{\tan\frac{100°}{2}} = 48.445m$$

7. 터널측량에서 측점의 위치가 표와 같을 경우 터널 내 곡선의 교각을 구하시오.

측정위치	N(m)	E(m)
터널내원곡선시점	100.000	100.000
터널내원곡선종점	100.000	350.000
교점	120.000	225.000

해설 원곡선의 교각은 곡선시점과 교점과의 방위각과 교점과 곡선종점의 방위각을 각각 계산하여 구한다.

시점부방위각 $=\tan^{-1}\left(\dfrac{225-100}{120-100}\right)=80°54'35''$

종점부방위각 $=\tan^{-1}\left(\dfrac{350-225}{100-120}\right)=-80°54'35''$

$=180°-80°54'35''=99°05'25''$ (∵ 2사분선의 방위각이므로)

$I=180°-$시점부 방위각$-(180°-$종점부 방위각$)$

$=180°-80°54'35''-(180°-99°05'25'')$

$=18°10'50''$

8. 노선측량에서 그림과 같은 단곡선을 설치할 때 CD의 거리를 구하시오. (단, 곡선 반지름(R)=50m, α=20°)

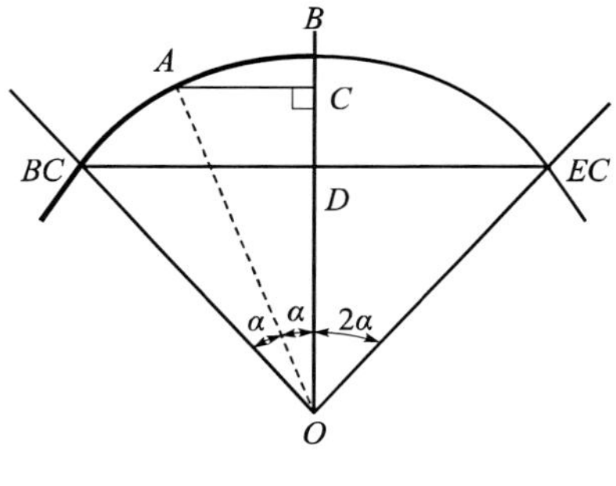

해설 $\overline{BD}=R(1-\cos 2\alpha)=50m(1-\cos(2\times 20°))=11.70\,m$

$\overline{CD}=R(1-\cos\alpha)=50m(1-\cos 20°)=3.02\,m$

$\overline{CD}=\overline{BD}-\overline{BC}=11.70-3.02=8.68m$

9. 그림과 같은 단곡선에서 곡선반지름(R)=50m, AI의 방위 =N79°49′32″ E, BI의 방위=N50°10′28″ W일 때 AB의 거리를 구하시오.

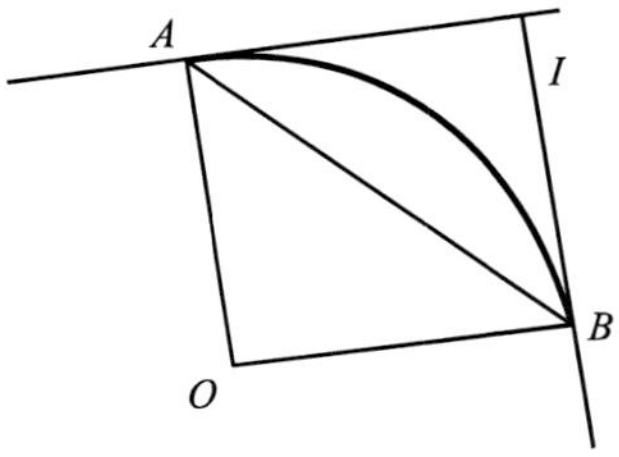

해설 AI의 방위 = N79°49′32″ E = 79°49′32″ (AI방위각)

BI의 방위 = N50°10′28″ W = 309°49′32″ (BI방위각)

$I = BI$방위각 $- 180° - AI$방위각

$= 309°49'32'' - 180° - 79°49'32'' = 50°$

$\overline{AB} = 2R\sin\frac{I}{2} = 2 \times 50m \times \sin\frac{50°}{2} = 42.26m$

10. 그림과 같은 단곡선에서 ∠AOB=36°52′00″, CD=BD이고, OA=OB=OE=R=20m일 때 EF의 거리를 구하시오.

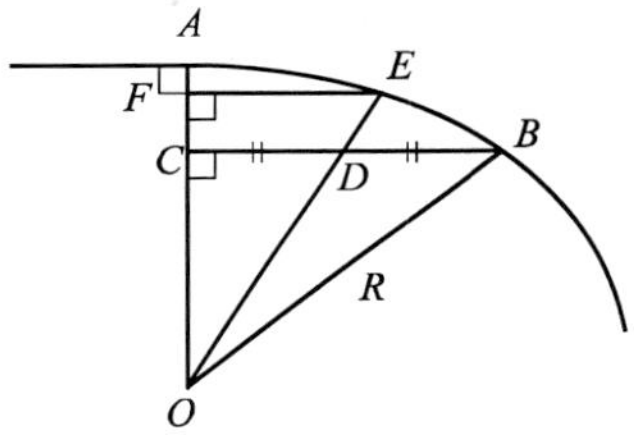

해설 $\overline{OC} = R\cos(\angle BOC) = 20m \times \cos 36°52' = 16m$

$\overline{CB} = R\sin(\angle BOC) = 20m \times \sin 36°52' = 12m$

$\overline{CD} = \frac{\overline{CB}}{2} = \frac{\overline{BD}}{2} = 6m$

$\tan(\angle COD) = \frac{\overline{CD}}{\overline{OC}}$ 에서

$\angle COD = \tan^{-1}\left(\frac{\overline{CD}}{\overline{OC}}\right) = \tan^{-1}\left(\frac{6}{16}\right) = 20°33'21.76''$

$\therefore \overline{EF} = 20 \times \sin 20°33'21.76'' = 7.02m$

11. 그림과 같이 교각 I=60°. 곡선 반지름 R=100m의 원곡선에서 제1접선(AP)을 움직이지 아니하고 교점(P)를 중심으로 30° 만큼 더 회전하여 접선길이(AP)와 곡선시점(A)을 같이 하는 새로운 원곡선의 반지름을 구하시오.

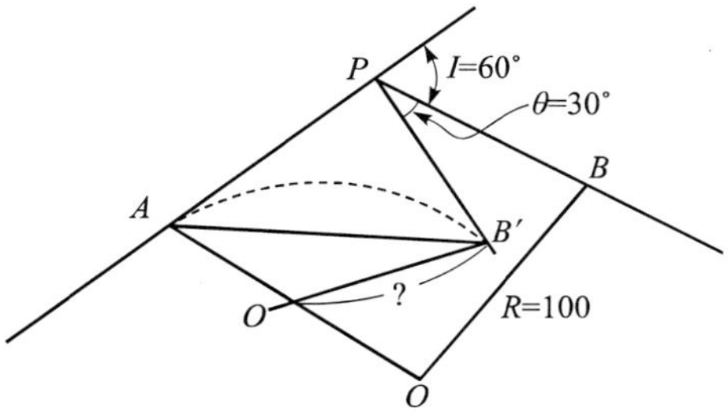

해설 문제의 조건에 접선의 변화가 없다는 말은 접선길이가 동일하다는 의미이므로

$$T.L = R\tan\frac{I}{2} = 100 \times \tan\frac{60^\circ}{2} = 57.735\,m$$

신곡선의 교각은 기존곡선의 교각에 $\theta = 30^\circ$ 만큼 더해진 값이므로 접선길이의 식에서

$$T.L = R\tan\frac{I}{2} = R \times \tan\frac{90^\circ}{2} = 57.735\,m$$

$$R = \frac{57.735}{\tan\frac{90^\circ}{2}} = 57.735\,m$$

12. 그림과 같이 AC 및 BD선 사이에 곡선을 설치하고자 한다. 그런데 그 교점에 장애물이 있어 교각을 측정하지 못하고 ∠ACD, ∠CDB 및 CD의 거리를 측정하여 다음의 결과를 얻었다. ∠ACD=150°, ∠CDB=90°, CD=200m, 곡선반지름을 300m라 하면 C점에서 곡선시점까지의 거리를 구하시오.

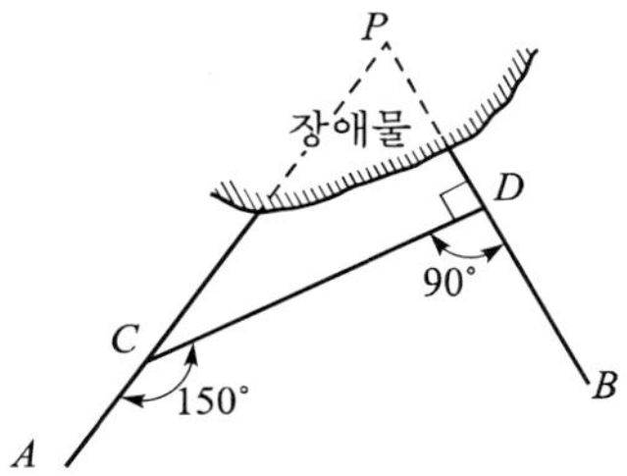

해설 ∠C = 30°, ∠D = 90°, 교각 I = ∠C + ∠D = 120°, ∠P = 180° − 120° = 60°

$$T.L = R\tan\frac{I}{2} = 300 \times \tan\frac{120^\circ}{2} = 519.62\,m$$

$\overline{CP}$는 sine 법칙에 의하여 구한다.

$$\frac{\overline{CD}}{\sin P} = \frac{\overline{CP}}{\sin D} \Leftrightarrow \frac{200}{\sin 60^\circ} = \frac{\overline{CP}}{\sin 90^\circ}$$

$$\therefore \overline{CP} = 230.94\,m$$

C점에서 곡선시점까지의 거리 = T.L − $\overline{CP}$ = 519.62 − 230.94= 288.68 m

13. 원곡선의 교각(I)=28°08′25″ 반지름(R)=150m, 외할(E)=4.64m인 원곡선을 동일한 교각을 갖는 외할(E′)=7.64m의 원곡선으로 변경할 때 구성되는 새로운 원곡선의 반지름을 구하시오.

해설 교각이 동일한 새로운 곡선설치이므로 신구곡선은 같은 반지름을 적용한다.

$E=R\left(\sec\frac{I}{2}-1\right)$ 에서

$$R=\frac{E}{\left(\sec\frac{I}{2}-1\right)}=\frac{E}{\left(\frac{1}{\cos\frac{I}{2}}-1\right)}=\frac{7.64}{\left(\frac{1}{\cos\frac{28°08'05''}{2}}-1\right)}=247.12m$$

∵ sec 함수는 cos의 역수이므로 cos의 역수로 계산한다.

14. 그림과 같이 R=150m, I=85°인 원곡선의 곡선시점 A와 교각의 크기를 유지(I=I′)한 상태에서 교점(P′)을 접선 AP를 따라 20m 이동하여 노선을 변경하고자 할 때, 새로운 원곡선의 반지름 R′을 구하시오.

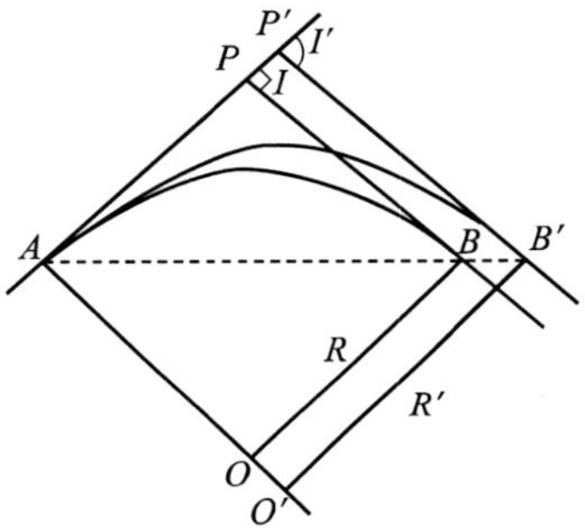

해설 구곡선 $T.L=R\tan\frac{I}{2}=150\times\tan\frac{85°}{2}=137.45m$

신곡선 $T.L=R'\tan\frac{I}{2}$ 에서

$(137.45+20)=R'\tan\frac{85°}{2}$

$$R'=\frac{137.45+20}{\tan\frac{85°}{2}}=171.83m$$

15. 그림과 같이 R=200m, I=100°인 원곡선의 곡선시점 A와 교각의 크기(I)를 유지한 상태에서 교점(P′)을 접선 AP를 따라 20m 이동하여 노선을 변경하고자 할 때, 새로운 원곡선의 반지름 R′을 구하시오.

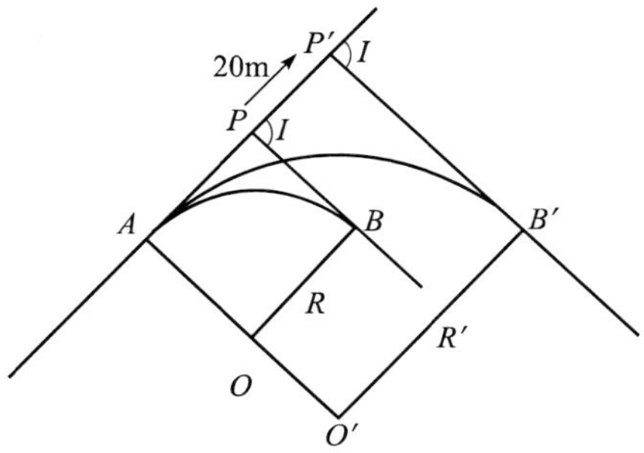

해설

구곡선 $T.L = R\tan\frac{I}{2} = 200 \times \tan\frac{100°}{2} = 238.35\,m$

신곡선 $T.L = R'\tan\frac{I}{2}$ 에서

$(238.35 + 20) = R'\tan\frac{100°}{2}$

$R' = \frac{258.35}{\tan 50°} = 216.78\,m$

16. 반경 R=400인 원곡선에 접속하는 매개변수 A=200인 클로소이드를 설치하고자 한다. 완화곡선의 시점 KA의 추가거리가 125.765m일 때 주접선으로부터 직교좌표법에 의해 20m간격으로 중간점을 설치하는 클로소이드 곡선표를 완성하시오. (단, l은 소수 일곱째 자리에서, X, Y는 소수 넷째 자리에서 반올림하여 구하시오.)

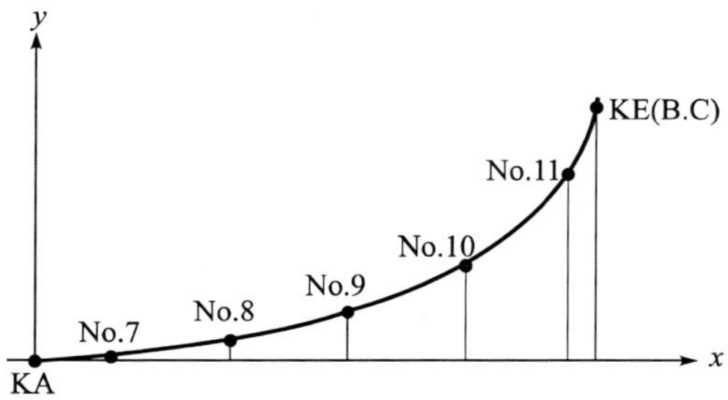

측점	추가거리	L	l	x	y	X	Y
KA=No.6 +5.765	125.765	0	0	0	0	0	0
No.7				0.044120	0.000014		
No.8				0.110787	0.000227		
No.9				0.177449	0.000931		
No.10				0.244098	0.002425		
No.11				0.310714	0.005003		
KE(B.C)				0.377262	0.014590		

해설

측점	추가거리	L	l	x	y	X	Y
KA=No.6 +5.765	125.765	0	0	0	0	0	0
No.7	140	14.235	0.071175	0.044120	0.000014	8.824	0.003
No.8	160	34.235	0.171175	0.110787	0.000227	22.157	0.045
No.9	180	54.235	0.271175	0.177449	0.000931	35.490	0.186
No.10	200	74.235	0.371175	0.244098	0.002425	48.820	0.485
No.11	220	94.235	0.471175	0.310714	0.005003	62.143	1.001
KE(B.C)	225.765	100	0.5	0.377262	0.014590	75.452	2.918

1) 추가거리 계산

20m 간격으로 중심선을 설치한다.

KE(B.C) = No.11+5.765=225.765

2) 곡선 길이의 계산

$A=\sqrt{RL}$ 에서 $L=A^2/R=200^2/400=100m$

3) 단위 클로소이드의 계산

$l=L/A$

4) 좌표의 계산(X, Y)의 계산

측점	$X=A \cdot x$	$Y=A \cdot y$
KA	0.000	0.000
No.7	$200\times 0.044120=8.824$	$200\times 0.000014=0.003$
No.8	$200\times 0.110787=22.157$	$200\times 0.000227=0.045$
No.9	$200\times 0.177449=35.490$	$200\times 0.000931=0.186$
No.10	$200\times 0.244098=48.820$	$200\times 0.002425=0.485$
No.11	$200\times 0.310714=62.143$	$200\times 0.005003=1.001$
KE(B.C)	$200\times 0.377262=75.452$	$200\times 0.014590=2.918$

17. AV의 종단경사 3.2%, VB의 종단경사 −4.5%로 변화되는 구간에서 종곡선 길이 100m의 종단곡선을 설치하시오. (단, 종단곡선은 2차포물선이고, A점의 계획고=65.50m)

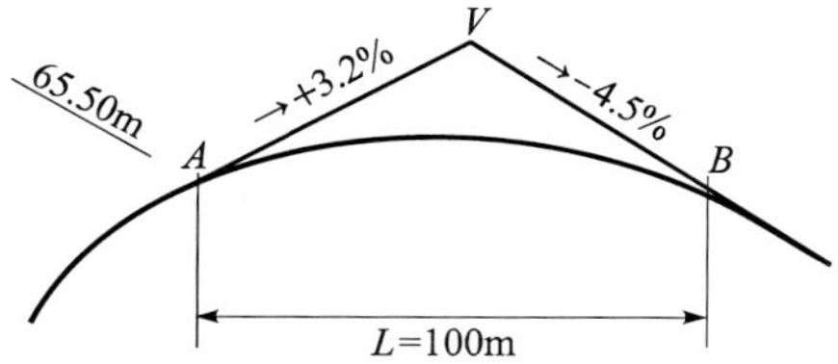

측점	수평거리	접선고(H′)	종거(y)	계획고(H)
A	0			
No.1	20			
No.2	40			
V	50			
No.3	60			
No.4	80			
B	100			

해설

1. 접선고의 계산

$$H' = \text{시점높이} + \frac{\text{경사}}{100} \times \text{수평거리}$$

2. 종거의 계산

$$y = \frac{i_1 - i_2}{200 \times L} \times x^2$$

3. 계획고의 계산

$$H = H' - y$$

측점	수평거리	접선고(H′)	종거(y)	계획고(H)
A	0	65.50	0	65.50
No.1	20	66.14	0.15	65.99
No.2	40	66.78	0.62	66.16
V	50	67.10	0.96	66.14
No.3	60	66.65	0.62	66.03
No.4	80	65.75	0.15	65.60
B	100	64.85	0	64.85

18. AV의 종단경사 −3.0%, VB의 종단경사 +2.0%로 변화되는 구간에서 종곡선 길이 60m의 종단곡선을 설치하시오. (단, 종단곡선은 2차포물선이고, A점의 계획고=46.80m)

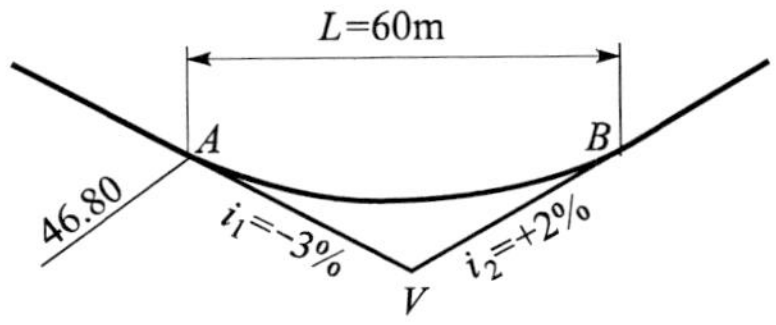

측점	수평거리	접선고(H′)	종거(y)	계획고(H)
A	0			
No.1	20			
V	30			
No.2	40			
B	60			

해설 종곡선의 계획고는 경사에 의한 직선변화구간의 계획고와 종거의 차이로 구하면 된다.

1. 접선고의 계산

$$H' = \text{시점높이} + \frac{\text{경사}}{100} \times \text{수평거리}$$

2. 종거의 계산

$$y = \frac{i_1 - i_2}{200 \times L} \times x^2$$

3. 계획고의 계산

$H = H' - y$

※ 엄밀하게 종곡선 전후의 경사가 정확한 대칭을 이루지 않으면 종곡선의 중간점이 가장 낮은 점이 되지 않는다. 오히려 경사가 완만한 $\overline{VB}$ 곡선 부근에서 가장 낮은 점을 찾을 수 있다.

측점	수평거리	접선고(H′)	종거(y)	계획고(H)
A	0	46.80	0	46.80
No.1	20	46.20	−0.17	46.37
V	30	45.90	−0.38	46.28
No.2	40	46.10	−0.17	46.27
B	60	46.50	0	46.50

19. 그림에서 V지점에 해당하는 종단곡선(Vertical curve)상의 계획고(Elevation)를 구하시오. (단, 종단곡선은 2차포물선이고, A점의 계획고=65.50m)

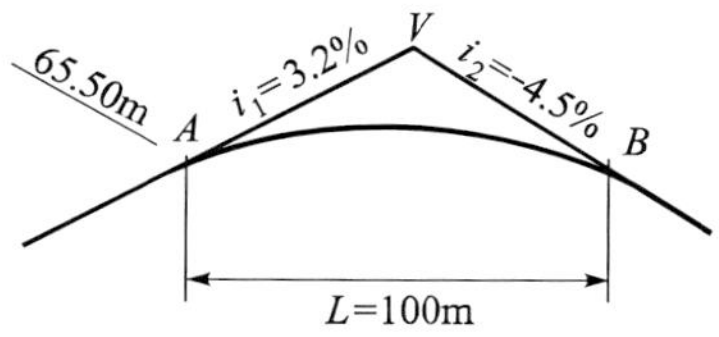

해설 볼록 종곡선의 경우는 종거(y)를 구하여 표고에서 빼주고, 오목 종곡선의 경우는 더 해준다.

$$y=\frac{i_1-i_2}{200L}x^2=\frac{3.2-(-4.5)}{200\times 100}50^2=0.96\,m$$

$$H_V'=H_A+\frac{i_1}{100}x=65.50+\frac{3.2}{100}\times 50=67.1\,m$$

$$H_V=H_V'-y=67.1-0.96=66.14m$$

20. 그림과 같은 종단곡선을 2차 포물선으로 설치하고자 할 때, B점의 계획고를 구하시오. (단, A점의 계획고는 78.63m 이다.)

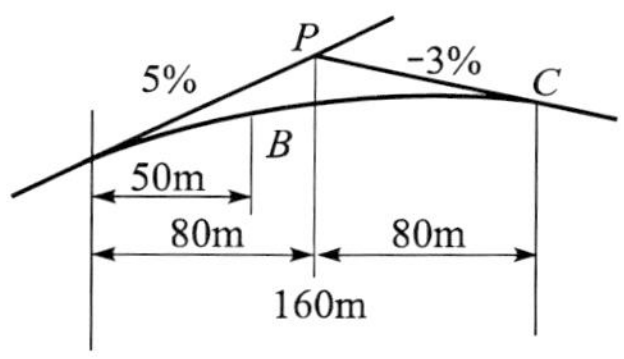

해설 볼록 종곡선의 경우는 종거(y)를 구하여 표고에서 빼주고, 오목 종곡선의 경우는 더 해준다.

$$y=\frac{i_1-i_2}{200L}x^2=\frac{5.0-(-3.0)}{200\times 160}50^2=0.625\,m$$

$$H_B'=H_A+\frac{i_1}{100}x=78.63+\frac{5.0}{100}\times 50=81.13\,m$$

$$H_B=H_B'-y=81.13-0.625=80.505m$$

CHAPTER 12 하천측량

CHAPTER 12

하천측량

1 하천측량의 개요

1. 하천측량

하천측량은 하천의 형상, 수위, 단면, 경사, 지형지물의 위치를 관측하여 평면도, 종횡단면도 작성하는 측량으로 유속, 유량, 하천 구조물 등을 조사하는 측량으로 하수개수공사나 하천공작물의 계획, 설계, 시공 및 특수관리에 필요한 자료를 얻기 위한 측량이다. 하천의 계획유지, 관리에 필요한 자료로서 지반, 물체의 위치, 종횡단 등을 측량하여 평면도, 종단면도, 횡단면도 등을 작성하는 측량으로 삼각측량의 보조기준점을 정하고, 이것을 기준으로 중요지점의 위치를 결정하여 평면도를 만든다. 그리고 수준측량으로 종단면도 및 횡단면도를 만드는 외에 양수표에 의한 수위측정 및 유량측정도 필요한 측량이다.

2. 하천측량의 순서

1) 도상조사

$\frac{1}{50,000}$의 지형도를 이용(유로상황, 지역면적, 지형, 지물, 토지이용상황, 교통, 통신시설상황) 상황을 조사한다.

2) 자료조사

홍수피해, 수리권문제, 물의 이용상황, 기타 제반자료 조사 등을 조사한다.

3) 현지조사

답사 및 선점 위치 조사를 한다.

4) 평면측량실시

골조측량(삼각측량, 다각측량)실시 후 세부측량을 실시하여 평면도를 작성한다.

5) 수준측량실시

종, 횡단측량을 실시하고 유수부는 심천측량에 의해 종, 횡단면도를 작성한다.

6) 유량측량실시

수위관측, 유속관측, 유역면적관측에 의한 유량을 계산하고 유량곡선을 그린다.

7) 기타측량

강우량측정, 하천 구조물 조사, 피해 등의 위치 및 수위를 파악한다.

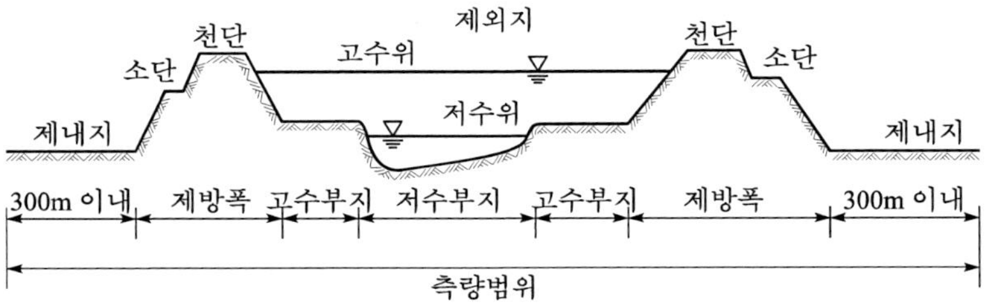

그림 12.1 하천단면도

2 평면측량

1. 측량의 범위

1) 제방이 있을 때 (유제부)

제외지 전부에 제내지에서 300m이내까지 실시한다.

2) 제방이 없을 때 (무제부)

홍수가 영향을 주는 구역보다 약간 넓게(100m정도) 실시한다.

2. 측량방법

1) 삼각측량

① 단열삼각망을 짜서 측각은 단측법 또는 배각법으로 측정하여 40°이상 100°이하의 협각으로 하고 각오차는 20″이내로 한다.

② 삼각점은 2~3km마다 설치한다.

③ 기설 삼각점 3개소 이상으로부터 관측할 수 있는 위치에 있어야 한다.
④ 트래버스측량과 지형측량을 실시하는데 편리한 장소에 설치한다.

2) 트래버스측량

① 세부측량시 기준점이 부족하므로 약 200m마다 다각망을 만들어 기준점의 수를 늘린다.
② 다각망은 삼각점을 기점과 종점으로 하는 결합다각형으로 하고 폐다각형은 피한다.

3) 세부측량

① 세부측량의 대상 : 하천형태, 제방, 다리, 방파제, 행정구획경계, 건축물, 하천공사물, 각종측량표, 양수표, 수애선, 묘지 등 하천유역에 있는 모든 것.
② 세부측량의 방법 : 토털스테이션이나 GNSS측량에 의한다.
③ 제내 침수지역, 범람지역, 유수지의 수위, 면적, 용량의 조사 등에 등고선측량 필요하다.
④ 평면도의 축척은 1/2,500, 하천의 폭이 50m 이내일 경우 1/1,000으로 한다.

3 고저측량

고저측량은 종단, 횡단, 심천 측량을 실시하며 고저측량을 실시하기 위해서는 먼저 수준기표(B.M)와 거리표를 설치하여야 한다.

1. 고저측량의 분류

1) 종단측량　　2) 횡단측량　　3) 심천측량　　4) 하구 심천측량 등

2. 수준기표

고저측량을 실시하기 위해서는 먼저 수준기표(B.M)를 기준면에서 정확하게 측정해서 표시해 두어야 한다. 수준기표는

1) 지반이 침하되지 않는 곳일 것.
2) 교통에 지장이 없는 양안 5km마다 설치한다.
3) 기본수준점으로부터 정확히 측정하여 설치한다.
4) 수위관측소에는 반드시 설치한다.

3. 거리표

거리표는 거리측량에 기준이 되는 것으로 거리표를 설치할 때는 그 위치를 정하는데 직접거리를 측정하여 가면서 정하는 것이 좋으나 장애물이 있을 때는 복잡하므로 앞서서 거리표를 정하는 것이 좋다.

1) 거리표는 하구 또는 하천의 합류점에서의 위치를 표시하는 것이다.
2) 거리표는 하천의 중심에 직각방향으로 양안의 제방법선에 설치한다.
3) 설치간격은 하천의 기점에서 하천의 중심을 따라 200m 간격을 표준으로 한다.
4) 하천의 중심을 따라 설치하는 것이 곤란하므로 좌안을 따라 200m 간격으로 설치한다.
5) 거리표의 위치는 보조삼각측량, 보조다각측량으로 결정한다.

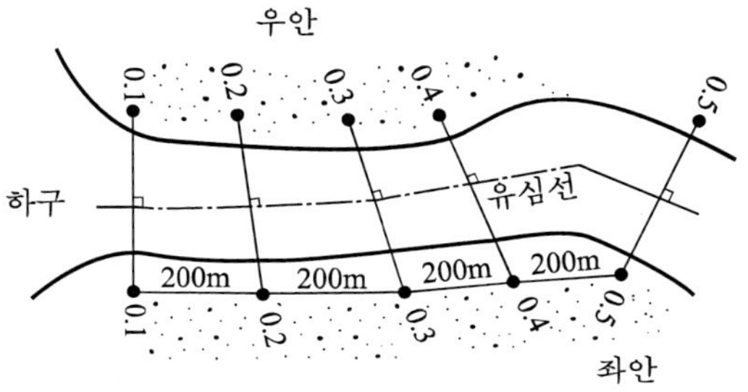

그림 12.2 거리표

4. 종단측량

종단측량은 하천 흐름 방향으로 중요개소의 높이를 측정하며 대안을 연결하려면 적어도 5km마다 교호수준측량을 해야 한다.

1) 제방고, 수문, V관, 용수로, 배수로 등의 높이, 양수표의 영점고, 교량의 높이 등을 수준측량에 의해 결정하는 것이다.
2) 양안 5km마다 고저기준표(수준기표) 설치, 수위 관측소에는 반드시 설치한다.
3) 종단측량의 성과는 하류 좌측에 대하여 거리는 1/1,000, 높이는 1/100의 축척으로 종단면도를 작성한다.
4) 종단면도는 하류를 좌측, 상류를 우측으로 한다.

5. 횡단측량

횡단측량은 양안의 거리표를 맺는 선중의 지반의 고저 및 하천의 심천 등을 측정하는 작업이다.

1) 횡단측량은 200m마다 거리표를 기준으로 하여 그 선상의 고저를 측량(좌안을 기준)한다.
2) 수애말뚝과 수위와의 관계를 명시(거리와 고저차 관측)한다.
3) 측정구역은 평면측량할 구역을 고려하여 결정한다.
4) 고저차의 관측은 평탄지의 경우 5~10m 간격으로, 경사변환점은 반드시 실시한다.
5) 횡단측량은 양수표, 댐, 교량, 갑문 등 구조물이 있는 곳에서는 특별한 측량 실시한다.
6) 횡단면도 작성 : 종 1/100, 횡 1/1,000~1/10,000 축척으로 설치한다.
7) 횡단면도는 좌안을 좌측으로, 좌안 거리표를 기점으로 하며 거리표의 부호를 제도한다.

6. 수심측량

수심측량은 원칙으로 횡단측량의 실시와 동시에 시행하며 수면말뚝을 기준으로 하여 다음 사항을 준수하면서 실시한다.

1) 횡단측량시 동시에 실시함을 원칙으로 하고 때에 따라 단독 실시하는 경우도 있다.
2) 보통 5m구간으로 나누어 수심과 하저의 토질 또는 토사의 대소 등을 측정한다.
3) 사용기구는 하천의 길이와 유속에 따라 측간과 측추를 사용한다.
4) 측간은 10cm간격으로 적, 백색의 눈금을 표시하여 사용한다.
5) 측추는 끈에 추를 매달아 수심이 6m 이상이고, 유속이 그리 크지 않은 장소에서 사용한다.
6) 수심이 깊은 곳에는 음향측정기와 수압측정기를 사용한다.

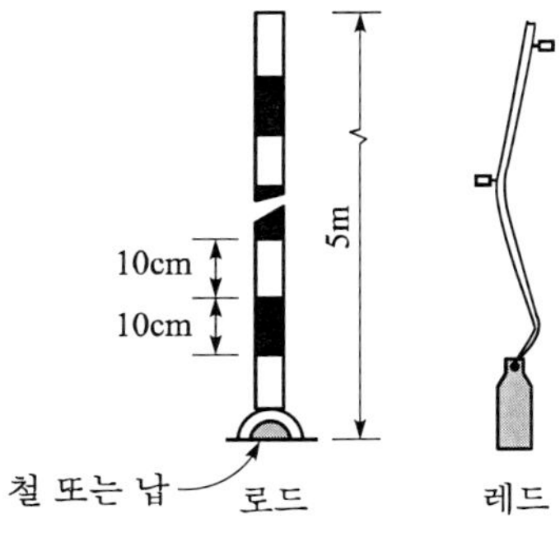

그림 12.3 측간과 측추

7. 도면작성

도면작성은 평면도, 종단면도, 횡단면도 등을 작성하고 도면에는 실시 연월일과 측량자명, 방위, 축척, 기타 필요한 사항을 명시한다.

1) 평면도 작성

평면도는 개조, 기타 하천공사의 계획에 기본도가 되므로 측점은 직각 좌표에 의하여 전개해서 지형도를 작성한다.

① 평면도는 축척 $\frac{1}{2,500}$로 작도한다.

② 하천의 폭이 50m 이하에 있어서는 $\frac{1}{1,000}$로 작도한다.

2) 종단면도 작성

종단면도는 양안의 거리표, 지반고, 하상고, 최고수위, 양수표 교대고, 수문, 용배수의 통관, 기타 공작물의 위치와 높이 등을 기입한다.

① 거리 $\frac{1}{1,000}$, 높이 $\frac{1}{100}$로 작도한다.

② 폭 $\frac{1}{500}$, 높이 $\frac{1}{50}$의 축척으로 하는 경우도 있다.

3) 횡단면도 작성

횡단면도는 하천개조, 기타 공사는 좌안의 거리표를 기준으로 하고 작도한다. 그리고 Dam, 저수지의 계획에서 배수계획을 하는 경우 사용되는 도면에서는 하류로부터 상류로 시준하는 단면은 좌안은 우, 우안은 좌가 되도록 그린다.

① 폭 $\frac{1}{1,000}$, 높이 $\frac{1}{100}$의 축척으로 작도한다.

8. 수위관측

양수표에 의하는 것으로써 보통양수표와 자기양수표의 2종류가 있다.

1) 양수표 설치의 고려할 사항

① 양수표의 위치뿐만 아니라 상, 하류의 상당한 범위에서 하상과 하안이 안전하고 세굴이나 퇴적이 생기지 않는 장소일 것.

② 유속의 차가 심하지 않고 상하류 약 100m 정도의 직선인 장소일 것.
③ 수위가 교각이나 기타 구조물에 의한 영향을 받지 않는 장소일 것.
④ 홍수시 유실, 이동, 파손의 염려가 없는 장소일 것.
⑤ 평상시는 물론 홍수시에는 용이하게 양수량을 볼 수 있는 장소일 것.
⑥ 지천의 합류점에서는 불규칙한 수위의 변화가 없는 곳일 것.

2) 양수표의 영위

① 양수표의 영위는 하저수위의 밑에 있고, 양수표 눈금의 최고위는 최대 홍수위보다 높아야 한다.
② 양수표에 있어서는 평균해수면의 표고를 관측해 둔다.
③ 홍수 후에는 수준점을 연결하여 그 표고를 확인한다.

예제 1

그림과 같이 200mm 하수관을 묻었을 때 측점 A의 관저계획고는 53.16m이고, AB구간의 설치 기울기는 1/200, BC구간의 설치기울기는 1/250일 때, 측점 C의 관저계획고를 구하시오.

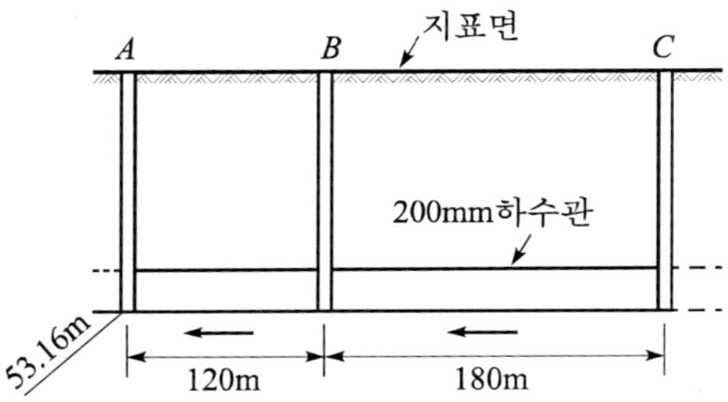

풀이 기울기 $i=\frac{H}{D}$에서 $H=i\times D$이므로

$$H_C=H_A+\Delta H_{AB}+\Delta H_{BC}=53.16+\frac{120}{200}+\frac{180}{250}=54.48m$$

4 하천단면의 유속분포

하상의 상태, 하폭, 풍향 등에 의하여 변화하며 한단면내에 있어서도 하저로부터 수면으로 향하여 올라오는데 따라 유속이 다르다. 따라서 유속계산은 각 단면에 대하여 평균유속을 구하는 것이 필요하다.

$\therefore$ 1점법 유속 $V_m = V_{0.6}$

$\therefore$ 2점법 유속 $V_m = \frac{1}{2}(V_{0.2} + V_{0.8})$

$\therefore$ 3점법 유속 $V_m = \frac{1}{4}(V_{0.2} + 2V_{0.6} + V_{0.8})$

$\therefore$ 4점법 유속 $V_m = \frac{1}{5}\left[(V_{0.2} + V_{0.4} + V_{0.6} + V_{0.8}) + \frac{1}{2}\left(V_{0.2} + \frac{V_{0.8}}{2}\right)\right]$

여기서, V_m : 평균 유속

$V_{0.2}$, $V_{0.4}$, $V_{0.6}$, $V_{0.8}$: 하천의 유속측정에 있어서 수면에서 깊이의 유속

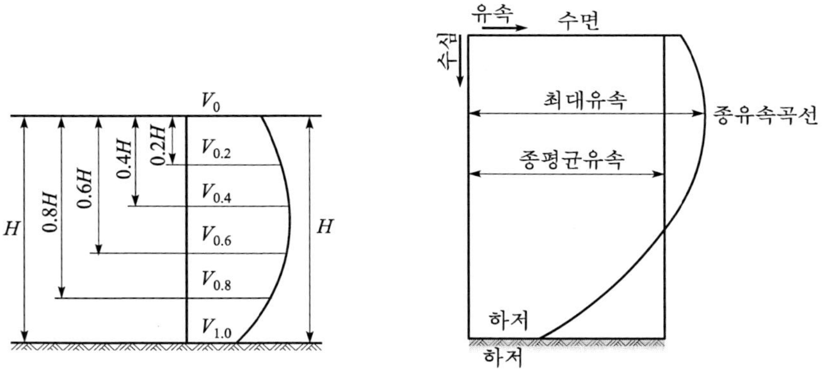

그림 12.4 하천단면의 유속분포

예제 2

수심 h인 하천의 유속 측정을 한 결과가 표와 같다. 1점법, 2점법, 3점법으로 구한 평균유속의 크기 V_1, V_2, V_3를 각각 구하시오.

수심	유속(m/sec)
0.2h	0.52
0.4h	0.58
0.6h	0.50
0.8h	0.48

풀이 **평균유속의 결정**

① 1점법 $V_1 = V_{0.6} = 0.50\,m/\text{sec}$

② 2점법 $V_2 = \frac{1}{2}(V_{0.2} + V_{0.8}) = \frac{1}{2}(0.52 + 0.48) = 0.50\,m/\text{sec}$

③ 3점법 $V_3 = \frac{1}{4}(V_{0.2} + 2V_{0.6} + V_{0.8}) = \frac{1}{4}(0.52 + 2 \times 0.50 + 0.48) = 0.50\,m/\text{sec}$

예제 3

하천의 유속측정결과, 수면으로부터 깊이의 2/10, 4/10, 6/10, 8/10 되는 곳의 유속(m/s)이 각각 0.662, 0.552, 0.442, 0.332이었다면 3점법에 의한 평균유속을 구하시오.

풀이 **3점법에 의한 평균유속의 결정**

3점법 $V_m = \frac{1}{4}(V_{0.2} + 2V_{0.6} + V_{0.8}) = \frac{1}{4}(0.662 + 2 \times 0.552 + 0.332) = 0.5245\,m/\text{sec}$

5 하천수위

어떤 기간을 두고 양수량의 관측치를 취하여 수위와 시간과의 관계를 도시한다. 이에 따라 그 기간에 있어서의 각종 수위를 정하고 있다.

1. **최고수위** : 어떤 기간의 최고수위
2. **최저수위** : 어떤 기간의 최저수위
3. **평균수위** : 어떤 기간에 관측수위의 합계를 그의 관측횟수로 나눈 값
4. **평균최저수위** : 어떤 기간내에 있어서 년, 월의 최저수위의 평균값
5. **평균최고수위** : 어떤 기간내에 있어서 년, 월의 최고수위의 평균값
6. **갈수위** : 1년을 통하여 355일 이상 유지하는 수위
7. **저수위** : 1년 중 275일은 이보다 내려가지 않는 수위
8. **고수위** : 매년 반드시 1~2회 발생할 정도의 높은 수위
9. **홍수위** : 몇 년만에 한번씩 발생할 정도의 홍수 때의 수위
10. **최다수위** : 수년을 통하여 가장 많이 일어나는 수위

11. **평수위** : 어느 기간의 수위 중 이것보다 높은 수위와 낮은 수위의 관측수가 똑같은 수위로 일반적으로 평균수위보다 약간 낮은 수위, 1년을 통해 185일은 이보다 저하하지 않는 수위
12. **지정수위** : 홍수시에 매시 수위를 관측하는 수위
13. **통보수위** : 지정된 통보를 개시하는 수위
14. **경계수위** : 수방요원의 출동을 필요로 하는 수위

6 평균유속의 측정

유속은 물이 단위시간 1초간에 흐르는 거리를 말한다. 단위는 m/sec으로 날씨가 좋은 날 하천 단면이 균일한 직선부의 어느 구간에서 부자가 흐르는 데 요하는 시간을 측정하여 유속을 계산하는 방법으로 표면부자, 수중부자, 막대부자가 있다.

1. 표면부자

하천의 단면이 고른 직선의 부분을 골라 부자를 띄워서 그 흐르는 거리와 소요시간을 측정하여 유속을 구하는 방법을 말한다. A선에서 B선에 도착하는 시간 t(sec), AB간 거리 l로 하면 유속(V)는 아래와 같다.

1) 투하지점(10m이상, $\frac{b}{3}$이상, 20초 이상)
2) 부자가 떠내려갈 거리 = $1.5b \sim 2.06b$
3) $V = \frac{l}{t}$ 에 의해 구한다.

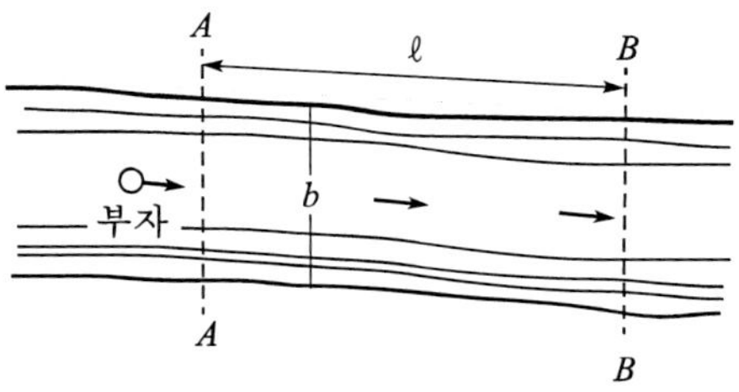

그림 12.5 표면부자 사용법

2. 이중부자

표면부자에 수중유표를 연결한 것으로 연결 와이어의 길이를 흐름에 따라서 조절하고 평균유속으로 흐르게 하도록 하려는 것인데 수중부자의 정확한 위치를 얻을 수 없고 정확한 평균유속으로 흐르는 것도 어려우므로 결국 10%정도의 오차가 생긴다.

3. 막대부자 사용법

종평균 유속을 측정하기 위하여 사용되며 막대부자는 대나무통 또는 플라스틱통 등의 밑에 돌 또는 모래를 넣어 수직으로 뜨게 하여 사용한다. 종평균 유속은 프란시스식에 의하여 구할 수 있다.

4. 유속계사용법

1) 광정식 : 유속이 적은 장소에 사용한다.
2) 프라이스식 : 유속이 큰 경우 적합하다.

5. 사용유속의 일반

1) 표면부자에 비중 1.1 정도를 달아서 측정한다(수중부자).
2) 하천 : 유속계 사용
3) 유속이 크거나 유속계 사용이 어려울 시 : 부자사용
4) 유량이 적고 관내의 유수 등이 특수할 때 : pito tube사용

예제 4

하천의 수면 유속측정을 위하여 그림과 같이 표면부표를 수면에 띄우고 A를 출발하여 B를 통과하는데 소요된 시간을 측정하였더니 1분10초였다면 수면의 유속을 구하시오.(단, AB 두 점간의 거리(L)는 15.3m 이다.)

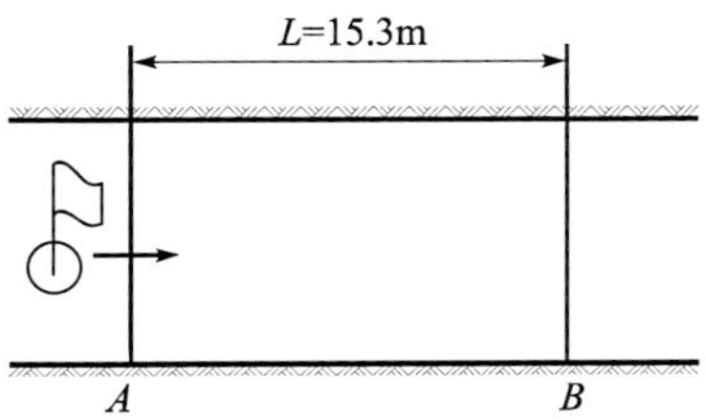

풀이 유속의 계산

$$유속(V)=\frac{L}{T}=\frac{15.3m}{70\sec}=0.22m/\sec$$

7 유량측정

유량측정은 하천과 기타 수로의 각종 수위에 대하여 유속을 측정하고, 이것에 기인하여 각 수위에 대한 유량을 계산하고, 수위와 유량을 명확하게 측정하여 기초자료를 작성하는 데 목적이 있다.

1. 직접측정법

1) 큰 하천 : 평균유속에 횡단면적을 곱하여 구한다.
2) 작은 하천 : 둑을 만들어 여기에 흐르는 물의 높이를 재어 유량을 측정한다.

2. 간접측정법

수면경사 및 경심$\left(\text{경심} = \dfrac{\text{유수단면적}}{\text{윤변}}\right)$, 조도계수 등을 알고 유속공식에 의하여 유속을 구하고, 이것을 단면적에 곱하여 유량을 산출한다.

3. 평균유속 측정법

1) 부자를 사용하는 방법 : 표면부자, 2중부자 등이 있다.
2) 유속계를 사용하는 방법 : 대표형은 프라이스식, 히로이식이 있다.

4. 평균유속공식

1) Chezy의 공식

유속계나 부자로 하는 유속측정이 어려운 홍수 때와 같은 때 또는 개략을 구할 때는 어느 구간의 평균 유속을 구해서 이와 평균단면에 의하여 유량을 계산할 수 있다.

$$V = C\sqrt{RI}$$

여기서, C : Chezy의 유속계수

R : 평균직경깊이 = $\dfrac{\text{유수단면적}}{\text{윤변}}$

I : 수면경사

2) Manning공식

$$\therefore V = \frac{1}{n} \times R^{2/3} \times I^{1/2}$$

여기서, R : 평균경심

n : 조도계수

I : 수면경사

예제 5

각 구간의 평균유속이 표와 같은 때, 그림과 같은 단면을 갖는 하천의 유량을 구하시오.

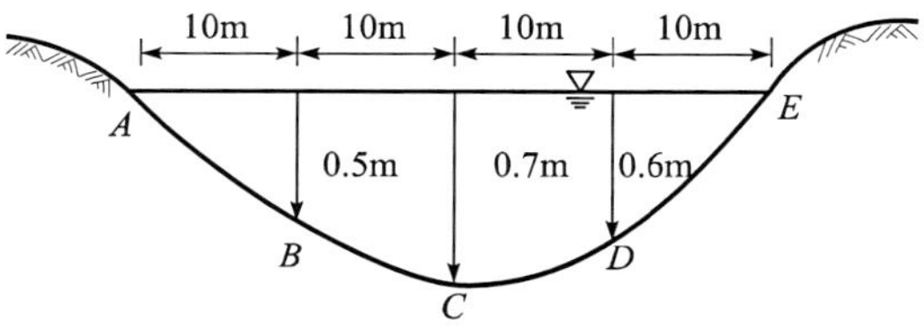

단면	A−B	B−C	C−D	D−E
평균유속(m/s)	0.05	0.3	0.35	0.06

풀이

유량의 계산

하천의 단위유량을 산정할 때 AB구간은 삼각형으로 BC, CD 구간은 사다리꼴로 간주하여 면적을 구하고 각각의 단면적에 구간의 평균유속을 곱하여 합산하여 하천의 유량을 구한다.

① AB구간 $= \frac{1}{2}(10 \times 0.5) \times 0.05 = 0.125$

② BC구간 $= \frac{(0.5+0.7)}{2} \times 10 \times 0.3 = 1.8$

③ CD구간 $= \frac{(0.7+0.6)}{2} \times 10 \times 0.35 = 2.275$

④ DE구간 $= \frac{1}{2}(10 \times 0.6) \times 0.06 = 0.18$

$Q=$ ① + ② + ③ + ④ $= 4.38 m^3/\text{sec}$

5. 유량측정계산법

어떤 단면에 흐르는 전유량은 적당한 수의 단면으로부터 구분하여 이의 평균유속을 구하고 이 유속과 그의 단면적을 곱한 것이 유량이 된다.

$$Q = A \cdot V = A_0 V_0 + A_1 V_1 + \cdots + A_n V_n$$

여기서, Q : 전체유량(m³/sec)

A : 구간단면적(m²)

V : 각 단면에 대응하는 유속(m/sec)

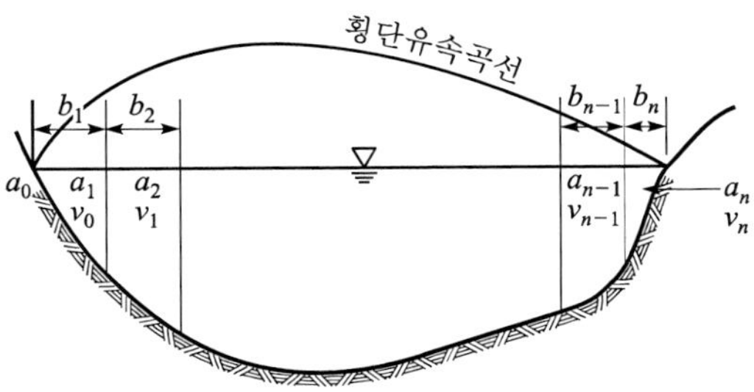

그림 12.6 하천단면

예제 6

그림과 같은 하천단면에 평균유속 2.0m/sec로 물이 흐를 때 유량(m³/sec)을 구하시오.

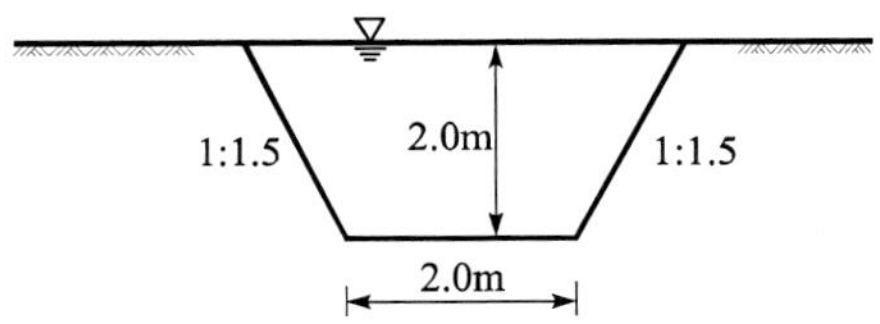

풀이 **유량의 계산**

유량은 유속에 단면적을 곱하여 구할 수 있다. 즉 $Q=AV$ 로 구할 수 있다.

$$Q=AV=\left(\frac{\text{윗변}+\text{아랫변}}{2}\times \text{높이}\right)\times \text{유속}$$

$$=\left\{\frac{(2)+(2+2\times 2\times 1.5)}{2}\times(2)\right\}\times(2)=20m^3/\text{sec}$$

예제 및 풀이

1. 하천 측량에서 그림과 같이 깊이에 따른 유속(m/sec)을 얻었을 때, 3점법에 의한 평균유속을 구하시오.

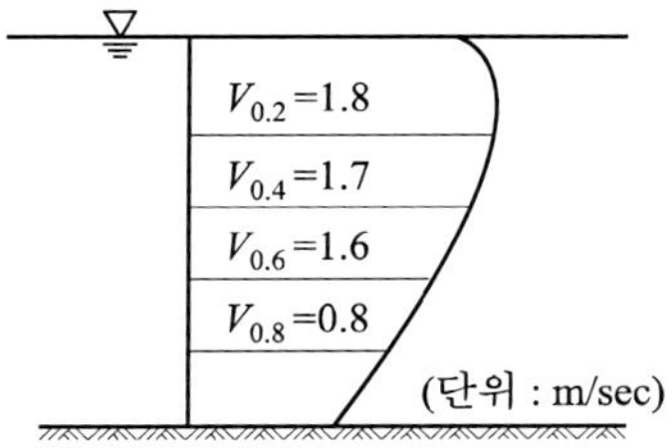

해설 **3점법에 의한 평균유속의 결정**

$$3\text{점법}\ \ V_m=\frac{1}{4}(V_{0.2}+2V_{0.6}+V_{0.8})=\frac{1}{4}(1.8+2\times1.6+0.8)=1.45\,m/\mathrm{sec}$$

2. 수면으로부터 수심의 2/10, 4/10, 6/10, 8/10인 곳에서 유속을 측정한 결과가 각각 1.2m/s, 1.0m/s, 0.7m/s, 0.3m/s이었다면 평균 유속을 구하시오. (단, 4점법 이용)

해설 **4점법에 의한 평균유속의 결정**

$$4\text{점법}\ \ V_m=\frac{1}{5}\left\{V_{0.2}+V_{0.4}+V_{0.6}+V_{0.8}+\frac{1}{2}\left(V_{0.2}+\frac{1}{2}V_{0.8}\right)\right\}$$

$$=\frac{1}{5}\left\{1.2+1.0+0.7+0.3+\frac{1}{2}\left(1.2+\frac{1}{2}\times0.3\right)\right\}=0.775m/s$$

3. 수심 H인 하천의 유속측정에서 수면으로부터 깊이 0.2H, 0.6H, 0.8H인 점의 유속이 각각 0.663m/s, 0.532m/s, 0.467m/s 이었다면 3점법에 의한 평균유속을 구하시오.

해설 **3점법에 의한 평균유속의 결정**

$$3\text{점법}\ \ V_m=\frac{1}{4}(V_{0.2}+2V_{0.6}+V_{0.8})$$

$$=\frac{1}{4}(0.663+2\times0.532+0.467)=0.549\,m/\mathrm{sec}$$

4. 그림과 같이 500mm 하수관 공사에서 A점의 관저 계획고가 50.15m이고 B점의 관저 계획고가 50.45m, 하수관의 경사가 1/400일 때 AB간의 수평거리를 구하시오.

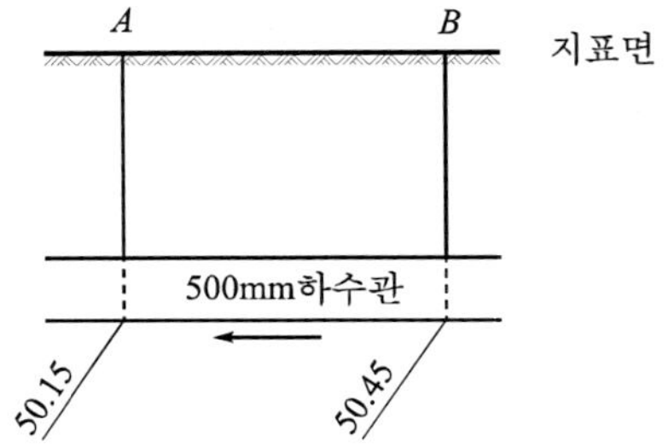

해설 **계획관저고의 계산**

경사는 높이를 수평거리로 나누어서 얻을 수 있는데 경사가 1/400이므로

$\frac{\overline{AB}\text{높이차}}{\text{수평거리}} = \frac{1}{400}$ 이므로

수평거리 $= 400 \times (50.45 - 50.15) = 120\,m$

5. 하천의 심천측량을 하기 위해 그림과 같이 AB선에 직각으로 기선 AD=60m를 관측하였다. 현재 P의 위치에서 관측장비를 사용하여 ∠APD=40°를 측정하였다면 AP의 거리를 구하시오.

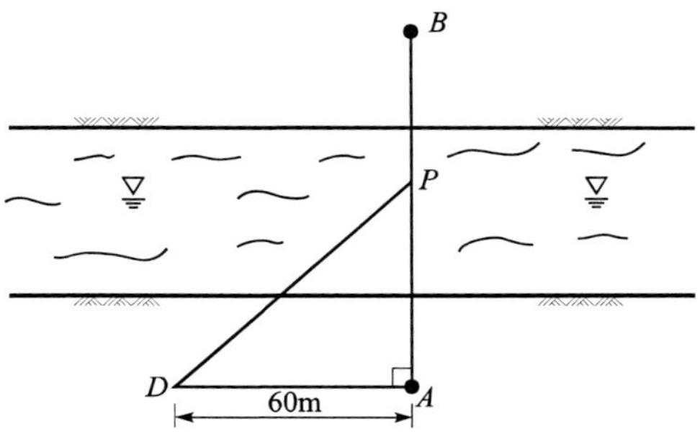

해설 **심천측량의 평면위치 계산**

∠APD = 40° 이므로 ∠PDB = 90° − 40° = 50° 이므로 삼각함수의 원리에 의해

$\frac{\overline{AP}}{\overline{DA}} = \tan D \Rightarrow \frac{\overline{AP}}{60m} = \tan 50°$

$\overline{AP} = 60 \times \tan 50° = 71.5\,m$

6. 어떤 하천에서 BC를 따라 심천 측량을 실시할 때B점으로부터 BC에서 직각으로 AB=96m의 기선을 잡았다. 배가 P점 위에서 ∠APB를 측정한 값이 43°30′이었다면 BP의 거리가 100m가 되기 위하여 P점으로부터 배가 이동해야할 방향과 거리를 구하시오.

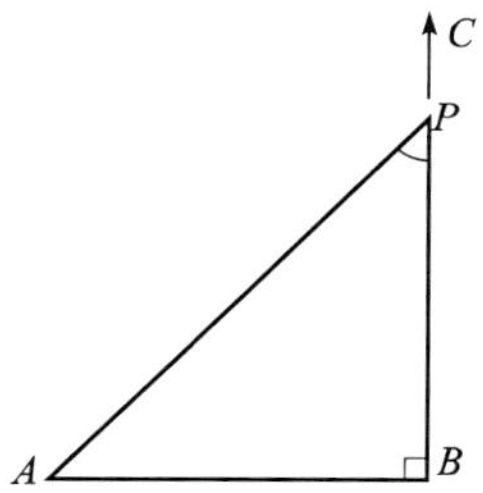

해설 **심천측량의 평면위치 계산**

$$\frac{\overline{AB}}{\overline{BP}} = \tan 43°30' \Rightarrow \overline{BP} = \frac{96}{\tan 43°30'} = 101.16m$$

BP의 거리가 100m가 되려면 P의 위치는 1.16m만큼 B방향으로 이동하여야 한다.

7. 어떤 하천에서 직선BC에 따라 그림과 같이 심천측량을 실시할 때 P점에서 관측장비를 이용하여 ∠APB를 관측하여 39°20′을 얻었다. BP의 거리를 구하시오.(단, AB= 73m)

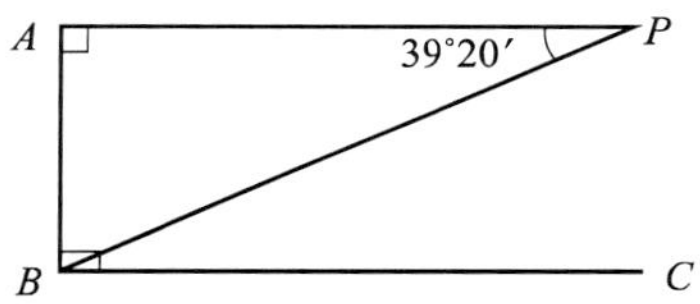

해설 **심천측량의 평면위치 계산**

삼각형의 두각과 한변의 길이를 알 때 sine 법칙을 적용하면 모르는 변과 각을 구할 수 있다.

$$\frac{\overline{BP}}{\sin A} = \frac{\overline{AB}}{\sin P}$$

$$\overline{BP} = \frac{\sin 90°}{\sin 39°20'} \times 73 = 115.17m$$

8. 그림은 어느 하천의 횡단면도이다. 계획고에서의 유량을 $152m^3$/sec, 단면적(a) 및 (b)의 평균 유속을 각각 V_a=2.0m/sec, V_b=1.0m/sec라고 한다. 이때 하천의 밑바닥으로부터 계획고 수위까지의 높이(H)를 구하시오.(단, 횡단면도의 사면경사는 1:2, 하상은 수평이다.)

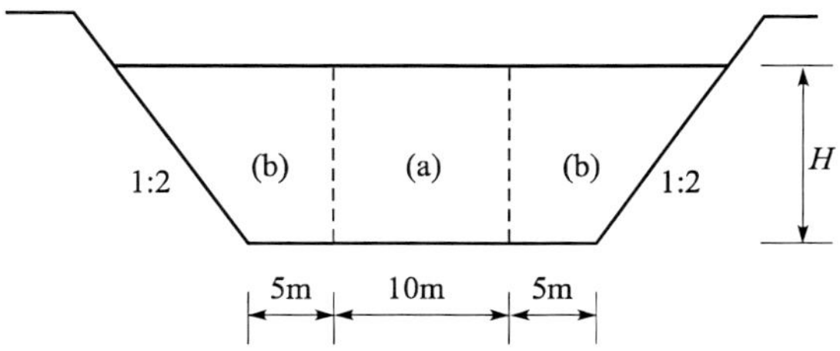

해설 유량은 유속에 단면적을 곱하여 구할 수 있다. 즉 $Q=AV$ 로 구할 수 있다. 문제에서 a, b 구간으로 단면이 구분되므로

$$Q=A_a\times V_a+A_b\times V_b=152m^3/\mathrm{sec}$$
$$=(10\times H)\times(2)+2\times\left(5\times H+2H\times\frac{1}{2}\times H\right)\times(1)$$

위 식을 정리하면 $Q=2H^2+30H=152$

양변을 2로 나누어 정리하면 $H^2+15H-76=0$

이차함수를 인수분해하면 $(H+19)(H-4)=0$

$H=-19,\ 4$

높이가 음수일 수 없으므로 높이는 4m 가 된다.

9. 수심이 H인 어느 하천의 유량측정을 위하여 수심과 유속을 관측한 결과가 표와 같다. 2구간(좌안으로부터의 거리 10~20m 구간)의 유량은?

[수심관측표] (단위:m)

좌안으로부터의 거리	0	10	20	30
수심	0	2.4	3.0	0

[유속관측표] (단위:m/s)

구간 \ 관측수심	0.2H	0.6H	0.8H
2구간(10~20m)	2.0	1.4	0.6

해설 10~20m구간에서 면적은 사다리꼴 공식에 의해, 유속은 3점법에 의해 구하고, 연속방정식에 의해 유량을 구한다.

① $V_m=\frac{1}{4}(V_{0.2}+2V_{0.6}+V_{0.8})=\frac{1}{4}\times(2+2\times1.4+0.6)=1.35m/s$

② $A=\frac{(2.4+3)}{2}\times10=27m^2$

③ $Q=AV=1.35\times27=36.45m^3$

CHAPTER 13

사진측량

CHAPTER 13

사진측량

1 사진측량의 개요

1. 사진측량의 정의

사진측량(Photogrammetry)은 사진영상을 이용하여 피사체에 대한 정량적(위치, 형상, 크기 등의 결정) 및 정성적(자원과 환경현상의 특성 조사 및 분석) 해석을 하는 학문이다. 사진측량은 사진과 렌즈와 피사체 사이에 성립하는 중심투영적 관계를 기초로 하여 사진에서 간접적으로 피사체의 위치, 형상 크기 등을 측량하는 작업이며 근래에는 수동적이고 능동적인 다른 영상체계로부터 얻어진 자료들이 판독목적으로 사용되는데, 이것을 원격측정(remote sensing)이라고 한다.

1) 정량적 해석

피사체에 대한 위치와 형상을 해석한다.

2) 정성적 해석

환경 및 자연문제를 조사, 분석, 처리하는 특성을 해석한다.

2. 사진측량의 분류

1) 촬영점의 위치에 의한 분류

① 지상 사진측량

지상에서 사진을 촬영하고, 이것을 이용하는 측량을 실행하는 측량을 지상사진측량이라 한다. 사진기의 광축은 지면에 대하여 평행하게 잡고 촬영하며 촬영방향, 촬영점 및 촬영점 사이의 거리(기선)를 정확히 결정할 수 있다.

지상사진측량은 지상에서 촬영한 사진을 이용하여 건조물이나 시설물의 형태 및 변위계측과 고산지대의 지형을 해석한다. 건물의 정면도, 입면도 제작에 주로 이용된다.

② 항공사진측량

비행기에 설치된 측량용 카메라를 이용하여 지상을 촬영하는 측량을 항공사진측량이라 한다. 연속적으로 촬영된 중복사진으로부터 대상물의 조사, 촬영시 사진기의 광축방향에 따라서 수직 및 경사사진으로 나뉘어지고, 대부분의 사진측량은 항공사진측량으로 이루어진다.

③ 수중사진측량

수중카메라로 촬영한 해저의 사진을 이용하여 측량과 수중자원 및 환경을 조사하는 것으로 플랑크톤량, 수질조사, 해저의 기복상태, 해저의 유물조사, 수중 식물의 활력도에 주로 이용된다.

④ 원격탐측(Remote Sensing)

지상에서 반사 또는 방사하는 각종 파장의 전자기파를 수집·처리하여 환경 및 자원문제에 이용하는 사진측량의 새로운 기법 중의 하나이다.

⑤ 비지형 사진측량

지도작성 이외의 목적으로 X선, 모아레사진, 홀로그래픽(레이저 사진) 등을 이용 의학, 고고학, 문화재조사에 주로 이용한다.

2) 촬영방향에 의한 분류

① 연직사진 : 항공사진측량의 기본형이다(경사각 3°이내)

② 수평사진 : 지상사진측량의 기본형이다.

③ 경사사진 : 경사각 3°이상으로 고각도 경사사진과 저각도 경사사진이 있으며 고각도 경사사진은 화면에 지평선이 찍혀있는 사진을 말하며 저각도 경사사진은 화면에 지평선이 찍혀있지 않은 사진을 말한다.

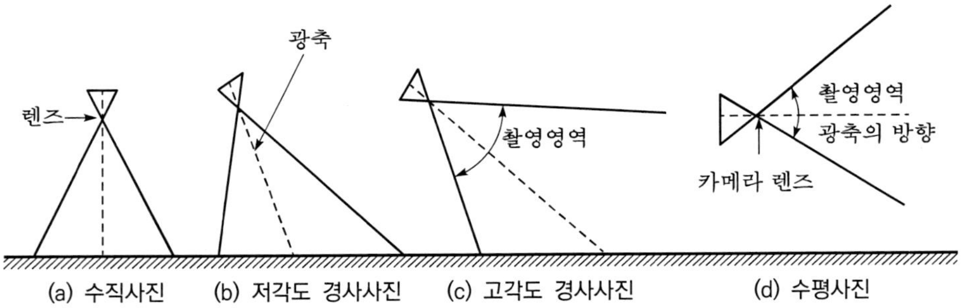

그림 13.1 촬영방향에 의한 분류

3) 촬영축척에 의한 분류

① 대축척 도화

교외도로, 철도, 주택지, 공장지, 가교지점, 지적 또는 토지개량계획 등을 저공촬영으로 촬영고도 800m이내이고, 대축척은 1/500~1/3,000의 도화를 말한다.

② 중축척 도화

시가지계획, 도로, 철도, 송전선, 도수로 등의 예비조사 및 계획을 도화 할 때 사용하며 중공촬영으로 촬영고도는 800~3,000m이고 중축척은 1/5,000~1/25,000의 도화를 말한다.

③ 소축척 도화

지형의 조사, 산림조사, 개발계획, 홍수조절, 그 외에 넓은 지역의 계획과 조사를 하고 고공촬영으로 찰영고도는 3,000m 이상으로 소축척은 1/ 50,000~1/100,000를 말한다.

4) 카메라의 화각에 의한 분류

① 초광각 사진

완전 평지에 이용하며 소축척의 도화용이다(화각 120°).

③ 광각 사진

일반 지형도를 제작, 판독하는 도화기로 경제적이다(화각 90°).

③ 보통각 사진

산악, 도심지 촬영 및 정면도 제작에 이용하며 주로 산림 조사용 도화기이다(화각 60°).

④ 협각 사진

특수한 대축척용으로 정면도 제작 및 판독용 도화기이다(화각60°이내).

표 13.1 화각에 의한 분류

종류	화각	초점길이 (mm)	사진의 크기 (cm)	필름길이 (m)	용도
초광각카메라	120°	88	23×23	80	소축척도화용
광각카메라	90°	153	23×23	120	일반도화, 판독용
보통각카메라	60°	210	18×18	120	산림조사용

5) 필름에 의한 분류

① **팬크로 사진** : 가시광선이 $0.4\mu \sim 0.75\mu$에 해당하는 전자파로 이루어진 사진으로 가장 많이 사용한다.

② 적외선 사진 : 지질, 토양, 수자원 및 산림조사 등 판독작업에 이용한다.
③ 팬 인플러 사진 : 팬크로 사진과 적외선 사진의 중간에 속하며 적외선용 필름과 황색 필터를 사용한다.
④ 천연색 사진 : 조사판독에 색조화로 표시한다.
⑤ 위색 사진 : 적외선에 감성하는 필름의 층을 붉게 발생 시키는 것으로 식물의 잎은 적색으로 그 외는 청색으로 찍히도록 하는 것으로 생물 및 식물의 연구조사 등에 사용한다.

3. 사진측량학의 장단점

1) 장점

① 광범위한 외업을 빠른 시간에 할 수 있다.
② 촬영기록은 영구히 보존되므로 그 자료에 의하여 필요에 따라 고쳐서 측량하는 것도 간단히 할 수 있다.
③ 접근하기 어려운 대상물의 측량이 용이하다.
④ 정확도는 균일성이다.

$$\begin{cases} \text{표고의 경우 : 촬영고도의 } 1/10{,}000 \sim 2/10{,}000 \\ \text{평면의 경우 : 촬영축척 분모수의 } (10 \sim 30)\mu \end{cases}$$

⑤ 지표에 표현할 수 없는 부분도 촬영되므로 각종 조사에 이용된다.
⑥ 축척변경이 용이하다.
⑦ 소축척의 측량일 경우 경제적이다.
⑧ 4차원 측량이 가능하다.
⑨ 비지형 측량이 가능하다.
⑩ 분업화로 작업을 능률적으로 할 수 있다.

2) 단점

① 시설비용이 많이 들고 내업에 많은 시간과 비용이 필요하다.
② 소지역의 측량에 부적당하다.
③ 기상의 영향을 받기 쉽다.
④ 피사 대상에 대한 식별의 난해가 있다.
⑤ 태양고도 등의 영향을 받는다.

예제 1

초점거리 150mm, 비행고도 4,500m인 항공사진측량에서 일반적인 수평위치 정확도의 범위를 구하시오.

풀이 $M=\frac{1}{m}=\frac{f}{H}=\frac{0.15}{4{,}500}=\frac{1}{30{,}000}$

수평위치의 정확도 $=(10\sim30\mu m)\times m$ 여기서, m은 축척의 분모수이고, μm는 $10^{-6}m$

$$=(10\sim30\mu m)\times 30{,}000=\frac{(10\sim30)m}{1{,}000{,}000}\times 30{,}000$$

$$=(0.3\sim0.9)m$$

예제 2

항공사진측량을 위하여 초점거리 200mm의 사진기로 1:20,000 입체사진을 촬영했을 때 일반적으로 허용되는 정확도의 범위를 구하시오.

풀이 **사진측량의 정확도**

① 수평위치의 정확도 $=(10\sim30\mu m)\times m$ 여기서, m은 축척의 분모수이고, μm는 $10^{-6}m$

$$=(10\sim30\mu m)\times m=(10\sim30)\times\frac{1}{1{,}000{,}000}m\times 20{,}000$$

$$=(0.2\sim0.6)m$$

② 수직위치의 정확도 = 촬영고도의 $\frac{1\sim2}{10{,}000}$

$$=\left(\frac{1\sim2}{10{,}000}\right)\times H=\left(\frac{1\sim2}{10{,}000}\right)\times 4{,}000=(0.4\sim0.8)m$$

$\because H=mf=20{,}000\times0.2=4{,}000m$

2 항공측량 사진의 일반

1. 측량용사진기의 특징

① 초점길이가 길다.

② 화각이 크다.

③ 렌즈지름이 크다.

④ 거대하고 중량이 크다.
⑤ 해상력과 선명도가 높다.
⑥ 셔터의 속도는 1/100~1/1,000초이다.
⑦ 파인더로 사진의 중복도를 조정한다.
⑧ 수차가 극히 적으며 왜곡수차가 있더라도 보정판을 이용하여 수차를 제거한다.

2. 촬영용 항공기의 특징

① 안정성이 좋을 것
② 조작성이 좋을 것
③ 시계가 좋을 것
④ 항공거리가 길 것
⑤ 이륙거리가 짧을 것
⑥ 상승속도가 클 것
⑦ 상승한계가 높을 것
⑧ 요구되는 속도를 얻을 수 있을 것

3. 촬영용 보조기계

① **수평선사진기** : 주사진기의 광축에 직각방향으로 광축이 향하도록 부착시킨 소형사진기
② **고도차계** : U자관을 이용하여 촬영점 간의 기압차관측에 의하여 촬영점 간의 고도차를 환산기록하는 것
③ **APR** : 비행고도자동기록계라고도 하며 항공기에서 바로 밑으로 전파를 보내고 지상에서 반사되어 돌아오는 전파를 수신하여 촬영비행 중의 대지촬영고도를 연속적으로 기록하는 것
④ **항공망원경** : 접안격자판에 비행방향, 횡중복도가 30%인 경우의 유효폭 및 인접촬영경로, 연직점 위치 등이 새겨져 있어서, 예정촬영경로에서 항공기가 이탈되지 않고 항로를 유지하는데 이용된다.
⑤ **FMC(떨림방지기구)** : 항공사진기에 부착되어 영상을 취득하는 동안 비행기의 흔들림이나 움직이는 물체의 촬영 등으로 인해 발생되는 Shifting 현상을 제거하는 장치이다.
⑥ **자이로스코프** : 비행기의 동요 등이 카메라에 주는 영향을 막기 위하여 이용되는 등 넓은 의미에서 응용되고 있다.

4. 항공사진의 보조자료

① 촬영고도 : 사진측량의 정확한 축척결정에 이용된다.
② 초점거리 : 축척결정이나 도화에 중요한 요소로 이용된다.
③ 고도차 : 앞 고도와의 차를 기록
④ 수준기 : 촬영시 카메라의 경사상태를 알아보기 위해 부착한다.
⑤ 지표 : 여러 형태로 표시되어 있으며 필름 신축 보정시 이용
⑥ 촬영시간 : 셔터를 누르는 순간 시각을 표시한다.
⑦ 사진번호 : 촬영 순서를 구분하는 데 이용

3 촬영계획

1. 사진의 축척

기준면으로부터 비행기의 고도와 촬영카메라 렌즈의 초점거리에 의해 사진 축척은 다음과 같다.

$\triangle OAB \backsim \triangle O\,aB$이므로

$$M = \frac{1}{m} = \frac{l}{S} = \frac{f}{H}$$

$$\therefore\ M = \frac{1}{m} = \frac{f}{H}$$

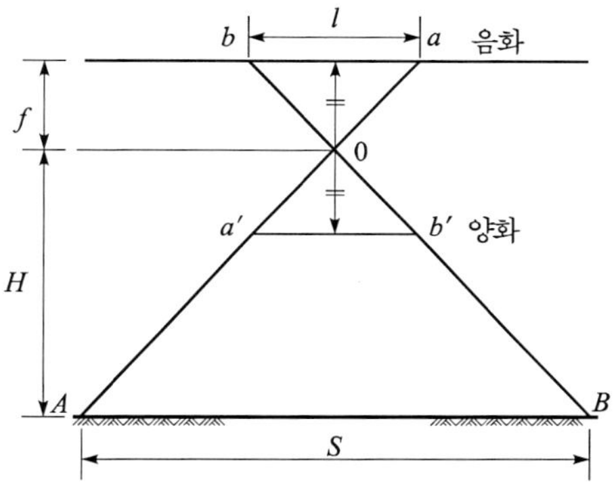

그림 13.1 사진축척도

여기서, f : 화면거리(초점거리 : 렌즈의 중심으로부터 화면에 내린 수선의 거리)
H : 촬영고도
l : 화면상의 2점간 거리
S : l의 지상 실거리
M : 사진축척
m : 축척분모수

예제 3

해발고도 3000m에서 촬영한 연직사진이 있다. 이 사진상에서 표고 120m 지점에 길이 4.0mm로 찍혀있는 교량의 실제길이를 구하시오. (단, 사용된 사진기의 초점거리는 150mm)

풀이

$$M=\frac{1}{m}=\frac{f}{H-h}=\frac{\text{교량의 사진상 길이}}{\text{교량의 실제길이}}$$

$$M=\frac{1}{m}=\frac{0.15}{3{,}000-120}=\frac{1}{19{,}200}$$

$$\therefore \text{교량의 실제길이}=19{,}200\times 0.004m=76.8m$$

예제 4

표고 100m 상의 삼각점 A, B를 사진상에서 관측하였더니 두 점간의 거리가 8.4cm이고, 축척 1:25,000 지도상에서는 3.6cm이었다. 이 사진의 촬영고도(표고)는?(단, 사진기의 초점거리는 15cm 이다.)

풀이

A, B 두 점간의 실제거리 $=25{,}000\times 0.036=900m$

표고 100m 상의 삼각점을 찍은 항공사진의 축척은 다음과 같다.

$$\frac{f}{H-h}=\frac{0.15}{H-100}=\frac{0.084}{900}$$ 식을 이항하여 정리하면

$$H-100=\frac{0.15}{0.084}\times 900 \Rightarrow H=\frac{0.15}{0.084}\times 900+100$$

$$\therefore H=1{,}707.14m \fallingdotseq 1{,}700m$$

예제 5

지상좌표계로 XY평면좌표가 (100,100)m인 건물의 모서리가 사진 상의 (9,11)mm 위치에 나타났다. 사진의 주점의 위치가 (−1,1)mm이고 투영중심은 (0,0,1530)m 이라면 이 사진의 축척을 구하시오. (단, 사진좌표계와 지상좌표계의 모든 좌표축의 방향은 일치한다)

풀이

사진의 축척 $M=\frac{1}{m}=\frac{ab}{AB}=\frac{\text{사진좌표계에서의 길이}}{\text{지상좌표계에서의 길이}}$

$$M=\frac{\sqrt{(9-(-1))^2+(11-1)^2}}{\sqrt{(100{,}000-0)^2+(100{,}000-0)^2}}=\frac{1}{10{,}000}$$

축척의 거리계산은 단위를 맞추기 위하여 mm 단위로 계산하였다.

예제 6

한 사진상에서 주점을 지나는 직선 AB의 길이가 5.0cm이고 AB에 해당하는 길이가 1:20,000 지형도에서 12cm이었을 때 사진의 축척을 구하시오.

풀이 ① 직선 AB의 실제길이 $\overline{AB}=20{,}000\times 0.12m=2{,}400m$

② 사진의 축척 $M=\frac{1}{m}=\frac{ab}{AB}=\frac{0.05m}{2{,}400m}=\frac{1}{48{,}000}$

2. 촬영기선장

하나의 촬영코오스 중에 하나의 촬영점으로부터 다음 촬영점까지의 거리를 촬영기선장이라 한다.

① **촬영 종 기선장** : 1코스의 촬영 중에 임의의 촬영점으로부터 다음 촬영점까지의 실거리

$$\therefore b=\text{화면크기의 실거리}\times\left(1-\frac{p}{100}\right)=a\cdot m\left(1-\frac{p}{100}\right)$$

② **촬영 횡 기선장** : 코스와 코스 사이의 촬영점간 실거리

$$\therefore c_0=\text{화면크기의 실거리}\times\left(1-\frac{q}{100}\right)=a\cdot m\left(1-\frac{q}{100}\right)$$

여기서, b : 촬영종기선장, c_0 : 촬영횡기선장, a : 화면크기,
p : 종중복도, q : 횡중복도, m : 축척의 분모수

예제 7

초점거리 210mm인 카메라로 평지를 촬영하였을 때 주점기선의 길이가 73mm이었다. 인접사진과의 종중복도를 구하시오. (단, 사진의 크기는 23cm×23cm이다.)

풀이 사진의 크기가 23cm이고, 주점기선길이가 73mm라면
중복된 부분의 길이는 $230-73=157mm$이다.

종중복도(p)$=\frac{\text{겹친 부분}}{\text{사진의 크기}}=\frac{157}{230}\times 100(\%)=68.26\%$

별해 주점기선길이 $b_0=a(1-p)$ 이므로
$73=230(1-p)$를 이항하여 정리하면
$p=1-\frac{73}{230}=68.26\%$

예제 8

초점거리 210mm, 사진크기 18cm×18cm, 종중복도 60%일 때 기선고도비는?

풀이 기선고도비는 기선을 고도로 나눈 값이고, 초점거리와 축척으로부터 고도를, 중복값으로부터 기선의 길이를 구한다.
분자, 분모에 축척(m)을 약분하여 적용하면 계산이 간단해 진다.

$$\text{기선고도비}\left(\frac{B}{H}\right)=\frac{ma(1-p)}{mf}=\frac{a(1-p)}{f}=\frac{0.18\times(1-0.6)}{0.21}=0.343$$

3. 촬영고도 및 C-계수

촬영고도와 지형도의 최소등고선 간격과의 비례하며 다음 관계식이 성립한다. 도화기의 표고측량에 대한 정도가 C-계수로 규정되는 것인데 이 C-계수가 높으면 그 기계는 표고측량 정도가 높다고 본다.

① 촬영고도 : 지역내의 저지면을 기준으로 하고 비고가 클 때는 평균표고를 사용한다.

② C-계수 : 도화기의 성능과 정도를 표시하는 계수를 말한다.

$$\therefore H = C\cdot\Delta h$$

여기서, H : 촬영고도, C : C-계수, Δh : 최소등고선 간격

표 13.1 C-계수

도화기	C-계수
1급 도화기	1,600~2,000
2급 도화기(A급)	1,200~1,600미만
(B급)	800~1,200미만
3급 도화기	500~800

예제 9

C계수가 1,600인 도화기로써 1/60,000의 항공사진을 도화 작업할 때 신뢰할 수 있는 최소 등고선 간격은 얼마인가?(단, 화면거리는 150mm이다.)

풀이 $M=\frac{1}{m}=\frac{f}{H}$ 에서 $H=f\cdot m=0.15\times 60{,}000=9{,}000m$

$C=\frac{H}{\Delta h}$, $\therefore \Delta h=\frac{H}{C}=\frac{9{,}000}{1{,}600}=5.625(m)$

예제 10

1:30,000의 항공사진을 아메리카 C-계수(American C-factor)가 1,500인 도화기로서 도화작업을 할 때의 신뢰할 수 있는 최소 등고선의 간격은?(단, 사진의 화면거리는 150mm이다.)

풀이

$$H = f \cdot m = 0.15 \times 30{,}000 = 4{,}500m$$

$$\therefore \Delta h = \frac{H}{C} = \frac{4{,}500}{1{,}500} = 3m$$

4. 중복도

① 종중복도(p) : 촬영진행 방향의 중복으로 입체시를 위하여 최소 50% 이상이고 일반적으로 60%의 중복도를 둔다.

② 횡중복도(q) : 촬영 코스 사이의 중복으로 최소 5% 이상 일반적으로 30%의 중복도를 둔다.

산악지역 등(비고가 촬영고도의 10% 이상되는 지역)은 사각부를 없애기 위해 중복도를 10~20%이상 증가시킨다.

5. 촬영일시

구름이 없는 쾌청일의 오전 10시~오후 2시경(태양각 30°이상)이 최적 우리나라 연평균 쾌청일 80일이다.

6. 사진 및 모델의 매수

촬영지역의 유효면적(stereo model의 면적) 및 안전율을 고려한 사진 및 모델의 매수는 다음 식으로 구한다.

① 유효면적의 계산

㉮ 사진 한 매의 경우

$$\therefore A_0 = a^2 \cdot m^2 = \frac{a^2 H^2}{f^2}$$

㉯ 단 코스(Strip)의 경우

$$\therefore A_1 = a^2 \cdot m^2 (1-p)$$

㉰ 복 코스(block)의 경우

$\therefore\ A_2 = a^2 \cdot m^2\,(1-p)\cdot(1-q)$

② 사진 및 모델의 매수(간이법)

$\therefore$ 사진매수 $N = \dfrac{F}{A} \times (1 + \text{안전율})$

여기서, F : 촬영 대상지역의 면적　　A : 촬영유효면적(A_0, A_1, A_2)
a : 화면크기　　p : 종중복도
q : 횡중복도　　m : 축척의 분모수

③ 사진 및 모델의 매수(엄밀법)

ⓐ 종모델수(D)

$$D = \frac{S_1}{B} = \frac{S_1}{ma(1-p)}$$

ⓑ 촬영경로수(D')

$$D' = \frac{S_2}{C} = \frac{S_2}{ma(1-q)}$$

ⓒ 총모델수(N')

$$N' = D \times D'$$

ⓓ 사진매수(N)

$$N = (D+1) \times D'$$

여기서, S_1 : 촬영 대상지역의 가로 길이　　S_2 : 촬영 대상지역의 세로 길이
B : 촬영종기선길이　　C : 촬영횡기선길이

예제 11

동서 20km, 남북 10km의 장방형 지역을 촬영한 1개 모형의 피복면적이 20km^{2}라면 필요한 사진의 수를 구하시오.(단, 안전율은 30% 이다.)

풀이 사진매수의 계산은 반올림이 아니라 올림으로 계산한다.
유효면적은 중복사진에서 1장의 사진에 중복되지 않은 순수한 부분의 면적을 의미하므로 종중복, 횡중복을 모두 고려한다.

$$사진매수(N) = \frac{F}{A_0}(1+\alpha)$$

$$= \frac{20km \times 10km}{20km^2} \times (1+0.3) = 13$$

예제 12

사진의 크기 23cm×23cm인 사진기로 촬영고도 3,000m에서 촬영하여 사진의 유효면적 $21.16km^2$를 얻었다면 이 사진기의 초점거리는?

풀이 초점거리는 촬영고도와 축척의 함수이므로 주어진 조건에서 축척은 유효면적과 사진의 크기로 구하여 적용한다.

$$A_0 = (ma)^2 = \left(\frac{H}{f} \times a\right)^2 \Rightarrow \sqrt{A_0} = \frac{H}{f} \times a$$

$$f = \frac{H \times a}{\sqrt{A_0}} = \frac{3,000m \times 0.23m}{\sqrt{21,160,000m^2}} \quad \because 21.16km^2 = 21,160,000m^2$$

$$= 0.15m$$

예제 13

동서 20km, 남북 10km의 지역을 사진축척 1:15,000, 종중복도 60%, 횡중복도30%로 촬영하고자 할 때 필요한 입체모델수를 구하시오.(단, 사진크기는 23cm×23cm, 촬영코스는 동서방향으로 한다.)

풀이 모델수 계산에서 중요한 것은 소수점 처리로 반올림하는 것이 아니라 올림으로 계산함에 유의한다.

① 종모델수

$$D = \frac{S_1}{B} = \frac{S_1}{ma(1-p)}$$

$$= \frac{20,000m}{15,000 \times 0.23m \times (1-0.6)} = 14.49 = 15$$

② 촬영경로수

$$D' = \frac{S_2}{C} = \frac{S_2}{ma(1-q)}$$

$$= \frac{10,000m}{15,000 \times 0.23m \times (1-0.3)} = 4.14 = 5$$

③ 총모델수

$$\therefore 모델수 = 종모델수 \times 촬영경로수 = 15 \times 5 = 75$$

7. 촬영

지도가 요구하는 정도나 작업방법, 사용기계의 종류에 따라 사진 촬영의 규격도 달라지고 카메라, 비행기의 성능, 계절적, 기상적 조건의 제약도 받는다. 촬영은 이러한 조건하에 필요한 축척으로 사진을 촬영하는 작업이다.

1) 지정된 코스에서 코스 간격의 10% 이상 차이가 없도록 한다.
2) 지정고도에서 5% 이상 낮게, 혹은 10% 이상 높게 진동하지 않도록 직선상에서 일정고도를 유지하면서 촬영하여야 한다.
3) 편류각 5°이내, 앞뒤 사진간의 회전각 5°이내 카메라의 경사 3°이내이어야 한다.
4) 모델 : 중복된 한 쌍의 사진에 의해 입체시 되는 부분으로 입체 모델 혹은 스테레오 모델이라 한다.
5) 촬영코스는 동서방향으로 하고, 남북으로 긴 경우는 남북방향으로 촬영코스를 계획하여 일반적으로 코스의 연장은 30km를 한도로 한다.
6) 표정점은 각 코스의 최소의 모델에 4점, 최소모델에는 최소한 2점을 둔다.

8. 노출시간

촬영할 때 문제가 되는 것은 노출시간과 조리개의 결정이다. 이것은 물론 사용하는 필름의 감광도, 필터의 성질, 촬영목적물에서의 반사광의 스팩트럴(spectral) 분포 등, 보통사진을 촬영할 때 고려할 사항과 관계가 있다. 최장노출시간은 조리개의 개폐시간 즉, 셔터스피드를 의미하며 최소노출시간은 사진을 촬영한 후 다음 사진을 촬영할 때까지의 비행한 시간, 즉 촬영간격을 의미한다. 여기서 최장 및 최소 노출시간은 다음 식과 같다.

1) 최장 노출시간

$$T_\theta = \frac{\Delta s \cdot m}{V}$$

2) 최소 노출시간

$$T_s = \frac{B}{V}$$

여기서, T_θ : 최장노출시간, Δs : 허용흔들림양, B : 촬영 종기선장,
m : 축척분모수, T_s : 최소노출시간, V : 항공기의 초속

예제 14

초점거리 15cm, 사진크기 23cm×23cm인 광각사진기로 종중복도 60%, 노출점간 최소 소요시간 40초, 촬영고도 3,000m로 촬영계획하면 항공기 운항속도는 몇 km/hr로 유지해야 하는가?

풀이 최소노출시간은 촬영간격, 사진과 다음 사진간의 시간차를 의미한다.

$$M = \frac{1}{m} = \frac{f}{H} = \frac{0.15}{3{,}000} = \frac{1}{20{,}000}$$

$$B = ma \times (1-p) = 20{,}000 \times 0.23(1-0.6) = 1{,}840(m)$$

$T_S = \dfrac{B}{V}$ 에서 $V = \dfrac{B}{T_S}$

$$\therefore\ V = \frac{1{,}840m}{40\sec} = 46\,m/\sec$$

$$= 46\frac{m}{\sec} \times \frac{1\,km}{1{,}000\,m} \times \frac{3{,}600\sec}{1\,hr} = 165.6\,km/hr$$

예제 15

항공사진 촬영에서 사진축척 1/20,000, 허용흔들림을 0.02mm, 최장 노출시간을 1/125초로 할 때 항공기의 운항속도는 얼마로 하여야 하는가?

풀이 최장노출시간은 셔터의 노출시간으로 촬영을 위해 조리개가 열리고 닫히는 순간의 흔들림량에 비례한다.

최장노출시간 $T_l = \dfrac{\Delta S \cdot m}{V}$ 에서

ΔS: 허용흔들림량, m : 축척, V: 운항속도

$V = \dfrac{\Delta S \cdot m}{T_l} = \dfrac{0.02mm \times 20{,}000}{\frac{1}{125}sec} = 50{,}000mm/\sec$ 이를 km/hr로 단위환산하면

$$= 50{,}000\frac{mm}{\sec} \times \frac{1km}{1{,}000{,}000mm} \times \frac{3{,}600\sec}{1hr} = 180km/hr$$

4 사진의 특성

1. 중심투영

사진측량은 중심투영으로 피사체인 지형을 렌즈의 광축을 중심으로 하여 평면으로 촬영한 화상이며 이것을 중심투영이라 한다. 따라서 중심투영은 항공사진을 사용함에 있어서 가장 중요한 기본적인 요소이다.

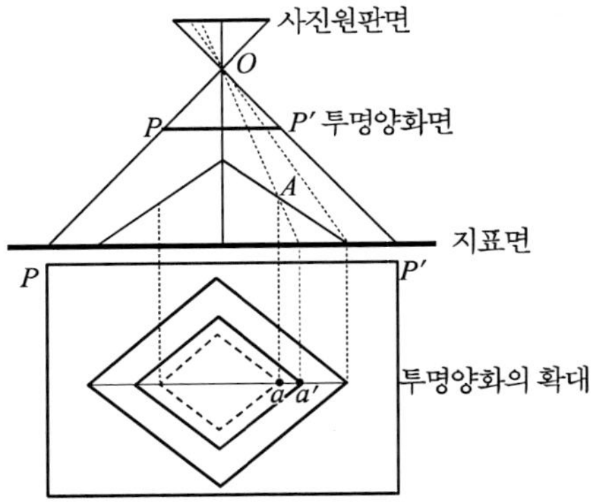

그림 13.2 중심투영과 정사투영

① 왜곡수차
이론적인 중심투영에 의하여 만들어진 점과 실제점의 변이를 말한다.

② 왜곡수차보정
포로-코페의 방법, 보정판을 사용하는 방법, 화면거리를 변화시키는 방법이 있다.

2. 정사투영

항공사진은 중심투영이지만 지도는 정사투영이다. 정사투영은 투영체가 투영면상에 직교되는 투영을 말한다.

3. 항공사진의 특수 3점

사진상의 중요한 점을 주점, 연직점, 등각점을 말한다.

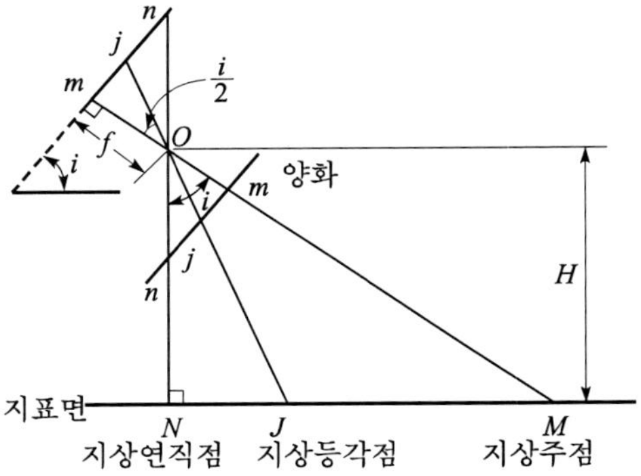

그림 13.3 항공사진의 특수3점

① **주점** : 사진의 중심점으로 렌즈의 중심으로부터 화면에 내린 수선의 자리. 즉, 렌즈의 광축과 화면이 교차하는 점(사진상에는 m, 지상점에는 M점).

② **연직점** : 중심 투영점 0을 지나는 중력선이 사진면과 마주치는 점(사진상에는 n, 지상에는 N점).

③ **등각점** : 사진면에 직교되는 광선과 중력선이 이루는 각을 2등분 하는 광선이 사진면에 마주치는 점(화면에는 j, 지상에는 J점). 연직점은 주점 m을 지나 최대 경사선상에 위치하므로

- 주점과 연직점의 길이 $\overline{mn} = f\tan i$
- 주점과 등각점의 길이 $\overline{mj} = f\tan\frac{i}{2}$

여기서, f : 화면의 초점거리, i : 화면경사

예제 16

카메라의 촬영경사(i)가 2°, 초점거리(f)가 153mm로 평탄한 토지를 촬영한 공중사진이 있다. 이 사진에서 주점(m)에서 등각점(j)까지의 거리를 구하시오.

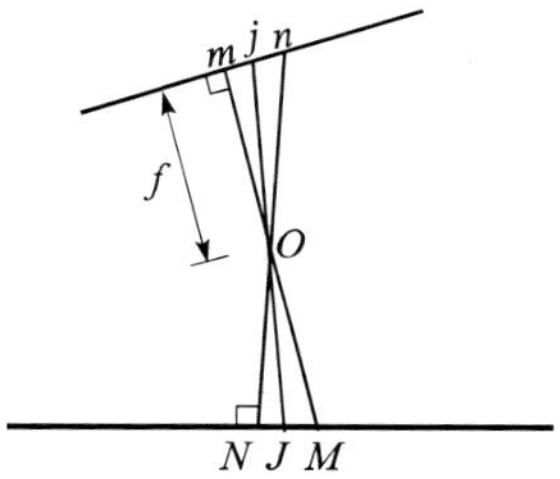

지상연직점(N)
지상등각점(J)
지상주점(M)

풀이 주점에서 등각점의 길이는 초점거리와 경사각의 함수이다.

$$\overline{mj} = f \times \tan\frac{i}{2} = 153mm \times \tan\left(\frac{2°}{2}\right) = 2.671mm$$

예제 17

촬영고도 3,000m, 축척 1:20,000의 항공사진에서 주점과 연직점의 거리가 13.12mm이면 사진의 경사각을 구하시오.

풀이

$$M = \frac{1}{m} = \frac{f}{H} \text{ 에서 } f = \frac{H}{m} = \frac{3{,}000m}{20{,}000} = 0.15m$$

$$\overline{mj} = f \times \tan i \text{ 에서 } \tan i = \frac{\overline{mj}}{f} = \frac{13.12mm}{150mm}$$

$$i = \tan^{-1}\frac{13.12}{150} ≒ 5°$$

4. 기복변위

1) 기복변위의 개요

지표면에 기복이 있는 경우 연직으로 촬영하여도 축척은 동일하지 않으며, 사진면에서 연직점을 중심으로 방사상의 변위가 발생하는데 이를 기복변위라 한다. 즉, 대상물의 높이에 의해 사진 영상에 생기는 위치의 변위를 말한다.

$$\triangle Opn \backsim \triangle pBA$$

$$\triangle R / \triangle h = r / f \text{ 에서 } \triangle R = \frac{r}{f} \cdot \triangle h \quad \cdots\cdots ①$$

$$\triangle Opa \backsim \triangle OBA$$

$$\frac{\triangle r}{\triangle R} = \frac{\overline{OP}}{OB} = \frac{f}{H} \quad \cdots\cdots ②$$

①식을 ②식에 대입하여 정리하면

$$\therefore \ \triangle r = \frac{\triangle h}{H} \cdot r$$

여기서, $\triangle h$: 기복(비고), H : 촬영고도
$\triangle R$: 사진상의 변위, r : 연직점에서 관측하려는 점까지의 거리

2) 기복변위의 최대값

비고에 의한 변위량 $\triangle r$은 사진 중심에서의 거리 r에 비례하므로 변위량은 최대값 $\triangle r_{\max}$는 r이 최대가 되어야 한다. r은 사진 중심에서부터 변위발생지점까지의 거리로 최대가 되려면 사진상에서 4모서리 점이 된다.

$$\therefore \ r_{\max} = \frac{a}{2} \times \sqrt{2}$$

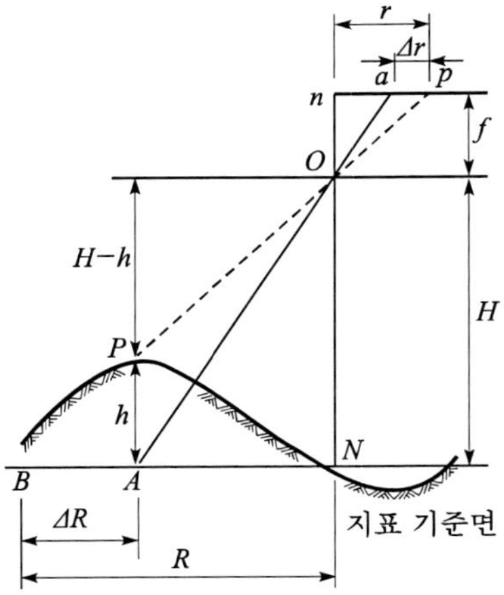

그림 13.4 기복변위

3) 기복변위의 특징

① 비행고도가 증가하거나 초점거리가 증가하면 기복변위는 감소한다.
② 비고가 증가할수록 기복변위는 증가한다.
③ 중복도가 증가하거나 화각이 작아질수록 기복변위가 감소한다.

예제 18

고도 1,000m에서 축척 1:20,000으로 촬영된 편위수정 사진이 있다. 지상 연직점으로부터 600m 떨어진 곳에 있는 비고 200m인 산정상의 기복변위를 구하시오.

풀이

① 사진상의 연직점까지의 거리

$$\frac{1}{20{,}000} = \frac{r}{600m} \text{ 에서 } r = \frac{600m}{20{,}000} = 0.03m = 30mm$$

② 기복변위

$$\Delta r = \frac{h}{H} \times r$$

$$= \frac{200m}{1{,}000m} \times 30mm = 6mm \ (\because \frac{h}{H} \text{의 계산에서 } m \text{단위가 없어지므로})$$

여기서 H: 촬영고도, r: 연직점에서의 거리, h: 비고

예제 19

초점거리 153mm인 카메라로 촬영된 축척 1:6000의 연직항공사진에서 상단이 연직점으로부터 51.0mm 떨어져 있는 철탑이 사진 상에 1.0mm 크기로 나타나 있다면 철탑의 실제 높이를 구하시오.

풀이

기복변위 : 대상물에 기복이 있을 경우에 사진면에서 연직점을 중심으로 방사상의 변위가 생기는데 이를 기복변위라 한다.

① 축척 $M = \frac{1}{m} = \frac{f}{H}$ 에서 $H = mf = 6{,}000 \times 0.153m = 918m$

② 기복변위 $\Delta r = \frac{h}{H} \times r$ 에서 $h = \frac{\Delta r}{r} \times H = \frac{1mm}{51mm} \times 918m = 18m$

5. 공선조건

1) 공선조건의 개요

사진상의 한 점$(x,\ y)$과 사진기의 투영중심[촬영중심$(X_o,\ Y_o,\ Z_o)$ 및 대응하는 공간상(지상)의 한 점$(X_p,\ Y_p,\ Z_p)$이 동일직선상에 존재하는 조건을 공선조건이라 한다. 사진측량으로부터 지표면의 영상을 표정(orientation)하고, 3차원 위치를 추출하기 위한 기본조건이다.

2) 기복변위의 특징

① 사진측량의 가장 기본이 되는 원리로서 대상물과 영상 사이의 수학적 관계를 말한다.

② 공선조건에는 사진기의 6개 자유도를 내포한다.(평행이동 3개, 회전인자 3개)

③ 중심투영에서 벗어나는 상태는 공선조건의 계통적 오차로 모델링된다.

④ 공선조건은 상호표정, 절대표정, 항공삼각측량의 번들조정에 이용된다.

6. 공면조건

1) 공면조건의 개요

한 쌍의 입체사진이 촬영된 시점과 상대적으로 동일한 공간적 관계를 재현하는 것을 공면조건이라고 하며, 입체상(Model)을 형성한다. 3차원 공간상에서 평면의 일반식은 $Ax+By+Cz+D=0$이며 두 개의 투영중심 $O_1(X_{O1}, Y_{O1}, Z_{O1})$, $O_2(X_{O2}, Y_{O2}, Z_{O2})$과 공간상 임의점 P의 두 상점 $P_1(X_{p1}, Y_{p1}, Z_{p1})$, $P_2(X_{p2}, Y_{p2}, Z_{p2})$이 동일평면상에 있기 위한 조건을 공면조건이라 한다.

2) 기복변위의 특징

① 한 쌍의 중복사진에 있어서 그 사진의 투영 중심과 대응되는 상점이 동일평면 내에 있기 위한 필요충분조건이다.

② 이때 공유하는 평면을 공액 평면 (Epipolar Plane)이라 한다.

③ 공액평면이 사진평면을 절단하여 얻어지는 선을 공액선(Epipolar Line)이라 한다.

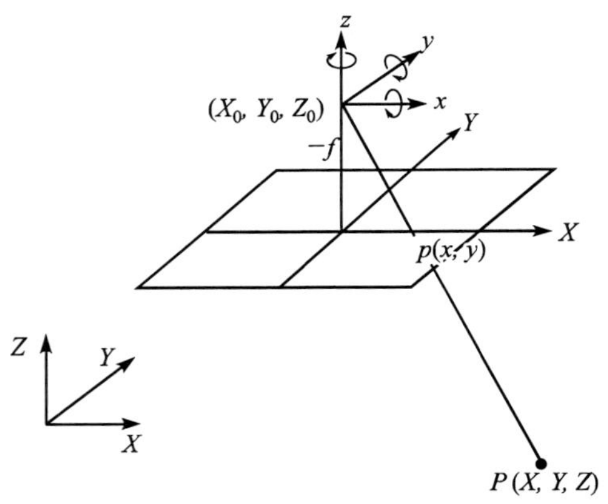

그림 13.5 공선조건

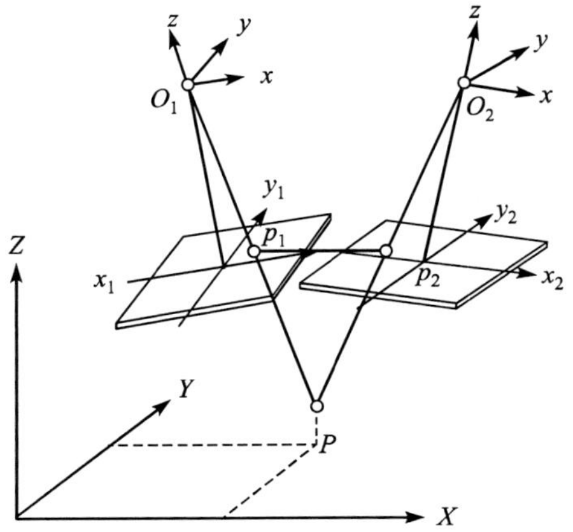

그림 13.6 공면조건

7. 에피폴라 기하

1) 에피폴라 기하

최근 수치사진측량기술이 발달함에 따라 입체사진에서 공액점을 찾는 공정은 점차 자동화되어가고 있으며 공액요소 결정에 에피폴라 기하(Epipolar Geometry)를 이용한다.

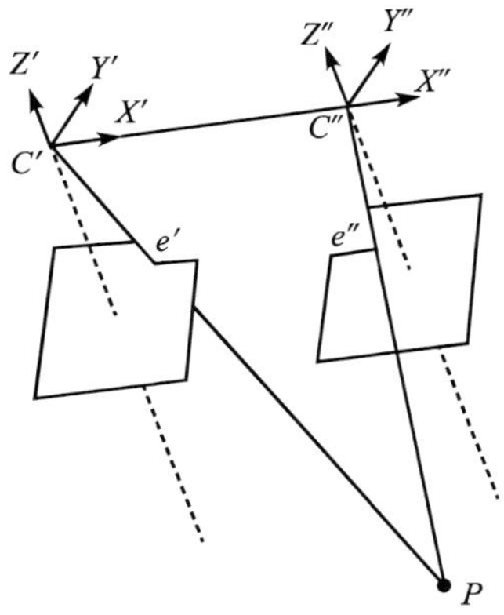

그림 13.7 에피폴라 기하

2) 에피폴라선 (공액선)

① 공액요소에 대한 중요한 제약은 에피폴라선이다.

② 에피폴라선(e′, e″)은 영상평면과 에피폴라 평면이 교차하는 선이다.

③ 에피폴라선은 탐색공간을 많이 감소시킨다.

④ 에피폴라선은 주로 사진좌표계의 X축에 평행하지 않다.

3) 에피폴라면 (공액평면)

① 에피폴라선과 에피롤라 평면은 공액요소 결정에 이용된다.

② 에피폴라 평면은 투영중심 O_1, O_2와 지상점 P에 의해 정의된다.

③ 공액점 결정에 적용하기 위해서는 수치영상의 행과 에피폴라선이 평행이 되도록 하는데 이러한 입체상을 정규화영상이라고 한다.

5 편위수정과 사진지도

1. 편위수정

항공사진은 정확한 연직사진이 아니므로 사진상에 변위가 발생하고 축척도 일정하지 않게 되어, 촬영한 그대로 항공사진의 경사를 바로하고, 촬영고도의 변동에 의한 사진축척의 변화를 수정하여 편차가 없는 일정한 축척의 연직사진을 만드는 작업을 편위수정이라 한다. 편위수정을 하기 위하여는 그 사진내에 적어도 4이상의 기준점이 있어야 하고 그 가운데 4점은 사진의 네모서리 가까이에 있어야 한다. 또한 편위수정을 하기 위하여 사용되는 기준점의 표고가 편위수정의 기준면(보통은 가장 넓은 면적을 차지하는 평면의 면에 취한다)의 표고와 다른 경우에 기준점의 전개(plot) 위치는 그 비고 때문에 일어나는 편위만이라도 보정하여 두어야 한다.

$$\therefore\ \Delta r = \frac{\Delta h}{H} \cdot r$$

여기서, Δr : 보정할 편위량
Δh : 비고
r : 전개지상의 주점 위치로부터 그 전개한 기준점까지의 위치
H : 촬영고도

2. 편위수정의 조건

일정한 거리의 렌즈에 따른 투영거리에 대하여 화면상을 투영면상에 선명한 상으로 맺게 할 조건

① 기하학적 조건(소실점 조건)
② 광학적 조건(Newton의 렌즈조건)
③ 샤임 플러그 조건

3. 사진지도

사진을 집성하여 지도처럼 만든 것으로 일반지도에서는 표현할 수 없는 여러 가지 정보를 파악할 수 있어 조사용으로 유용하다.

1) 사진지도의 종류

① **약조정집성 사진지도**(조정 생략)
카메라의 경사에 의한 변위, 지표면의 비고에 의한 변위를 수정하지 않고 사진으로 그대로 접합한 지도

② **반조정 집성 사진지도**(반만 조정)
일부만 수정한 지도

③ **조정집성 사진지도**(등고선 없음)
카메라의 경사에 의한 변위를 수정하고 축척도 조정

④ **정사투영 사진지도**(등고선 삽입)
카메라의 경사, 지표면의 비고를 수정하고 등고선도 삽입된 지도

2) 사진지도의 장단점

표 13.2 사진지도의 장단점

장점	단점
① 넓은 지역을 한눈에 알 수 있다. ② 조사하는 데 편리하다. ③ 지표면에 있는 단속적인 징후도 경사로 되어 연속으로 보인다. ④ 지형, 지질이 다른 것을 사진상에서 추적할 수 있다.	① 산지와 평지에서는 지형이 일치하지 않는다. ② 운반하는 데 불편하다. ③ 사진의 색조가 다르므로 오판할 경우가 많다. ④ 산의 사면이 실제보다 깊게 찍혀 있다.

6 입체사진측량

사람이 사물을 관찰할 때는 한 눈 관찰을 단안시와 두 눈으로 관찰하는 쌍안시로 나누며 입체시는 쌍안경에 의한 정입체시가 있다. 일반적으로 입체시는 정입체시(를 의미한다.

1. 입체시

1) 정입체시

중복부가 있는 한 쌍의 사진을 입체시 할 때 높은 곳은 높게 보이고, 낮 은 것은 낮게 보이는 현상을 말한다.

2) 역입체시

높은 것이 낮게, 낮은 것이 높게 입체시 되는 현상으로 두 가지 원인이 있다.

① 정입체시 되는 한쌍의 사진에서 좌우 사진을 바꾸어 입체시 하는 경우

② 정상적인 여색입체시 과정에서 색안경의 적과 청을 바꾸어 볼 경우

3) 입체사진의 조건

① 1쌍의 사진을 촬영한 카메라의 광축은 거의 동일평면 내에 있어야 한다.

② 기선고도비(B/H)가 적당한 값(약 0.25정도)이어야 한다.

③ 2매의 사진축척은 거의 같아야 한다.

4) 입체상의 변화

① 촬영기선이 긴 경우가 짧은 경우보다 더 높게 보인다.

② 렌즈의 초점거리가 긴 쪽의 사진이 짧은 쪽의 사진보다 더 낮게 보인다.

③ 촬영고도가 낮은 쪽이 고도가 높은 쪽보다 더 높게 보인다.

④ 눈의 위치가 약간 높아짐에 따라 입체상은 더 높게 보인다.

⑤ 눈을 옆으로 돌렸을 때 항공기의 방향선상에서 움직이면 눈의 움직이는 쪽으로 기울어져 보인다.

2. 시차와 시차차

시차(parallax)는 양안에 의한 시각적 오차를 말하며 시차차란 원근을 느끼는 것을 말한다.

1) 시차 : 한 쌍의 사진상에 있어서 동일점에 대한 상점이 연직하에서 만나야 되는 1점에서 생기는 종·횡의 시각적인 오차를 말한다.

$\overline{O_1 \cdot O_2}$: 사진 1, 2의 촬영기선장

$$p_1 = R_1 \frac{f}{H}$$

$$p_2 = R_2 \frac{f}{H}$$

$$p_1 + p_2 = (R_1 + R_2)\frac{f}{H}$$

$$\frac{d_1}{t} = \frac{p_1 + d_1}{f} = \frac{R_1}{H-h}$$

$$d_1 = R_1 \frac{t}{H-h}\ ,\ d_2 = R_2 \frac{t}{H-h}$$

$$\therefore\ d_1 + d_2 = (R_1 + R_2)\frac{f}{H-h}$$

이 식에서 $d_1 + d_2 = \Delta P$

$R_1 + R_2 = B$ 또는 $p_1 + p_2 = b$

여기서, $\frac{t}{h} = \frac{P}{R}$

$t = \frac{Ph}{R}$ 이므로

$$\therefore \triangle P = \frac{h}{H-h}$$

$$\therefore h = \frac{\triangle P}{\triangle P + b} \cdot H$$

위 두 식은 약산식으로 다음과 같은 식을 쓴다.

$$\therefore \triangle P = b \cdot \frac{h}{H}$$

$$\therefore h = \frac{H}{b} \cdot \triangle P$$

여기서, $\triangle P$: 시차차, b : 주점기선장, h : 비고, H : 촬영고도

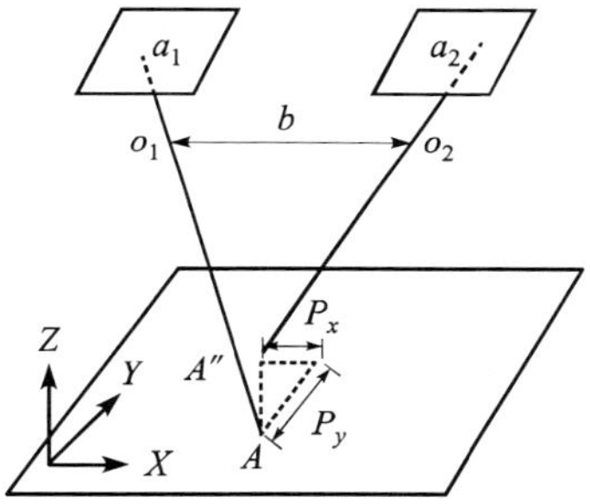

(a) 시차

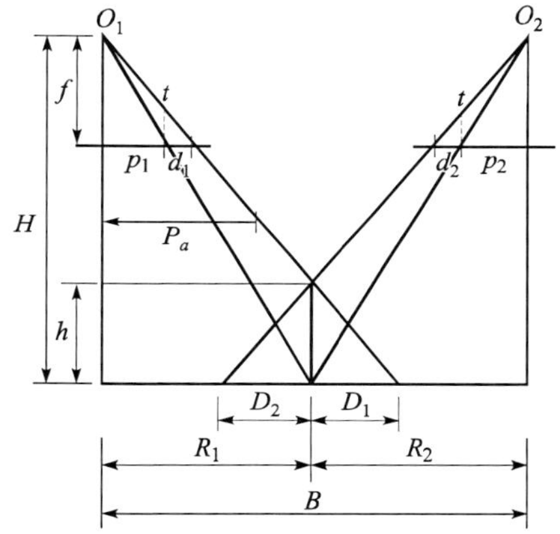

(b) 시차공식

그림 13.8 시차

3. 실체경 (입체경)

육안실체시와 같이 조금만 연습하면 실체경에 의한 입체시도 가능하며 실체사진을 렌즈의 초점 거리에 맞추어 놓고 관찰하면 사진에서 나온 광선은 평행광선으로 되어 자연상태 그대로 반사되므로 눈의 수정체 조절이 대단히 편하고 좌우의 상이 무리없이 실체시 할 수 있으며 거울식(반사경식)은 대소 2개의 반사경을 장치하여 허상을 실제 눈으로 보는 것과 같은 상태가 되도록 하며 무리없이 실체시 할 수 있다.

그림 13.9 실체경(입체경)

예제 20

도화기로 등고선을 그릴 때 등고선의 높이 오차를 5m 이하로 하려면 측정하는 시차차의 오차는 최대 몇 mm 이하이어야 하는가? (단, 사진축척=1:30000, 사진크기=23cm×23cm, 사진의 중복도=60%, 초점거리=150mm)

풀이

① 축척 $M=\frac{1}{m}=\frac{f}{H}$ 에서

$H=mf=30{,}000\times 0.15m=4{,}500m$

② 주점기선길이 $b_0=a(1-p)=23cm\times(1-0.6)=9.2cm=92mm$

③ 시차차 $\Delta P=\frac{h}{H}b_0=\frac{5m}{4{,}500m}\times 92mm=0.1mm$

예제 21

촬영고도 6350m, 사진(Ⅰ)의 주점기선길이가 67mm, 사진(Ⅱ)의 주점기선길이가 70mm일 때 시차차가 1.37mm인 댐의 높이를 구하시오.

풀이

$h=\frac{H}{b_0}\Delta P$ 에서 사진 Ⅰ과 사진 Ⅱ 의 주점기선의 길이가 주어졌으므로 이를 평균하여 적용한다.

$$=\frac{6{,}350m}{\frac{(67+70)mm}{2}}\times 1.37mm=127m$$

예제 22

평탄지를 촬영고도 1,500m로 촬영한 연직사진이 있다. 두사진 상에서 2점간의 시차차를 측정하니 4mm였다면 이 두점간의 비고는?(단, 카메라의 초점거리 153mm, 사진의 크기 23×23cm, 종중복도 60%임)

풀이

① 주점기선장

$b_0=a\times(1-p)=0.23\times(1-0.6)=0.092m$

② 비고

$$h=\frac{H}{b_0}\Delta P=\frac{1{,}500}{0.092}\times 0.004=65.2m$$

7 표정

표정은 사진상 임의의 점과 대응되는 땅의 점과의 상호관계를 정하는 방법으로 지형의 정확한 입체 모델을 기하학적으로 재현하는 과정을 말한다. 사진측량에서는 촬영시의 주위 사정(기상 조건, 항공기의 운항 등)으로 엄밀 수직사진을 촬영할 수 없으므로 촬영점의 위치, 사진기의 경사, 사진축척 등을 구하여 촬영 시의 사진기와 대상물 좌표계와의 관계를 재현하는 것을 표정이라 한다.

1. 기계적 표정

1) 내부표정

내부표정이란 도화기의 투영기에 촬영 당시와 똑같은 상태로 양화건판을 정착시키는 작업이다.

① 주점의 위치 결정

② 화면 거리(f)의 조정

③ 건판의 신축측정, 대기굴절, 지구곡률보정, 렌즈수차 보정

2) 상호표정

상호표정이란 지상과의 관계는 고려하지 않고 좌우사진의 양투영기에서 나오는 광속이 촬영 당시 촬영면에 이루어지는 종시차(y−Parallax: P_y)를 소거하여 목표 지형물의 상대위치를 맞추는 작업이다.

① 비행기의 수평회전(k: yawing, z축)을 재현해 주는 z축 주위의 회전

② 비행기의 전후 기울기(ϕ: pitching, y축)를 재현해 주는 y축 주위의 회전

③ 비행기의 좌우 기울기(ω:rolling, x축)를 재현해 주는 x축 주위의 회전

④ 과잉수정계수$(o, c, f) = \frac{1}{2}\left(\frac{h^2}{d^2} - 1\right)$

⑤ 상호표정인자: $(k, \phi, \omega, b_y, b_z)$

3) 절대표정 (대지표정)

절대표정이란 상호표정이 끝난 입체모델을 지상기준점(GCP)을 이용하여 지상 좌표와 일치하도록 하는 작업으로 입체모형(Model) 2점의 X, Y좌표와 3점의 높이 (Z)좌표가 필요하

므로 최소한 3점의 표정점이 필요하다.

① 축척의 결정
② 수준면(표고, 경사)의 결정
③ 위치(방위)의 결정
④ 절대표정인자: λ, ϕ, ω, k, b_x, b_y, b_z (7개의 인자로 구성)

4) 접합표정

한쌍의 입체사진 내에서 한쪽의 표정인자는 전혀 움직이지 않고 다른 한쪽만을 움직여 그 다른 쪽에 접합시키는 표정법을 말한다.

① 7개의 표정인자 결정(λ, ϕ, ω, k, c_x, c_y, c_z)
② 모델 간, 스트립 간의 접합요소 결정

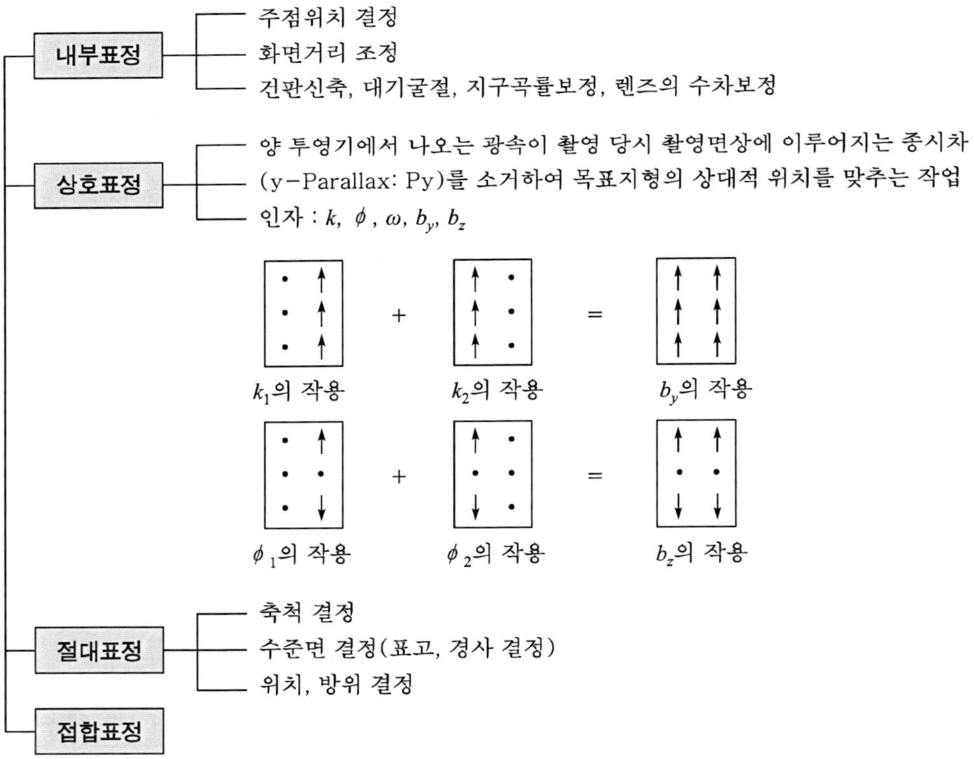

그림 13.10 기계적 표정

2. 해석적 표정

1) 내부표정

내부표정이란 도화기의 투영기에 촬영시와 동일한 광학관계를 갖도록 장착시키는 작업으로 기계좌표로부터 지표좌표를 구한 다음 사진좌표를 구하는 단계적 표정으로서 좌표 변환식은 다음과 같다.

① 2차원 Helmert 변환

2차원 회전, 원점의 평행 이동량, 축척을 보정한 변환이며, 기계좌표계로부터 지표좌표계를 구하는 데 이용된다.

② 2차원 등각 사상변환(Conformal Transformation)

직교좌표로부터 관측된 지표좌표를 사진좌표로 변환할 때 이용되며 축척변환, 회전변환, 평행변위 3단계로 이루어진다.

③ 2차원 부등각 사상변환(Affine Transformation)

비직교기계좌표로부터 관측된 지표좌표를 사진좌표로 변환할 때 이용된다. 또한 Helmert 변환과 자주 사용되어 선형왜곡보정에 이용된다.

2) 상호표정

상호표정은 대상물과의 관계를 고려하지 않고 좌우사진의 양 투영기에서 나오는 광속이 이루는 시차를 소거하여 입체모형 전체가 완전입체시 되도록 하는 작업으로 상호표정을 완료하면 3차원 입체모형 좌표를 얻을 수 있다. 즉, 상호표정은 사진의 경사 및 투영위치의 이동을 조정하여 입체상을 만드는 작업이다. 상호표정이란 항공기가 촬영 당시에 가지고 있던 기울기를 도화기에 그대로 재현시키는 과정이다. 사진좌표로부터 사진기 좌표를 구한 다음 모델좌표를 구하는 단계적 표정이다.

3) 절대표정 (대지표정)

절대표정은 대지표정이라고도 하며 상호표정이 끝난 입체모형을 지상 기준점을 이용하여 대상물의 공간상 좌표계와 일치시키는 작업이다. 모델좌표를 이용하여 절대좌표를 구하는 단계적 표정을 말한다.

대상물 3차원 좌표를 얻기 위한 조정의 기본단위로는 블록, 스트립, 모델, 광속이 이용되며 실공간 3차원 좌표를 얻기 위한 조정법에는 다항식법(스트립, 블록), 독립모델법(모델), 광속법(사진), DLT(사진) 방법 등이 있다.

4) 접합표정

접합표정은 인접된 2개의 입체모형에 공통된 요소를 활용하여 입체모형의 경사와 축척 등을 통일시키고 서로 독립된 입체모형좌표계로 표시되어 있는 입체모형좌표를 하나의 통일된 스트립좌표계로 순차적으로 변환하는 것을 말한다.

8 항공삼각측량

1. 정의

입체도화기 및 정밀좌표측정기(comparator)에 의하여 사진상의 좌표를 측정한 다음 지상 기준점의 성과를 이용하여 측정된 점들의 좌표를 전자계산기, 블록조정기 및 도해적 방법에 의하여 절대좌표로 환산하는 기법으로 항공삼각측량(aerial trangulation)은 정밀도화기 및 정밀좌표측정기에 의하여 관측된 많은 항공사진 좌표군을 소수의 대응지상 기준점 성과를 이용하여 사진좌표를 대지상좌표(혹은 측지좌표)로 조정, 전환하는 작업이다.

항공삼각측량에는 조정의 기본단위로서 블록(block), 스트립(strip),모델(model), 사진(photo)이 있으며 이것을 기본단위로 하는 항공삼각측량 조정방법에는 다항식 조정법, 독립모델법, 광속조정법, DLT법 등이 있다.

2. 다항식 조정법

다항식 조정법은 촬영경로 즉 종접합모형(Strip)을 기본단위로 하여 종횡접합모형 즉 블록을 조정하는 것으로 촬영경로마다 접합표정 또는 개략의 절대표정을 한 후 복수촬영경로에 포함된 기준점과 접합표정을 이용하여 각 촬영경로의 절대표정을 다항식에 의한 최소제곱법으로 결정하는 방법이다.

① 각 점의 종접합모형좌표가 관측값으로 취급
② 미지수는 표고와 수평위치 조정으로 나누어 실시한다.
③ 수평위치 조정방법에는 Helmert 변환, 2차원등각사상변환을 이용한다.
④ 다른 방법에 비해 필요한 기준점수가 많게 되고 정확도 저하
⑤ 다른 방법에 비해 계산량은 적게 소요된다.

3. 독립모델 조정법

독립모델 조정법은 입체모형(Model)을 기본단위로 하여 접합점과 기준점을 이용하여 여러 모델의 좌표를 조정하는 방법에 의하여 절대좌표를 환산하는 방법

① 조정방식은 수평위치좌표와 높이를 동시조정하는 방법과 수평위치좌표와 높이를 분리하여 조정하는 방법으로 나눌 수 있다.
② 복수의 입체모형이 수평위치에 대해서 헬머트(Helmert) 변환식(입체모형당 4개의 미지변수)과 높이에 대해서는 1차 변환식(입체모형당 3개의 미지변수)으로 결합된다.
③ 입체모형당 7개의 미지변수가 존재하며 각 점의 입체모형좌표가 관측값으로 취급
④ 다항식에 비하여 기준점수가 감소되며 전체적인 정확도가 향상되므로 큰 종횡접합형 조정에 자주 이용된다.

4. 광속 조정법 (번들법)

광속 조정법은 상좌표를 사진좌표로 변환시킨 다음 사진좌표로부터 직접 절대좌표를 구하는 것으로 종횡접합모형(block) 내의 각 사진상에 관측된 기준점, 접합점의 사진좌표를 이용하여 최소제곱법으로 각 사진의 외부표정요소 및 접합점의 최확값을 결정하는 방법이다.

① 광속법은 사진 (Photo)을 기본단위로 사용하여 다수의 광속(Bundle)을 공선조건에 따라 표정한다.
② 각 점의 사진좌표가 관측값으로 이용되며, 이 방법은 세 가지 방법 중 가장 조정능력이 높은 방법이다.
③ 각 사진의 6개 외부표정요소(Xo, Yo, Zo, ω, φ, κ)가 미지수가 된다.
④ 외부표정요소뿐만 아니라 주점거리, 주점위치변위, 렌즈 왜곡 및 필름 신축 등에 관련된 내부표정요소를 미지수로 조정하는 방법을 자체검정에 의한 광속법 또는 증가변수에의 한 광속법이라 한다.
⑤ 자체검정을 한 광속법은 독립입체모형법보다 높은 정확도를 얻을 수 있다.

5. 항공사진측량의 계획 (표정점 배치)

1) 기계적 항공삼각측량의 경우

① 1코스 모델수는 10모델을 표준으로 하고 15모델 이내, 1블럭 표준은 10코스 이하
② 표정점의 수는 10모델당 7점

③ 절대표정에 필요한 표정점의 수는 출발모델에 3점, 폐합모델의 폐합에 2점, 코스 중간에 2점

2) 해석적 항공삼각측량의 경우

① 1코스의 모델수는 10모델이 표준

② 표정점 수는 10모델당 7점 이상

③ 표정점의 배치는 조정계산에 더욱 유효한 배치가 되도록 한다.

$$\text{표정점의 수} = \frac{n}{2} + 2\,(n: \text{모델수})$$

6. 표정점의 선점

1) 표정점은 X, Y, H가 동시에 정확하게 결정될 수 있는 점이어야 한다.
2) 사진상에서 명료한 점을 택해야 한다.
3) 상공에서 잘 보이는 점이어야 한다(상공시계 α는 보통각 카메라 약 30°, 광각 카메라 약 45°).
4) 시간적으로 변화하는 것들은 안된다.
5) 가상상, 가상점은 안된다.
6) 경사가 급한 지표면이나 경사 변환 선상을 택해서는 안된다.
7) 헐레이션(halation)이 발생되기 쉬운 점은 안된다.
8) 원판상의 가장자리에서 1cm 이상 떨어져 나타나는 점을 택하는 것이 좋다.
9) 지표면에서 기준이 되는 높이의 점이어야 한다.
10) 사진상에 표고 표정점의 주위에 적어도 10cm 정도는 평탄하고 급격한 색조의 변화가 없어야 한다.

9 사진 판독

항공사진 판독이라 함은 사진면으로부터 얻어진 여러 가지 피사체(대상물)의 정보 중 특성을 목적에 따라 적절히 해석하는 기술로서 이것을 기초로 하여 대상체를 종합분석함으로써 피사체(대상물) 또는 지표면의 형상, 지질, 식생, 토양 등의 연구수단으로 이용하고 있다.

1. 사진판독의 장단점

1) 장점

① 단시간에 넓은 지역의 정보를 얻을 수 있다.
② 대상지역의 여러 가지 정보를 종합적으로 획득할 수 있다.
③ 현지에 직접 들어가기 곤란한 경우도 정보취득이 가능하다.
④ 정보가 사진에 의해 정확히 기록·보존된다.

2) 단점

① 상대적인 판별이 불가능하다.
② 직접적으로 표면 또는 표면 근처에 있는 정보취득이 불가능하다.
③ 색조, 모양, 입체감 등이 나타나지 않는 지역의 판독이 불가능하다.
④ 항공사진의 경우는 항공기를 사용하므로 기후 및 태양고도에 좌우된다.

2. 사진 판독의 요소

1) 주요소

① **색조** : 피사체(대상물)가 갖는 빛의 반사에 의한 것으로 수목의 종류를 판독하는 것을 말한다.
② **모양** : 피사체의 배열상황에 의하여 판별하는 것으로 사진상에서 볼 수 있는 식생, 지형 또는 지표상의 색조 등을 말한다.
③ **질감** : 색조, 형상, 크기, 음영 등의 여러 요소의 조합으로 구성된 조밀, 거칠음, 세밀함 등으로 표현하며 초목 및 식물의 구분을 나타낸다.
④ **형상** : 개체나 목표물의 구성, 배치 및 일반적인 형태를 나타낸다.
⑤ **크기** : 어느 피사체가 갖는 입체적, 평면적인 넓이와 길이를 나타낸다.
⑥ **음영** : 판독시 빛의 방향과 촬영시의 빛의 방향을 일치시키는 것이 입체감을 얻는데 용이하다.

2) 보조 요소

① **상호위치관계** : 어떤 사진상이 주위의 사진상과 어떠한 관계가 있는가 파악하는 것으로 주위의 사진상과 연관되어 성립되는 것이 일반적인 경우이다.

② 과고감 : 과고감은 지표면의 기복을 과장하여 나타낸 것으로 낮고 평평한 지역에서의 지형판독에 도움이 되는 반면 경사면의 경사는 실제보다 급하게 보이므로 오판에 주의해야 한다.

3. 항공사진 판독의 순서

① 촬영계획 : 대상지 선정, 사진축척의 결정, 사진의 종류, 촬영일시, 범위, 렌즈의 선정 등
② 촬영과 사진의 작성 : 항공사진 촬영과 작성
③ 판독기준의 작성 : 사진의 특징을 판독요소에 따라 정리
④ 판독 : 판독기준을 기초로 광역의 판독과 부분적, 중심적인 판독을 행함
⑤ 현지조사(지리조사) : 판독결과의 확인, 보정, 정정 등을 행함
⑥ 정리 : 현지조사의 자료를 기초로 다시 판독을 행함

10 지상사진측량

1. 지상사진측량의 특징

1) 항공사진은 후방교회법이고 지상사진은 전방교회법이다.
2) 항공사진이 감광도에 중점을 두는데 비하여 지상사진은 렌즈 수차만 적으면 된다.
3) 항공사진에 비하여 기상 변화의 영향이 적다.
4) 지상사진은 축척 변경이 용이하지 않다.
5) 항공사진에 비하여 평면정도는 떨어지나 높이의 정도는 높다.
6) 소규모 지역에서는 지상사진측량이 경제적이다.

2. 지상사진의 촬영

1) 직각수평촬영법

양 카메라의 촬영축이 촬영기선에 대하여 직각

2) 편각수평촬영법

양 카메라의 촬영축이 촬영기선에 대하여 일정한 각도만큼 좌 또는 우로 수평편각하여 촬영한 경우

3) 수렴수평촬영법

양 카메라의 촬영축을 촬영기선에 대하여 어느 각도만큼 수렴시켜 촬영한 경우

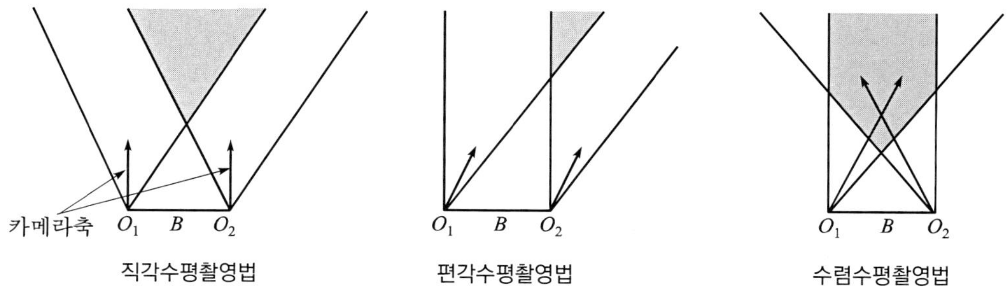

그림 13.11 지상사진의 촬영법

11 원격탐사 (remote sensing)

1. 정의

항공기 및 인공위성 등의 탑재기(Platform)에 설치된 탐측기(Sensor)를 이용하여 지표, 지상, 지하, 대기권 및 우주공간의 대상들에서 반사 혹은 방사되는 전자기파를 탐지하고 이들 자료로부터 토지, 환경 및 자원에 대한 정보를 얻어 이를 해석하는 기법이다.

2. 원격 탐사의 특징

1) 짧은 시간내 넓은 지역을 동시에 측량할 수 있으며 반복 측량이 가능하다.
2) 센서(sensor)에 의한 지구표면의 정보획득이 용이하며 측량자료가 수치 기록되어 판독이 자동적이고 정량화가 가능하다.
3) 관측이 좁은 시야각으로 행하여지므로 얻어진 영상은 정사투영상에 가깝다.
4) 탐사된 자료가 즉시 이용될 수 있으며 재해 및 환경문제 해결에 편리하다.
5) 회전 주기가 일정하므로 원하는 지점 및 시기에 관측하기가 어렵다.

3. 원격탐사의 순서

자료수집 → 자료변환 → 방사보정 → 기하학적보정 → 자료압축 → 판독 및 응용 → 자료 보관 및 재생

4. 위성영상의 해상도

1) 공간해상도

인공위성영상을 통해 모양이나 배열의 식별이 가능한 하나의 영상소의 최소 지상면적을 뜻한다. 센서에 의해 하나의 화소(pixel)가 나타낼 수 있는 지상면적, 또는 물체의 크기를 의미하는 개념으로서 공간해상도의 값이 작을수록 지형지물의 세밀한 모습까지 확인이 가능하고 이 경우 해상도는 높다고 할 수 있다.

2) 분광해상도

가시광선에서 근적외선까지 구분할 수 있는 능력으로서 스펙트럼 내에서 센서가 반응하는 특정 전자기파장대의 수와 이 파장대의 크기를 말한다. 분광해상도가 좋을수록 영상의 분석적 이용 가능성이 높아진다.

3) 방사 또는 복사해상도

인공위성 관측센서에서 수집한 영상이 얼마나 다양한 값을 표현할 수 있는가를 나타낸다. 한 픽셀을 8bit로 표현하는 경우 그 픽셀이 내재하고 있는 정보를 총 256개로 분류할 수 있다는 의미가 된다. 방사해상도가 높으면 위성영상의 분석정밀도가 높다는 의미이다.

4) 시간 또는 주기해상도

지구상 특정지역을 얼마만큼 자주 촬영가능한지를 나타낸다. 어떤 위성은 동일한 지역을 촬영하기 위해 돌아오는데 16일이 걸리고 어떤 위성은 4일이 걸리기도 한다. 주기 해상도가 짧을수록 지형변이 양상을 주기적이고 빠르게 파악할 수 있다.

5. 탐측기의 분류

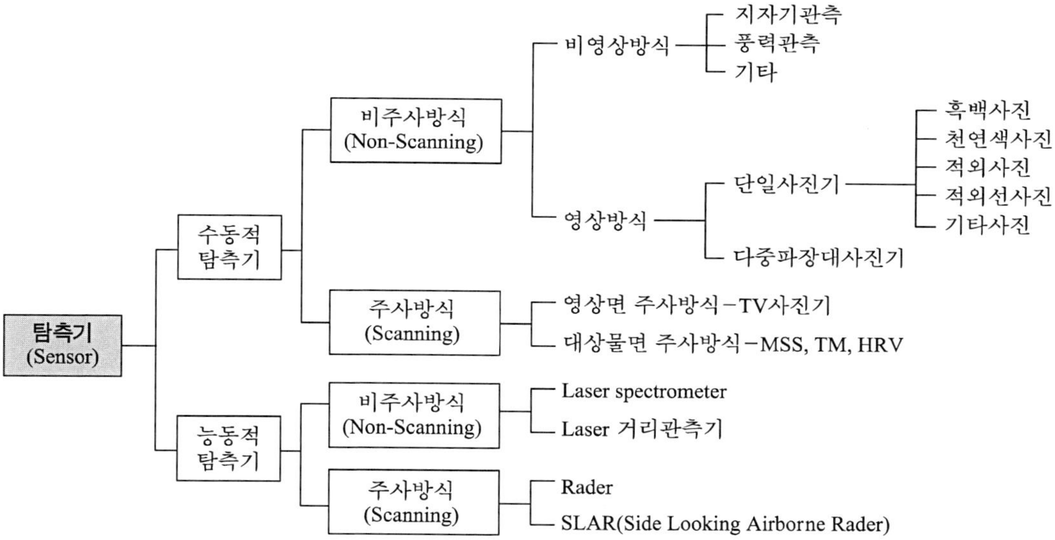
탐측기
(Sensor)
수동적
탐측기
능동적
탐측기
비주사방식
(Non-Scanning)
주사방식
(Scanning)
비영상방식
지자기관측
풍력관측
기타
영상방식
단일사진기
흑백사진
천연색사진
적외사진
적외선사진
기타사진
다중파장대사진기
영상면 주사방식－TV사진기
대상물면 주사방식－MSS, TM, HRV
비주사방식
(Non-Scanning)
Laser spectrometer
Laser 거리관측기
주사방식
(Scanning)
Rader
SLAR(Side Looking Airborne Rader)

예제 및 풀이

1. 초점거리 150mm 카메라로 촬영고도 1800m, 촬영기선장 960m로 연직촬영한 입체모델이 있다. A점의 시차를 관측한 결과 기준면(표고 0m)의 시차보다 10mm 더 크게 관측되었다면, 엄밀계산법으로 구한 A점의 표고를 구하시오.

해설 ① 사진축척 $M = \frac{1}{m} = \frac{f}{H} = \frac{0.15m}{1,800m} = \frac{1}{12,000}$

② 주점기선길이$(b_0) = \frac{B}{m} = \frac{960}{12,000} = 0.08m$

③ A점의 표고$(h) = \frac{H}{b_0 + \Delta P}\Delta P = \frac{1,800}{0.08 + 0.01} \times 0.01 = 200m$

2. 사진의 크기 23cm×23cm인 사진기로 촬영고도 3,000m에서 촬영하여 사진의 유효면적 21.16km^{2}를 얻었다면 이 사진기의 초점거리를 구하시오.

해설 초점거리는 촬영고도와 축척의 함수이므로 주어진 조건에서 축척은 유효면적과 사진의 크기로 구하여 적용한다.

$A_0 = (ma)^2 = \left(\frac{H}{f} \times a\right)^2 \Rightarrow \sqrt{A_0} = \frac{H}{f} \times a$ 이므로

$f = \frac{H \times a}{\sqrt{A_0}} = \frac{3,000m \times 0.23m}{\sqrt{21,160,000m^2}}$ $\quad \because 21.16km^2 = 21,160,000m^2$

$= 0.15m$

3. 평탄지를 촬영고도 1,500m로 촬영한 연직사진이 있다. 두사진 상에서 2점간의 시차차를 측정하니 4mm였다면 이 두 점간의 비고를 구하시오. (단, 카메라의 초점거리 153mm, 사진의 크기 23×23cm, 종중복도 60%임)

해설 ① 주점기선장

$$b_0 = a\times(1-p) = 0.23\times(1-0.6) = 0.092m$$

② 비고

$$h = \frac{H}{b_0}\Delta P = \frac{1,500}{0.092}\times 0.004 = 65.2m$$

4. 초점거리 15cm, 사진크기 23cm×23cm인 광각사진기로 종중복도 60%, 노출점간 최소 소요시간 40초, 촬영고도 3,000m로 촬영계획하면 항공기 운항속도는 몇 km/hr로 유지해야 하는가?

해설 최소노출시간은 촬영간격, 사진과 다음 사진간의 시간차를 의미한다.

$$M = \frac{1}{m} = \frac{f}{H} = \frac{0.15}{3,000} = \frac{1}{20,000}$$

$$B = ma\times(1-p) = 20,000\times 0.23(1-0.6) = 1,840(m)$$

$T_S = \dfrac{B}{V}$ 에서 $V = \dfrac{B}{T_S}$

$$\therefore\ V = \frac{1,840m}{40\sec} = 46m/\sec$$

$$= 46\frac{m}{\sec}\times\frac{1km}{1,000m}\times\frac{3,600\sec}{1hr} = 165.6km/hr$$

5. 어느 지역의 비고가 200m인 곳에서 촬영한 연직사진의 축척이 1:50,000일 때 이 사진의 비고에 의한 최대 변위량을 구하시오. (단, 사진의 크기는 23cm×23cm, 초점거리 210mm이다.)

해설 기복변위 : 대상물에 기복이 있을 경우에 사진면에서 연직점을 중심으로 방사상의 변위가 생기는데 이를 기복변위라 한다.

$$\Delta r = \frac{h}{H}r$$

여기서, h는 비고, H는 촬영고도, Δr은 기복변위량,
r은 연직점으로부터의 상점까지의 거리

$$H = mf = 50,000\times 0.21 = 10,500m$$

$\Delta r_{\max} = \dfrac{h}{H}\times r_{\max}$ 여기서, $r_{\max} = \dfrac{\sqrt{2}}{2}\times a$

$$= \frac{200m}{10,500m}\times\frac{\sqrt{2}}{2}\times 23cm = 0.3098cm = 3.098mm$$

6. 촬영스트립의 길이가 4km라고 하면 몇 매의 사진을 촬영해야 하는가?(단, 사진축척 1:10,000, 종중복도 60%, 사진크기 21×21cm)

해설 종모델수 $= \dfrac{S_1}{A_0}$, 여기서, S_1 : 촬영스트립의 길이, A_0 : 유효면적

$$= \frac{S_1}{ma(1-p)} = \frac{4{,}000m}{10{,}000 \times 0.21 \times (1-0.6)} = 4.76,\ 5\text{매}$$

사진매수는 정수이므로 반올림이 아니라 올림으로 계산하며,
사진매수는 모델수 + 1로 계산하므로 5+1=6매이다.

7. 항공사진측량을 위하여 초점거리 200mm의 사진기로 1:20,000 입체사진을 촬영했을 때 일반적으로 허용되는 정확도의 범위를 구하시오.

해설 **사진측량의 정확도**

① 수평위치의 정확도 :

$(10 \sim 30\mu m) \times m$ 여기서, m은 축척의 분모수이고, μm는 $10^{-6}m$

$$= (10 \sim 30\mu m) \times m = (10 \sim 30) \times \frac{1}{1{,}000{,}000} m \times 20{,}000 = (0.2 \sim 0.6)m$$

② 수직위치의 정확도 : 촬영고도의 $\dfrac{1 \sim 2}{10{,}000}$

$$= \left(\frac{1 \sim 2}{10{,}000}\right) \times H = \left(\frac{1 \sim 2}{10{,}000}\right) \times 4{,}000 = (0.4 \sim 0.8)m$$

$$\because H = mf = 20{,}000 \times 0.2 = 4{,}000m$$

8. 평균표고 120m인 지형을 초점거리 120mm인 사진기로 촬영고도 3,300m에서 촬영한 항공사진 1장이 포함하는 면적을 구하시오. (단, 사진크기는 23×23cm이다.)

해설 항공사진 1장이 포함하는 면적은 사진면적에 축척의 제곱을 곱하여 구한다. 여기서 축척을 구할 때 촬영대상지역의 평균표고가 120m이므로 촬영고도 3,300m에서 120m를 뺀 값을 적용하여 계산한다.

$$M = \frac{1}{m} = \frac{f}{H-h} = \frac{0.120}{3{,}300-120} = \frac{1}{26{,}500}$$

$$A = (ma)^2 = (26{,}500 \times 0.23)^2 = 37{,}149{,}025m^2 = 37.149km^2$$

9. 항공사진 축척이 1:15,000이고 비행코스 방향의 중복도 60%, 비행코스간의 중복도 30% 일 때 23cm×23cm인 사진 1매의 유효모델 면적을 구하시오.

해설 $A_0=(ma)\times(1-p)\times(ma)\times(1-q)=(ma)^2\times(1-p)\times(1-q)$

$=(15{,}000\times0.23)^2\times(1-0.6)\times(1-0.3)=3{,}332{,}700\,m^2$

$1km^2=1{,}000m\times1{,}000m=1{,}000{,}000m^2$이므로

$A_0=3{,}332{,}700\,m^2=3.3327km^2$

10. 표고 100m 상의 삼각점 A, B를 사진상에서 관측하였더니 두 점간의 거리가 8.4cm이고, 축척 1:25,000 지도상에서는 3.6cm이었다. 이 사진의 촬영고도를 구하시오.(단, 사진기의 초점거리는 15cm 이다.)

해설 A, B 두 점간의 실제거리$=25{,}000\times0.036=900m$

표고 100m 상의 삼각점을 찍은 항공사진의 축척은 다음과 같다.

$\dfrac{f}{H-h}=\dfrac{0.15}{H-100}=\dfrac{0.084}{900}$ 식을 이항하여 정리하면

$H-100=\dfrac{0.15}{0.084}\times900\ \Rightarrow H=\dfrac{0.15}{0.084}\times900+100$

$\therefore H=1{,}707.14m\fallingdotseq1{,}700m$

11. 항공사진 촬영에서 사진축척 1/20,000, 허용흔들림을 0.02mm, 최장 노출시간을 1/125초로 할 때 항공기의 운항속도는 얼마로 하여야 하는가?

해설 최장노출시간은 셔터의 노출시간으로 촬영을 위해 조리개가 열리고 닫히는 순간의 흔들림량에 비례한다.

최장노출시간 $T_l=\dfrac{\Delta S\bullet m}{V}$에서

ΔS: 허용흔들림량, m: 축척, V: 운항속도

$$V=\frac{\Delta S\bullet m}{T_l}=\frac{0.02mm\times20{,}000}{\frac{1}{125}sec}=50{,}000mm/\mathrm{sec}$$

이를 km/hr로 단위환산하면

$$=50{,}000\frac{mm}{\mathrm{sec}}\times\frac{1km}{1{,}000{,}000mm}\times\frac{3{,}600\mathrm{sec}}{1hr}=180km/hr$$

12. 초점거리 150mm, 사진의 크기 23cm×23cm의 카메라를 사용하여 촬영고도 4,500m에 촬영된 평지에 대한 연직사진이 있다. 서로 이웃하는 2장의 사진에서 주점 간 거리를 1:25,000 지형도 상에서 측정하니 96.6mm인 경우 이 두 사진의 종중복도를 구하시오.

해설 1:25,000축척의 지형도에서 주점기선거리를 구한 결과를 축척이 다른 연속사진에 적용하여 중복도를 구할 수 있다.

① 1:25,000지형도에서 촬영종기선길이(B) 구하기

$$\frac{b_0}{B}=\frac{0.0966m}{B}=\frac{1}{25,000} \text{ 에서 } B=25,000\times 0.0966=2,415m$$

② 사진상에서 중복도구하기

$$M=\frac{1}{m}=\frac{f}{H}=\frac{0.150}{4,500}=\frac{1}{30,000}$$

$B=ma(1-p)$ 에서

$2,415=30,000\times 0.23\times(1-p)$ 식을 이항하여 정리하면

$$p=1-\frac{2,415}{30,000\times 0.23}=0.65$$

13. 동서 30km, 남북 20km인 사각형의 촬영지역을 횡중복도 30%, 종중복도 60%로 촬영하였다. 이 작업에 필요한 삼각점의 수는 최소 몇 점이 있어야 하는가? (단 사진의 크기 23cm×23cm, 초점거리 150mm, 촬영고도 3,000m 이고 엄밀법으로 계산하고 촬영은 동서방향으로 한다.)

해설 ① 축척계산

$$M=\frac{1}{m}=\frac{f}{H}=\frac{0.15}{3,000}=\frac{1}{20,000}$$

② 종모델수(D)

$$D=\frac{S_1}{B}=\frac{S_1}{ma(1-p)}=\frac{30,000m}{20,000\times 0.23m\times(1-0.6)}=16.30=17$$

③ 촬영경로수(D')

$$D'=\frac{S_2}{C_0}=\frac{S_2}{(ma)(1-q)}=\frac{20,000m}{20,000\times 0.23m\times(1-0.3)}=6.21=7$$

④ 총모델수$=17\times 7=119$ 모델

⑤ 삼각점수$=$ 총모델수 $\times 2=119\times 2=238$ 점

14. 초점거리 150mm, 사진의 크기 23cm×23cm인 카메라에 의하여 촬영된 축척 1:30,000의 항공사진이 있다. 사진은 촬영고도가 동일한 연직사진이며 촬영기준면의 표고는 0m, 인접사진과의 중복도가 60%일 때, 높이 40m의 철탑이 주점기선의 중앙에 위치하고 있다면 철탑의 기복변위를 구하시오.

해설 ① 촬영고도 (H)

$$M=\frac{1}{m}=\frac{f}{H} \text{에서}$$

$$H=m\times f=30{,}000\times 0.15=4{,}500\,m$$

② 주점기선길이 (b_0)

$$b_0=a(1-p)=23\times(1-0.6)=9.2cm$$

③ 주점에서의 거리 (r)

철탑이 주점기선의 중앙에 위치하고 있으므로 $r=\frac{b_0}{2}=\frac{9.2}{2}=4.6cm$

④ 철탑의 기복변위 (Δr)

$$\Delta r=\frac{h}{H}\times r=\frac{40}{4{,}500}\times 4.6cm=0.0409\,cm=0.409mm$$

15. 사진 크기와 촬영고도가 같고, A카메라는 초점거리 88mm, B카메라는 152mm일 때, A카메라에 의한 촬영면적은 B카메라의 약 몇 배인가?

해설

$$A_{초}:A_{광}=(ma)^2:(ma)^2=\left(\frac{H}{f}a\right)^2:\left(\frac{H}{f}a\right)^2$$

$$=\left(\frac{H}{88}a\right)^2:\left(\frac{H}{152}a\right)^2 \fallingdotseq 3:1$$

16. 사람이 두 눈으로 물체를 볼 때 멀리 볼 수 있는 수렴각의 최소한계를 20″라 하고, 안기선장(eye base)을 65mm라 하면 원근감을 느낄 수 있는 최대한의 거리를 구하시오.

해설 $\frac{dl}{L}=\frac{\theta}{\rho}$ 에서 $L=\frac{\rho}{\theta}\times dl=\frac{\frac{180°}{\pi}\times 3600''}{20''}\times 0.065m=670\,m$

17. 축척이 1: 25,000인 항공사진에서의 허용흔들림이 0.01mm이고 최장 노출시간이 1/200초일 때 항공기의 속도를 구하시오.

해설 최장노출시간은 셔터의 노출시간으로 촬영을 위해 조리개가 열리고 닫히는 순간의 흔들림량에 비례한다.

최장노출시간 $T_l = \dfrac{\Delta S \cdot m}{V}$ 에서

ΔS: 허용흔들림량, m : 축척, V: 운항속도

$$V = \frac{\Delta S \cdot m}{T_l} = \frac{0.01mm \times 25{,}000}{\frac{1}{200}sec} = 50{,}000mm/\mathrm{sec}$$

이를 km/hr로 단위환산하면

$$= 50{,}000\frac{mm}{\mathrm{sec}} \times \frac{1km}{1{,}000{,}000mm} \times \frac{3{,}600\mathrm{sec}}{1hr} = 180km/hr$$

18. 초점거리 150mm 카메라로 평지를 축척 1:20,000로 촬영한 연직사진의 주점으로부터 거리가 60mm, 평지로부터 비고가 250m인 지역의 비고에 의한 변위량을 구하시오.

해설 ① 촬영고도계산

$M = \dfrac{1}{m} = \dfrac{f}{H}$ 에서 $H = mf = 20{,}000 \times 0.150 = 3{,}000m$

② 기복변위

$$\Delta r = \frac{h}{H} \times r$$

여기서 H: 촬영고도, Δr : 주점에서의 거리, h : 비고

$\Delta r = \dfrac{250m}{3{,}000m} \times 60mm = 5mm$ ($\because \dfrac{h}{H}$의 계산에서 m 단위가 없어지므로)

CHAPTER
14 GSIS(지형공간정보체계)

1. 지형공간정보체계의 개요
2. GIS 관련 학문분야
3. GIS의 활용분야
4. GIS의 기능
5. 자료구조
6. 데이터베이스
7. 벡터데이터와 래스터데이터
8. 메타데이터
9. 지형공간정보체계의 주요 구성요소
10. 지형공간 정보체계 자료생성
11. 수치지도(Digital Map : DM)
12. 공간분석
13. 표준코드

CHAPTER 14

GSIS(지형공간정보체계)

1 지형공간정보체계의 개요

지도(map)는 인류문명의 원류인 고대 이집트 문명의 시대부터 사용된 이래 인간의 생활 범위가 크게 넓어진 현재에도 그 필요성이 증가하고 있다. 사회가 복잡하고 다양해지면서 정보의 종류와 양 그리고 그 정보의 변화 속도 또한 급격히 변화하고 있으며 산업 구조도 역시 기존의 산업사회에서 정보산업 구조로 재편되면서 경제활동의 중심이 다양한 정보지식의 사회로 변해가고 있다.

토지, 환경 및 교통의 정보는 더욱 신속하고 정확한 것을 요구하게 되었으며 국토 기반 시설인 도로, 철도, 상하수도, 전기, 전화, 가스 등의 시설물들은 그 복잡성과 변화성에 따라 2차원적 평면 지도인 종이 지도에 의한 정보관리의 한계를 맞게 되었으며 3차원적인 정보의 관리와 분석을 요구하게 되었다.

이러한 욕구를 만족시키기 위해 다양한 정보를 컴퓨터로 일괄 관리함으로서 업무의 과학화, 효율화, 신속화 및 체계화를 실현하고, 시민의 서비스 향상을 도모할 수 있는 지형정보시스템(GIS; geographic information system)의 구축을 요구되게 되었다.

국토계획, 지역계획, 자원 개발계획, 공사계획 등 각종 계획의 입안과 추진을 성공적으로 추진하기 위해서는 토지, 자원, 환경 또는 이와 관련된 사회, 경제적 현황에 대한 방대한 량의 정보가 필요하다. 이러한 요구를 충족하기 위하여 이와 관련된 각종 정보 등을 전산기(Computer)에 의해 종합적, 연계적으로 처리하는 방식이 지형 공간 정보체계이며, 다양한 형태의 지리정보를 효율적으로 수집, 저장, 갱신, 처리, 분석, 출력하기 위해 이용되는 하드웨어, 소프트웨어, 지리자료, 인적자원의 통합적 시스템으로 정의할 수 있다.

1. 발전배경

지형공간정보체계의 공간 분석에 있어서 컴퓨터의 사용은 주로 수집, 자료 분석, 출력 등의 분야에서 이루어져 오고 있다.

주제도, 지적도의 제작, 도시 및 촌락 계획, 수도·전력·가스·전화 등 기간 시설의 네트워크 계획, 공간적 변화에 대한 수학적 분석, 다양한 용도의 영상 처리 등 여러 학문 분야에서 지형공간정보체계는 활용되어 왔다. 따라서 많은 경비와 시간의 투자가 중복되어진 것은 물론이고, 각 분야 또는 각 국가별로 서로 다른 전문 용어를 사용하여 왔으나, 현재에 이르러 각각의 분야에서 축적된 성과를 토대로 하여 인접한 분야에서 개발한 공간정보 처리 기능의 상호연계가 가능해지고 있다.

2. 지형공간정보체계의 특징

1) 대량의 정보를 저장하고 관리할 수 있다.
2) 원하는 정보를 쉽게 찾아볼 수 있고, 새로운 정보의 추가와 수정이 용이하다.
3) 표현 방식이 다른 여러 가지 지도나 도형으로 표현이 가능하다.
4) 지도의 축소·확대가 자유롭고 계측이 용이하다.
5) 복잡한 정보의 분류나 분석에 사용된다.
6) 필요한 자료의 중첩을 통하여 종합적 정보의 획득이 가능하다.
7) 입지 선정의 적합성 판정이 용이하다.

3. 지형공간정보체계의 구성요소

지형정공간보체계는 컴퓨터 하드웨어, 소프트웨어, 자료, 인적자원으로 구성된다.

1) 하드웨어

시스템을 구동시키는 장치로서 컴퓨터 본체, 모니터, 프린터, 스캐너 등을 비롯한 각종 주변 장치를 포함한다.

2) 소프트웨어

지형정보체계의 브레인에 해당하는 부분으로 지형정보체계를 구동시키는 프로그램부분이다. 여기에는 각종 워드프로세서, 통계프로그램도 포함된다.

3) 자료

지형정보체계의 주된 작업은 자료의 입력에 관련된 일이다. 보다 정확한 최신의 자료가 다양하게 입력되어야만 이 자료를 활용하여 효율성 있는 지형정보체계의 응용체계를 구축할 수 있다.

4) 인적 자원

지형정보체계를 구동시키기 위해서는 이에 대한 지식을 갖춘 인력이 있어야만 한다. 지형정보체계에서는 전문적인 기술을 필요로 함으로 잘 훈련된 전문 기술자가 필요하다.

4. 자료처리체계

지형공간정보체계의 자료처리체계는 크게 입력, 처리, 출력 단계로 구분할 수 있다.

1) 자료처리의 흐름

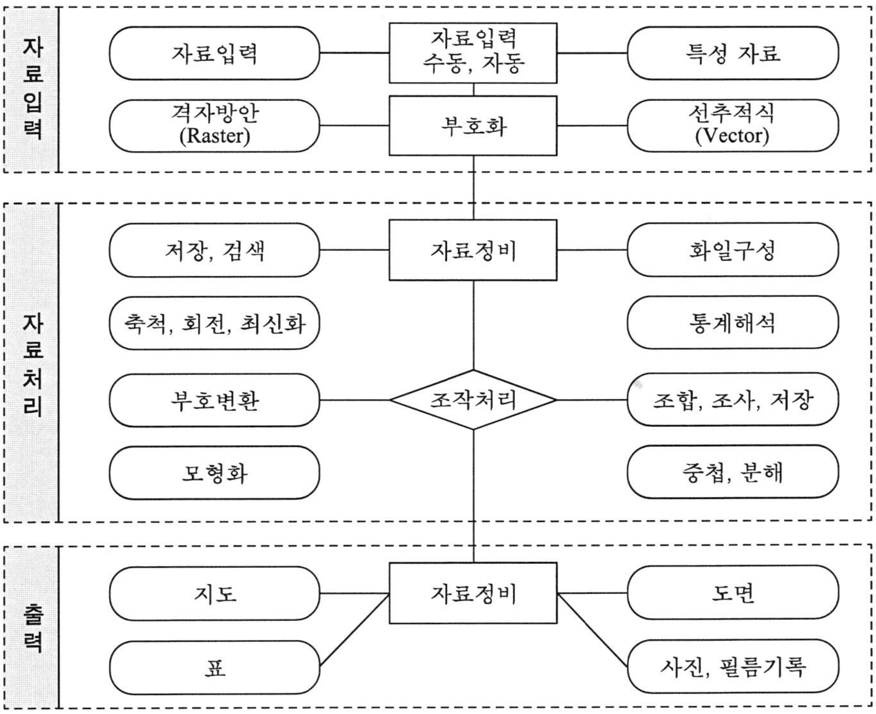

그림 14.1 GIS 자료처리의 흐름

2) 자료 입력

① 자료 입력

자료의 입력 방식에는 수동방식과 자동방식이 있으며, 기본도의 투영법 및 축척 등에 맞도록 재편집 되어야 한다.

② 부호화

- 점, 선, 면, 다각형 등에 포함되어 있는 변량을 부호화 한다.
- 부호화 방식에는 선추적 방식(Vector coding), 격자 방식(Raste rcoding)이 있다.

3) 자료처리

① 자료정비

- 자료 관리 과정은 GSIS의 효율적 작업의 성공여부에 매우 중요한 요인이다.
- 자료 유지관리는 모든 자료의 등록, 저장, 재생 및 유지에 관련된 일련의 프로그램으로 구성된다.

② 조작처리

- 표면분석 하나의 자료 층상에 있는 변량들간의 관계를 분석 적용한다.
- 중첩분석 둘 이상의 자료층에 있는 변량들간의 관계를 분석 적용한다.

4) 출력

도면이나 도표의 형태로 검색 및 출력 하는 것을 말한다.

5. 지형공간정보체계의 필요성

1) 국토계획 측면

① 국토이용 및 자원관리, 환경보존에 필요한 일반적인 통계자료 및 도형자료의 전산화 체계정비(지형도, 토양도, 삼림도, 지적관리, 지하자원 탐사자료, 하천 및 수계, 도로망, 문화재, 인구통계, 교통량, 환경오염 및 재해조사관리 등)

② 지형경사도, 피복상태, 토지이용 가능도 및 이용능력평가, 도시 및 지역형태 변화 등에 대한 공간적, 시간적 분포의 기록, 보존 및 기능적 분석

③ 상기 자료들의 주제별 영상화에 의한 시각적 표현 및 그 변천추이 등에 관한 이해 증진

2) 도시정보측면

① 관련정보의 구조적 특성분석

② 관련정보의 항목별 분류 및 정립
③ 관련 법규를 활용한 자료의 표준화
④ 정보시스템 데이터베이스 구축의 기본구상

2 GIS 관련 학문분야

1. GIS는 전통 학문분야와의 통합 기술

GIS 기술은 공간정보를 다루는 많은 학문과의 밀접한 연관성을 가지고 있으며 각 분야의 기술들은 GIS를 완성하는데 중요한 원천 기술을 제공한다. GIS에서 지리정보의 통합, 모델링, 분석 기법을 통한 다른 응용 분야의 적용은 GIS의 지속적인 학문적 확산을 의미한다.

2. 관련 분야

1) 지리학(Geography)
2) 지도학(Cartography)
3) 측지학(Geodesy)
4) 원격탐사(Remote sensing)
5) 사진측정학 또는 사진측량학(Photogrammetry)
6) 측량학 (Surveying)
7) 통계학 (Statistics)
8) 전산과학 (Computer Science)
9) 인공 지능(Artificial Intelligence)
10) 수학 (Mathmatics)
11) 토목공학 (Civil Engineering)
12) 물리학 (Physics)

3 GIS의 활용분야

1. 지리정보체계 (Geographic Information System : GIS)

협의의 지형공간정보체계로 공간좌표 또는 지리좌표에 관련된 도형 및 속성자료를 효율적으로 수집, 저장, 갱신, 분석하기 위한 전산정보체계이다.

GIS는 정부 부처, 지방 자치 단체, 정부 투자 기관, 군, 경찰, 민간 기업 등에서 다양하게 활용되어 업무의 효율성을 높이는데 기여할 수 있다. GIS의 활용 분야는 국토 계획, 도시 계획, 토지 문제, 자원 분석 및 경영 관리, 행정 관리, 수자원 관리, 교통 운송 도로망 계획, 국방 분야, 사회 안전 분야, 환경 분야 등 매우 다양하게 이용될 수 있다. 현재 GIS 관련 업계의 현황은 데이타베이스 구축, 컨설팅, 응용 소프트웨어 개발, 시스템 및 GIS 관련 소프트웨어 판매 및 교육 등을 수행하고 있다.

2. 토지정보체계 (Land Information System : LIS)

LIS는 지적 등 토지 관련 재산권 정보의 효율적 관리를 위한 것으로 필지를 기준으로 지적의 전산화의 효율적 관리를 주요 목적으로 한다. LIS를 이용하게 되면 다목적 국토 정보 시스템의 구축 및 건설 계획과 환경 보호의 조화를 위한 지형 정보의 분석 및 경관 정보 추출 또한 가능하다.

지형분석, 토지의 이용, 개발, 행정, 다목적 지적 등 토지자원 관련 문제 해결을 위한 정보 분석체계로서 수치지형모형(Digital Terrain Model : DTM)을 이용한 지형분석 및 경관 정보 추출을 말한다.

3. 도시정보체계 (Urban Information System : UIS)

UIS는 도시 계획 및 도시화 현상에서 발생하는 인구, 자원 및 교통의 관리, 건물, 면적, 지명 등 도시와 관련되는 데이타를 다루는 것으로 도시 현황의 파악 및 도시 계획, 도시 정비, 도시 기반 시설의 관리를 효과적으로 수행할 수 있는 시스템이다.

4. 도면자동화 및 시설물관리 (Automated mapping and Facility Management : AM/FM)

1) 도면자동화

도형 해석을 위한 소프트웨어를 이용하여 지형정보를 생성, 수정 및 합성하여 시설물 관리를 효과적으로 하기 위한 시스템으로, 시설물 관리시스템에서 이용되는 지도나 도면을 수치 정보화한다.

2) 시설물 관리

건축, 전기, 설비, 통신 등 도면 자동화를 통해 구축된 수치지도를 바탕으로 지상 및 지하의 각종 시설물을 시스템 상에 구축하여 시설물에 대한 유지보수 활동을 효과적으로 지원하는 시스템이다.

5. 교통정보체계 (Transportation Information System : TIS)

TIS는 육상 교통 관리, 해상 교통 관리, 항공 교통 관리, 교통 계획 및 교통 영향 평가 등을 할 수 있으며, 교통량, 노선연장, 운수 및 물류, 도로보수 등을 효과적으로 관리할 수 있는 시스템이다.

6. 환경정보체계 (Environmental Information System : EIS)

EIS는 대기 오염 정보, 수질 오염 정보, 유해 폐기물 위치 평가 등 각종 오염원의 생성과 관련된 정보의 효율적 관리를 위한 것으로 자연 환경, 생활 환경, 생태계, 경관변화 예측, 대형 시설물의 건설에 따른 일조량의 변화 등을 예측할 수 있는 시스템이다.

7. 자원정보체계 (Resource Information System : RIS)

RIS는 농산 자원 정보, 삼림 자원 정보, 수자원 정보 등과 관련된 시스템으로서 위성 영상과 지리 정보 시스템을 활용한 농작물 작황조사, 병충해 피해 조사 및 수확량 예측, 토질과 지표특성을 고려한 산림자원 경영 및 관리대책의 수립 등을 수행할 수 있는 시스템이다.

8. 재해정보체계 (Disaster Information System : DIS)

DIS는 홍수 방재 체제 수립, 민방공 체제 구축, 산불 방지 대책 수립 등을 위한 시스템으로 수계 특성, 유출 특성, 강우빈도 및 강우량 등을 고려하여 긴급 출동 및 적절한 방재 대책을 수립할 수 있는 시스템이다.

9. 해양정보체계 (Marine Information System : MIS)

MIS는 해저 영상 정보, 해저 지질 정보, 수심 정보, 해상 정보 등을 포함한 시스템으로 해류 흐름의 변동, 수온분포 변화 조사, 어로 자원 이동 상황 및 어장 현황 예측 등을 다루는 시스템이다.

10. 국방정보체계 (National Defence Information System : NDIS)

NDIS는 인공위성 데이타를 이용한 적 지역의 지형도 작성 및 수치 지형 모형 중첩에 의한 미사일 공격 목표 선정 및 최대 공격 효과의 예측 등 군 관련 정보를 다루는 시스템이다.

11. 지하정보체계 (Underground Information System : UGIS)

UGIS는 지하시설에 대한 정보를 관리하는 것으로 지하도로, 상하수도, 통신, 가스, 전기, 소방도 등 지하시설물과 이와 관련되는 지상 정보와의 연계를 다룬 시스템이다.

4 GIS의 기능

GIS는 지리적인 요소와 관련된 공간 데이타와 이와 관련된 속성 데이타를 컴퓨터를 이용하여 효율적으로 관리하므로써 사용자의 요구를 신속하고 정확하게 제공할 수 있는 여러 가지 기능을 수행한다. 이러한 GIS의 주요 기능으로는 지도와 같은 멀티미디어 데이타의 입력 기능과 방대한 데이타를 효율적으로 관리하는 기능, 공간 데이타와 속성 데이타를 관련지어 사용자에게 보다 정확한 데이타를 찾아주는 검색 기능, 데이타에 대한 수정 및 조작 연산 등을 통해 다양한 결과를 나타내는 분석 기능 그리고 사용자가 요구 사항을 보다 쉽게 사용할 수 있도록 질의어를 포함한 사용자 인터페이스 기능 등으로 나누어 질 수 있다.

1. 데이타 입력 시스템

GIS의 데이타 입력 시스템은 텍스트, 그래픽, 이미지, 동화상, 음성, 그리고 인공위성 등 다양한 매체들을 입력할 수 있도록 구성된 시스템이다. 이러한 데이타는 주로 전통적인 그래픽 데이타와, 인쇄되고 디지탈화된 파일로부터 유도된 속성 데이타, 그리고 LANDSAT 데이타 등 여러가지 형식으로 얻어질 수 있다. 그래픽 데이타는 항공촬영한 사진을 해석도화기에 의해 도면화한 후, 이를 디지타이저나 스캐너를 이용하여 수치화한다. 데이타 입력 시스템은 단순한 입력 기능 뿐만아니라 데이타형에 대한 축척 및 속성 데이타와의 관련 정보가 제공되어야 하며, 이러한 정보는 그 데이타의 정확성, 정밀도와 공간 특성을 묘사한다. 종종 이러한 데이타는 입력에 앞서 수작업 또는 자동화된 전처리를 필요로 하며 형식 변환이 필요하다. 형식 변환은 다른 데이타 구조들 사이에서의 변환과 다른 데이타 매체 사이에서 변환을 고려해야 한다.

2. 데이타 관리 시스템

GIS에서의 데이타 관리 시스템은 모든 데이타를 갱신, 유지, 사용하는 다수 조직들로 구성된다. 따라서 이러한 데이타베이스를 관리, 보존하기 위한 효과적인 운영이 필요하게 된다. 즉, 하드웨어와 소프트웨어의 기능과 연산들의 조합을 통해 데이타베이스를 효과적으로 사용할 수 있는 데이타 관리 시스템이 필수적으로 요구된다. 데이타 관리 시스템은 다중 사용자와 다중 데이타베이스를 지원하여야 하고, 효과적인 데이타의 저장, 검색, 갱신 뿐만 아니라 다중 사용자를 위한 비중복성, 독립성, 무결성 등을 제공하는 통합된 데이타베이스 관리 시스템을 포함하여야 한다. 뿐만아니라 허가된 사용자에게만 데이타베이스를 접근하도록 하는 보안 문제, 어떠한 고장에 의해 발생될지 모르는 데이타베이스의 이상 현상을 방지하기 위한 회복 문제 등을 모두 고려해야 한다.

3. 데이타 검색 시스템

데이타 검색 시스템은 공간 데이타와 속성 데이타의 검색 연산을 제공한다. 검색은 속성 데이타의 특성과 공간 데이타의 특성 또는 공간 데이타 집합들의 위치를 찾아낸다. 효과적인 데이타 검색 연산은 저장 데이타의 크기, 데이타 압축과 데이타 파일 구조의 설계 방법에 크게 의존한다. 일반적인 데이타 검색 시스템은 속성 데이타에 대한 효과적인 검색을 지원하지만, 공간 데이타에 대한 공간 특성 및 특성 집합의 탐색은 매우 복잡한 절차를 내포하며 비효율적이다. 따라서 GIS에서 다루는 데이타 검색 시스템은 이러한 공간 데이타의 특성에 알맞는 다양한 형식의 검색 방법을 제공하여야 한다.

4. 데이타 조작 및 분석 시스템

GIS의 가장 핵심이 되는 시스템으로 입력된 데이타를 처리하는 기능을 갖는다. 여기에는 전형적으로 조작 가능한 처리 기술들과 x,y 좌표로 구성된 데이타의 사용 및 구조의 변환을 요구한다. GIS는 속성 데이타의 재분류와 입력, 그리고 공간 데이타에 대한 확대, 축소, 이동, 회전, 지도 투영을 명시하기 위한 지리 좌표계의 변환, 공간 데이타간의 포함, 교차, 근접 등의 지리 연산과 데이타 구조의 변환, 통계치에 관한 특성들의 공간 분석 그리고 거리와 면적의 측정 기능 등을 제공해야 한다.

5 자료구조

지형공간정보체계의 자료구조는 지형공간정보, 자료의 형태, 전산화관련 자료구조, 도형 및 영상정보의 자료구조 등으로 구분된다.

1. 지형공간정보체계의 정보

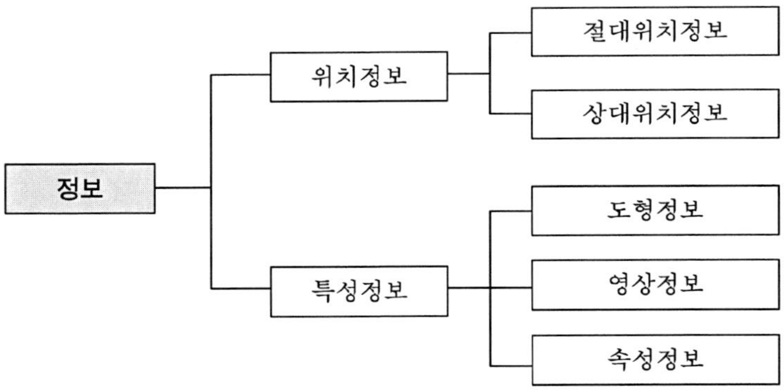

2. 자료의 형태

① 서류 ② 지도 ③ 항공사진
④ 위성 영상자료 ⑤ 통계자료 ⑥ 설문조사

3. 전산화 관련 자료의 구조

1) 파일 (File)구조

① **구성요소** : 기록(Record), 영역(Field), 검색자(Key)

② **파일종류** : 단순파일, 순차파일, 색인파일

2) Data Base 구조

데이터 베이스는 하나의 조직 안에서 다수의 사용자들이 공통으로 사용할 수 있도록 통합·저장되어 있는 운영 자료의 집합으로서 데이터 베이스 구조에는 평면구조, 계층구조, 조직망구조, 관계구조 등이 있다.

① **평면구조** : 검색이 빠름, 구조가 간단, 프로그램작성 용이, 다양한 값을 갖는 경우 작성이 곤란

② **계층구조** : 기록추가와 삭제가 용이, 지시자에 의해 설정된 경로만을 통해야 하는 단점

③ **조직망구조** : 접근경로 다양, 자료항목이 중복되지 않으나 다른 새로운 연관성 규정이 어려움

④ **관계구조** : 일반사용자에게도 자료접근 용이하나 처리속도가 느림

3) Data Base 관리체계 (DBMS)

Data Base 관리체계는 자료의 저장, 조작, 검색, 변화를 조작하는 특별한 소프트웨어를 가지는 전산기 프로그램을 말한다.

4) 의사결정 지원 (DMSS)

어떤 계획을 결정하기 위해서는 여러 가지 이해와 요구를 수용해서 하나의 공통된 목표를 도출하여 결정을 내리게 되는데 이런 경우를 대비하여 모형화 같은 결정탐색 영역을 도입하여 의사결정에 도움을 줄 수 있는 체계를 말한다.

5) 전문가 체계 (Expert System)

분류가 되지 않는 많은 양의 자료가 정보체계에 입력되어 있고 필요한 것을 찾기란 매우 어렵다. 이를 위해서 전문가의 지식이나 경험을 전산기 내에 배치함으로써 효과적으로 활용하도록 설계한 체계를 말한다.

4. 도형 및 영상정보의 자료구조

도형 및 영상정보를 표현하는 데에는 벡터자료구조와 격자 자료구조의 두 가지 방법이 있다.

① 벡터자료구조
벡터자료구조는 가능한 한 정확하게 대상물을 표시하는데 있으며, 분할된 것이 아니라 정밀하게 표현된 차원, 길이 등으로 모든 위치를 표현할 수 있는 연속적인 자료 구조를 말한다.

② 격자자료구조
격자구조는 동일한 크기의 격자로 이루어지며, 자료구조의 단순성 때문에 주제도를 간편하게 분할할 수 있는 장점이 있으나 정확한 위치를 표시하는 데에는 많은 어려움이 따른 자료구조를 말한다.

6 데이터베이스

일반적인 데이터베이스의 정의는 서로 연관성이 있는 자료의 모임이다. 컴퓨터시스템에 국한된 데이터베이스의 의미는 실세계의 일부분을 표현하는 것으로서 어떤 특정한 의미를 가지는 자료의 모임을 가리킨다. 즉, 특정한 의미를 갖지 않고 모아진 임의의 자료는 데이터베이스라고 부르지 않는다. 따라서 데이터베이스는 사전에 사용자와 사용목적이 정해진 다음 설계가 이루어지고 구축되기 마련이다.

1. 데이터베이스의 장·단점

기존의 자료 저장방식과 비교하여 데이터베이스 방식이 지니는 장단점은 다음과 같다.

1) 장점

① 자료를 한 곳에 저장할 수 있다.
② 자료가 표준화되고 구조적으로 저장될 수 있다.
③ 서로 원천이 다른 데이터끼리 데이터베이스 내에서 연결되어 함께 사용할 수 있다.
④ 자료의 검색과 정보의 추출을 빠르고 용이하게 할 수 있다.

⑤ 많은 사용자가 자료를 공유하여 함께 사용할 수 있다.

⑥ 다양한 응용프로그램에서 서로 다른 목적으로 편집되고 저장된 데이터가 사용될 수 있다.

2) 단점

① 관련 전문가를 필요로 한다.

② 초기 구축비용과 유지·관리비용이 높다.

③ 제공되는 정보의 가격이 비싸다.

④ 사용자는 데이터베이스의 구축을 위하여 정해진 자료의 흐름과 구성을 갖추어야 한다.

⑤ 자료의 분실이나 자료가 잘못 사용되는 경우가 많은 만큼 상응하는 보안조치가 갖추어져야 한다.

2. 데이터베이스 모델

데이터 모델이란 데이터베이스 구조를 묘사하는 개념 도구들의 집합으로 데이터베이스의 구조와 이를 처리할 연산, 그리고 데이터베이스 테이블과 속성에 대한 제약사항의 3가지 구성요소에 의해 기술된다.

1) 개체기반의 논리적 모델

① 개체-관계(E-R)모델

② 이진 모델(binary model)

③ 의미 데이터 모델(semantic data model)

④ 정보 논리적 모델(information logical model)

2) 레코드 기반의 논리적 모델

① 계층형 데이터 모델(hierarchical data model)

② 관망형 데이터 모델(network data model)

③ 관계형 데이터 모델(relational data model)

④ 객체 지향형 데이터 모델(object-oriented data model)

⑤ 객체 관계형 데이터 모델(object-relational data model)

7 벡터데이터와 래스터데이터

공간 데이터는 크게 벡터데이터와 래스터 데이터로 구성된다.

1. 벡터데이터 (vector data)

벡터 데이터(vector data)는 공간 데이터를 표현하는 주요 두 가지 방식중 하나로, 실세계 공간현상을 점, 선, 면인 0, 1, 2차원 공간형상(spatial feature)으로 표현 즉, 기하학 정보, 위상구조 정보, 메타데이터(Meta Data)등이 구축된다.

1) 기하학 정보

점, 선, 면의 데이터를 구성하는 가장 기본적인 정보로서, 점일 경우 (x, y) 하나로 저장되며, 선의 경우는 연결된 점들의 집합, 즉 (x_1, y_1), (x_2, y_2),………,(x_n, y_n)으로 구성되며, 면의 경우는 면의 내부를 확인하는 참조점으로 구성

2) 위상구조 (topology) 정보

GIS 데이터의 필수 요소는 아니지만 공간 분석을 위해 필수적으로 존재해야 한다. 즉 위상구조란 점, 선, 면들의 공간 형상들의 공간 관계를 말하여, 즉 다양한 공간형상들간의 공간 관계 정보를 인접성(adjacency), 연결성(continuity), 포함성(coutainment)등으로 구성되고, 공간 분석을 위해서는 필수적으로 위상구조가 정립되어야 한다.

2. 래스터 데이터 (raster data)

래스터 데이터 유형은 실세계 공간현상을 일련의 셀들의 집합으로 정의, 표현 즉, 격자형의 영역에서 x, y축을 따라 일련의 셀들이 존재하며, 각 셀 들이 속성값을 가지므로 이들 값에 따라 셀들을 분류하거나 다양하게 표현할 수 있다. 각 셀들의 크기에 따라 데이터의 해상도와 저장 크기가 달라지므로, 셀 크기가 작으면 작을수록 보다 정밀한 공간현상을 잘 표현할 수 있다. 대표적인 래스터 데이터 유형으로는 인공위성에 의한 이미지, 항공사진에 의한 이미지 등이 있으며, 또한 스캐닝을 통해 얻어진 이미지 데이터를 좌표정보를 가진 이미지로 바꿈으로서 얻어질 수 있다.

1) 래스터 데이터 특징

실세계 공간현상을 일련의 셀들의 집합으로 정의, 표현

① 격자형의 영역에서 x, y축을 따라 일련의 셀들이 존재
② 각 셀들이 속성값을 가지므로 이에 따라 셀들을 분류하거나 다양하게 표현
③ 래스터 데이터 유형 : 인공위성에 의한 이미지, 항공사진에 의한 이미 지, 또한 스캐닝을 통해 얻어진 이미지 데이터들
④ 3차원 등과 같은 입체적인 지도 디스플레이 가능

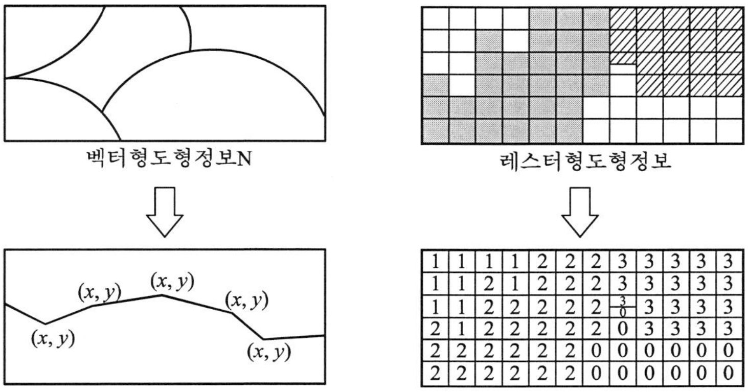

그림 14.2 벡터와 래스터의 도형정보

3. 벡터데이터와 래스터데이터의 비교

표 14.1 벡터데이터와 래스터데이터의 비교

벡터자료		래스터(격자)자료	
장점	단점	장점	단점
• Raster방식 보다 압축되어 간결 • 지형학적 자료를 필요한 망조직 분석에 효과적 • 지도와 거의 비슷한 도형제작에 적합	• Raster보다 훨씬 복잡한 자료구조 • 중첩기능을 수행하기 어려움 • 공간적 편의를 나타내는데 비 효과적 • 조작과정과 영상 질을 향상 시키는 데 비효과적	• 간단한 자료구조 • 중첩에 대한 조작이 용이 • 다양한 공간적 편의 가 격자형 형태로 나타냄 • 자료의 조작과정에 효과적 • 수치형상의 질을 향상 시키는데 용이	• 압축되어 사용되는 경우가 드물다. • 지형관계를 나타내기가 훨씬 어렵다. • 미관상 선이 매끄럽지 못하다.

8 메타데이터

메타데이터(meta data)란 실제 데이터는 아니지만 데이터베이스, 레이어, 속성, 공간형상 등과 관련된 데이터의 내용, 품질, 조건 및 특징 등을 저장한 데이터로서 데이터에 관한 데이터로 데이터의 이력을 말한다.

1. 메타데이터의 기본요소

1) 개요 및 자료소개 : 데이터 명칭, 개발자, 지리적 영역 및 내용 등
2) 자료품질 : 위치 및 속성의 정확도, 완전성, 일관성 등
3) 자료의 구성 : 자료의 코드화에 이용된 데이터 모형(벡터나 래스터) 등
4) 공간참조를 위한 정보 : 사용된 지도 투영법, 변수, 좌표계 등
5) 형상 및 속성정보 : 지리정보와 수록 방식
6) 정보획득 방법 : 관련된 기관, 획득형태, 정보의 가격 등
7) 참조정보 작성자, 일시 등

2. 메타데이터의 필요성

각기 다른 사용목적으로 구축된 다양한 자료에 대한 접근의 용이성을 최대화하기 위해서는 참조된 모든 자료의 특성을 표현할 수 있는 메타데이터의 체계가 필요

1) 시간과 비용의 낭비를 제거
2) 공간정보 유통의 효율성

3. 메타데이터 구축의 예 (국토지리정보원)

1) 자료식별정보 : 자료출처, 개요, 상태, 유지관리정보 등
2) 데이터품질정보 : 품질범위, 품질평가
3) 연혁정보 : 원자료 정보, 원자료 범위, 처리단계
4) 공간데이터 표현정보 : 공간표현 유형, 점 및 벡터/래스터 공간 표현정보
5) 공간참조정보 : 공간참조계 유형, 좌표계에 의한 공간참조, 형상목록 설명
6) 자료배분정보 : 배급자 정보, 형상목록 설명
7) 메타데이터 참조정보

8) 출처정보
9) 연락처 정보
10) 주소정보

9 지형공간정보체계의 주요 구성요소

GSIS 분야를 구성하는 주요 구성요소는 데이터(데이터베이스), 소프트웨어, 하드웨어, 인적자원으로 구성되는 4대 요소가 있다.

1. 데이터베이스

GSIS분야에서 사용되는 데이터는 지리데이터라고도 하며, 이 데이터는 공간 데이터와 비공간 데이터(속성 데이터)로 구성되고, 현재 GSIS분야에서 중요시되는 부분은 공간데이터 부분인데, 공간데이터는 크게 벡터 데이터와 래스터데이터로 구성된다.

2. 소프트웨어

GSIS데이터의 구축, 조작뿐만 아니라 GSIS에서 수행하는 대부분의 작업을 소프트웨어를 거치지 않고는 어려울 만큼 대부분의 기능을 여기서 수행하고 있다. GSIS의 주요 소프트웨어로는 Arc/Info, ArcView, Mapinfo, GeoMedia, Mapobject 등이 있다.

1) 컴퓨터의 소프트웨어 구성

소프트웨어는 지형공간정보의 입력, 편집, 검색, 추출, 분석 등을 위한 컴퓨터 프로그램의 집합체이다. 지형공간정보체계의 운용을 위한 소프트웨어의 주요 구성은 자료의 입력 및 검색, 자료의 저장 및 데이터베이스 관리, 자료의 출력과 도식, 자료의 변환, 사용자와의 연계 등으로 나누어진다.

① 입력소프트웨어

입력 소프트웨어는 기존의 지도와 현장탐사 및 조사 등을 통한 자료를 단말기나 디지타이저, 스캐너, 마그네틱 테이프, 문자화일 등의 도구를 이용하여 컴퓨터에 입력 시키는 역할을 한다.

도형자료의 주요 생성원인으로는 항공사진과 위성영상, 종이지도 등을 들 수 있으며, 속성자료는 자료의 유형에 따라 다양한 현장조사 방식이 적용된다.

② 출력 소프트웨어

출력 소프트웨어는 지형공간정보의 수집된 상태나 분석결과를 단말기나 프린터, 플로터, 마그네틱 테이프와 같은 매체를 통하여 종이지도나 표, 그림 등의 형식으로 출력하는 역할을 한다.

③ 공간데이터베이스 관리 소프트웨어

각종 공간정보를 효율적으로 정리하여 체계적으로 보관하는 곳이 공간 데이터베이스이다. 사용자가 필요한 공간정보를 임의로 추출, 검색, 수정, 편입할 수 있도록 제반 기능을 지원한다.

3. 하드웨어

하드웨어는 GSIS구현을 위한 기본 토대로서 소프트웨어가 운용되며 데이터가 구축, 저장, 프로세스가 수행되는 장치이다. 하드웨어의 범주에는 데스크탑 PC, 워크스테이션 뿐만 아니라 디지타이저, 스캐너, 플로터 등의 입·출력 장비 등을 포함한다.

1) 컴퓨터 하드웨어 구성

컴퓨터의 플랫폼을 구성하는 하드웨어는 중앙처리장치(CPU), 기억장치(Memory), 입출력장치(I/O)등을 포함하며, 지형공간정보체계 기술의 발달과 그로 인한 급속한 보급의 배경에는 컴 퓨터 하드웨어의 발전이 절대적으로 기여하였다.

4. 인적자원 (Manpower)

GSIS의 인적자원은 시스템 구축, 유지관리, 활용이라는 단계를 통해, 데이터 제작자, 시스템관리자, 프로그래머, 시스템 엔지니어, 사용자 등 다양한 역할을 수행하는 인적자원의 결합이 요구된다.

10 지형공간 정보체계 자료생성

지형공간정보체계의 자료생성방법에는 기존 지도를 이용하여 생성하는 방법, 지상측량에 의하여 생성하는 방법, 항공사진측량자료를 이용하는 방법, 인공위성측량에 의한 방법 등이 있다.

1. 기존 지도를 이용하여 생성하는 방법

가장 간단한 방법이며 가격이 저렴하고 신속하나 정도가 낮다.

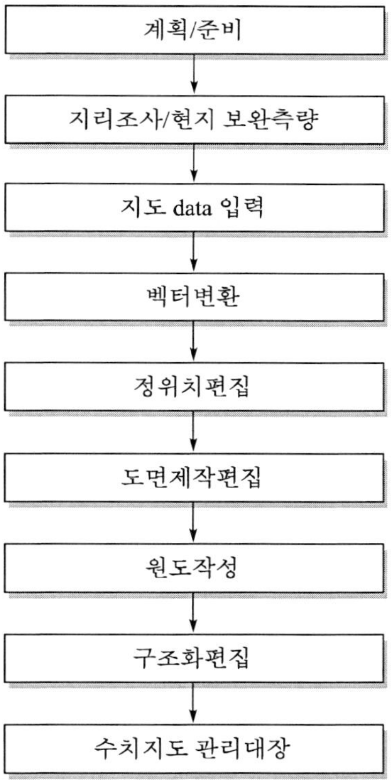

1) 디지타이징 (digitizing)

디지타이징이란 문자나 도형으로 구성된 종이지도, 도면 등을 수치 자료로 전환시키거나 필요한 형태를 수치 자료 형태로 작도하는 작업을 말하며, 일반적으로 벡터 형태의 수치 자료를 취득하기 위해 사용된다. 디지타이징은 노동 집약적이며 많은 시간을 필요로 한다. 자동화가 가능하지만 자동화의 정도에 따라 정확도가 떨어지게 마련이다. 따라서 적은 양의 자료를 입력하거나 필요한 수치 자료를 구할 수 없을 경우에만 실시하는 것이 바람직하다.

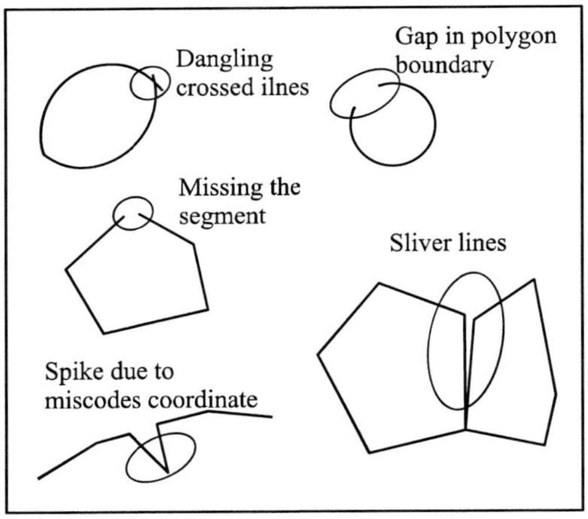

그림 14.3 디지타이징의 오류

2) 래스터-벡터 변환

래스터로부터 벡터 자료를 추출하는 작업을 벡터라이징, 벡터 자료를 래스터로 변환하는 작업을 래스터라이징(rasterizing)이라고 한다. 벡터라이징은 작업자가 개입된 정도에 따라 수동, 반자동, 자동 벡터라이징으로 나뉜다.

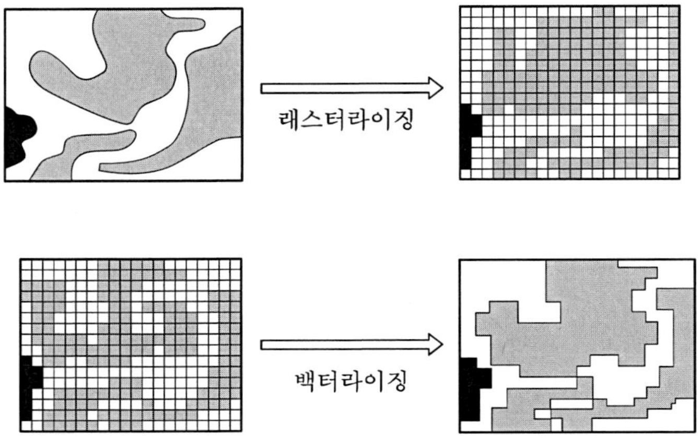

그림 14.4 래스터라이징과 벡터라이징

2. 지상측량에 의하여 생성하는 방법

비교적 정확한 취득방법이나 대규모 지역에서는 비용이 고가이고, 영역에 한계가 있다.

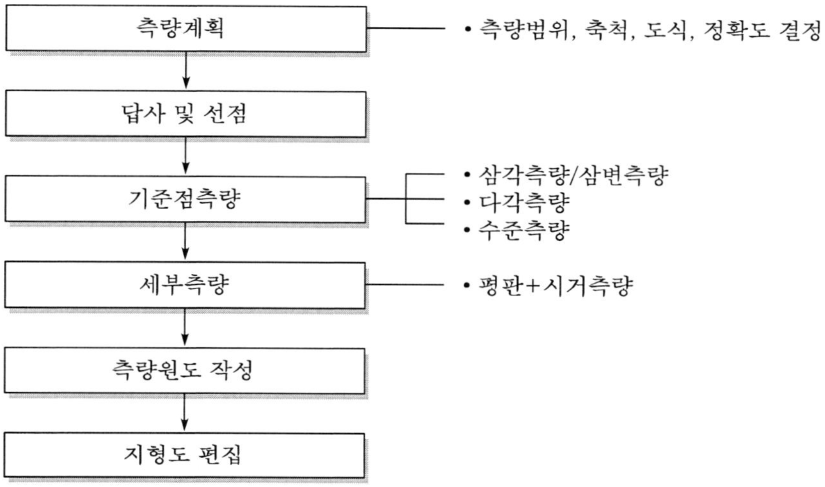

1) 전통적인 측량 방법

① 수평위치 결정 방법

- 개방 트레버스 : 시점과 종점이 다른 경우를 일컬으며 마디수가 증가할 수록 오차가 누적되며 오차의 수정이 어렵다.
- 폐합 트레버스 : 시점과 종점을 일치시키는 경우를 일컬으며 오차의 확인이 용이하고 각 마디에 오차를 분배하여 오차의 수정이 가능하다.

② 삼각측량(triangulation survey)

서로 멀리 떨어진 두 지점에서 미지점의 각도를 관측하고 각 지점을 꼭지점으로 하는 삼각형을 설정하여 삼각법에 의하여 각변의 비를 구하는 방법이다.

③ 삼변측량(trilateration)

삼각형의 각 변 또는 삼각망의 전체 변의 거리만을 관측하여 삼각점의 수평 위치를 결정하는 방법이다.

2) 자동 측량 장치를 이용한 측량

① 토털 스테이션(total station)

현장 측량 및 처리를 위한 대표적 장비로서 전자식 데오도라이트, 전자식 거리 측정

장비, 컴퓨터의 조합이라 할 수 있다. 수평, 수직 방향으로 각, 거리 등의 여러 가지 측정이 가능하며 내장 컴퓨터를 통한 조정 및 미지점의 좌표 추출이 가능하다.

② GPS 위성을 이용한 방식

GPS 위성과 지상 수신기를 이용하여 기지점의 수의 한계, 지구 곡률, 측량점간의 방해물 등을 크게 극복할 수 있다. 수신기의 수, 접속 가능 인공위성의 수, 측정 시간의 양에 따라 정확도가 결정되며 상대측위(relative positioning), 차분측위(differential positioning) 등의 기법을 통하여 수 센티미터 이하의 위치정확도 취득이 가능하다.

3. 항공사진 측량 및 원격탐측에 의하여 생성하는 방법

가장 일반적 방법이며 정확도가 높고 대규모 지역의 자료생성에 유용하다.

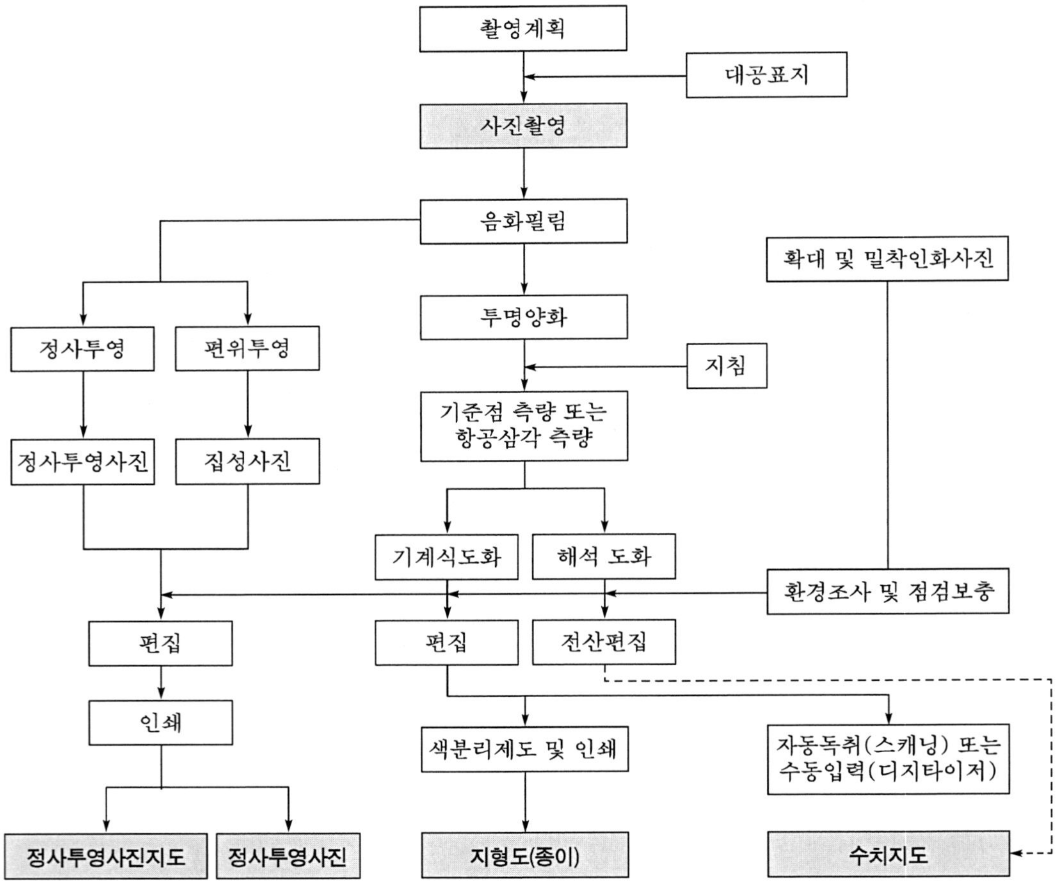

원격탐사(Remote sensing)란, 관찰 대상으로부터 떨어져 있는 센서로부터 감지된 데이터를 가공, 판독하여 필요한 정보를 수집, 저장하는 과정을 말한다. 주로 항공기나 인공위성, 우주선과 같은 비행체에 탑재된 센서를 이용하여 지상측량에 비해 매우 광범위한 지역에 대한 탐사를 수행하며 수집된 데이터는 사진으로부터 디지털 센서에 의한 넓은 파장대의 광파와 음파, 초단파까지 다양하다. 따라서 원격탐사는 매우 다양한 분야에 응용될 수 있으며 GIS의 자료 획득을 위한 중요한 기술이라고 할 수 있다.

11 수치지도 (Digital Map : DM)

1. 개요

수치지도는 컴퓨터 그래픽기법을 이용하여 사전에 규정에 따라 지도요소를 항목별로 구분하여 「데이터베이스화」하고 이용목적에 따라 지도를 자유로이 변경해서 사용할 수 있도록 전산화한 지도이다.

2. 수치지도 특징 및 수록정보

1) 특징

① 특정 X, Y 좌표계에 기반을 두고 각종 지형·지물을 점, 선, 면으로 표현
② 최종적으로 상호변환이 가능하도록 구성
③ 도형정보는 사전 계획된 양식으로 기록함으로써 데이터베이스화가 가능
④ 일반 사용자의 요구에 따른 수치지도 대상 자료의 선정과 구축방법 및 표현 방법에 대한 제약이 존재하므로 다양한 문제점을 포함

2) 수록정보

① 수치지도의 수록정보는 수치지도 작성작업 규칙에 근거하여 제작
② 표준코드는 수치지도를 구성하는 도엽코드, 레이어코드, 지형코드로 구분
③ 레이어는 9개로 분류되며 1~9까지 순차코드를 부여
④ 레이어 코드는 수직구조로 대분류, 중분류, 소분류, 세분류로 부여
⑤ 코드 구조는 수치지도작성 작업규칙에 약 150여개 코드로 정의

3. 수치지도 제작

항공사진의 해석을 위하여 두 장의 중복사진을 놓고 모델(Model)을 형성하여 도화를 거친 다음 도화 원도를 만들어 낸다. 이 과정에서 인위적 방법으로 도화 대상 자료를 수치화함으로써 수치자료를 취득하여 전산기에 입력시키거나 영상면에 출력시켜 볼 수 있게 하면 사진의 정보를 지도 정보로써 나타낼 수 있는 원리이다.

1) 수치지도 자료 취득방법

① 종래의 지형도 작성법으로 완성된 지도를 디지타이저 또는 스캐너 등 을 이용하여 수치화하는 방법

② 항공사진의 도화 작업시 해석 도화기를 이용하여 수치지도 Data를 직접 취득하는 방법

2) 수치지도 제작체계

수치지도 작업체계는 크게 3단계로 구분된다.

① 입력체계

디지타이저 또는 스캐너에 의해 도면이나 영상 정보를 수치화하여 자기 테이프나 하드디스크에 기록

② 편집체계

입력된 수치자료를 화면상에 표시하여 대화적으로 영상이나 도형의 가공, 편집, 수정

③ 출력체계

수치화된 정보를 X-Y plotter, Laser plotter 등의 출력장치를 이용하여 출력

3) 수치지도 제작의 작업공정

① 수치도화의 공정별 작업순서

② 지도 입력의 공정별 작업순서

4) 수치지도 제작현황

우리나라는 1995년 5월 「국가지리정보체계 구축 기본계획」에 의거하여 수치지도 작업에 착수하였으나 우선적으로 1/1,000, 1/5,000, 1/25,000 축척의 지형도를 수치지도로 제작하고 있다.

① 1/5,000 축척 지형도 산악지역을 제외한 전국의 수치지도로 1998년에 완료
② 1/1,000 축척 지형도 지자체의 적극적인 참여로 원활하게 추진(78개 도시지역)
③ 주제도
- 지하시설물도 : 가스, 전력, 통신, 송유관, 상하수도, 지역난방
- 공통 주제도 사업 : 국토이용계획도, 지형지번도, 토지이용현황도, 도시계획도, 행정구역도, 도로망도

4. 수치지도의 위치오차

일반적으로 공간자료의 위치 정확도는 지도 제작방법 및 과정의 기본요소에 따라 달라지며, 지도제작과정의 각 단계에서 발생하는 각종 오차의 함수관계를 알지 못하기 때문에 공간자료에 발생하는 총오차를 추정하는 것은 매우 어려운 문제이다.

1) 수치지도계작시 발생되는 오차

① 지상기준점오차
② 항공사진오차
③ 인쇄오차
④ 사진표정오차
⑤ 입체도화오차
⑥ 편집오차
⑦ 제도오차
⑧ 항공삼각측량오차
⑨ 자동화 과정오차

2) 개인오차

관측자의 완벽하지 못한 감각에 의해 발생되는 오차

3) 장비오차

제작과정에 이용되는 장비의 특성 및 구조 불안정 또는 조정작업의 불안정성에 따른 오차

4) 환경오차

온도, 압력, 습도, 자기, 조명 등에 의한 오차

12 공간분석

공간분석은 의사결정을 도와주거나 복잡한 공간문제를 해결하는데 있어 지리자료를 이용하여 수행되는 과정의 일부이다. 공간분석을 수행하기 위해서는 다양한 공간형상들간의 공간 관계정보를 인접성(adjacency), 연속성(continuity), 영역성(area definition)등으로 구성하고 공간분석을 위해서는 필수적으로 위상구조가 정립되어야 한다.

1. 공간분석 응용분야

1) 환경분석

① 식생피복 지도화 ② 야생 동물의 서식지 디스플레이 ③ 위험물의 제거

2) 경영분석

① 입지분석 ② 교통분석 ③ 보건과 보험 분석

3) 사회분석

① 센서스 데이터 분석 ② 주택 연구 ③ 질병확산의 예측

4) 수계분석

① 하천차수 분석

5) 농업분석

① 삼림 ② 정확산 파종

2. 공간분석 방법

1) 중첩분석 : 적지분석
2) 버퍼와 근린 분석 : 인접지역 분석
3) 망 분석 : 최단경로 분석, 상하수도 관망분석 등
4) 3차원 분석 : 방향, 경사도 분석, 3차원 입체 지형 생성

13 표준코드

표준코드는 수치지도의 호환성을 확보하기 위하여 일정한 형식으로 구성된 코드를 말하며, 크게 도엽코드, 레이어코드, 지형코드로 구분된다.

1. 도엽코드

1) 도엽코드 및 도곽

① 1/50,000 : 경위도 1°간격을 15′씩 16등분, 도곽크기 15′ × 15′
② 1/25,000 : 1/50,000도엽을 4등분, 도곽크기 7′30″× 7′30
③ 1/10,000 : 1/50,000도엽을 25등분, 도곽크기 3′× 3″
④ 1/5,000 : 1/50,000도엽을 100등분, 도곽크기 1′30″× 1′30″
⑤ 1/2,500 : 1/25,000도엽을 100등분, 도곽의 크기 45″× 45″
⑥ 1/1,000 : 1/10,000도엽을 100등분, 도곽의 크기 18″× 18″
⑦ 1/500 : 1/1,000도엽을 4등분, 도곽의 크기 9″× 9″

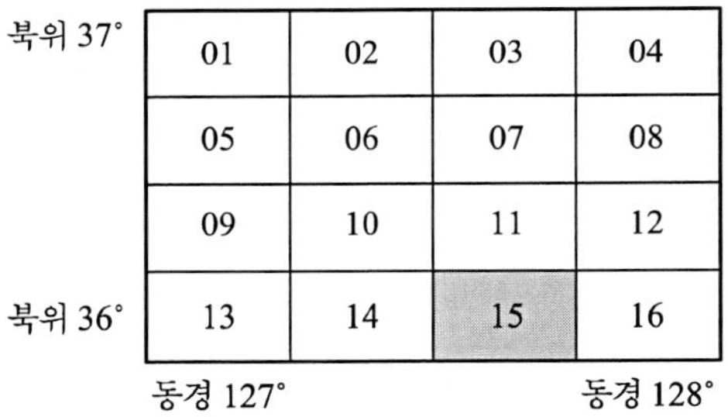

그림 14.6 1/50,000 도엽명(36715)

하단 위도 두 자리 숫자와 좌측 경도의 끝자리 숫자를 합성한 뒤 해당 코드를 추가한다.

도엽명 : 36715 도곽의 크기 : 15′× 15′

2. 레이어 코드

레이어 코드는 도엽코드로 분류된 파일의 부속코드로서 9개의 레이어코드로 분류된다.

레이어코드	1	2	3	4	5	6	7	8	9
내용	철도	하천	도로	건물	지류	시설물	지형	행정 및 지역경제	주기

3. 지형코드

지형코드는 레이어코드의 부속코드로서 수치지도의 가장 기본적 구성요소이며, 대분류, 중분류, 소분류, 세분류의 계층구조로 이루어진다.

대분류와 중분류는 9개코드, 소분류 및 세분류는 750여개로 구분된다.

1) 대분류

코드	내용	코드	내용	코드	내용
1	철도	2	하천	3	도로
4	건물	5	지류	6	시설물
7	지형	8	행정 및 지역경계	9	주기

2) 중분류

코드	내용	코드	내용	코드	내용
1	철도	3	도로	42	행정기관
11	선로	31	도로경계	43	산업
12	철도시설	32	도로중심	44	문화 · 교육
2	하천	33	도로시설	45	서비스
21	수부	34	표지 및 도로번호	46	의료후생
22	하천시설	4	건물	5	지류
23	수부지형	41	경계	51	경계

예제 및 풀이

1. 그림은 10m 해상도의 수치표고모형(DEM)의 격자를 나타낸다. 선형보간법에 의한 P점의 높이를 구하시오. (단, 격자 크기는 10m×10m이다.)

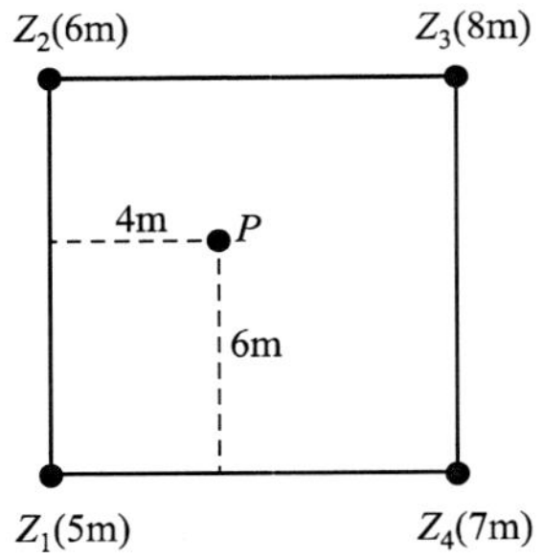

해설

$$P_{좌6m} = \frac{6-5}{10} \times 6 + 5 = 5.6m$$

$$P_{우6m} = \frac{8-7}{10} \times 6 + 7 = 7.6m$$

$$P_{좌우4m} = \frac{7.6-5.6}{10} \times 4 + 5.6 = 6.4m$$

2. A지점에 2명, B지점에 1명, C지점에 3명, D지점에 4명 등 A, B, C, D 4개의 지점에 10명의 사람이 있다. 10명 모두가 모일 경우 사람들의 총 이동거리를 최소로 할 수 있는 지점의 좌표를 구하시오.

[각 집의 위치 좌표]=A(2, 2), B(4, 3), C(6, 5), D(2, 7)

해설 지점 E의 좌표(x, y)는 A, B, C, D 점에 있는 사람들의 최단 걸음이므로

x: $2(x-2)-1(x-4)+3(x-6)+4(x-2)=0$

y: $2(y-2)-1(y-3)+3(y-5)+4(y-7)=0$

$\therefore 10x=34, x=3.4$

$10y=50, y=5.0$

3. 그림은 셀에 대한 국소저항값이다. 음영 표시한 셀에서 국소저항이 5인 셀로 이동할 때의 최소비용경로를 구하시오.

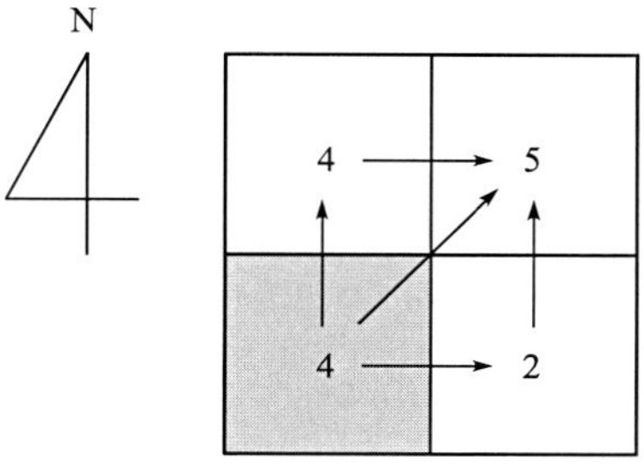

해설 음영표시한 좌측 하단의 셀에서 국소저항이 5인 셀로 이동할 때 최소비용거리는 대각선 방향인 NE방향이다.

4. 구축된 GIS데이터를 현장에서 확인하려고 한다. 둘레가 8km인 호수의 현황을 A, B 두명이 확인하는데 소요되는 최소 시간을 구하시오.(단, A는 1분에 550m, B는 1분에 450m의 거리를 이동하며, 중복하여 확인하지 않는다.)

해설 호수의 현황조사에 소요된 최소시간을 구하기 위해 시간은 X라 하면

속도 $= \dfrac{\text{거리}}{\text{시간}}$ 이므로 거리 = 속도 × 시간에서

$550X + 450X = 8{,}000 \Rightarrow X = 8$(분)

5. 수치지도의 속성정확도 검증을 위하여 다음과 같은 오차행렬을 작성하였을 때 다음을 구하시오.

1) 전체정확도
2) 제작자 정확도
3) 사용자 정확도

구분		검증데이터			합
		수계	초지	농경지	
수치지도	수계	75	15	10	100
	초지	20	120	60	200
	농경지	5	15	80	100
합		100	150	150	400

해설 ① 전체정확도 $= \dfrac{75+120+80}{400} \times 100(\%) = 68.75\%$

② 제작자정확도

$$수계=\frac{75}{100}\times 100(\%)=75\%$$

$$초지=\frac{120}{150}\times 100(\%)=80\%$$

$$농경지=\frac{80}{150}\times 100(\%)=53.33\%$$

③ 사용자정확도

$$수계=\frac{75}{100}\times 100(\%)=75\%$$

$$초지=\frac{120}{200}\times 100(\%)=60\%$$

$$농경지=\frac{80}{100}\times 100(\%)=80\%$$

6. 그림은 6×6화소 크기의 래스터데이터를 수치적으로 표현한 것이다. 이 데이터를 중간값 방법(Median Method)을 사용하여 2×2 화소 크기의 데이터로 만드시오.

2	1	3	2	1	3
2	3	2	2	2	2
3	3	3	2	2	2
2	1	3	2	1	3
2	4	2	2	4	4
3	3	3	2	2	2

해설 6×6화소의 데이터를 2×2 데이터로 재배열하므로 중앙값 방법은 각각의 셀을 크기순으로 배열했을 때 가장 중간값을 선택한다.

2	1	3	2	1	3
2	3	2	2	2	2
3	3	3	2	2	2
2	1	3	2	1	3
2	4	2	2	4	4
3	3	3	2	2	2

⇒

2	1	3	2	1	3
2	3	2	2	2	2
3	3	3	2	2	2
2	1	3	2	1	3
2	4	2	2	4	4
3	3	3	2	2	2

2	1	3
2	3	2
3	3	3

⇒ 1 2 2 2 **3** 3 3 3 3

2	1	3
2	2	2
2	2	2

⇒ 1 2 2 2 **2** 2 2 2 3

2	1	3
2	4	2
3	3	3

⇒ 1 2 2 2 **3** 3 3 3 4

2	1	3
2	4	4
2	2	2

⇒ 1 2 2 2 **2** 2 3 4 4

새로 생성되는 2×2 영상소는

3	2
3	2

이다.

7. 두 격자 자료의 입력 값이 각각 0과 1일 때, 각 논리연산자 OR, XOR, AND, NAND의 결과를 이용하여 다음 표를 완성하시오. (단, 참일 때 1, 거짓일 때 0)

논리연산자	모두 T인 경우	모두 F인 경우	하나는 T, 하나는 F인 경우
OR			
XOR			
AND			
NAND			

해설 각 논리연산자의 조건별 결과 (참 : T, 거짓 : F)

논리연산자	모두 T인 경우	모두 F인 경우	하나는 T, 하나는 F인 경우
OR	T (1)	F (0)	T (1)
XOR	F (0)	F (0)	T (1)
AND	T (1)	F (0)	F (0)
NAND	T (0)	F (1)	F (1)

8. 지리정보시스템(GIS)으로 구축한 데이터의 위치와 실제 검측한 위치가 아래 표와 같을 때 GIS 데이터의 거리 오차를 구하시오.

항목	X(m)	Y(m)
GIS 데이터 상의 위치	20	10
실제 데이터 위치(참값)	22	12

해설 거리오차$=\sqrt{\Delta x^2+\Delta y^2}=\sqrt{(22-20)^2+(12-10)^2}=2.828m$

9. 1:1,000 수치지도를 만든 후, 데이터의 정확도 검증을 위해 10개의 지점에 대해 수치지도 상에서 측정한 좌표와 현장에서 검증한 좌표의 오차크기가 아래와 같을 때 개별관측에 대한 평균제곱근오차(위치정확도)를 구하시오.

0.18m, 0.15m, 0.16m, 0.13m, 0.14m, 0.14m, 0.13m, 0.16m, 0.14m, 0.13m

해설 RMSE는 평균제곱근오차로 관측단위를 맞추기 위해 분산에 제곱근을 취한 것

$$\text{R.M.S.E} = \pm\sqrt{\frac{[v^2]}{\text{n}-1}}$$

$$= \pm\sqrt{\frac{3\times0.13^2+3\times0.14^2+1\times0.15^2+2\times0.16^2+1\times0.18^2}{10-1}}$$

$$= \pm 0.155m$$

10. 아래의 표고점 자료로부터 P_{xy}(160, 150) 지점의 표고 (z)를 구하시오.
(단, 평면(z=ax+by+c)으로 보간(interpolation))

[표고점 자료=(x, y, z)] A(100, 100, 500), B(200, 100, 300), C(150, 300, 400)

해설 A, B 두 점의 Y좌표가 같으므로 X좌표의 중간위치는 (100+200)/2=150이고, 이때의 Z값은 (500+300)/2=400으로 C점의 Z값 400과 동일하다.
P점의 좌표 (160, 150)의 Z값은 앞의 A, B 점의 Z값 500, 400의 선형보간에 의해 구한다.

$$Z = Z_{AB\text{중간점}} + \frac{X_{AB/2\sim P}}{X_{AB/2}}\Delta Z = 400 + \frac{10}{50}\times(-100) = 380$$

11. 그림의 다익스트라(Dijkstra) 알고리즘을 이용한 최단비용경로 계산의 사례이다. A점에서 출발하여 G지점에 도착하는 최소비용경로를 구하시오.
(단, 숫자는 지점 간 소요비용)

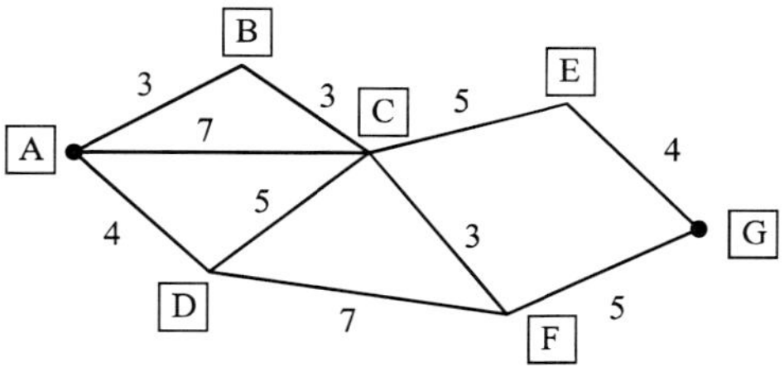

해설 다익스트라 알고리즘 : 최단경로를 찾아가는 알고리즘으로 자신과 연결된 곳 중 가장 작은 가중값을 갖는 노드를 찾는 것
① ABCEG = 3+3+5+4=15
② ACEG = 7+5+4=16
③ ACFG = 7+3+5=15
④ ABCFG = 3+3+3+5=14
그러므로 14인 ABCFG노선이 최소비용경로가 된다.

12. 아래와 같은 조건을 이용하여 산행시간을 구하고자 한다. 산 입구에서 정상까지의 산행에 소요되는 시간을 구하시오.

> 산 입구에서 정상까지의 거리는 5km이고 산 정상의 고도는 380m이다.
> ① 도상거리 1km는 평균 15분
> ② 고도에 따른 지연계수
> 100m 이하 = 1.2 , 100~200m = 1.4
> 200~300m = 1.6, 300~400m = 1.8
> 400~500m = 2.0
> ③ 휴식시간은 고려하지 않는다.

해설 ① 정상의 고도가 380m이므로 지연계수 1.8을 적용한다.
② 1km에 평균 15분이면 0.25시간을 적용하여 계산한다.
소요되는 시간 $= 1.8(\text{지연계수}) \times 0.25h/km \times 5km = 2.25h$
∴ 산 입구에서 정상까지의 산행에는 2시간 15분이 소요된다.

찾아보기

저자 소개

이 진 녕

건국대학교 토목공학과 공학박사
측량및지형공간정보기술사
현) 명지전문대학 지적과 겸임교수
현) 신구대학교 지적공간정보학과 겸임교수
현) 경북대학교 융복합시스템공학과 강사
현) 단국대학교 토목공학과 강사
현) 서울과학기술대학교 건설환경융합공학과 강사
현) 서울시립대학교 토목공학과 강사
현) 숭실사이버대학교 건설시스템공학과 강사
현) 충북대학교 토목공학과 강사

저서 기본측량학, 구미서관
동영상과 함께하는 토목CAD, 예문사
알기쉽게 풀어쓴 지적기사/지적산업기사, 에듀피디
지적기사 기출문제로 끝내기, 에듀피디
지적측량 공무원 기출 총정리, 구미서관

공간정보학 **정가 23,000원**

저자 : 이진녕

발행인 : 임정대
발행처 : 도서출판 구미서관

발행 : 2024년 1월 15일

등록 : 1979년 6월 29일 No.9-6호
주소 : 서울시 마포구 신촌로 2길 5-15 구미빌딩
전화 : 02-333-1101
팩스 : 02-335-2201
http://www.goomibook.com

ISBN 979-11-6257-281-8 (93530)
